"十四五"职业教育国家规划教材

"十三五"职业教育国家规划教材

（第六版）

建筑工程定额与计价

主　编　王朝霞　张丽云

副主编　王学军

参　编　梁　恒　孟文华　张　颖　李晓春

中国电力出版社

CHINA ELECTRIC POWER PRESS

内 容 提 要

本书为“十四五”职业教育国家规划教材，也是“十三五”职业教育国家规划教材。全书共两篇，第一篇定额计价，第二篇工程量清单计价。书中重点介绍了定额的编制与应用、工程量的计算、工程量清单的编制、工程量清单计价方法等。书中各章节编入了大量与实践紧密结合的典型实例，并配有信息化辅助教材——微课。全书充分体现“应用、实用、先进”等特点。

本书可作为高职高专院校建筑工程技术及工程造价专业教材，也可作为本科院校和自学辅导用书，还可作为相关专业人员参考用书。

图书在版编目（CIP）数据

建筑工程定额与计价/王朝霞，张丽云主编．—6版．—北京：中国电力出版社，2022.1（2024.7重印）
“十三五”职业教育国家规划教材
ISBN 978-7-5198-6126-1

Ⅰ.①建…　Ⅱ.①王…②张…　Ⅲ.①建筑经济定额－职业教育－教材②建筑工程－工程造价－职业教育－教材　Ⅳ.①TU723.3

中国版本图书馆CIP数据核字（2021）第224576号

出版发行：中国电力出版社
地　　址：北京市东城区北京站西街19号（邮政编码100005）
网　　址：http://www.cepp.sgcc.com.cn
责任编辑：孙　静（010-63412542）
责任校对：黄　蓓　常燕昆
装帧设计：王红柳
责任印制：吴　迪

印　　刷：三河市万龙印装有限公司
版　　次：2004年7月第一版　2022年1月第六版
印　　次：2024年7月北京第三十四次印刷
开　　本：787毫米×1092毫米　16开本
印　　张：26.25
字　　数：503千字
定　　价：79.00元

前言

根据《国家职业教育改革实施方案》（国发〔2019〕4号）及《教育部关于职业院校专业人才培养方案制定与实施工作的指导意见》（教职成〔2019〕13号）要求：及时将新技术、新工艺、新规范纳入教学标准和教学内容，适应“互联网+职业教育”新要求，要将职业技能等级标准有关内容有机地融入专业课程教学。为此，对本书进行进一步修订。本次修订按照新规范、新标准的规定及职业技能标准对全书内容进行了修改、补充和完善，同时加大了信息化的部分。

本书重点介绍了在采用工程量清单计价、定额计价两种模式下确定建筑工程造价时，其工程量计算和工程造价的确定方法。主要内容包括：定额的编制、应用及“定额计价”模式下工程量的计算，工程造价的确定；工程量清单的编制，“清单计价”模式下工程量的计算，工程量清单计价方法等。

为让读者易懂、易会、易操作，书中采用大量图例和实例，全书表现建筑工程平面、立面、剖面小插图共100多个，实例100多个，并且在末章运用一个完整的例子解读了从基础到屋面、从结构主体到装饰工程工程量的计算和价格的确定。通过图例的解读和工程实例的引导，能帮助学习者很快地进入学习情境，起到学用相长、知行合一的作用。

本次修订，编者在书中每章的开篇，结合党的二十大精神，增加了思政元素，加大了信息化教学资源，在书的难点、重点部分，配套了25个微课视频，扫描相应二维码即可观看学习。微课视频对书中难点、重点进行了形象地补充讲解，也更精炼、明确，对具体的知识点剖析得更详尽，通过微课视频起到辅助教学的作用。

参加本书编写的人员有：重庆科技学院梁恒（第一、二章）、山西职业技术学院李晓春（第三章）、山西工程科技职业大学张丽云（第四章、第十二章第二节）、山西职业技术学院张颖(第五章)、山西四建集团有限公司张萍（第六章）、山西工程科技职业大学王朝霞（第七、八章）、山西工程科技职业大学王学军（第九章、第十二章第一节）、山西工程科技职业大学孟文华（第十、十一章）。本书由王朝霞、张丽云担任主编。太原理工大学张泽平教授审阅。

由于作者水平有限，时间仓促，错误和不足之处在所难免，恳请读者、同行批评指正。

编者

目录

目录

目录

第二篇　工程量清单计价

目录

绪论

【思政元素】造价工作者应具备的职业素养与职业道德

《建筑工程定额与计价》教材是“建筑工程计量与计价”课程的教学载体，实践性、应用性强，其教学成果的转化要直接应用于建筑工程预算员（造价员）岗位。

造价工作者的职责关系到国家和社会公众利益，对其职业素质与职业道德有严格要求。

《造价工程师管理办法》提出：造价工程师首先要遵守法律、法规、有关管理规定，恪守职业道德；要不断学习，提高执业水平。

造价工程师的工作要达到“细、精、准”，既要具备专业技术技能，又要有高度责任心与沟通协作精神，同时还要有认真细致的工匠精神与“诚信、公正”的职业操守。

工程造价的计价是以建设项目、单项工程、单位工程为对象，研究其在建设前期、工程实施和工程竣工的全过程中计算工程造价的理论、方法，以及工程造价的运动规律的学科。计算工程造价是工程项目建设中的一项重要的技术与经济活动，是工程管理工作中的一个独特的、相对独立的组成部分。

建设工程造价的计价，除具有一般商品计价的共同特点外，由于建设产品本身的固定性、多样性、体积庞大、生产周期长等特征，直接导致其生产过程的流动性、单一性、资源消耗多、造价的时间价值突出等特点。所以工程造价的计价特点有：单体性计价、分部组合计价、多次性计价、方法多样性计价和依据正确性计价。

工程计价的形式和方法有多种，各不相同，但工程计价的基本过程和原理是相同的。如果仅从工程费用计算角度分析，工程计价的顺序是：分部分项工程单价→单位工程造价→单项工程造价→建设项目总造价。影响工程造价的主要因素有两个，即基本构造要素的单位价格和基本构造要素的实物工程数量，可用下列基本计算式表达：

$$\text{工程造价} = \sum_{i=1}^{n}(\text{实物工程量} \times \text{单位价格})$$

式中　i——第 i 个基本子项；

n——工程结构分解得到的基本子项数目。

基本子项的单位价格高，工程造价就高；基本子项的实物工程数量大，工程造价也就大。

从工程计价的模式角度考虑，有“定额计价”和“清单计价”两种模式。不论是哪种计价模式，在确定工程造价时，都是先计算工程数量，再计算工程价格。

“定额计价”模式是我国传统的计价模式。在招投标时，不论是作为招标标底，还是投标报价，其招标人和投标人都需要按国家规定的统一工程量计算规则，计算工程数量，之后按建设行政主管部门或各省市地区颁布的计价依据计算工程造价。不难看出，其整个计价过程中的计价依据是固定的，即法定的“定额”。定额是计划经济时代的产物，在特定的历史条件下，起到了确定和衡量工程造价标准的作用，规范了建筑市场，使专业人士在确定工程价格时有所依据，有所凭借。但定额指令性过强，反映在具体表现形式上，施工手段消耗部分统得过死，把企业的技术装备、施工手段、管理水平等本属竞争的内容的活跃因素固定化了，不利于竞争机制的发挥。

为了适应目前工程招投标竞争由市场形成工程造价的需要，对传统计价模式进行改革势在必行。因此，在出台的《建设工程工程量清单计价规范》中强调：从 2003 年 7 月 1 日起“全部使用国有投资或国有投资为主的大中型建设工程应执行本规范”，即在招投标活动中，必须采用工程量清单计价。

“工程量清单计价”模式，是指由招标人按照国家统一规定的工程量计算规则计算工程数量，由投标人按照企业自身的实力，根据招标人提供的工程数量，自主报价的一种模式。由于“工程数量”由招标人统一提供，增大了招投标市场的透明度，为投标企业提供了一个公平合理的基础和环境，真正体现了建设工程交易市场的公平、公正。“工程价格”由投标人自主报价，即定额不再作为计价的唯一依据，政府不再作任何参与，而是由企业根据自身技术专长、材料采购渠道和管理水平等，制定企业自己的报价定额，自主报价。

两种计价模式既有区别，又有联系。其联系在于都是先有实体工程数量，再确定工程价格，且实体项目的划分基本相同。另外，两种计价模式虽不同，但费用项目的组成内容是相同的。

第一篇 定额计价

第一章
建筑工程（概）预算基本知识

【思政元素】鲁班精神

由中国建筑业联合会颁发的建筑质量最高奖“鲁班奖”（全称为“建筑工程鲁班奖”），是建筑业的最高荣誉，也成为建筑业质量至上的象征。

鲁班，姬姓，公输氏，名班，鲁国人，出生于春秋末期到战国初期的工匠世家。他一生中发明了曲尺、凿子、锯子、墨斗、云梯、石磨等各种工具。关于鲁班的文献典籍和民间传说有很多，鲁班学艺的典故表现了鲁班虚心拜师的态度，勤奋、吃苦、好学、持之以恒的精神。鲁班造锯、造伞的故事表现了鲁班勤于思考、善于思索、勇于探索创新的精神。鲁班帮人房屋上梁的故事表现了其精益求精的精神。

鲁班精神是一种职业精神，也是社会主义核心价值观。当代大学生要以主人翁的姿态勇于承担社会责任，要有与国家同呼吸共命运的意识，以及勤奋、踏实、好学、钻研、爱岗敬业的态度和精益求精、勇于探索创新的精神。

第一节　基本建设与建筑工程（概）预算

一、基本建设

（一）基本建设概念

建筑工程预算是基本建设预算的重要组成部分，社会发展和人类生存的条件，主要靠物质资料的再生产。社会固定资产的再生产则是物质资料再生产的主要手段。

固定资产的再生产包括简单再生产和扩大再生产。固定资产的简单再生产主要是通过固定资产的大修或更新改造而进行的，固定资产的扩大再生产则是通过固定资产的新建、扩建、改建的形式来实现的。

那么，什么是基本建设呢？基本建设就是以新建、扩建、改建的形式来实现固定资产的扩大再生产。基本建设是指国民经济各部门中固定资产的再生产以及相关的其他工作。例如，工厂、矿井、铁路、公路、水利、商店、住宅、医院、学校等工程的建设和各种设备的购置。基本建设是再生产的重要手段，是国民经济发展的重要物质基础。对于某些报废的重建项目的简单再生产，我国也把它划归于基本建设的范畴。

基本建设是一个物质资料生产的动态过程，这个过程概括起来，就是将一定的建筑材料、机器设备等通过购置、建造和安装等活动把它转化为固定资产，形成新的生产能力或使用效益的建设工作。与此相关的其他工作，如征用土地、勘察设计、筹建机构和生产职工培训等，也都属于基本建设工作的组成部分。

（二）基本建设内容

基本建设的内容包括建筑工程、设备安装工程、设备购置、勘察与设计、其他基本建设工作。

1. 建筑工程

建筑工程包括永久性和临时性的建筑物、构筑物、设备基础的建造；照明、水卫、暖通等设备的安装；建筑场地的清理、平整、排水；竣工后的整理、绿化以及水利、铁道、公路、桥梁、电力线路、防空设施等的建设。

2. 设备安装工程

设备安装工程包括生产、电力、电信、起重、运输、传动、医疗、实验等各种机器设备的安装；与设备相连的工作台、梯子等的装设工程；附属于被安装设备的管线敷设和设备的绝缘、保温、油漆等，以及为测定安装质量对单个设备进行各种试运行的工作。

3. 设备购置

设备购置包括各种机械设备、电气设备和工具、器具的购置（即一切需要安装与不需要安装设备的购置）。

4. 勘察与设计

勘察与设计包括地质勘探、地形测量及工程设计方面的工作。

5. 其他基本建设工作

其他基本建设工作指除上述各项工作以外的各项基本建设工作及其他生产准备工作，如土地征用、建设场地原有建筑物的拆迁赔偿、筹建机构、生产职工培训等。

二、 基本建设程序

（一） 基本建设程序概念

基本建设程序是指建设项目从策划、评估、决策、设计、施工到竣工验收、投入生产或交付使用的整个建设过程中，各项工作必须遵循的先后次序。这是人们在认识客观规律的基础上制定出来的，是建设项目科学决策和顺利进行的重要保证。按照建设项目发展的内在联系和发展过程，建设项目分成若干阶段，这些发展阶段有严格的先后次序，不能任意颠倒。

世界上各个国家和国际组织在工程项目建设程序上可能存在着某些差异，但是按照工程建设项目发展的内在规律，投资建设一个工程项目都要经过投资决策和建设实施两个发展时期。这两个发展时期又可分为若干个阶段，它们之间存在着严格的先后次序，可以进行合理交叉，但不能任意颠倒次序。

（二） 基本建设程序内容

1. 基本建设程序的阶段划分

按照我国现行规定，一般大中型及限额以上工程项目的建设程序可以分为以下几个阶段（图 1 - 1）：

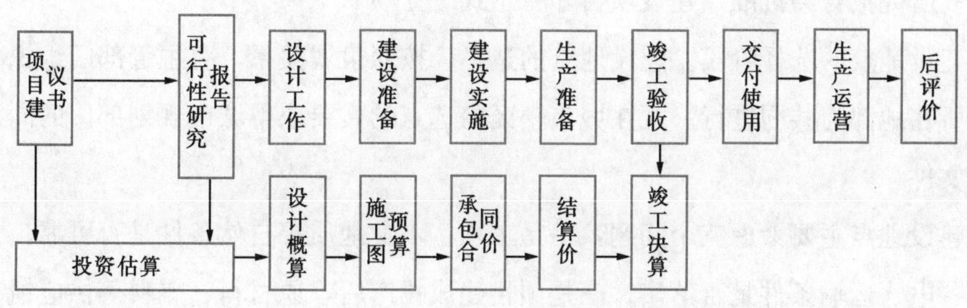

图 1 - 1 基本建设程序示意

(1) 根据国民经济和社会发展长远规划，结合行业和地区发展规划的要求，提出项目建议书；

（2）根据项目建议书的要求，在勘察、试验、调查研究及详细技术经济论证的基础上编制可行性研究报告；

（3）可行性研究报告被批准以后，选择建设地点；

（4）根据可行性研究报告，编制设计文件；

（5）初步设计经批准后，进行施工图设计，并做好施工前的各项准备工作；

（6）编制年度基本建设投资计划；

（7）建设实施；

（8）根据施工进度，做好生产或动用前的准备工作；

（9）项目按批准的设计内容完成，经投料试车验收合格后正式投产交付使用；

（10）生产运营一段时间（一般为1年，或者根据项目具体特点确定时间）后，进行项目后评价。

2. 基本建设程序各阶段工作内容

（1）项目建议书阶段。项目建议书是建设起始阶段业主单位向国家提出的要求建设某一项目的建议文件，是对工程项目建设的轮廓设想。项目建议书的主要作用是推荐一个拟建项目，论述其建设的必要性、建设条件的可行性和获利的可能性，作为投资者和建设管理部门选择并确定是否进行下一步工作的依据。

项目建议书经批准后，可以进行详细的可行性研究工作，但并不表明项目非上不可，项目建议书不是项目的最终决策。

（2）可行性研究阶段。项目建议书一经批准，即可着手开展项目可行性研究工作。可行性研究是对工程项目在技术上是否可行和经济上是否合理进行科学地分析和论证。凡未经可行性研究确认的项目，不得编制向上报送的可行性研究报告和进行下一步工作。

可行性研究报告经批准，建设项目才算正式“立项”。

（3）建设地点的选择阶段。建设地点的选择，按照隶属关系，有主管部门组织勘察设计等单位和所在地部门共同进行。凡在城市辖区内选点的，要取得城市规划部门的同意，并且要有协议文件。

选择建设地点主要考虑三个问题：一是工程、水文地质等自然条件是否可靠；二是建设时所需水、电、运输条件是否落实；三是项目建成投产后，原材料、燃料等供应情况是否具备，同时对生产人员生活条件、生产环境等也应全面考虑。

（4）设计工作阶段。设计是对拟建工程的实施在技术上和经济上所进行的全面而详尽的安排，是基本建设计划的具体化，同时是组织施工的依据。工程项目的设计工作一般划分为两个阶段，即初步设计和施工图设计。重大项目和技术复杂项目，可根据需要增加技术设计阶段。

1）初步设计。初步设计是根据可行性研究报告的要求所做的具体实施方案，目的是阐明在指定的地点、时间和投资控制数额内，拟建项目在技术上的可能性和经济上的合理性，并通过对工程项目所作出的基本技术经济规定，编制项目总概算。

2）技术设计。应根据初步设计和更详细的调查研究资料编制，以进一步解决初步设计中的重大技术问题，如：工艺流程、建筑结构、设备选型及数量确定等，使工程建设项目的设计更具体、更完善，技术指标更合理。

3）施工图设计。根据初步设计或技术设计的要求，结合现场实际情况，完整地表现建筑物外形、内部空间分隔、结构体系、构造状况以及建筑群的组成和周围环境的配合。它还包括各种运输、通信、管道系统、建筑设备的设计。在工艺方面，应具体确定各种设备的型号、规格及各种非标准设备的制造加工。

（5）建设准备阶段。项目在开工建设之前要切实做好各项准备工作，其主要内容包括：征地、拆迁和场地平整；完成施工用水、电、道路的准备等工作；组织设备、材料订货；准备必要的施工图纸；组织施工招标，择优选定施工单位。

一般项目在报批开工前，必须由审计机关对项目的有关内容进行审计证明。审计机关主要是对项目的资金来源是否正当及落实情况，项目开工前的各项支出是否符合国家有关规定，资金是否存入规定的专业银行进行审计。新开工的项目还必须具备按施工顺序需要 3 个月以上的工程施工图纸，否则不能开工建设。

（6）编制年度基本建设投资计划阶段。按规定进行了建设准备和具备了开工条件以后，便应组织开工。建设单位申请批准开工要经国家计划部门统一审核后，编制年度大中型和限额以上工程建设项目新开工计划，报国务院批准。部门和地方政府无权自行审批大、中型和限额以上工程建设项目开工报告。年度大、中型和限额以上新开工项目经国务院批准，国家计委下达项目计划。

（7）建设实施阶段。工程项目经批准开工实施，项目即进入了施工阶段。项目新开工时间，是指工程建设项目设计文件中规定的任何一项永久性工程第一次正式破土开槽开始施工的日期。不需开槽的工程，正式开始打桩的日期就是开工日期。铁路、公路、水库等需要进行大量土、石方工程的，以开始进行土方、石方工程的日期作为正式开工日期。工程地质勘察、平整场地、旧建筑物的拆除、临时建筑、施工用临时道路和水、电等工程开始施工的日期不能算作正式开工日期。分期建设的项目分别按各期工程开工的日期计算，如二期工程应根据工程设计文件规定的永久性工程开工的日期计算。

施工安装活动应按照工程设计要求、施工合同条款及施工组织设计，在保证工程质量、工期、成本及安全、环保等目标的前提下进行，达到竣工验收标准后，由施工单位移交给建设单位。

（8）生产准备阶段。对于生产性工程建设项目而言，生产准备是项目投产前由建设单位进行的一项重要工作。它是衔接建设和生产的桥梁，是项目建设转入生产经营的必要条件。建设单位应适时组成专门班子或机构做好生产准备工作，确保项目建成后能及时投产。

（9）竣工验收阶段。当工程项目按设计文件的规定内容和施工图纸的要求全部建完后，便可组织验收。竣工验收是工程建设过程的最后一环，是投资成果转入生产或使用的标志，也是全面考核基本建设成果、检验设计和工程质量的重要步骤。竣工验收对促进建设项目及时投产，发挥投资效益及总结建设经验，都有重要作用。通过竣工验收，可以检查建设项目实际形成的生产能力或效益，也可避免项目建成后继续消耗建设费用。

竣工和投产或交付使用的日期，是指经验收合格、达到竣工验收标准、正式移交生产或使用的时间。在正常情况下，建设项目的投产或投入使用的日期与竣工日期是一致的，但是实际上，有些项目的竣工日期往往晚于投产日期。这是因为生产性建设项目工程全部建成，经试运转、验收鉴定合格、移交生产部门时，便可算作全部投产，而竣工则要求该项目的生产性、非生产性工程全部建成完工。

（10）建设项目后评价阶段。建设项目后评价是工程项目竣工投产、生产运营一段时间后，再对项目的立项决策、设计施工、竣工投产、生产运营等全过程进行系统评价的一种技术经济活动，是固定资产投资管理的一项重要内容，也是固定资产投资管理的最后一个环节。通过建设项目后评价，可以达到肯定成绩、总结经验、研究问题、吸取教训、提出建议、改进工作、不断提高项目决策水平和投资效果的目的。

三、基本建设程序与建筑工程（概）预算间的关系

通过基本建设程序示意图（图1-1）和建设项目不同时期工程造价的计价示意图（图1-2），可以看出：

（1）建筑工程（概）预算是基本建设预算的组成部分；

（2）在项目建议书和可行性研究阶段编制投资估算；

（3）在初步设计和技术设计阶段，分别编制设计概算和修正设计概算；

（4）在施工图设计完成后，在施工前编制施工图预算；

（5）在项目招投标阶段确定标底和报价，从而确定承包合同价；

（6）在项目实施建设阶段，分阶段或不同目标进行工程结算，即项目结算价；

（7）在项目竣工验收阶段，编制项目竣工决算。

综上所述，施工图（概）预算是基本建设文件的重要组成部分，是基本建设过程中重要

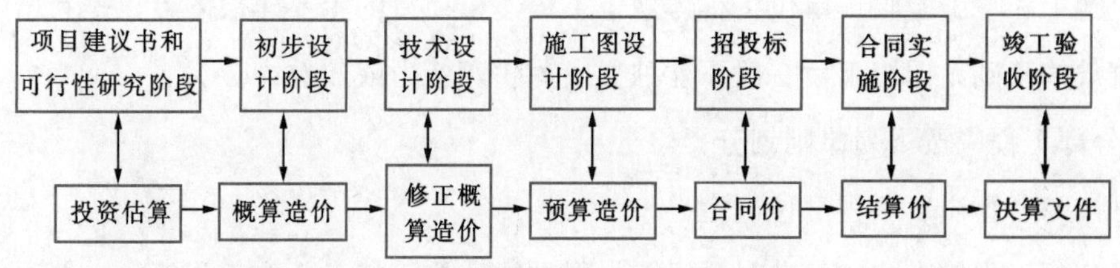

图 1-2 建设项目不同时期工程造价的计价示意

的经济文件。

四、基本建设项目

（一）基本建设项目概念

工程建设项目是以实物形态表示的具体项目，它以形成固定资产为目的。在我国，工程建设项目包括基本建设项目（新建、扩建等扩大生产能力的项目）和更新改造项目（以改进技术、增加产品品种、提高质量、治理三废、劳动安全、节约资源为主要目的的项目）。

基本建设项目一般指在一个总体设计或初步设计范围内，由一个或几个单位工程组成，在经济上进行统一核算，行政上有独立组织形式，实行统一管理的建设单位。凡属于一个总体设计范围内分期分批进行建设的主体工程和附属配套工程、综合利用工程、供水供电工程等，均应作为一个工程建设项目，不能将其按地区或施工承包单位划分为若干个工程建设项目。此外，也不能将不属于一个总体设计范围内的工程，按各种方式归算为一个工程建设项目。

更新改造项目是指对企业、事业单位原有设施进行技术改造或固定资产更新的辅助性生产项目和生活福利设施项目。

（二）基本建设项目的分解

（1）根据国家《建筑工程施工质量验收统一标准》（GB 50300—2013）规定，建筑工程施工质量验收应划分为单位工程、分部工程、分项工程和检验批。

1）单位工程应按下列原则划分：

①具备独立施工条件并能形成独立使用功能的建筑物或构筑物为一个单位工程；

②对于规模较大的单位工程，可将其能形成独立使用功能的部分划分为一个子单位工程。

单位工程是工程建设项目的组成部分，一个工程建设项目有时可以仅包括一个单位工程，也可以包括许多单位工程。从施工的角度看，单位工程就是一个独立的交工系统，在工程建设项目总体施工部署和管理目标的指导下，形成自身的项目管理方案和目标，按其投资和质量的要求，如期建成交付生产和使用。对于建设规模较大的单位工程，还可将其能形成独立使用功能的部分划分为若干子单位工程。

由于单位工程的施工条件具有相对的独立性，而且具有独立的设计文件。因此，一般要单独组织施工和竣工验收。单位工程体现了工程建设项目的主要建设内容，是新增生产能力或工程效益的基础，但竣工后一般不能独立发挥生产能力或效益。

2）分部工程应按下列原则划分：

①可按专业性质、工程部位确定。

②当分部工程较大或较复杂时，可按材料种类、施工特点、施工程序、专业系统及类别将分部工程划分为若干子分部工程。

分部工程是建筑物按单位工程的部位、专业性质划分的，亦即单位工程的进一步分解。一般工业与民用建筑工程可划分为地基与基础、主体结构、建筑装饰装修、屋面、建筑给水排水及采暖、通风与空调、建筑电气、智能建筑、建筑节能、电梯九部分。

当分部工程较大或较复杂时，可按材料种类、施工特点、施工程序、专业系统及类别等划分为若干子分部工程，如主体结构可划分为混凝土结构、砌体结构、钢结构、钢管混凝土结构、型钢混凝土结构、铝合金结构、木结构。

3）分项工程可按主要工种、材料、施工工艺、设备类别进行划分。

分项工程是分部工程的组成部分，一般是按主要工种、材料、施工工艺、设备类别等进行划分，如混凝土结构可划分模板、钢筋、混凝土、预应力、现浇结构、装配式结构等。分项工程是建筑工程施工生产活动的基础，也是计量工程用工用料和机械台班消耗的基本单元。同时，又是工程质量形成的直接过程。分项工程既有其作业活动的独立性，又有相互联系、相互制约的整体性。

4）检验批可根据施工、质量控制和专业验收的需要，按工程量、楼层、施工段、变形缝进行划分。

5）建筑工程的分部工程、分项工程划分宜按《建筑工程施工质量验收统一标准》（GB 50300—2013）附录采用（表1-1）。

表1-1　建筑工程的分部工程、分项工程划分

序号	分部工程	子分部工程	分项工程
1	地基与基础	土方	土方开挖、土方回填、场地平整
		基坑支护	灌注桩排桩围护墙、重力式挡土墙、板桩围护墙、型钢水泥土搅拌墙、土钉墙与复合土钉墙、地下连续墙、咬合桩围护墙、沉井与沉箱、钢或混凝土支撑、锚杆（索）、与主体结构相结合的基坑支护、降水与排水
		地基处理	素土、灰土地基，砂和砂石地基，土工合成材料地基，粉煤灰地基，强夯地基，注浆加固地基，预压地基，振冲地基，高压喷射注浆地基，水泥土搅拌桩地基，土和灰土挤密桩地基，水泥粉煤灰碎石桩地基，夯实水泥土桩地基，砂桩地基

续表

序号	分部工程	子分部工程	分项工程
1	地基与基础	桩基础	先张法预应力管桩、钢筋混凝土预制桩、钢桩、泥浆护壁混凝土灌注桩、长螺旋钻孔压灌桩、沉管灌注桩、干作业成孔灌注桩、锚杆静压桩
		混凝土基础	模板、钢筋、混凝土、预应力、现浇结构、装配式结构
		砌体基础	砖砌体、混凝土小型空心砌块砌体、石砌体、配筋砌体
		钢结构基础	钢结构焊接、紧固件连接、钢结构制作、钢结构安装、防腐涂料涂装
		钢管混凝土结构基础	构件进场验收、构件现场拼装、柱脚锚固、构件安装、柱与混凝土梁连接、钢管内钢筋骨架、钢管内混凝土浇筑
		型钢混凝土结构基础	型钢焊接、紧固件连接、型钢与钢筋连接、型钢构件组装及预拼装、型钢安装、模板、混凝土
		地下防水	主体结构防水、细部构造防水、特殊施工法结构防水、排水、注浆
2	主体结构	混凝土结构	模板、钢筋、混凝土、预应力、现浇结构、装配式结构
		砌体结构	砖砌体、混凝土小型空心砌块砌体、石砌体、配筋砌体、填充墙砌体
		钢结构	钢结构焊接、紧固件连接、钢零部件加工、钢构件组装及预拼装、单层钢结构安装、多层及高层钢结构安装、钢管结构安装、预应力钢索和膜结构、压型金属板、防腐涂料涂装、防火涂料涂装
		钢管混凝土结构	构件现场拼装、构件安装、柱与混凝土梁连接、钢管内钢筋骨架、钢管内混凝土浇筑
		型钢混凝土结构	型钢焊接、紧固件连接、型钢与钢筋连接、型钢构件组装及预拼装、型钢安装、模板、混凝土
		铝合金结构	铝合金焊接、紧固件连接、铝合金零部件加工、铝合金构件组装、铝合金构件预拼装、铝合金框架结构安装、铝合金空间网格结构安装、铝合金面板安装、铝合金幕墙结构安装、防腐处理
		木结构	方木和原木结构、胶合木结构、轻型木结构、木结构防护
3	建筑装饰装修	建筑地面	基层铺设，整体面层铺设，板块面层铺设，木、竹面层铺设
		抹灰	一般抹灰、保温层薄抹灰、装饰抹灰、清水砌体勾缝
		外墙防水	外墙砂浆防水、涂膜防水、透气膜防水
		门窗	木门窗安装、金属门窗安装、塑料门窗安装、特种门安装、门窗玻璃安装
		吊顶	整体面层吊顶、板块面层吊顶、格栅吊顶
		轻质隔墙	板材隔墙、骨架隔墙、活动隔墙、玻璃隔墙
		饰面板	石板安装、陶瓷板安装、木板安装、金属板安装、塑料板安装
		饰面砖	外墙饰面砖粘贴、内墙饰面砖粘贴
		幕墙	玻璃幕墙安装、金属幕墙安装、石材幕墙安装、陶板幕墙安装
		涂饰	水性涂料涂饰、溶剂型涂料涂饰、美术涂饰
		裱糊与软包	裱糊、软包
		细部	橱柜制作与安装、窗帘盒和窗台板制作与安装、门窗套制作与安装、护栏和扶手制作与安装、花饰制作与安装

续表

序号	分部工程	子分部工程	分项工程
4	屋面	基层与保护	找坡层和找平层、隔汽层、隔离层、保护层
		保温与隔热	板状材料保温层、纤维材料保温层、喷涂硬泡聚氨酯保温层、现浇泡沫混凝土保温层、种植隔热层、架空隔热层、蓄水隔热层
		防水与密封	卷材防水层、涂膜防水层、复合防水层、接缝密封防水
		瓦面与板面	烧结瓦和混凝土瓦铺装、沥青瓦铺装、金属板铺装、玻璃采光顶铺装
		细部构造	檐口、檐沟和天沟、女儿墙和山墙、水落口、变形缝、伸出屋面管道、屋面出入口、反梁过水孔、设施基座、屋脊、屋顶窗
5	建筑给水排水及供暖	……	……
6	通风与空调	……	……
7	建筑电气	……	……
8	智能建筑	……	……
9	建筑节能	……	……
10	电梯	……	……

(2) 基本建设项目按照合理确定工程造价和基本建设管理工作的需要，划分为建设项目、单项工程、单位工程、分部工程、分项工程五个层次。工程量和造价是由局部到整体的一个分部组合计算的过程。认识建设项目的组成，对研究工程计量与工程造价确定（计价）与控制，具有重要作用。

1) 建设项目：一般是指在一个总体设计范围内，由一个或几个工程项目组成，经济上实行独立核算，行政上实行独立管理，并且具有法人资格的建设单位。通常，一个企业、事业单位就是一个建设项目。

在我国通常把建设一个企业、事业单位或一个独立工程项目作为一个建设项目。凡属于一个总体设计中分期分批建设的主体工程、水电气供应工程、配套或综合利用工程都应合并为一个建设项目。不能把不属于一个总体设计的工程，归算为一个建设项目，也不能把同一个总体设计内的工程，按地区或施工单位分为几个建设项目。

虽然建设项目具有投资额大、建设周期长的特点，但建设项目的管理者有权统一管理总体设计所规定的各项工程。建设项目的工程量是指建设的全部工程量，其造价一般指投资估算、设计总概算和竣工总决算的造价。

2) 单项工程：单项工程又称工程项目，它是建设项目的组成部分，是指具有独立的设计文件，竣工后可以独立发挥生产能力或使用效益的工程。如：单项工程中一般包括建筑工程和安装工程；工业建设中的一个车间或住宅区建设中的一幢住宅楼都是构成该建设项目的单项工程。有时，一个建设项目只有一个单项工程，则此单项工程也就是建设项目。

单项工程的工程量与工程造价，分别由构成该单项工程的各单位工程的工程量和造价的总和组成。

3）单位工程：单位工程是单项工程的组成部分。单位工程是指具有独立的设计文件，可以独立组织施工的工程，但建成后不能独立发挥生产能力或使用效益的工程。如一个生产车间的土建工程、电气照明工程、给排水工程、机械设备安装工程、电气设备安装工程等都是生产车间这个单项工程的组成部分，即单位工程。

施工图预算，往往针对单位工程进行编制。

4）分部工程：分部工程是单位工程的组成部分。分部工程一般按工种工程来划分。土建工程的分部工程是按建筑工程的主要部位划分的，例如：土石方工程、砖石工程、脚手架工程、钢筋混凝土工程、木结构工程、金属结构工程、装饰工程等。也可按单位工程的构成部分来划分，例如：基础工程、墙体工程、梁柱工程、楼地面工程、门窗工程、屋面工程等。一般建筑工程预算定额的分部工程划分综合了上述两种方法。

5）分项工程：分项工程是分部工程的组成部分。一般按照分部工程划分的方法，再将分部工程划分为若干个分项工程。一般是按生产分工，并能按某种计量单位计算，便于测定或统计工程基本构造要素和工程量来划分的，例如：基础工程还可以划分为基槽开挖、基础垫层、基础砌筑、基础防潮层、基槽回填土、土方运输等分项工程项目。分项工程划分的粗细程度，视具体编制概预算的不同要求而确定。一般情况下，概算定额的项目较粗，预算定额的项目较细。

分项工程是建筑工程的基本构造要素。通常，我们把这一基本构造要素称为“假定建筑产品。”假定建筑产品虽然没有独立存在的意义，但这一概念在预算编制原理、计划统计、建筑施工、工程概预算、工程成本核算等方面都是必不可少的重要概念。

土建工程的分项工程是按建筑工程的主要施工过程划分的。全国《房屋建筑与装饰工程消耗量定额（TY 01-31—2015）》定额子目及《房屋建筑与装饰工程工程量计算规范》（GB 50854—2013）清单项目，一般按分项工程划分，其单位是分项工程的计量单位。

只有建设项目、单项工程、单位工程的施工才能称为施工项目，而分部、分项工程不能称为施工项目。因为建设项目、单项工程是施工企业的完整产品，而分部、分项工程不是施工企业完整的产品，但是分部、分项工程是构成施工项目产品的组成部分，是工程计量与工程造价计算的基础。

某生产性基本建设项目划分示意见图 1-3。

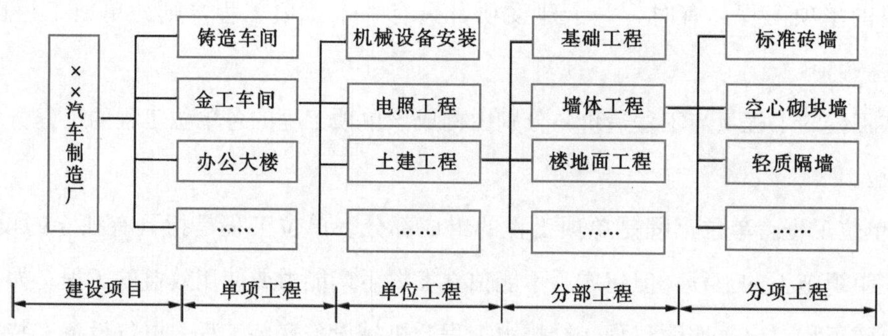

图 1-3　某生产性基本建设项目划分示意图

（三）基本建设项目与建筑工程（概）预算间的关系

1. 施工图预算的编制对象

建筑工程预算、安装工程预算、装饰工程预算等统称为施工图预算，因为它们都是根据施工图和预算定额编制的。一个完整的施工图预算是以单位工程为研究对象进行编制，即施工图预算确定单位工程的工程造价。

2. 基本建设项目与施工图预算

虽然施工图预算以单位工程为对象编制，但计算工程量时，必须以分项工程为对象进行一项一项地计算。

从基本建设项目划分中知道，建设项目→单项工程→单位工程→分部工程→分项工程之间是层层分解的关系。因此，当从分项工程开始计算工程量后，就可以层层汇总为一个单位工程。

施工图预算就是从分项工程计算工程量开始，然后套用对应计价定额中的分项工程，得到定额综合单价，再根据定额规定求得实际综合单价，最后根据《建筑安装工程费用项目组成》（建标〔2013〕44 号）规定，分别计算分部分项工程费、措施项目费、其他项目费、规费、税金等，最后汇总成单位工程造价。

由此可见，基本建设项目划分的规则确定了施工图预算的编制对象和工程量计算对象的范围，也确定了施工图预算编制的主要顺序。

第二节　建筑工程（概）预算的编制

一、建筑工程（概）预算的分类

建筑工程（概）预算之所以要进行分类，是由于基本建设程序的要求所决定的。其分类可以按编制阶段、编制依据、编制方法及用途的不同进行。

（一）投资估算

投资估算是指编制项目建议书、进行可行性研究报告阶段编制的工程造价。一般可按规定的投资估算指标，类似工程的造价资料，现行的设备、材料价格，并结合工程的实际情况进行投资估算。投资估算是对建设工程预期总造价所进行的优化、计算、核定及相应文件的编制，所预计和核定的工程造价称为估算造价。投资估算是进行建设项目经济评价的基础，是判断项目可行性和进行项目决策的重要依据，并作为以后建设阶段工程造价的控制目标限额。

投资估算方法分为建设投资简单估算法和投资分类估算法。其中建设投资简单估算法又分为生成能力指数法、比例估算法（拟建项目的全部设备为基数估算；拟建项目的最主要设备费为基数估算）、系数估算法（朗格系数法、设备及厂房系数法）、投资估算指标法（建设项目综合指标、单项工程指标、单位工程指标），前三种估算精度相对不高，主要用于投资机会研究和项目初步可行性研究阶段。在项目可行性研究阶段应采用投资估算指标法和投资分类估算法。

投资分类估算法分为建设工程费用的估算、设备及工器具购置的估算、安装工程费的估算、工程建设其他费的估算、基本预备费、涨价（价差）预备费、建设期利息（将在第三章讲）。

不同阶段投资估算精确度见表1-2。

表1-2　　不同阶段投资估算精确度

阶段		误差
第一阶段	投资设想时期	允许误差大于±30%
第二阶段	项目建议书（或投资机会研究）时期	误差控制在±30%以内
第三阶段	初步可行性研究时期	误差控制在±20%以内
第四阶段	详细可行性研究时期	误差控制在±10%以内
第五阶段	工程设计阶段	误差控制在±5%以内

（二）设计概算

设计概算是在初步设计阶段，在投资估算的控制下，由设计单位根据初步设计或扩大初步设计图纸及说明、概算定额或概算指标、综合预算定额、取费标准、设备材料预算价格等资料，编制和确定建设项目从筹建到竣工交付生产或使用所需全部费用的经济文件，包括建设项目总概算、单项工程综合概算、单位工程概算等。

设计概算是设计文件的重要组成部分，是由设计单位根据初步设计图纸、概算定额或概算指标、有关费用标准进行编制的。

设计概算是确定建设工程投资、编制工程建设计划、控制工程拨款或贷款、考核设计的合理性、进行材料订货等工作的依据。

（三）施工图预算

施工图预算是在施工图纸设计完成后、工程开工前，由建设单位（或施工单位）预先计算和确定单项或单位工程全部建设费用的经济文件。建设单位或其委托单位编制的施工图预算，可作为工程建设招标的标底。对于施工承揽方来说，为了投标也必须进行施工图预算。

设计概算和施工图预算均属基本建设预算的组成内容，两者除在编制依据、所处的编制阶段、所起的作用及分项工程项目划分上有粗细之分外，其编制方法基本相似。

（四）承包合同价

承包合同价是指在招标、投标工作中，经组织开标、评标、定标后，根据中标价格由招标单位和承包单位，在工程承包合同中，按有关规定或协议条款约定的各种取费标准计算的用以支付给承包方按照合同要求完成工程内容的价款总额。

按照合同类型和计价方法，承包合同价有总价合同、单价合同、成本加酬金合同、交钥匙统包合同等不同类型。

（五）竣工结算

竣工结算也称为工程结算，是指一个单位工程或单项工程完工后，经组织验收合格，由施工单位根据承包合同条款和计价的规定，结合工程施工中设计变更等引起工程建设费增加或减少的具体情况，编制并经建设或委托的监理单位签认的，用以表达该项工程最终实际造价为主要内容，作为结算工程价款依据的经济文件。竣工结算方式按工程承包合同规定办理，为维护建设单位和施工企业双方权益，应按完成多少工程，付多少款的方式结算工程价款。

（六）竣工决算

竣工决算也称为财务决算，是指建设项目全部竣工验收合格后编制的实际造价的经济文件。竣工决算可以反映建设交付使用的固定资产及流动资产的详细情况，可以作为财产交接、考核交付使用的财产成本以及使用部门建立财产明细表和登记新增资产价值的依据。通过竣工决算所显示的完成一个建设项目所实际花费的总费用，是对该建设项目进行清产核资和后评估的依据。

从投资估算、设计概算、施工图预算到承包合同价，再到各项工程的结算价和最后在结算价基础上编制竣工决算，整个计价过程是一个由粗到细、由浅到深，最后确定工程实际造价的过程，计价过程中各个环节之间相互衔接，前者制约后者，后者补充前者。在这种情况下，实行技术与经济相结合，研究和建立工程造价“全过程一体化”管理，改变“铁路警察各管一段”的状况，对建设项目投资或成本控制十分必要。特别值得一提的是施工预算，它是施工企业内部对单位工程进行施工管理的成本计划文件，是由施工单位根据会审的施工图纸、施工定额、施工组织设计，并考虑了各种节约因素，按照班组核算的要求于施工前编制的。施工预算是施工企业实行定额管理，进行内部核算、向班组下达施工任务书、签发限额领料单、控制工料消耗和签订内部承包合同的主要依据。施工预算和施工图预算在编制依据、编制方法、粗细程度和所起的作用等方面均有所不同。如果说施工图预算是确定施工企业在单位工程上收入的依据，那么，施工预算则是施工企业在单位工程上控制各项成本支出的依据。

二、建筑工程施工图预算

（一）建筑工程施工图预算的概念

1. 施工图预算的概念

施工图预算是施工图设计预算的简称，又称设计预算。它是根据建筑安装工程的施工图纸计算的工程量，施工组织设计确定的施工方案、现行工程计价定额、建设工程费用定额、主管部门规定的其他取费规定等，进行计算和编制的单位工程或单项工程建设费用的经济文件。施工图预算确定的工程造价是建筑及安装工程产品的计划价格。

施工图预算不是建设产品的最终价格，它仅仅是工程建设产品生产过程中的建筑工程、装饰工程、市政工程、机械设备安装工程、电气设备安装工程、管道设备安装工程等某一专业工程产品的造价。当把组成某一单项工程的各单位工程造价计算出来后，相加就求得了该单项工程造价。施工图预算一般不含设计概算中的设备及工器具购置等费用。

同时指出，根据同一套施工图纸，各单位或施工企业进行施工图预算的结果都不可能完全一样。因为，尽管施工图一样，按工程量计算规则计算的工程数量一样，采用的定额一样，按照建设主管部门规定的费用计算程序和其他费用规定也相同，但是，编制者所采用的施工方案不可能完全相同，材料预算价格也因工程所处不同的时间、地点或材料来源不同渠道等有所差异。所以，认为同一套施工图做出的施工图预算应一样的观点，不能完全反映客观现实的情况。

编制施工图预算是一项政策性和技术性很强的技术经济工作。建设工程产品本身的固定性、多样性、体积庞大、生产周期长等特征，导致了施工的流动性大、产品的单件性多、资源消耗多、受自然气候、地理条件的影响大等施工特点；建设工程产品的生产周期长，工程造价的时间价值十分突出，人工、材料、机械等市场价格的变化大；施工图预算编制人员的政策、业务水平的不同，使施工图预算的准确度相差甚大。这就要求施工图预算编制人员，不但需要具备一定的专业技术知识，熟悉施工过程，而且要具有全面掌握国家和地区工程定额及有关工程造价计费规定的政策水平和编制施工图预算的业务能力。

要完整、正确地编制施工图预算，必须深入现场，进行充分的调查研究，使预算的内容既能反映实际，又能适应施工管理工作的需要。同时，必须严格遵守国家工程建设的各项方针、政策和法令，做到实事求是，不弄虚作假，并注意不断研究和改进编制方法，提高效率，准确、及时地编制出高质量的预算，以满足工程建设的需要。

在编制施工图预算时应做到：

（1）熟悉本专业施工图纸表达的工程内容和本专业工程对象的施工及验收规范内容；

（2）了解实施该工程对象的施工方案或方法；

（3）掌握本专业工程量计算规则；

（4）全面理解现行工程计价定额、建设工程费用定额等规定；

（5）根据施工图计算的工程量，套用计价定额计算定额价格；

（6）根据规定计算分部分项工程费、措施项目费、其他项目费、规费、税金，汇总得到工程造价。

2. 施工图预算的作用

在社会主义市场经济条件下，施工图预算的主要作用是：

（1）施工图预算是设计阶段控制工程造价的重要环节，是控制施工图设计不突破设计概算的重要措施。

（2）施工图预算是编制或调整固定资产投资计划的依据。

（3）对于实行招标投标的工程，施工图预算是编制控制价（标底）的依据，也是承包企业投标报价的基础。

（4）对于不宜实行招标而采用施工图预算加调整价结算的工程，施工图预算可作为确定合同价款的基础或作为审查施工企业提出的施工图预算的依据。

（二）建筑工程施工图预算的内容

施工图预算有单位工程预算、单项工程预算和建设项目总预算。单位工程预算是根据施工图设计文件、现行国家计价规范、各省市及地区建设工程计价定额、建设工程费用定额等计价依据，以一定方法，编制单位工程施工图预算。汇总所有各单位工程施工图预算，成为单项工程施工图预算。汇总所有单项工程施工图预算，便成为建设项目总预算。

单位工程预算包括建筑工程预算和设备安装工程预算。建筑工程预算按其工程性质分为一般土建工程预算、给水排水安装工程预算（包括室内外给水排水工程、采暖通风工程、煤气工程等）、电气照明工程预算、弱电工程预算、特殊构筑物（如炉窑、烟囱、水塔等）工程预算和工业管道工程预算等。设备安装工程预算可分为机械设备安装工程预算、电气设备安装工程预算和热力设备安装工程预算等。

建筑工程施工图预算是具体计算建筑工程预算造价的经济技术文件。一份完整的单位工程施工图预算书由下列内容组成以及装订顺序要求。

1. 封面

封面主要用来反应工程概况。封面填写内容一般应写明建设单位、单位工程名称、建设地点、工程类别、结构类型、工程规模（建筑面积）；预算总造价、单方造价；编制单位的名称、技术负责人、编制人（资格证章）和编制日期；审查单位的名称、技术负责人、审核人（资格证章）和审核日期等。

2. 编制说明

编制说明是编制者向审核者交代编制方面有关情况，包括编制依据、工程性质、内容范围、设计图纸号、所用工程计价依据编制年份（即价格水平年份）、有关部门的调价文件号、套用单价或补充单位估价表方面的情况，以及其他需要说明的问题。

编制说明主要说明所编预算在预算表中无法表达，而又需要使审核单位（或人员）与使用单位（或人员）必须了解的内容。其内容一般应包括施工现场（如土质、标高）与施工图说明不符的情况，对建设单位提供的材料与半成品预算价格的处理，施工图纸的重大修改，对施工图纸说明不明确之处的处理，基础的特殊处理，特殊项目及特殊材料补充单价的编制依据与计算说明，经甲乙双方协商同意编入预算的项目说明，未定事项及其他应予以说明的问题等。

3. 费用汇总表

费用汇总表指组成单位工程预算造价各项费用的汇总表。其中主要内容包括分部分项工程费、措施项目费、其他项目费、规费、税金等。

4. 各项费用计算表格

（1）分部分项工程项目清单汇总表：各分部分项工程项目清单计价表。

（2）措施项目清单汇总表：单价措施项目清单计价表、总价措施项目清单计价表等。

（3）其他项目清单汇总表：暂列金额计价表、暂估价计价表、计日工计价表、总承包服务费计价表、索赔及现场签证计价表等。

（4）规费项目清单汇总表：规费项目清单计价表（规费包含社会保险费、住房公积金、工程排污费）。

（5）税金项目清单汇总表：增值税计价表、附加税计价表（城市维护建设税、教育费附加、地方教育费附加）、环境保护税计价表（按实计算）。

（6）综合单价分析表：分部分项工程项目综合单价分析表、单价措施项目综合单价分析表。

5. 人工、材料、机械价差汇总表

人工、材料、机械汇总是指各项分部分项工程所需人工、材料和机械台班消耗量的汇总。人工、材料、机械价差汇总表，主要是根据招标投标文件、合同、政策等的规定，对计价定额中原有人工、材料、机械价格进行调整，从而实现动态管理的目的。

（三）建筑工程施工图预算的编制依据

1. 施工图纸及说明书和标准图集

经审定的施工图纸、说明书和标准图集，完整地反映了工程的具体内容做法，各部的具体结构尺寸、技术特征以及施工方法，是编制施工图预算的重要依据。

2. 现行国家计价规范及省市或地区预算定额（工程计价定额）

国家和地区都颁发有现行建筑、安装工程预算定额、工程计价定额和相应的工程量计算规则，是编制施工图预算，确定分项工程子目、计算工程量、选用工程计价定额、计算分部分项工程费、措施项目费、其他项目费等的主要依据。

3. 施工组织设计或施工方案

因为施工组织设计或施工方案中包括了编制施工图预算所需的工程自然条件、技术经济条件、主要施工方法、机械设备选择等必不可少的有关资料，如建设地点的土质、地质情况，土石方开挖的施工方法及余土外运方式与运距，施工机械使用情况，结构构件预制加工方法及运距，重要的梁板柱的施工方案，重要或特殊机械设备的安装方案等。

由于我国地域辽阔，各地的施工技术水平不完全相同，有的地区比较先进，有的地区受各种因素的限制，施工技术相对落后，各地的工程计价定额在确定定额的编制水平上就不相同，而计价定额必须按照当时当地的生产力水平相同或接近，必须按照现行的技术规范、安全操作规程等编制计价定额，因此各地区的建筑工程定额水平不相同，而且都已经考虑了常规的施工方法，所以有时在进行施工图预算编制时没有参考施工组织设计或施工方案。

4. 人工、材料、机械台班预算价格及调价规定

人工、材料、机械台班预算价格是预算定额的三要素，是构成分部分项工程费、措施项目费的主要因素。其中，材料费在工程成本中占的比重大，而且在市场经济条件下，人工、材料、机械台班的价格是随市场而变化的。

为使预算造价尽可能接近实际，各地区主管部门对此都有明确的调价规定，主要是根据招标投标文件、合同、政策等的规定，对计价定额中原有人工、材料、机械价格进行调整。因此，人工、材料、机械台班预算价格及其调价规定是编制施工图预算的重要依据。

5. 建筑安装工程费用定额

建筑安装工程费用定额是各省、市、自治区和各专业部门规定的费用定额及计算程序，规定了各项费用的组成及内容、费用（费率）标准、计价程序、各种费用计价表格等。

6. 预算员工作手册及有关工具书

预算员工作手册和工具书包括了计算各种结构件面积和体积的公式，钢材、木材等各种材料规格型号及用量数据，各种单位换算比例，特殊断面、结构件的工程量的速算方法，金属材料质量（密度）表等。显然，以上这些公式、资料、数据是施工图预算中常常要用到的，是编制施工图预算必不可少的依据。

三、建筑工程施工图预算的编制方法和步骤

1. 施工图预算的编制方法

按照国际惯例，目前我国建筑工程的工程计价采用清单进行施工图预算的编制，采用综合单价计价，综合单价包含人工费、材料费、施工机具使用费、企业管理费、利润、一般风险费等费用。根据综合单价计算分部分项工程费、措施项目费、其他项目费等，再计算利润和税金，便可得出单位工程的施工图预算造价。

2. 编制施工图预算的步骤

编制施工图预算的步骤如图 1-4 所示。

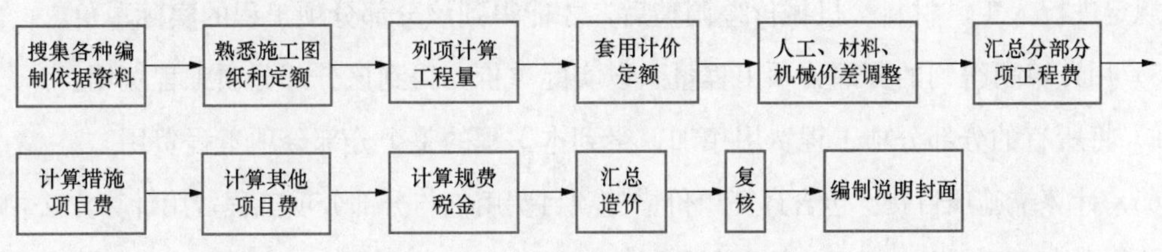

图 1-4 编制施工图预算的步骤

具体步骤如下：

（1）搜集各种编制依据资料。各种编制依据资料包括施工图纸、施工组织设计或施工方案、现行建筑安装工程预算定额、费用定额、统一的工程量计算规则、预算工作手册和工程所在地区的材料、人工、机械台班预算价格与调价规定等。

（2）熟悉施工图纸和定额。只有对施工图和预算定额有全面详细的了解，才能全面准确地计算出工程量，进而合理地编制出施工图预算造价。

（3）计算工程量。工程量的计算在整个预算过程中是最重要、最繁重的一个环节，不仅影响预算的及时性，而且影响预算造价的准确性。因此，必须在工程量计算上狠下工夫，确保预算质量。

计算工程量一般可按下列具体步骤进行：

1）根据施工图示的工程内容和定额项目，列出计算工程量的分部分项工程；

2）根据一定的计算顺序和计算规则，列出计算式；

3）根据施工图示尺寸及有关数据，代入计算式进行数学计算；

4）按照定额中的分部分项工程的计量单位对相应的计算结果的计量单位进行调整，使之一致。

（4）套用计价定额，人工、材料、机械价差调整、计算分部分项工程费用。

套用计价定额时需注意如下几点：

1）分项工程的名称、规格、计量单位必须与预算定额或单位估价表所列内容一致，否则重套、错套、漏套预算基价都会引起直接工程费的偏差，导致施工图预算造价偏高或偏低。

2）当施工图纸的某些设计要求与定额单价的特征不完全符合时，必须根据定额使用说明要求对定额基价进行调整或换算。

3）当施工图纸的某些设计要求与定额单价的特征相差甚远，既不能直接套用也不能换算、调整时，必须编制补充单位估价表或补充定额。

4）套用计价定额时，定额中每个分部分项工程的定额单价是具有时效性的，必须根据当地规定进行人工、材料、机械价差调整后，才能得到该分部分项工程的实际单价。

5）用计算所得到的分部分项工程量乘以实际单价，得到该分部分项工程费用。

6）将所有的分部分项工程费用相加，得到本工程的整个分部分项工程费用。

（5）计算措施项目费。包含计算单价措施项目费用（与分部分项工程费用计算方法相同），计算总价措施项目费用（根据建筑工程费用定额的规定程序计算，一般为给定费率计算）。

（6）计算其他项目费。其他项目费为暂列金额、暂估价、计日工、总承包服务费等。其中总承包服务费根据建筑工程费用定额的规定程序计算，一般为给定费率计算，其他费用按照实际计算。

（7）计算规费、税金。根据建筑工程费用定额的规定程序计算，一般为给定费率计算。

规费包含社会保险费、住房公积金、工程排污费。

税金包含增值税、附加税（城市维护建设税、教育费附加、地方教育费附加）、环境保护税（按实计算）。

（8）汇总造价。按照建筑安装工程造价构成中规定，根据单位工程计价程序，汇总单位工程造价。

（9）复核。单位工程预算编制后，有关人员对单位工程预算进行复核，以便及时发现差错。复核时应对工程量计算公式和结果、套用定额基价、各项费用的取费费率及计算基础和计算结果、材料和人工预算价格及其价格调整等方面是否正确进行全面复核。

(10) 编制说明、填写封面。

四、工程造价的特点

1. 大额性

要发挥工程项目的投资效用，其工程造价都非常昂贵，动辄数百万、数千万，特大的工程项目造价可达百亿人民币。

2. 个别性、差异性

任何一项工程都有特定的用途、功能和规模。因此，对每一项工程的结构、造型、空间分割、设备配置和内外装饰都有具体的要求，所以工程内容和实物形态都具有个别性、差异性。

产品的差异性决定了工程造价的个别性差异。同时，每期工程所处的地理位置也不相同，使这一特点得到了强化。

3. 动态性

任何一项工程从决策到竣工交付使用，都有一个较长的建设期。在建设期内，往往由于不可控制因素，造成许多影响工程造价的动态因素，如设计变更，材料、设备价格，工资标准以及取费费率的调整，贷款利率、汇率的变化，都必然会影响到工程造价的变动。所以，工程造价在整个建设期处于不确定状态，直至竣工决算后才能最终确定工程的实际造价。

4. 层次性

工程造价的层次性取决于工程的层次性。一个建设项目往往包含多项能够独立发挥生产能力和工程效益的单项工程。一个单项工程又由多个单位工程组成。与此相应，工程造价有三个层次，即建设项目总造价、单项工程造价和单位工程造价。

如果专业分工更细，分部分项工程也可以作为承发包的对象，如大型土方工程、桩基础工程、装饰工程等。这样工程造价的层次因增加分部工程和分项工程而成为五个层次。即使从工程造价的计算程序和工程管理角度来分析，工程造价的层次也是非常明确的。

5. 兼容性

首先表现在本身具有的两种含义（一种是从项目建设角度提出的建设项目工程总投资费用。包括：建筑安装工程费用、设备及工器具购置费，征用土地费、项目可行性研究费用、规划设计费等，是一个广义概念；另一种是从工程交易或工程承发包角度提出的建筑安装工程造价，它是一个狭义概念）。其次表现在工程造价本身构成的广泛性和复杂性，即工程造价不单是工程项目实体所发生的费用，它受多种条件约束，兼容多种特性。

第二章 建筑工程定额

【思政元素】 古代建筑工程中的工料定额

早在北宋时期，著名的土木建筑家李诫编修的《营造法式》，是我国工料计算方面的第一部巨著，其中一部分对工料的规定，可以看做是古代的工料定额，可见，那时已有了工程造价的雏形。

清朝工部颁布的《工程做法则例》，是继宋代《营造法式》之后官方颁布的又一部较为系统全面的建筑工程专业图书，书中列举了27种不同形制建筑物，包括各种房屋营造范例和工料估算限额，是又一部优秀的算工算料著作。

梁思成先生也曾编订了一本《营造算例》。

这些资料都是我国古代工程造价的历史见证。

中华文化源远流长、博大精深，作为新时代的年轻人要不断学习和弘扬中华文明，增强文化自信与民族自信，肩负起时代赋予的重任，志存高远，脚踏实地。

第一节 概 述

一、定额的起源和发展

定额是企业科学管理的产物，最先由美国工程师泰勒（F·W·Taylor，1856～1915）开始研究。

20世纪初，在资本主义国家，企业的生产技术得到了很大的提高，但由于管理跟不上，经济效益仍然不理想。为了通过加强管理提高劳动生产率，泰勒开始研究管理方法。它首先将工人的工作时间划分为若干个组成部分，如划分为准备工作时间、基本工作时间、辅助工作时间等，然后用秒表来测定完成各项工作所需的劳动时间，以此为基础制定工时消耗定额，作为衡量工人工作效率的标准。

在研究工人工作时间的同时，泰勒把工人在劳动中的操作过程分解为若干个操作步骤，去掉那些多余和无效的动作，制定出最佳操作顺序、付出体力最少、节省工作时间的操作方法，以期达到提高工作效率的目的。可见，运用该方法制定工时消耗定额是建立在先进合理的操作方法基础上的。

制定科学的工时定额、实行标准的操作方法、采用先进的工具和设备，再加上有差别的计件工资制，就构成了“泰勒制”的主要内容。

泰勒制给资本主义企业管理带来了根本的变革。因而，在资本主义管理史上，泰勒被尊为“科学管理之父”。

在企业管理中采用实行定额管理的方法来促进劳动生产率的提高，正是泰勒制中科学的有价值的内容，我们应该用来为社会主义市场经济建设服务。定额虽然是管理科学发展初期的产物，但它在企业管理中占有重要地位。因为定额提供的各项数据，始终是实现科学管理的必要条件，所以，定额是企业科学管理的基础。

二、定额的基本概念

（一）定额的概念

所谓定，就是规定；额，就是额度或限额，是进行生产经营活动时，在人力、物力、财力消耗方面所应遵守或达到的数量标准。从广义理解，定额就是规定的额度或限额，即标准或尺度。也是处理特定事物的数量界限。

在现代社会经济生活中，定额几乎是无处不在。就生产领域来说，工时定额、原材料消耗定额、原材料和成品半成品储备定额、流动资金定额等，都是企业管理的重要基础。在工程建设领域也存在多种定额，它是工程造价计价的重要依据。

（二）建设工程定额的概念

建设工程定额是指在正常的施工条件和合理劳动组织、合理使用材料及机械的条件下，完成单位合格产品所必须消耗资源的数量标准。

建设工程定额是工程造价的计价依据，反映社会生产力投入和产出关系的定额，在建设管理中不可缺少。尽管建设管理科学在不断发展，但是仍然离不开建设工程定额。

定额的这个概念适用于建设工程的各种定额。定额概念中的“正常施工条件”，是界定研究对象的前提条件的。一般在定额子目中，仅规定了完成单位合格产品所必须消耗人工、材料、机械台班的数量标准，而定额的总说明、册说明、章说明中，则对定额编制的依据、定额子目包括的内容和未包括的内容、正常施工条件和特殊条件下，数量标准的调整系数等均作了说明和规定，所以了解正常施工条件，是学习使用定额的基础。

定额概念中“合理劳动组织、合理使用材料和机械”的含义，是指按定额规定的劳动组织、施工应符合国家现行的施工及验收规范、规程、标准等，施工条件完善，材料符合质量标准，运距在规定的范围内，施工机械设备符合质量规定的要求，运输、运行正常等。

定额概念中“单位合格产品”的单位是指定额子目中的单位。合格产品的含义是施工生产提供的产品，必须符合国家或行业现行施工及验收规范和质量评定标准的要求。

定额概念中“资源”是指施工中人工、材料、机械、资金这些生产要素。

定额不仅规定了建设工程投入产出的数量标准，而且还规定了具体工作内容、质量标准和安全要求。考察个别生产过程中的投入产出关系不能形成定额，只有大量科学分析、考察建设工程中投入和产出关系，并取其平均先进水平或社会平均水平，才能确定某一研究对象的投入和产出的数量标准，从而制定定额。

三、定额的分类

建筑工程定额的种类很多，根据内容、用途和使用范围的不同，可分为以下几类。

（一）按定额反映的生产要素内容分类

进行物质资料生产所必须具备的三要素是：劳动者、劳动对象和劳动手段。劳动者是指生产工人，劳动对象是指建筑材料和各种半成品等，劳动手段是指生产机具和设备。为了适应建筑施工活动的需要，定额可按这三个要素编制，即劳动消耗定额、材料消耗定额、机械消耗定额。

1. 劳动消耗定额

劳动消耗定额简称劳动定额，也称为人工定额，它规定了在一定的技术装备和劳动组织条件下，某工种某等级的工人或工人小组，生产单位合格产品所需消耗的劳动时间；或是在单位工作时间内生产合格产品的数量标准。前者称为时间定额，后者称为产量定额。

2. 材料消耗定额

材料消耗定额是指规定在正常施工条件、节约和合理使用材料条件下，生产单位合格产品所必须消耗的一定品种规格的原材料、半成品、构配件的数量标准。

3. 机械消耗定额

我国机械消耗定额是以一台机械一个工作班为计量单位，所以又称为机械台班使用定额。它规定了在正常施工条件下，利用某种施工机械，生产单位合格产品所必须消耗的机械工作时间；或者在单位时间内施工机械完成合格产品的数量标准。

（二） 按定额的编制程序和用途分类

根据定额的编制程序和用途，可以把工程建设定额分为施工定额、预算定额、概算定额、概算指标、投资估算指标等五种。

1. 施工定额

施工定额是以同一性质的施工过程——工序，作为研究对象，表示生产产品数量与时间消耗综合关系编制的定额。施工定额是施工企业（建筑安装企业）组织生产和加强管理在企业内部使用的一种定额，属于企业定额的性质。它是工程建设定额中的基础性定额，同时也是编制预算定额的基础。施工定额本身由劳动定额、材料消耗定额和机械台班使用定额三个相对独立的部分组成。

2. 预算定额

预算定额是以建筑物或构筑物各个分部分项工程为对象编制的定额。其内容包括劳动定额、材料消耗定额、机械台班使用定额三个基本部分，是主要反应消耗量标准的定额，是一种非计价性定额。从编制程序上看，预算定额是以施工定额为基础综合扩大编制的，同时它也是编制概算定额的基础。随着经济发展，在一些地区出现了综合预算定额的形式，它实际上是预算定额的一种，只是在编制方法上更加扩大、综合、简化。

随着计算机的使用，预算定额在编制过程中，时常将当时当地的人工、材料、机械价格列入预算定额中，不仅仅只涉及分部分项工程消耗量的标准，同时还涉及定额中人工费、材料费、施工机具使用费等，是一种计价定额模式，因此我们今天看到的预算定额其实已经变成计价性定额，所以直接将预算定额归类在计价性定额中。

3. 概算定额

概算定额是以扩大的分部分项工程或单位扩大结构构件为对象，表示完成合格的该工程项目所需消耗的人工、材料和机械台班的数量标准，同时它也列有工程费用，也是一种计价性定额。一般是在预算定额的基础上通过综合扩大编制而成，同时也是编制概算指标的基础。

4. 概算指标

概算指标是概算定额的扩大与合并，它是以整个建筑物和构筑物为对象，以 m^2、m^3、座等为计量单位编制的。概算指标的内容包括劳动、机械台班、材料定额三个基本部分，同时还列出了各结构分部的工程项目特征及单位建筑工程（以面积或体积计）的造价，是一种计价定额。例如每 1000m^2 房屋或构筑物、每 1000m 管道或道路、每座小型独立构筑物所需要的人工、材料和机械台班的数量等。为了增加概算指标的适用性，也以房屋或构筑物的扩大的分部工程或结构构件为对象编制，称为扩大结构定额。

由于各种工程类别建筑物的建设定额所需要的人工、材料和机械台班数量不一样，概算指标通常按工业建筑和民用建筑分别编制。工业建筑中又按各工业部门类别、企业大小、车间结构编制，民用建筑按照用途性质、建筑层高、结构类别编制。

概算指标的设定与初步设计的深度相适应，一般是在概算定额和预算定额的基础上编制的，是概算定额的综合扩大。概算指标是设计单位编制工程概算或建设单位编制年度任务计划、施工准备期间编制材料和机械设备供应计划的依据，也可供国家编制年度建设计划参考。

5. 投资估算指标

投资估算指标是在项目建议书和可行性研究阶段编制投资估算、计算投资需要量时使用的一种定额。它往往以独立的单项工程或完整的工程项目为计算对象，编制内容是所有项目费用之和。其概略程度与可行性研究相适应。投资估算指标往往根据历史的预、决算资料和价格变动等资料编制，但其编制基础仍然离不开预算定额、概算定额。

（三）按照投资的费用性质分类

按照投资的费用性质可以把工程建设定额分为建筑工程定额，设备安装工程定额，建筑安装工程费用定额，工、器具购置费定额以及工程建设其他费用定额等。

1. 建筑工程定额

建筑工程定额是建筑工程的施工定额、预算定额、概算定额和概算指标的统称。建筑工程，一般理解为房屋和构筑物工程。广义上它也被理解为除房屋和构筑物外还包含其他各类工程，如道路、铁路、桥梁、隧道、运河、堤坝、港口、电站、机场等工程。在我国统计年鉴中对固定资产投资构成的划分，就是根据这种理解设计的。广义的建筑工程概念几乎等同于土木工程的概念。从这一概念出发，建筑工程在整个工程建设中占有非常重要的地位。根据统计资料，在我国的固定资产投资中，建筑工程和安装工程的投资占 60%左右。因此，建筑工程定额在整个工程建设定额中是一种非常重要的定额，在定额管理中占有突出的地位。

2. 设备安装工程定额

设备安装工程定额是设备安装工程的施工定额、预算定额、概算定额和概算指标的统称。设备安装工程是对需要安装的设备进行定位、组合、校正、调试等工作的工程。在工业项目中，机械设备安装和电气设备安装工程占有重要的地位。因为生产设备大多要安装后才能运转，不需要安装的设备很少。在非生产性的建设项目中，由于社会生活和城市设施的日益现代化，设备安装工程量也在不断增加。所以设备安装工程定额也是工程建设定额中的重要部分。

建筑工程定额和设备安装工程定额是两种不同类型的定额。一般都要分别编制，各自独立。但是建筑工程和设备安装工程是单项工程的两个有机组成部分，在施工中有时间连续性、也有作业的搭接和交叉，需要统一安排，相互协调，在这个意义上通常把建筑和安装工程作为一个施工过程来看待，即建筑安装工程。所以在通用定额中有时把建筑工程定额和安装工程定额合二为一，称为建筑安装工程定额。建筑安装工程定额属于直接工程费定额，仅仅包括施工过程中人工、材料、机械消耗定额。

3. 建筑安装工程费用定额

建筑安装工程费用定额是建筑安装工程造价的重要计价依据，一般是以某个或多个自变量为计算基础，确定专项费用计算标准的经济文件。

4. 工、器具购置费定额

工、器具定额是为新建或扩建项目投产运转首次配置的工具、器具数量标准。工具和器具，是指按照有关规定不够固定资产标准而起劳动手段作用的工具、器具和生产用家具，如翻砂用模型、工具箱、计量器、容器、仪器等。

5. 工程建设其他费用定额

工程建设其他费用定额是独立于建筑安装工程、设备和工器具购置之外的其他费用开支的标准。工程建设的其他费用的发生和整个项目的建设密切相关。它一般要占项目总投资的10%左右。其他费用定额是按各项独立费用分别制定的，以便合理控制这些费用的开支。

（四）按照专业性质分类

按照专业性质，工程建设定额分为全国通用定额、行业通用定额和专业专用定额三种。全国通用定额是指在部门间和地区间都可以使用的定额；行业通用定额是指具有专业特点在行业部门内可以通用的定额；专业专用定额是特殊专业的定额，只能在制定的范围内使用。

（五）按编制单位和管理权限分类

工程建设定额可以分为全国统一定额、行业统一定额、地区统一定额、企业定额、补充定额五种。

1. 全国统一定额

全国统一定额是由国家建设行政主管部门，综合全国工程建设中技术和施工组织管理的情况编制，并在全国范围内执行的定额。

2. 行业统一定额

行业统一定额，是考虑到各行业部门专业工程技术特点，以及施工生产和管理水平编制的。一般是只在本行业和相同专业性质的范围内使用。

3. 地区统一定额

地区统一定额包括省、自治区、直辖市定额。地区统一定额主要是考虑地区性特点和全国统一定额水平作适当调整和补充编制的。

4. 企业定额

企业定额是指由施工企业考虑本企业具体情况，参照国家、部门或地区定额的水平制定的定额。企业定额只在企业内部使用，是企业管理水平的一个标志。企业定额水平一般应高于国家现行定额，才能满足生产技术发展、企业管理和市场竞争的需要。

5. 补充定额

补充定额是指随着设计、施工技术的发展，现行定额不能满足需要的情况下，为了补充缺陷所编制的定额。补充定额只能在制定的范围内使用，可以作为以后修订定额的基础。

上述各种定额虽然适用于不同的情况和用途，但是它们是一个互相联系的、有机的整体，在实际工作中配合使用。

四、工程建设定额的特点

（一）科学性特点

工程建设定额的科学性包括两重含义。一重含义是指工程建设定额和生产力发展水平相适应，反映出工程建设中生产消费的客观规律。另一重含义，是指工程建设定额管理在理论、方法和手段上适应现代科学技术和信息社会发展的需要。

工程建设定额的科学性，首先表现在用科学的态度制定定额，尊重客观实际，力求定额水平合理；其次表现在制定定额的技术方法上，利用现代科学管理的成就，形成一套系统的、完整的、在实践中行之有效的方法；第三表现在定额制定和贯彻的一体化。制定是为了提供贯彻的依据，贯彻是为了实现管理的目标，也是对定额的信息反馈。

建筑安装工程定额主要表现在用科学的态度和方法，总结我国大量投入和产出的关系、资源消耗数量标准的客观规律，制定的定额符合国家有关标准、规范的规定，反映了一定时期我国生产力发展的水平。在认真研究施工生产过程中的客观规律的基础上，通过长期的观察、测定、总结生产实践经验以及广泛搜集资料的基础上编制的。在编制过程中，必须对工作时间分析、动作研究、现场布置、工具设备改革，以及生产技术与组织管理等各方面，进行科学的综合研究。因而，制定的定额客观地反映了施工生产企业的生产力水平，所以定额具有科学性。

（二）系统性特点

工程建设定额是相对独立的系统。它是由不同层次的多种定额等结合而成的一个有机整体。它的结构复杂，有鲜明的层次，有明确的目标。

工程建设定额的系统性是由工程建设的特点决定的。按照系统论的观点，工程建设本身就是庞大的实体系统。工程建设定额是为这个实体系统服务的。因而工程建设本身的多种类、多层次就决定了以它为服务对象的工程建设定额的多种类、多层次。

（三）统一性特点

工程建设定额的统一性按照其影响力和执行范围来看，有全国统一定额、地区统一定额和行业统一定额等；按照定额的制定、颁布和贯彻使用来看，有统一的程序、统一的原则、统一的要求和统一的用途。

工程建设定额的统一性，主要是由国家对经济发展有计划的宏观调控职能决定的。为了使国民经济按照既定的目标发展，就需要借助于某些标准、定额、参数等，对工程建设进行规划、组织、调节、控制。这些标准、定额、参数必须在一定的范围内是一种统一的尺度，才能实现上述职能，才能利用它对项目的决策、设计方案、投标报价、成本控制进行比选和评价。全国统一定额，实行量价分离，规定建设施工的人工，材料、机械等消耗量标准，就是国家对消耗量标准的宏观管理，而对人工、材料、机械等单价，由工程造价管理机构依据市场价格的变化发布工程造价相关信息和指数，通过市场竞争形成工程造价，体现了定额等计价依据的宏观调控性。

（四）权威性特点

定额是由国家授权部门，根据当时的实际生产力水平制定并颁发的，具有很大的权威，这种权威性在一些情况下具有经济法规性质，各地区、部门和相关单位，都必须严格遵守，未经许可，不得随意改变定额的内容和水平，以保证建设工程造价有统一的尺度。

在市场经济条件下，定额在执行过程中允许企业根据招投标等具体情况进行调整，使其体现市场经济的特点。建筑安装工程定额既能起到国家宏观调控市场，又能起到让建筑市场充分发展的作用，就必须要有一个社会公认的，在使用过程中可以有根据地改变其水平的定额。这种具有权威性控制量的定额，各业主和工程承包商可以根据生产力水平状况进行适当调整。

具有权威性和灵活性的建筑安装工程定额是符合社会主义市场经济条件下建筑产品的生

产规律。

定额的权威性是建立在采用先进科学的编制方法基础之上的，能正确反映本行业的生产力水平，符合社会主义市场经济的发展规律。

（五）稳定性与时效性

定额反映了一定时期社会生产力水平，一定时期技术发展和管理水平的反映。当生产力水平发生变化，原定额已不适用时，授权部门应当根据新的情况制定出新的定额或修改、调整、补充原有的定额。但是，社会和市场的发展有其自身的规律，有一个从量变到质变的过程，而且定额的执行也有一个时间过程。所以，定额发布后，在一段时期内表现出相对稳定性。保持定额的稳定性是维护定额的权威性所必须的。如果某种定额处于经常修改变动之中，那么必然造成执行中的困难和混乱，使人们感到没有必要去认真对待它，很容易导致定额权威性的丧失。工程建设定额的不稳定也会给定额的编制工作带来极大的困难。

工程建设定额的稳定性是相对的。当生产力向前发展了，定额就会与已经发展了的生产力不相适应。它原有的作用就会逐步减弱以至消失，需要重新编制或修订。在各种定额中，工程项目划分和工程量计算规则比较稳定，一般能保持几十年。人工、材料、机械消耗定额，一般能相对稳定 5～10 年。材料单价、工程造价指数稳定时间较短。

（六）群众性

定额的群众性是指定额的制定和执行都必须有广泛的群众基础。因为定额水平的高低主要取决于建筑安装工人所创造的劳动生产力水平的高低；其次，工人直接参加定额的测定工作，有利于制定出容易掌握和推广的定额；最后，定额的执行要依靠广大职工的生产实践活动方能完成，也只有得到群众的支持和协助，定额才会定得合理，并能为群众所接受。

五、定额编制方法

（一）技术测定法

技术测定法是一种科学的调查研究方法。它是通过对施工过程的具体活动进行实地观察，详细记录工人和施工机械的工作时间消耗，测定完成产品的数量和有关影响因素，将记录结果进行分析研究，整理出可靠的数据资料，为编制定额提供可靠数据的一种方法。

常用的技术测定方法包括：测时法、写实记录法、工作日写实法。

（二）经验估计法

经验估计法是根据定额员、技术员、生产管理人员和老工人的实际工作经验，对生产某一产品或某项工作所需的人工、材料、机械台班数量进行分析、讨论和估算后，确定定额消耗量的一种方法。

（三）统计计算法

统计计算法是一种用过去统计资料编制定额的一种方法。

（四）比较类推法

比较类推法也称典型定额法。比较类推法是在相同类型的项目中，选择有代表性的典型项目，用技术测定法编制出定额，然后根据这些定额用比较类推的方法编制其他相关定额的一种方法。

第二节 施 工 定 额

一、施工定额的概念

施工定额是指在全国统一定额指导下，以同一性质的施工过程为测算对象，规定建筑安装工人或班组，在正常施工条件下完成单位合格产品所需消耗人工、材料、机械台班数量标准。

施工定额是施工企业内部直接用于组织与管理施工的一种技术定额，是指规定在工作过程或综合工作过程中所生产合格单位产品必须消耗的活劳动与物化劳动的数量标准。

施工定额是地区专业主管部门和企业的有关职能机构，根据专业施工的特点规定出来并按照一定程序颁发执行的。它反映了制定和颁发施工定额的机构和企业，对工人劳动成果的要求，也是衡量建筑安装企业劳动生产率水平和管理水平的标准。

二、施工定额的组成、作用

（一）施工定额的组成

施工定额由劳动消耗定额、机械消耗（台班使用）定额和材料消耗定额所组成。

施工定额中的人工、材料、机械消耗量标准，应根据各地区（企业）的技术和管理水平，结合工程质量标准、安全操作规程等技术规范要求，采用平均先进水平编制。施工定额的项目划分较细，是建筑工程定额中的基础定额，也是预算定额的编制基础，但施工定额测算的对象是施工过程，而预算定额的测算对象是分部分项工程。预算定额是施工定额的综合扩大，这两者不能混淆。

（二）施工定额的作用

施工定额是企业内部直接用于组织与管理施工，控制工料机消耗的一种定额，在施工过程中，施工定额是施工企业的生产定额，是企业管理工作的基础。在施工企业管理中有如下方面的主要作用：

1. 施工定额是编制施工预算、进行“两算”（施工图预算和施工预算）对比、加强企业

成本管理的依据

施工预算是指按照施工图纸和说明书计算的工程量，根据施工组织设计的施工方法、采用施工定额，并结合施工现场实际情况，编制的拟完成某一单位合格产品，所需要的人工、材料、机械消耗数量和生产成本的经济文件。没有施工定额，施工预算无法进行编制，就无法进行“两算”对比，企业管理就缺乏基础。

2. 施工定额是组织施工的依据

施工定额是施工企业下达施工任务单、劳动力安排、材料供应和限额领料、机械调度的依据；是编制施工组织设计，制订施工作业计划和人工、材料、机械台班需用量计划的依据；是施工队向工人班组签发施工任务书和限额领料单的依据。

3. 施工定额是计算劳动报酬和按劳分配的依据

目前，施工企业内部推行多种形式的经济承包责任制，是计算承包指标和考核劳动成果，发放劳动报酬和奖励的依据；是实行计件、定额包工包料、考核工效的依据；是班组开展劳动竞赛、班组核算的依据。

4. 施工定额能促进技术进步和降低工程成本

施工定额的编制采用平均先进水平，所谓平均先进水平，是指在正常条件下，多数施工班组或生产者经过努力可以达到，少数班组或生产者可以接近，个别班组或生产者可以超过的水平。一般来说，它低于先进水平，略高于平均水平。这种水平使先进的班组或工人感到有一定压力，能鼓励他们进一步提高技术水平；大多数处于中间水平的班组或工人感到定额水平可望也可及，能增强他们达到定额甚至超过定额的信心。平均先进水平不迁就少数后进者，而是使他们产生努力工作的责任感，认识到必须花较大的精力去改善施工条件，改进技术操作方法，才能缩短差距，尽快达到定额水平。所以，平均先进水平是一种鼓励先进、勉励中间、鞭策后进的定额水平。只有贯彻这样的定额水平，才能达到不断提高劳动生产率，进而提高企业经济效益的目的。

因此施工定额不仅可以计划、控制、降低工程成本，而且可以促进基层学习，采用新技术、新工艺、新材料和新设备，提高劳动生产率，达到快、好、省地完成施工任务的目的。

5. 施工定额是编制预算定额的基础

预算定额是在施工定额的基础通过综合和扩大编制而成的。由于新技术、新结构、新工艺等的采用，在预算定额或单位估价表中缺项时，要补充或测定新的预算定额及单位估价表，都是以施工定额为基础来制定的。

三、劳动消耗定额

（一）劳动消耗定额的概念

劳动消耗定额简称劳动定额，也称为人工定额，就是规定在一定的技术装备和劳动组织条件下，生产单位产品所需劳动时间消耗量的标准，或规定单位时间内应完成的合格产品或工作任务的数量标准。

（二）劳动消耗定额的表现形式

生产单位产品的劳动消耗量可用劳动时间来表示，同样在单位时间内劳动消耗量也可以用生产的产品数量表示。因此，劳动定额有两种基本的表现形式。前者称为时间定额，后者称为产量定额。为了便于综合和核算，劳动定额大多采用工作时间消耗量来计算劳动消耗的数量。所以劳动定额主要表现形式是时间定额，但同时也表现为产量定额。

1. 时间定额

时间定额是指在一定的技术装备和劳动组织条件下，规定完成合格的单位产品所需消耗工作时间的数量标准。一般用工时或工日为计量单位。计算公式如下：

$$时间定额=\frac{消耗的总工日数}{产品数量}$$

2. 产量定额

产量定额是指在一定的技术装备和劳动组织条件下，规定劳动者在单位时间（工日）内，应完成合格产品的数量标准，由于产品多种多样，产量定额的计量单位也就无法统一，一般有 m、m^2、m^3、kg、t、块、套、组、台等。计算公式如下：

$$产量定额=\frac{产品数量}{消耗的总工日数}$$

3. 时间定额与产量定额的关系

时间定额和产量定额是同一劳动定额的不同表现形式，它们都表示同一劳动定额，但各有其用途。

时间定额因为单位统一，便于综合，计算劳动量比较方便；而产量定额具有形象化的特点，使工人的奋斗目标直观明确，便于分配工作任务。

时间定额与产量定额互为倒数。它们之间的关系可用下式来表示，即

$$时间定额=\frac{1}{产量定额} \quad 或 \quad 产量定额=\frac{1}{时间定额}$$

当时间定额减少时，产量定额就会增加，反之，当时间定额增加时，产量定额就会减少，但其增加和减少时比例是不同的。

【例 2-1】 某劳动定额规定，不锈钢法兰电弧安装，DN80～DN100 的每副时间定额为 0.71 工日。求产量定额。

解 产量定额$=\frac{1}{时间定额}=\frac{1}{0.71}$副/工日=1.41副/工日

同理，已知产量定额，也可求得时间定额。

（三）工人工作时间的分类及定额消耗时间（工日）的确定

1. 工作时间的分类

研究施工中的工作时间，最主要的目的是确定施工的时间定额和产量定额，研究施工中工作时间的前提，是对工作时间按其消耗性质进行分类，以便研究工时消耗的数量及其特点。

工作时间，指的是工作班的延续时间，国家现行制度规定为8h工作制，即日工作时间为8h。工人在工作班内消耗的工作时间，按其消耗的性质，可以分为两大类：必须消耗的时间和损失时间。

(1) 必须消耗的时间是工人在正常施工条件下，为完成一定产品（工作任务）所消耗的时间。它是制定定额的主要根据。

建筑安装工人的工作时间分类如图2-1所示。

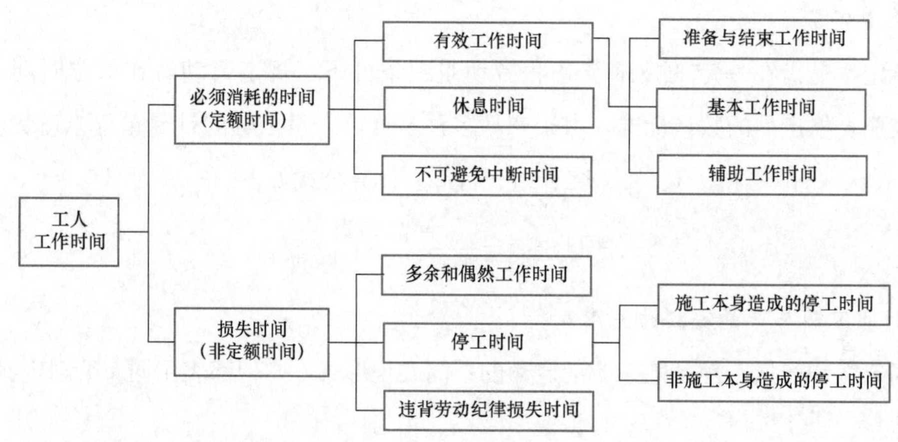

图2-1 建筑安装工人的工作时间分类

从图中可以看出，必需消耗的工作时间里，包括有效工作时间、休息和不可避免中断时间的消耗。

1）有效工作时间是从生产效果来看与产品生产直接有关的时间消耗，包括准备与结束工作时间、辅助工作时间、基本工作时间的消耗。

①准备与结束工作时间是执行任务前或任务完成后所消耗的工作时间，又可以把这项时间消耗分为班内的准备与结束工作时间和任务的准备与结束工作时间。前者主要包括每天班前领取工具设备、机械开动前观察和试车以及交接班的时间。后者主要包括接受工程任务

单、研究施工详图、进行技术交底、竣工验收所消耗的时间。准备和结束工作时间的长短与所担负的工作量大小无关，但往往和工作内容有关。

②辅助工作时间是为保证基本工作能顺利完成所消耗的时间。在辅助工作时间里，不能使产品的形状大小、性质或位置发生变化。例如工具的矫正和小修、机械的调整、施工过程中机械上油等消耗的时间。

③基本工作时间是工人完成能生产一定产品的施工工艺过程所消耗的时间。通过这些工艺过程可以使材料改变外形，可以改变材料的结构与性质，也可以改变产品外部及表面的性质，基本工作时间所包括的内容依工作性质各不相同。基本工作时间的长短和工作量大小成正比例。

2）休息时间是工人在工作过程中为恢复体力所必需的短暂休息和生理需要的时间消耗。这种时间是为了保证工人精力充沛地进行工作，所以在定额时间中必须进行计算。休息时间的长短和劳动条件有关，劳动越繁重、越紧张、劳动条件越差，则需要休息的时间越长。

3）不可避免中断时间是指由于施工工艺特点引起的工作中断所必需的时间。与施工过程工艺特点有关的工作中断时间，应包括在定额时间内，但应尽量缩短此项时间消耗。例如起重机在吊预制构件时，安装工等待的时间。与工艺特点无关的工作中断所占用时间，是由于劳动组织不合理引起的，属于损失时间，不能计入定额时间。

（2）损失时间，是和产品生产无关，而和施工组织和技术上的缺点有关，与工人在施工过程的个人过失或某些偶然因素有关的时间消耗。

损失时间包括有多余和偶然工作、停工和违背劳动纪律三种情况所引起的工时损失。

1）多余工作和偶然工作。多余工作时间，就是工人进行了任务以外的工作而又不能增加产品数量的工作，包括返工造成的时间损失，如重砌质量不合格的墙体。多余工作的工时损失，一般都是由于工程技术人员和工人的差错而引起的，因此，不应计入定额时间中。偶然工作时间也是工人在任务外进行的工作，但能够获得一定产品，例如电工在铺设电线时，需临时在墙壁上凿洞的时间，抹灰工不得不补上砌墙时遗留的墙洞的时间等。在定额时间中，需适当考虑偶然工作时间的影响。

2）停工时间是工作班内停止工作造成的工时损失。停工时间按其性质可分为施工本身造成的停工时间和非施工本身造成的停工时间两种。

①施工本身造成的停工时间，是由于施工组织不善、材料供应不及时、工作面准备工作做得不好、工作地点组织不良等情况引起的停工时间。

②非施工本身造成的停工时间，是由于气候条件影响、水源和电源中断引起的停工时间。前一种情况在拟定定额时不应该计算，后一种情况定额中则应给予合理的考虑。

3）违背劳动纪律损失的时间是指在工作时间内迟到、早退、擅离工作岗位、聊天等造成的工作时间损失。此类时间在定额中不予考虑。

2. 人工定额消耗时间（工日）的确定

人工消耗定额的制定，主要采用工程量计时分析法，即对工人工作时间分类的各部分时间消耗进行实测，分析整理后，制定人工消耗定额。

（1）拟定基本工作时间。基本工作时间在必需消耗的工作时间中占的比重最大。其做法是，首先确定工作过程每一组成部分的工时消耗，然后再综合出工作过程的工时消耗。

（2）拟定辅助工作时间和准备与结束工作时间。辅助工作和准备与结束工作时间的确定方法与基本工作时间相同。如果在计时观察时不能取得足够的资料，也可采用工时规范或经验数据来确定，以占工作日的百分比表示此项工时消耗的时间定额。

（3）拟定不可避免的中断时间。在确定不可避免中断时间的定额时，必须注意由工艺特点所引起的不可避免中断才可列入工作过程的时间定额，一般以占工作日的百分比表示此项工时消耗的时间定额。

（4）拟定休息时间。休息时间应根据工作班作息制度、经验资料、计时观察资料，以及对工作的疲劳程度作全面分析来确定。

（5）拟定定额时间。确定的基本工作时间、辅助工作时间、准备与结束工作时间、休息时间和不可避免中断时间之和，就是劳动定额的时间定额。根据时间定额可计算出产量定额。多余和偶然工作时间、停工时间、违背劳动纪律损失时间，一般不计入定额时间。

【例 2-2】 已知砌砖基本工作时间为 390min，准备与结束时间 19.5min，休息时间 11.7min，不可避免的中断时间 7.8min，损失时间 78min，共砌砖 1000 块。已知砖为 520 块/m^3，试确定砌砖的劳动定额和产量定额。

解 （1）消耗的总工日数计算。

$$(390+19.5+11.7+7.8)\text{min}/(8\text{h}/\text{工日}\times 60\text{min}/\text{h})\approx 0.89\ \text{工日}$$

（2）产品数量计算（1000 块砖的体积）。

$$1000\ \text{块}\div 520\ \text{块}/\text{m}^3\approx 1.92\text{m}^3$$

（3）求时间定额。

$$\text{时间定额}=\frac{\text{消耗总工日数}}{\text{产品数量}}=\frac{0.89}{1.92}\text{工日}/\text{m}^3\approx 0.46\ \text{工日}/\text{m}^3$$

（4）求产量定额。

$$\text{产量定额}=\frac{1}{\text{时间定额}}=\frac{1}{0.46}\text{m}^3/\text{工日}\approx 2.17\text{m}^3/\text{工日}$$

所以，砌砖的时间定额为 0.46 工日/m^3，产量定额为 2.17m^3/工日。

四、机械消耗定额

（一）机械消耗定额的概念

机械消耗定额也称机械台班消耗定额，是指在正常施工条件和合理使用施工机械条件下，完成单位合格产品，所必须消耗的某种型号的施工机械台班的数量标准。

建筑施工中，有的施工活动（或工序）是由人工完成的，有的则是由机械完成的，还有的是由人工和机械共同完成的。由机械完成的或由人工和机械共同完成的产品，都需要消耗一定的机械工作时间。一台机械工作一个工作班（即 8h）称为一个台班。

（二）机械消耗定额的表现形式

1. 机械时间定额

规定生产某一合格的单位产品所必须消耗的机械工作时间，叫机械时间定额。

2. 机械产量定额

规定某种机械在一个工作班内应完成合格产品的数量标准，叫机械产量定额。

3. 机械时间定额与机械产量定额的关系

从上述概念可以看出，机械时间定额与机械产量定额互为倒数关系，即

$$\text{机械时间定额}=\frac{1}{\text{机械产量定额}} \quad \text{或} \quad \text{机械产量定额}=\frac{1}{\text{机械时间定额}}$$

【例 2-3】 用一台 20t 平板拖车运输钢结构，由 1 名司机和 5 名起重工组成的人工小组共同完成。已知调车 10km 以内，运距 5km，装载系数为 0.55，台班车次为 4.4 次/台班。试计算：

（1）平板拖车台班运输量和运输 10t 钢结构的时间定额。

（2）吊车司机和起重工的人工时间定额。

解 （1）计算平板拖车的台班运输量。

台班运输量＝台班车次×额定装载量×装载系数＝4.4×20×0.55＝48.4t

（2）计算运输 10t 钢结构的时间定额。

$$\text{机械时间定额}=\frac{1}{48.4}\times 10=0.21\text{ 台班}$$

（3）计算司机和起重工的人工时间定额。

司机时间定额＝1×0.21 工日/10t＝0.21 工日/10t

起重工的时间定额＝5×0.21 工日/10t＝1.05 工日/10t

（三）机械工作时间的分类及定额消耗时间（台班）的确定

1. 机械工作时间的分类

按机械工作时间性质，机械工作时间分为必需消耗的时间和损失时间两大类，如图 2-2 所示。

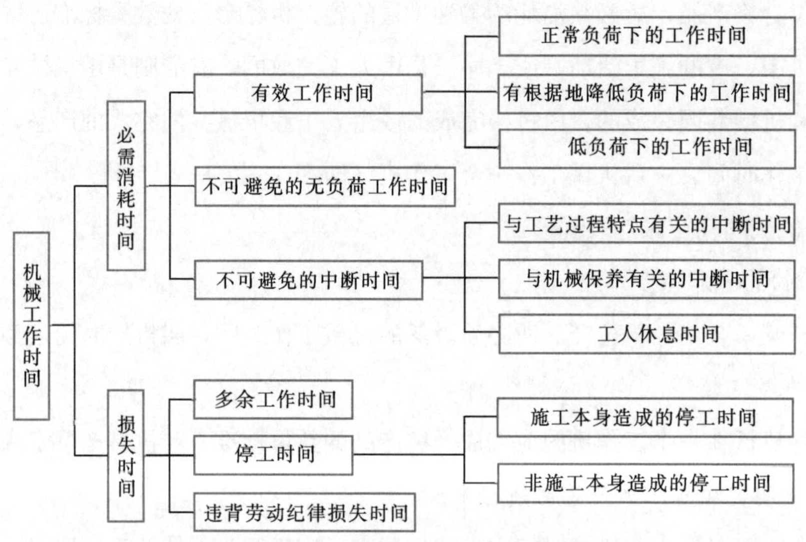

图 2-2　施工机械工作时间的分类

(1) 必需消耗的时间即定额机械时间，包括有效工作时间、不可避免的无负荷工作时间和不可避免的中断时间。

1) 有效工作时间包括正常负荷下的工作时间、有根据地降低负荷下的工作时间和低负荷下的工作时间。

①正常负荷下的工作时间，是指机械在机械技术说明书规定的载荷能力相符的情况下进行工作的时间。

②有根据地降低负荷下的工作时间，是在某些特殊情况下，由于技术上的原因，机器在低于其正常负荷下工作的时间。例如，汽车运输质量轻而体积大的货物时，不能充分利用汽车的载重吨位的工作时间。

③低负荷下的工作时间，是由于操作人员的原因，使施工机械低负荷的情况下工作的时间。例如，工人装车的砂石数量不足引起的汽车在降低负荷的情况下工作所延续的时间。此项工作时间不能作为计算机械时间定额的基础。

2) 不可避免的无负荷工作时间，是由施工过程的特点和机械结构的特点造成的机械无负荷工作时间。例如，筑路机在工作区末端调头等，都属于此项工作时间的消耗。

3) 不可避免的中断时间，是指由施工过程的技术操作和组织特性，而引起的机械工作中断时间，包括与工艺过程特点有关的中断时间、与机械使用保养有关的中断时间和工人休息有关的中断时间。

①与工艺过程的特点有关的不可避免中断工作时间，有循环的和定期的两种。循环的不可避免中断，是在机械工作的每一个循环中重复一次。如汽车装货和卸货时的停车。定期的不可避免中断，是经过一定时期重复一次。比如当把灰浆泵由一个工作地点转移到另一工作地点时的工作中断。

②与机械使用保养有关的不可避免中断时间，是指由于操作人员进行准备工作、结束工作、保养机械等辅助工作，所引起的机械中断工作时间。

③工人休息引起的不可避免中断时间，是指在不可能利用机械不可避免的停转机会，并且组织轮班又不方便的时候，操作工人必需的休息，所引起的机械中断工作时间。

（2）损失时间即非定额时间，包括多余工作时间、停工时间和违背劳动纪律损失时间。

1）机械多余工作时间，是机械进行任务内和工艺过程内未包括的工作而延续的时间。如工人没有及时供料而使机械空运转的时间。

2）机械的停工时间，按其性质可分为施工本身造成和非施工本身造成的停工。这两项停工中延续的时间，均为机械的停工时间。

①施工本身造成的停工时间，是由于施工组织得不好而引起的停工现象，如由于未及时供给机械燃料而引起的停工。

②非施工本身造成的停工时间，是由于气候条件所引起的停工现象，如暴雨时压路机的停工。

3）违反劳动纪律损失时间，是指操作人员迟到、早退或擅离工作岗位等原因引起的机械停工时间。

2. 机械定额消耗时间（台班）的确定

（1）确定正常的施工条件。确定机械工作正常条件，主要是确定工作地点的合理组织和合理的工人编制。

工作地点的合理组织，就是对施工地点的机械和材料的放置位置、工人从事操作的场所，进行合理安排的平面和空间布置。以节省工作时间和减轻劳动强度。

拟定合理的工人编制，就是根据施工机械的正常生产率和工人正常的劳动工效，合理确定操纵机械的工人和直接参加机械化施工过程的工人的编制人数。

（2）确定机械 1h 纯工作正常生产率。确定机械正常生产率时，必须首先确定出机械纯工作 1h 的正常生产效率。

机械纯工作时间，就是指机械的必需消耗时间。机械 1h 纯工作正常生产率，就是在正常施工组织条件下，具有必需的知识和技能的技术工人操纵机械1h的生产率。

(3) 确定施工机械的正常利用系数。施工机械的正常利用系数，是指机械在工作班内对工作时间的利用率。

确定机械正常利用系数，要计算工作班正常状况下准备与结束工作，机械启动、机械维护等工作所必需消耗的时间，以及机械有效工作的开始与结束时间。从而进一步计算出机械在工作班内的纯工作时间和机械正常利用系数。机械正常利用系数的计算公式如下：

$$\text{机械正常利用系数}=\frac{\text{机械在一个工作班内纯工作时间}}{\text{一个工作班延续时间（8h）}}$$

(4) 计算施工机械台班定额。

$$\text{施工机械台班产量定额}=\text{机械 1h 纯工作正常生产率}\times\text{工作班纯工作时间}$$

或

$$\begin{matrix}\text{施工机械台班}\\\text{产量定额}\end{matrix}=\begin{matrix}\text{机械 1h 纯工作}\\\text{正常生产率}\end{matrix}\times\begin{matrix}\text{一个工作班}\\\text{延续时间}\end{matrix}\times\begin{matrix}\text{机械正常}\\\text{利用系数}\end{matrix}$$

$$\text{机械时间定额}=\frac{1}{\text{机械产量定额}}$$

【例2-4】 已知用塔式起重机吊运混凝土。测定塔节需时50s，运行需时60s，卸料需时40s，返回需时30s，中断20s，每次装混凝土0.50m³，机械利用系数0.85。求该塔式起重机的时间定额和产量定额。

解 (1) 计算一次循环时间：50s+60s+40s+30s+20s=200s

(2) 计算每小时循环次数：60×60/200次/h=18次/h

(3) 求塔式起重机产量定额：18次/h×0.50m³×8h×0.85=61.20m³/台班

(4) 求塔式起重机时间定额：1/61.20台班/m³=0.02台班/m³

注：18×0.50=9即为机械纯工作正常生产率

五、材料消耗定额

（一）材料消耗定额的概念

工程建设中，所用材料品种繁多，耗用量大。在建筑安装工程中，材料费用占工程造价的60%～70%，材料消耗量的多少，是节约还是浪费，对产品价格及工程成本都有着直接影响，因此，合理使用材料，降低材料消耗，对于降低工程成本具有重要意义。

材料消耗定额是指规定在正常施工条件下，合理使用材料条件下，生产单位合格产品所必须消耗的一定品种和规格的原材料、半成品、构配件的数量标准。

（二）材料消耗量的组成

工程建设中使用的材料有一次性使用材料和周转性使用材料两种类型。一次性使用材料，如水泥、钢材、砂、碎石等材料，使用时直接被消耗而转入产品组成部分之中。周转性使用的材料，是指施工中必须使用，但不是一次性被全部消耗掉的材料。如脚手架、挡土板、模板等，它们可以多次使用，是逐渐被消耗掉的材料。

一次性使用材料的消耗量由以下两部分组成：

（1）材料净用量。材料净用量是指直接用到工程上、构成工程实体的材料用量。

（2）材料损耗量。材料损耗量是指不可避免的合理损耗量，包括材料从现场仓库领出到完成合格产品过程中的施工操作损耗量、场内运输损耗量、加工制作损耗量和场内堆放损耗量。计入材料消耗定额内的损耗量，应当是在正常条件下，采用合理施工方法时所形成的不可避免的合理损耗量。

材料净耗量与材料不可避免损耗量之和构成材料必需消耗量。其计算公式为

$$材料消耗量=材料净用量+材料损耗量$$

材料不可避免损耗量与材料消耗量之比，称为材料损耗率。其计算公式为

$$材料损耗率=\frac{材料损耗量}{材料消耗量}\times 100\%$$

由于材料的损耗量毕竟是少数，在实际计算中，常把材料损耗量与材料净耗量之比作为损耗率，则上式又可表示为

$$材料损耗率=\frac{材料损耗量}{材料净用量}\times 100\%$$

$$材料消耗量=材料净用量\times(1+材料损耗率)$$

（三）材料消耗量的确定方法

1. 一次性使用材料消耗量的确定方法

确定材料净用量定额和材料损耗定额的计算数据，是通过现场技术测定、实验室试验、现场统计和理论计算等方法获得的。

（1）利用现场技术测定法，主要是编制材料损耗定额，也可以提供编制材料净用量定额的参考数据。其优点是能通过现场观察、测定，取得产品产量和材料消耗的情况，为编制材料定额提供技术根据。

（2）利用实验室试验法，主要是编制材料净用量定额。通过试验，能够对材料的结构、化学成分和物理性能以及按强度等级控制的混凝土、砂浆配比作出科学的结论，给编制材料消耗定额提供依据。

（3）采用现场统计法，是通过对现场进料、用料的大量统计资料进行分析计算，获得材料消耗的数据。这种方法由于不能分清材料消耗的性质，只能作为确定材料净用量定额的参考。

（4）理论计算法，是运用一定的数学公式计算材料消耗定额。例如，砌体工程中砖（或砌块）和砂浆净用量一般都采用以下公式计算：

1）计算每立方米砌体中砖（砌块）的净用量：

$$砖(砌块)数=\frac{墙厚砖数\times 2}{墙厚\times(砖长+灰缝)\times(砖厚+灰缝)}$$

2）计算每立方米砖墙砂浆的净用量：

$$砂浆体积=(1-1m^3\ 砌体中砖的体积)\times 砌体体积$$

砖（砌块）和砂浆的损耗量是根据现场观察资料计算的，并以损耗率表现出来。净用量和损耗量相加，即等于材料的消耗总量。

上述前 3 种方法的选择必须符合国家有关标准规范，即材料的产品标准，计量要使用标准容器和称量设备，质量符合施工验收规范要求，以保证获得可靠的定额编制依据。

2. 周转性使用的材料消耗量的确定方法

施工中使用周转性材料，是在工程施工中多次周转使用而逐渐消耗的工具性材料，如钢脚手架、木脚手架、模板、挡土板、支撑、活动支架等材料。周转性材料在周转使用过程中不断补充，多次反复地使用。

在编制材料消耗定额时，应按多次使用、分次摊销的办法进行计算或确定。为了使周转性材料的周转次数确定接近合理，应根据工程类型和使用条件，采用各种测定手段进行实地观察，结合有关的原始记录、经验数据加以综合取定。纳入定额的周转性材料消耗指标应当有两个：一是一次使用量，供申请备料和编制施工作业计划使用，一般是根据施工图纸进行计算；二是摊销量，即周转性材料使用一次摊销在单位工程产品上的消耗量。

周转次数是指周转性材料，从第一次使用到这部分材料不能再提供使用的使用次数。其计算公式为

$$一次使用量=材料净用量\times（1+材料损耗率）$$

$$材料摊销量=一次使用量\times 摊销系数$$

$$摊销系数=周转使用系数-\frac{(1-损耗率)\times 回收价值率}{周转次数}\times 100\%$$

$$周转使用系数=\frac{(周转次数-1)\times 损耗率}{周转次数}\times 100\%$$

$$回收价值率=\frac{一次使用量\times(1-损耗率)}{周转次数}\times 100\%$$

第三节 预 算 定 额

一、 预算定额的概念

预算定额是以工程基本构造要素，即分项工程和结构构件为研究对象，规定完成单位合格产品，需要消耗的人工、材料、机械台班的数量标准。预算定额是计算建筑安装工程产品价格的基础。

预算定额是由国家主管机关或被授权单位组织编制并颁发的一种法令性指标，也是工程建设中一项重要的技术经济文件，在执行中具有很大的权威性。它的各项指标反映了在完成规定计量单位符合设计标准和施工及验收规范要求的分项工程消耗的活劳动和物化劳动的数量限度。这种限度最终决定着单项工程和单位工程成本和造价。

从管理权限和执行范围分，预算定额可分为全国统一定额、行业统一定额和地区统一定额。全国统一定额由国务院建设行政主管部门组织制定发布；行业统一定额由国务院行业主管部门制定发布；地区统一定额由省、自治区、直辖市建设行政主管部门制定发布。

按专业性质分，预算定额有建筑工程预算定额和安装工程预算定额两大类。建筑工程预算定额按适用对象又分建筑工程预算定额、市政工程预算定额、铁路工程预算定额、公路工程预算定额、房屋修缮工程预算定额、矿山井巷工程预算定额等；安装工程预算定额按适用对象又分电气设备安装工程预算定额、机械设备安装工程预算定额、热力设备安装工程预算定额、工业管道安装工程预算定额、给排水、采暖、燃气工程预算定额、自动化控制及仪表安装工程预算定额等。

二、 预算定额的作用

预算定额是确定单位分项工程或结构构件价格的基础，因此，它体现着国家、建设单位和施工企业之间的一种经济关系。建设单位按预算定额为拟建工程提供必要的资金供应，施工企业则在预算定额的范围内，通过建筑施工活动，按质、按量、按期地完成工程任务。预算定额在我国建筑安装工程中具有以下的重要作用。

1. 预算定额是编制施工图预算，确定和控制建筑安装工程造价的依据

施工图预算是施工图设计文件之一，是控制和确定建筑安装工程造价的必要手段。编制施工图预算，除设计文件决定的建设工程功能、规模、尺寸和文字说明是计算分部分项工程量和结构构件数量的依据外，预算定额是确定一定计量单位分项工程（或结构构件）人工、材料、机械消耗量的依据，也是计算分项工程（或结构构件）单价的基础。所以，预算定额对建筑安装工程直接工程费影响很大。依据预算定额编制施工图预算，对确定建筑安装工程

费用会起到很好的作用。

2. 预算定额是对设计方案进行技术经济分析、比较的依据

设计方案的确定在设计工作中居于中心地位。设计方案的选择要满足功能要求、符合设计规范，既要技术先进又要经济合理。根据预算定额对方案进行技术经济分析和比较，是选择经济合理设计方案的重要方法。对设计方案进行比较，主要是通过定额对不同方案所需人工、材料和机械台班消耗量，材料重量、材料资源等进行比较。这种比较可以判明不同方案对工程造价的影响，从而选择经济合理的设计方案。

对于新结构、新材料的应用和推广，也需要借助于预算定额进行技术经济分析和比较，从技术与经济的结合上考虑普遍采用的可能性和效益。

3. 预算定额是编制施工组织设计的依据

施工组织设计的重要任务之一是确定施工中所需人力、物力的供求量，并作出最佳安排。施工单位在缺乏本企业的施工定额的情况下，根据预算定额，亦能比较精确地计算出施工中各项资源的需要量，为有计划地组织材料采购和预制件加工、劳动力和施工机械的调配，提供可靠的计算依据。

4. 预算定额是工程结算的依据

按照进度支付工程款，需要根据预算定额将已完分项工程造价算出，单位工程验收后，再按竣工工程量、预算定额和施工合同规定进行结算，以保证建设单位资金的合理使用和施工单位的经济收入。

5. 预算定额是施工企业进行经济活动分析的依据

实行经济核算的根本目的，是用经济的方法促使企业在保证质量和工期的条件下，用少的劳动消耗取得好的经济效果。在目前，预算定额仍决定着施工企业的效益，企业必须以预算定额作为评价施工企业工作的重要标准。施工企业可根据预算定额，对施工中的人工、材料、机械的消耗情况进行具体的分析，以便找出低工效、高消耗的薄弱环节及其原因，为实现经济效益的增长由粗放型向集约型转变，提供对比数据，促进企业提高在市场上的竞争能力。

6. 预算定额是编制标底、投标报价的基础

在我国加入 WTO 以后，为了与国际工程承包管理的惯例接轨，随着工程量清单计价的推行，预算定额的指令性作用将日益削弱，而对施工企业按照工程个别成本报价的指导性作用仍然存在，因此，预算定额作为编制标底的依据和施工企业投标报价的基础性的作用仍将存在，这是由于它本身的科学性和权威性决定的。

7. 预算定额是编制概算定额和概算指标的基础

概算定额和概算指标是在预算定额基础上经综合扩大编制的，需要利用预算定额作为编制依据，这样做不但可以节约编制工作中大量的人力、物力和时间，收到事半功倍的效果，还可以使概算定额和概算指标在水平上与预算定额一致，以避免造成同一工程项目在不同阶段造价管理中的不一致。

三、 预算定额与施工定额的区别与联系

1. 预算定额与施工定额的联系

预算定额以施工定额为基础进行编制，都规定了完成单位合格产品所需人工、材料、机械台班消耗的数量标准。

2. 预算定额与施工定额的区别

（1）研究对象不同。预算定额以分部分项工程为研究对象，施工定额以施工过程为研究对象，前者在后者基础上编制，在研究对象上进行了科学的综合扩大。

（2）编制水平不同。预算定额采用社会平均水平编制，施工定额采用平均先进水平编制。人工消耗量方面，预算定额一般比施工定额低10%～15%。

（3）编制程序不同。预算定额是在施工定额的基础上编制而成的。

（4）所起作用不同。施工定额为非计价定额，是施工企业内部作为管理使用的一种工具，而预算定额是一种计价定额，是确定建筑安装工程价格的依据。

四、 预算定额的编制

（一） 预算定额的编制原则

为保证预算定额的质量，充分发挥预算定额的作用，使之在实际使用中简便、合理、有效，在编制中应遵循以下原则。

1. 按社会平均水平的原则确定预算定额

预算定额是确定和控制建筑安装工程造价的主要依据，因此它必须遵照价值规律的客观要求，按生产过程中所消耗的社会必要劳动时间确定定额水平，即在正常施工条件下，以平均的劳动强度、平均的劳动熟练程度、平均的技术装备来确定完成每一项单位分项工程或结构构件所需的劳动消耗，作为确定预算定额水平的重要原则。预算定额的水平是以施工定额水平为基础，二者有着密切的联系。但是，预算定额绝对不是简单地套用施工定额的水平。预算定额是社会平均水平，施工定额是企业平均先进水平，预算定额水平要相对低一些。

2. 简明适用原则

简明适用原则，是对预算定额的可操作性和便于使用而言的。为此，编制预算定额对于那些主要的、常用的、价值量大的项目划分宜细。次要的不常用的、价值量相对较小的项目

可以放粗一些。

要注意补充那些因采用新技术、新结构、新材料和先进经验而出现的新的定额项目。项目不全，缺漏项多，就使建筑安装工程价格缺少充足的、可靠的依据。补充的定额一般因受资料所限，且费时费力，可靠性较差，容易引起争执。同时要注意合理确定预算定额的计量单位，简化工程量的计算，尽可能避免同一种材料用不同的计量单位，以及尽量少留活口，减少换算工作量。

3. 坚持统一性和差别性相结合的原则

所谓统一性，就是从培养全国统一市场规范计价行为出发，计价定额的制定规划和组织实施由国务院建设行政主管部门归口，并负责全国统一定额制定或修订，颁发有关工程造价管理的规章制度办法等。这样就有利于通过定额和工程造价的管理实现建筑安装工程的宏观调控。通过编制全国统一定额，使建筑安装工程具有一个统一的计价依据，也使考核设计和施工的经济效果具有一个统一的尺度。

所谓差别性，就是在统一性基础上，各部门和省、自治区、直辖市主管部门可以在自己的管辖范围内，根据本部门和本地区的具体情况，制定部门和地区性定额、补充性制度和管理办法，以适应我国幅员辽阔，地区、部门间发展不平衡和差异大的实际情况。

（二）预算定额的编制依据

（1）现行的全国统一基础定额、劳动定额、施工机械台班消耗定额和材料消耗定额。

（2）现行的设计规范、施工验收规范、质量评定标准和安全操作规程。

（3）通用的标准图集、典型设计图纸和有代表性的设计图纸或图集。

（4）已推广的新技术、新结构、新材料、新工艺和先进施工经验的资料。

（5）有关的科学实验、技术鉴定、可靠的统计资料和经验数据。

（6）现行的预算定额基础资料、人工工资标准、材料预算价格和机械台班预算价格。

（三）预算定额的编制步骤

预算定额的编制，大致可以分为准备工作、收集资料、编制定额、报批和修改稿整理五个阶段。各阶段工作相互有交叉，有些工作还有多次反复。

1. 准备工作阶段

（1）拟定编制方案。

（2）调抽人员，根据专业需要划分编制小组和综合组。

2. 收集资料阶段

（1）普遍收集资料。在已确定的范围内，采用表格化收集定额编制基础资料，以统计资料为主，注明所需要资料内容、填表要求和时间范围，便于资料整理，并具有广泛性。

（2）专题座谈会。邀请建设单位、设计单位、施工单位及其他有关单位的有经验的专业人士开座谈会，就以往定额存在的问题提出意见和建议，以便在编制定额时改进。

（3）收集现行规定、规范和政策法规资料。

（4）收集定额管理部门积累的资料。主要包括：日常定额解释资料，补充定额资料，新结构、新工艺、新材料、新机械、新技术用于工程实践的资料。

（5）专项查定及实验。主要指混凝土配合比和砌筑砂浆实验等资料。除收集实验试配资料外，还应收集一定数量的现场实际配合比资料。

3. 定额编制阶段

（1）确定编制细则。主要包括：统一编制表格及编制方法；统一计算口径、计量单位和小数点位数的要求；有关统一性规定：名称统一，用字统一，专业用语统一，符号代码统一，简化字要规范，文字要简练明确。

（2）确定定额的项目划分和工程量计算规则。

（3）定额人工、材料、机械台班耗用量的计算、复核和测算。

4. 定额报批阶段

（1）审核定稿。

（2）预算定额水平测算。新定额编制成稿，必须与原定额进行对比测算，分析水平升降原因。一般新编定额的水平应该不低于历史上已经达到过的水平，并略有提高。定额水平的测算方法一般有以下两种：

1）按工程类别比重测算。在定额执行范围内，选择有代表性的各类工程，分别以新旧定额对比测算，并按测算的年限以工程所占比例加权以考查宏观影响。

2）单项工程比较测算法。以典型工程分别用新旧定额对比测算，以考查定额水平升降及其原因。

$$\text{定额测算水平}(\pm\%)=\frac{\text{原定额测算值}-\text{新定额测算值}}{\text{原定额测算值}}\times 100\%$$

式中，正号表示新定额造价比原定额造价的水平降低，亦即新定额消耗量比原定额消耗量的水平降低，因此新定额比原定额水平提高了，负号表示与正号相反。

5. 修改定稿、整理资料阶段

（1）印发征求意见。定额编制初稿完成后，需要征求各有关方面意见和组织讨论，反馈意见。在统一意见的基础上整理分类，制定修改方案。

（2）修改整理报批。按修改方案的决定，将初稿按照定额的顺序进行修改，并经审核无误后形成报批稿，经批准后交付印刷。

（3）撰写编制说明。为顺利地贯彻执行定额，需要撰写新定额编制说明。其内容包括：项目、子目数量，人工、材料、机械的内容范围，资料的依据和综合取定情况，定额中允许换算和不允许换算规定的计算资料，人工、材料、机械单价的计算和资料，施工方法、工艺的选择及材料运距的考虑，各种材料损耗率的取定资料，调整系数的使用，其他应该说明的事项与计算数据、资料。

（4）立档、成卷。定额编制资料是贯彻执行定额中需查对资料的唯一依据，也为修编定额提供历史资料数据，应作为技术档案永久保存。

（四）预算定额的编制方法

1. 确定定额项目名称及工作内容

预算定额项目的划分是以施工定额为基础，进一步综合确定预算定额项目名称、工作内容和施工方法，同时还要使施工定额和预算定额两者之间协调一致，并可以比较，以减轻预算定额的编制工作量。在划分定额项目的同时，应将各个工程项目的工作内容范围予以确定，主要按以下两个方面考虑：

（1）项目划分是否合理：应做到项目齐全、粗细适度、步距大小适当、简明适用。

（2）工作内容是否全面：根据施工定额确定的施工方法和综合后的施工方法确定工作内容。

2. 确定施工方法

不同的施工方法，会直接影响预算定额中的人工、材料、机械台班的消耗指标，在编制预算定额时，必须以本地区的施工（生产）技术组织条件，施工验收规范、安全操作规程，以及已经成熟和推广的新工艺、新结构、新材料和新的操作方法等为依据，合理确定施工方法，使其正确反映当前社会生产力的水平。

3. 确定定额项目计量单位

预算定额和施工定额计量单位往往不同。施工定额的计量单位一般按工序或工作过程确定；预算定额的计量单位，主要是根据分部分项工程的形体和结构构件特征及其变化规律来确定。预算定额的计量单位具有综合的性质，所选择的计量单位要根据工程量计算规则规定，并确切反映定额项目所包含的工作内容，要能确切反映各个分项工程产品的形态特征与实物数量，并便于使用和计算。

预算定额的计量单位按公制或自然计量单位确定。一般依据以下建筑结构构件形体的特点确定：

（1）凡建筑结构构件的断面有一定形状和大小，但是长度不定时，可按长度以延长米、公里为计量单位。如踢脚线、楼梯栏杆、木装饰条、管道线路安装等。

(2) 凡建筑结构构件的厚度有一定规格，但是长度和宽度不定时，可按面积以平方米为计量单位，如地面、楼面、屋面、墙面和天棚面抹灰等。

(3) 凡建筑结构构件的长度、厚（高）度和宽度都变化时，可按体积以立方米为计量单位，如土方、砖石工程、钢筋混凝土构件等。

(4) 钢结构由于质量与价格差异很大，形状又不固定，采用质量以吨为计量单位。

(5) 凡建筑结构没有一定规格，而其构造又较复杂时，可按个、台、座、组为计量单位，如卫生洁具安装、铸铁水斗等。

预算定额中各项人工、机械和材料的计量单位选择，相对比较固定。人工和机械按“工日”“台班”计量（国外多按“小时”“台时”计量）；各种材料的计量单位应与产品计量单位一致。

预算定额中的小数位数的取定，主要决定于定额的计算单位和精确度的要求。一般费用为两位小数；其余为三位小数。

4. 计算工程量，确定定额消耗量指标

计算工程量的目的，是为了通过分别计算典型设计图纸所包括的施工过程的工程量，以便在编制预算定额时，有可能利用施工定额或人工、机械和材料消耗指标确定预算定额所含工序的消耗量。

预算定额是一种综合定额，它包括了完成某一分项工程的全部工作内容。如砖墙定额中，其综合的内容有：调运、铺砂浆、运砖；砌窗台虎头砖、腰线、门窗套、砖过梁、附墙烟囱、壁橱等；安放木砖、铁件等。因此，在确定定额项目中各种消耗量指标时，首先应根据编制方案中所选定的若干份典型工程图纸，计算出单位工程中各种墙体及上述综合内容所占的比重，然后利用这些数据，结合定额资料，综合确定人工和材料消耗净用量。

5. 编制预算定额项目表

预算定额册的组成内容，在不同时期、不同专业和不同地区，其基本内容上虽不完全相同，但其变化不大。主要包括：总说明、建筑面积计算规则、分部工程说明、分项工程表头说明、定额项目表、分章附录和总附录。有些预算定额册为方便使用，一般把工程量计算规则编入册内，但工程量计算规则并不是预算定额册必备的内容。

定额项目表的核心部分和主要内容，包括定额编号、计量单位、项目名称、工（程）作内容、预算单价、工料消耗量及相应的费用、机械费等内容。定额项目表是指将计算确定出的各项目的消耗量指标填入已设计好的预算定额项目空白表中。

在预算定额表格的人工消耗部分，应列出工种名称、用工数量及平均工资等级和工资标准。用工数量很少的工种合并为“其他用工”。

在预算定额表格的材料消耗部分，应包括主要材料和次要材料的数量。主要材料应综合列出不同规格的主要材料名称，计量单位以实物量表示；次要材料属于用量少、价值不大的材料，预算定额中合并列入“其他材料费”，其计量单位以金额“元”表示。

在预算定额表格的机械台班消耗部分，应综合考虑，是由第一类费用、第二类费用和其他费用三部分组成。

特别注意在定额项目中列有根据取定的工资标准及材料价格等，分别计算出的人工、材料、施工机械的费用及其汇总的基价，这是单位估价表部分，并不是预算定额必需的组成部分。

6. 编写定额说明

定额说明包括总说明、分部工程说明和分节说明。

（1）总说明：在总说明中，主要阐述预算定额的用途，编制原则、依据、用途、适用范围、定额中已考虑的因素和未考虑的因素、使用中应注意的事项和有关问题的说明。

（2）分部工程说明：分部工程说明是定额册的重要组成部分，主要阐述本分部工程所包括的主要项目，编制中有关问题的说明，定额应用时的具体规定和处理方法等。

（3）分节说明：分节说明是对本节所包含的工程内容及使用的有关说明。

定额说明是预算定额正确使用的重要依据和原则，应用前必须仔细阅读，不然就会造成错套、漏套及重套定额。

五、预算定额消耗量指标的确定

（一）人工工日消耗量指标的确定

1. 人工工日数计算方法

人工的工日数可以有两种方法选择。一种以施工定额的劳动定额为基础确定；一种是采用计时观察法测定。

（1）以劳动定额为基础计算人工工日数。

1）基本用工。指完成单位合格产品所必须消耗的技术工种用工，亦指完成该分项工程的主要用工。按技术工种相应劳动定额工时定额计算，以不同工种列出定额工日。如墙体砌筑工程中，包括调运及铺砂浆、运砖、砌砖的用工，砌附墙烟囱、砖平碹、垃圾道、门窗洞口等需增加的用工。

$$基本用工 = \sum(综合取定的工程量 \times 劳动定额)$$

例如：实际工程中的砖基础有1砖厚、1砖半厚、2砖厚等，不同砖厚用工各不相同，在预算定额中由于不区分厚度，需要按照统计的比例加权平均，得出用工。

按劳动定额规定应增加计算的用工量，例如，砖基础埋深超过 1.5m，超过部分要增加用工。预算定额中应按一定比例给予增加。

由于预算定额是以施工定额子目综合扩大的，包括的工作内容较多，施工的效果视具体部位而不一样，需要另外增加用工，列入基本用工内。

2）辅助用工。指技术工种劳动定额内不包括，而在预算定额内又必须考虑的用工，如筛砂子、淋石灰膏等用工，又如机械土方工程配合用工，电焊着火用工等。

$$辅助用工 = \sum(材料加工数量 \times 相应的加工材料劳动定额)$$

3）超运距用工。指预算定额中材料及半成品的平均水平运距超过劳动定额基本用工中规定的水平运距部分所需增加的用工量。比如某地区施工定额规定的运距为砂 50m、石膏灰 100m、标准砖 50m、砂浆 50m，而预算定额规定的运距为砂 80m、石膏灰 150m、标准砖 170m、砂浆 180m。

$$超运距 = 预算定额取定运距 - 劳动定额已包括的运距$$

$$超运距用工 = \sum(超运距材料数量 \times 劳动定额)$$

4）人工幅度差。主要是指预算定额和劳动定额由于定额水平不同而引起的水平差，即是指在劳动定额作业时间之外，而在预算定额中应考虑的在正常施工条件下所发生的各种工时损失，内容如下：

①各工种间的工序搭接及交叉作业互相配合所发生的停歇用工；

②施工机械在单位工程之间转移及临时水电线路移动所造成的停工；

③质量检查和隐蔽工程验收工作的影响；

④班组操作地点转移用工；

⑤工序交接时对前一工序不可避免的修整用工；

⑥施工中不可避免的其他零星用工。

国家规定，预算定额的人工幅度差系数为 10%～15%%左右。人工幅度差计算公式如下：

$$人工幅度差=(基本用工+辅助用工+超运距用工)\times人工幅度差系数$$

(2) 以现场测定资料为基础计算人工工日数。遇劳动定额缺项的需要进行测定项目，可采用现场工作日写实等测时方法测定和计算定额的人工耗用量。

2. 人工工日消耗量指标的计算

根据选定的若干份典型工程图纸，经工程量计算后，再计算各项人工消耗量。

(1) 基本用工。

【例 2-5】 现以某省综合取定的一砖内墙工程量为例，计算每 $10m^3$ 定额计量单位墙体的人工消耗量。已知：综合取定的单面清水墙占20%，双面清水墙占20%，混水墙占60%，其中每$10m^3$墙体中所含附墙烟囱孔3.4m，弧形及圆形碹0.6m，垃圾道0.8m，预留抗震柱孔3m，墙顶抹找平层$0.625m^2$，壁橱0.5个，吊柜0.6个。

解 人工消耗指标计算如下：

基本用工（按某省建筑工程劳动定额计算）

单面清水墙	（10×20%×1.23）工日=2.46工日	11.46工日
双面清水墙	（10×20%×1.23）工日=2.46工日	
混水墙	（10×60%×1.09）工日=6.54工日	
附墙烟囱孔	（3.4×0.05）工日=0.17工日	0.676工日
弧形及圆形碹	（0.6×0.03）工日=0.018工日	
垃圾道	（0.8×0.06）工日=0.048工日	
抗震柱孔	（3×0.05）工日=0.15工日	
墙顶抹找平层	（0.625×0.08）工日=0.05工日	
壁橱	（0.5×0.3）工日=0.15工日	
吊柜	（0.6×0.15）工日=0.09工日	

Σ12.136工日

式中：1.23、1.09、0.05、0.03、0.06、0.05、0.08、0.3、0.15为完成单位合格产品（m^3、m、m^2、个）所需消耗的用工数量。

（2）基本用工平均工资等级系数和平均工资等级的确定：技术等级是指国家按照劳动者的技术水平、操作熟练程度和工作责任大小等因素所划分的技术级别。基本用工工资等级是由劳动小组的平均等级确定的。也就是说，是根据劳动定额中该工程项目的劳动小组的组成成员数量、技工和普工的技术等级的规定确定的。

由于单位分项工程是由若干不同技术等级的工人共同完成的，因此，就要计算出完成该分项工程小组成员的平均技术等级。技术（工资）等级系数见表2-1。

$$劳动小组成员平均工资等级系数=\frac{\sum(各技术等级工人数量\times相应等级工资数)}{劳动小组总成员数}$$

表2-1　　建筑安装工人技术（工资）等级系数表

工种	工资等级系数	工资等级							
		1	2	3	4	5	6	7	8
建筑	系数	1.000	1.187	1.409	1.672	1.985	2.360	2.800	
安装	系数	1.000	1.178	1.388	1.634	1.926	2.269	2.637	3.150

技、普工平均技术（工资）等级系数及平均技术（工资）等级计算过程见例2-6。

【例2-6】 某省建筑工程劳动定额规定，砌砖小组的成员如下：技工10人，其中七级工1人，六级工1人，五级工3人，四级工2人，三级工2人，二级工1人；普工12人，其中五级工2人，四级工2人，三级工6人，二级工2人。

解 则技工平均技术等级系数为

$$\frac{2.800\times1+2.360\times1+1.985\times3+1.672\times2+1.409\times2+1.187\times1}{1+1+3+2+2+1}=1.846$$

普工平均技术等级系数为

$$\frac{1.985\times2+1.672\times2+1.409\times6+1.187\times2}{2+2+6+2}=1.512$$

求出了技术等级系数，便可用插入法求出平均技术等级：

技工平均技术等级系数为

$$4+\frac{1.846-1.672}{1.985-1.672}=4+\frac{0.174}{0.313}=4.56$$

普工平均技术等级系数为 $3+\frac{1.512-1.409}{1.672-1.409}=3+\frac{0.103}{0.263}=3.39$

砌砖小组成员平均技术等级系数为 $\frac{1.846\times10+1.512\times12}{22}=\frac{36.604}{22}=1.664$

砌砖小组成员平均技术等级为 $3+\frac{1.664-1.409}{1.672-1.409}=3+\frac{0.255}{0.263}=3.97$

（3）超运距用工。

【例2-7】 $10m^3$一砖内墙砌砖工程材料超运距计算如下：

砂子 80－50＝30m　　石灰膏 150－100＝50m

标准砖 170－50＝120m　　砂浆 180－50＝130m

按某省劳动定额计算超运距用工如下：

砂　子 $2.43m^3\times0.0453$ 工日/m^3＝0.110 工日

石灰膏 $0.19m^3\times0.128$ 工日/m^3＝0.024 工日

标准砖 $10m^3\times0.139$ 工日/m^3＝1.390 工日

砂　浆 $10m^3\times(0.0409+0.00816)$ 工日/m^3＝0.572 工日

（以上合计）2.096 工日

$2.43m^3$、$0.19m^3$ 为 $10m^3$ 砌体中砂子、石灰膏的用量。

（4）超运距用工平均技术等级的计算。某省劳动定额规定，超运距用工的平均技术等级按砌砖工程的普工小组平均技术等级取定，即平均技术等级为3.39级。

（5）辅助用工。

【例 2-8】 $10m^3$一砖内墙辅助用工计算如下：

筛砂子 $2.43m^3 \times 0.208$ 工日$/m^3 = 0.505$ 工日

淋石灰膏 $0.19m^3 \times 0.128$ 工日$/m^3 = 0.024$ 工日　　合计：0.529 工日

(6) 辅助用工平均技术等级计算。某省劳动定额规定，材料加工小组成员为四级工 4 人，三级工 5 人，二级工 1 人。则平均技术等级系数为

$$\frac{1.672 \times 4 + 1.409 \times 5 + 1.187}{10} = 1.492$$

平均技术等级为 $$3 + \frac{1.492 - 1.409}{1.672 - 1.409} = 3 + \frac{0.083}{0.253} = 3.32$$

(7) 人工幅度差。

【例 2-9】 $10m^3$一砖内墙人工幅度差为

$$[(12.136 + 2.096 + 0.529) \times 10\%]\text{工日} = (14.761 \times 0.1)\text{工日} = 1.476\text{ 工日}$$

人工幅度差的平均工资等级系数按基本用工、材料超运距用工和辅助用工的平均技术等级取定。人工幅度差的平均工资等级系数等于工程项目的平均工资等级系数。工程项目的平均工资等级系数采用加权平均法计算，等于各种用工的工日数与其相应的工资等级系数之积相加除以各种用工量之和。则有

$$\frac{1.664 \times 12.136 + 1.512 \times 2.096 + 1.492 \times 0.529}{13.628} = \frac{20.194 + 3.169 + 0.789}{13.628} = 1.772$$

(8) 人工工日消耗量。

每 $10m^3$一砖内墙预算定额用工＝基本用工＋超运距用工＋辅助用工＋人工幅度差。

$$(12.136 + 2.096 + 0.529 + 1.476)\text{工日} = 16.237\text{ 工日}$$

则预算定额用工的平均技术等级为

$$4 + \frac{1.772 - 1.672}{1.985 - 1.672} = 4 + \frac{0.100}{0.313} = 4.3$$

（二） 材料消耗量指标的确定

预算定额的材料消耗量指标是由材料的净用量和损耗量所构成。其中损耗量由施工操作损耗、场内运输（从现场内材料堆放点或加工点到施工操作地点）损耗、加工制作损耗和场内管理损耗（操作地点的堆放及材料堆放地点的管理）所组成。

1. 预算定额材料划分

预算定额材料按用途可划分为以下四种：

(1) 主要材料：指直接构成工程实体的材料，其中也包括成品、半成品的材料。

(2) 辅助材料：构成工程实体除主要材料外的其他材料。如垫木钉子、铅丝等。

(3) 周转性材料：脚手架、模板等多次周转使用的工具性材料，而又不构成工程实体的摊销性材料。

(4) 其他材料：用量较少，难以计量的零星用料，如：棉砂、编号用的油漆等。

2. 材料消耗量计算方法

(1) 凡有标准规格的材料，按规范要求计算定额计量单位耗用量，如砖、防水卷材、块料面层等。

(2) 凡设计图纸有标注尺寸及下料要求的按设计图纸尺寸计算材料净用量，如门窗制作用材料，方、板料等。

(3) 换算法：各种胶结、涂料等材料的配合比用料，可以根据要求条件换算，得出材料用量。

(4) 测定法：包括试验室试验法和现场观察法。各种强度等级的混凝土及砌筑砂浆按配合比要求耗用原材料的数量，须按规范要求试配，经过试压合格以后，并经必要的调整得出水泥、砂子、石子、水的用量。对新材料、新结构不能用其他方法计算定额耗用量时，须用现场测定方法来确定，根据不同条件可以采用写实记录法和观察法，得出定额的消耗量。

材料损耗量，指在正常施工条件下不可避免的材料损耗，如现场内材料运输损耗及施工操作过程中的损耗等。其关系式如下：

$$材料消耗量=材料净用量+损耗量$$

其他材料的确定，一般按工艺测算并在定额项目材料计算表内列出名称、数量，并依编制期价格以其他材料占主要材料的比率计算，列在定额材料栏之下，定额内可不列材料名称及消耗量。

3. 材料消耗量计算实例

(1) 主要材料净用量的确定。应结合分项工程的构造作法，综合取定的工程量及有关资料进行计算。

【例 2-10】 以一砖墙分项工程为例，经测定计算，每 $10m^3$ 一砖墙体中梁头、板头体积为 $0.28m^3$，预留孔洞体积 $0.063m^3$，突出墙面砌体 $0.0629m^3$，砖过梁为 $0.4m^3$，则每 $10m^3$ 一砖墙体的砖及砂浆净用量计算如下：

$$\begin{aligned}
标准砖 &= \left[\frac{墙厚砖数\times 2}{墙厚\times(砖长+灰缝)\times(砖厚+灰缝)}\times(10-0.28-0.063+0.0629)\right]块 \\
&= \left[\frac{1\times 2}{0.24\times(0.24+0.01)\times(0.053+0.01)}\times(10-0.28-0.063+0.0629)\right]块 \\
&= [529.1\times(10-0.28)]块 \\
&= 5143\ 块
\end{aligned}$$

$$
\begin{aligned}
\text{砂浆体积} &= (1-1\text{m}^3\ \text{砌体中砖的体积})\times\text{砌体体积}\\
&= [(1-529.1\times0.24\times0.115\times0.053)\times(10-0.28)]\text{m}^3\\
&= 2.197\text{m}^3
\end{aligned}
$$

在砂浆中有主体砂浆和附加砂浆之分。附加砂浆是指砌钢筋砖过梁、砖碹部位所用强度等级较高的砂浆。除了附加砂浆之外，其余便是砌墙用的主体砂浆。因此，已知：每 10m^3 墙体中，砖过梁为 0.4m^3，即占墙体的 4%，则

附加砂浆体积：$2.197\text{m}^3\times4\%=0.088\text{m}^3$

主体砂浆体积：$2.197\text{m}^3\times96\%=2.109\text{m}^3$

(2) 定额消耗量的确定。

【例 2-11】 砖墙数据见［例 2-10］，计算 10m^3 一砖墙中，砖和砂浆的定额消耗量

标准砖$[5143\div(1-1\%)]$块/10m^3砌体$=5195$ 块/10m^3砌体

主体砂浆$[2.109\div(1-1\%)]\text{m}^3/10\text{m}^3$砌体$=2.130\text{m}^3/10\text{m}^3$砌体

附加砂浆$[0.088\div(1-1\%)]\text{m}^3/10\text{m}^3$砌体$=0.089\text{m}^3/10\text{m}^3$砌体

(3) 其他材料的确定。预算定额中对于用量少、价值又不大的次要材料，估算其用量后，合并成“其他材料费”，以“元”为单位列入预算定额。一般按工艺测算并在定额项目材料计算表内列出名称、数量，并依编制期价格以占主要材料的比率计算，列在定额材料栏之下，定额内不列材料名称及消耗量。

(4) 周转性材料消耗量的确定。周转性材料是指在施工过程中多次周转使用的工具性材料。如混凝土工程中的模板，脚手架，挖土方工程用的挡土板等。周转性材料的消耗量是多次使用分次摊销的办法计算，因此，周转性材料消耗量指标均为多次使用并已扣除回收折价的一次摊销数的数量。其计算方法前面已经介绍过。

（三）机械台班消耗量的确定

机械台班消耗量又称机械台班使用量，它是指在合理使用机械和合理施工组织条件下，完成单位合格产品所必须消耗的机械台班数量的标准。预算定额中的机械台班消耗量指标，一般是按全国统一劳动定额中的机械台班产量，并考虑一定的机械幅度差进行计算的。

1. 机械幅度差

机械幅度差是指全国统一劳动定额规定范围内没有包括而实际中有必须增加的机械台班消耗量。其主要内容包括：

(1) 施工中机械转移工作面及配套机械相互影响所损失的时间；

(2) 在正常施工情况下，机械施工中不可避免的工序间歇；

(3) 工程开工和结尾工作量不饱满所损失的时间；

(4) 检查工程质量影响机械操作的时间;

(5) 因临时水电线路在施工过程中移动而发生的不可避免的机械操作间歇时间;

(6) 冬期施工期内发动机械的时间;

(7) 不同厂牌机械的工效差、临时维修、小修、停水停电等引起的机械间歇时间;

(8) 配合机械施工的人工,在人工幅度差范围以内的工作间歇影响机械的操作时间。

大型机械幅度差系数为土方机械 25%,打桩机械 33%,吊装机械 30%。砂浆、混凝土搅拌机由于按小组配用,以小组产量计算机械台班产量,不另增加机械幅度差。其他分部工程中如钢筋、木材、水磨石加工等各项专用机械的幅度差为 10%。

2. 机械台班消耗量指标的确定方法

一种是根据施工定额确定机械台班消耗量的计算。这种方法是指施工定额或劳动定额中机械台班产量加机械幅度差计算预算定额的机械台班消耗量。其计算式为

$$预算定额机械耗用台班=施工定额机械耗用台班\times(1+机械幅度差系数)$$

另一种是以现场测定资料为基础确定机械台班消耗量。如遇施工定额或劳动定额缺项者,则需依单位时间完成的产量测定。

3. 预算定额中的机械台班消耗量指标的确定方法

预算定额中的机械台班消耗量是以“台班”为单位计算的。一台机械工作 8h 为一个“台班”。大型机械和分部工程的专用机械,其台班消耗量的计算方法和机械幅度差是不相同的。

(1) 大型机械施工的土方、打桩、构件吊装、运输等项目的台班消耗量指标。大型机械台班消耗量是劳动定额中规定的各分项工程的机械台班产量计算,再加上机械幅度差确定。即:

$$大型机械台班消耗量=\frac{1}{机械台班产量定额}\times工序工程量\ (1+机械幅度差系数)$$

在定额中编列机械的种类、型号和台班用量。机械幅度差一般是 20%~40%。

(2) 按操作小组配用机械台班消耗量指标。对于按操作小组配用的机械,如:垂直运输用的塔吊、卷扬机,以及砂浆搅拌机、混凝土搅拌机,这种中小型机械,以综合取定的小组产量计算台班消耗量,不考虑机械幅度差。

$$机械台班消耗量指标=\frac{分项定额的计算单位值}{小组总产量}$$

$$=\frac{分项定额的计算单位值}{小组总人数\times\sum(分项计算的取定比重\times劳动定额综合每工产量数)}$$

【例 2 - 12】 假设一台塔吊配合一砖工小组砌筑一砖外墙,综合取定的双面清水墙占 20%,单面清水墙占 40%,混水墙占 40%,砖工小组有 22 人组成,计算每 $10m^3$ 一砖外墙

砌体所需塔吊台班指标。

解 假定查某劳动定额综合（塔吊）产量定额分别为 1.01m³/工日，1.04m³/工日，1.19m³/工日。则

$$小组总产量=小组总人数\times\sum(分项计算的取定比重\times劳动定额综合每工产量数)$$

$$=[22\times(0.2\times1.01+0.4\times1.04+0.4\times1.19)]m^3/工日$$

$$=(22\times1.094)m^3/工日$$

$$=24.07m^3/工日$$

$$塔吊台班消耗量=\frac{分项定额的计算单位值}{小组总产量}=10m^3\div24.07m^3/工日=0.42台班/10m^3$$

【例 2-13】 一砖外墙每 $10m^3$ 砌体砂浆 $2.29m^3$，砂浆搅拌机台班产量为 $8m^3$，计算每 $10m^3$ 一砖外墙砌体所需砂浆搅拌机的台班消耗量。

解 砂浆搅拌机台班消耗量$=(2.29\div8)$台班$/10m^3$砌体$=0.29$台班$/10m^3$砌体

(3) 分部工程的打夯、钢筋加工、木作、水磨石加工等各种专用机械台班消耗指标。这种专用机械台班消耗指标，直接列其值于预算定额中的，也有以机械费表示，不列台班数量。其计算公式是：

$$台班产量=机械配备人数\times每工产量$$

$$台班消耗量=\frac{计算单位值}{台班产量}\times(1+机械幅度差系数)$$

【例 2-14】 用水磨石机械施工配备 2 人，查劳动定额可知产量定额为 $4.76m^2$/工日，考虑机械幅度差为 10%，计算每 $100m^2$ 水磨石机械台班用量。

解 台班产量$=$机械配备人数$\times$每工产量$=2\times4.76m^2/工日=9.52m^2/工日$

$$台班消耗量=\frac{计算单位值}{台班产量}(1+机械幅度差系数)$$

$$=\left[\frac{100}{9.52}\times(1+10\%)\right]台班/m^2$$

$$=11.55台班/100m^2$$

六、预算定额（计价定额）的应用

预算定额的应用

关于预算定额（计价定额）的应用，各省市地区定额项目表中的项目单价包含内容不同，有的省市地区单价组成为人工费、材料费、施工机具使用费，有的单价组成为人工、材料、机械、管理费、利润、风险，按综合单价形式表现，不论包含内容多少与否，应用预算定额（计价定额）确定各项目价格的方法是一样的。现以某地区《×××房屋建筑与装饰工程计价定额》为例，说明房屋建筑与装饰工程

计价定额的具体使用方法，该地区定额项目表中的单价就是按综合单价形式表现。

（一）直接套用

当设计要求与定额项目的内容相一致时，可直接套用定额的定额单价及工料消耗量，计算该分项工程的费用以及工料消耗量。

【例 2-15】 某招待所自拌现浇 C20 毛石混凝土带型基础 15.23m³，试计算完成该分项工程的费用及主要材料消耗量。

解 （1）确定定额编号 AE0005［自拌混凝土 C20（塑、特、碎 5～31.5、坍 10～30）］（表 2-2）。

表 2-2　　带形基础定额项目表

E.1.1.2　带形基础（编码：010501002）

工作内容：1. 自拌混凝土：搅拌混凝土、水平运输、浇捣、养护等。
2. 商品混凝土：浇捣、养护等。　　计量单位：10m³

定额编号					AE0005	AE0006	AE0007	AE0008
项目名称					带形基础			
					块（片）石混凝土		混凝土	
					自拌混凝土	商品混凝土	自拌混凝土	商品混凝土
费用	综合单价（元）				3589.23	3000.47	3940.71	3255.35
	其中	人工费（元）			775.10	342.70	886.65	385.25
		材料费（元）			2214.25	2525.76	2355.19	2721.70
		施工机具使用费（元）			217.52	—	257.97	—
		企业管理费（元）			239.22	82.59	275.85	92.85
		利润（元）			128.25	44.28	147.88	49.77
		一般风险费（元）			14.89	5.14	17.17	5.78
	编码	名称	单位	单价（元）	消耗量			
人工	000300080	混凝土综合工	工日	115.00	6.740	2.980	7.710	3.350
材料	800206020	混凝土 C20（塑、特、碎 5～31.5，坍 10～30）	m³	229.88	8.585	—	10.100	—
	840201140	商品混凝土	m³	266.99	—	8.628	—	10.150
	341100100	水	m³	4.42	5.130	0.930	5.909	1.009
	041100310	块（片）石	m³	77.67	2.720	2.720	—	—
	341100400	电	kW·h	0.70	1.980	1.980	2.310	2.310
	002000010	其他材料费	元	—	5.41	5.41	5.67	5.67
机械	990406010	机动翻斗车 1t	台班	188.07	0.591	—	0.699	—
	990602020	双锥反转出料混凝土搅拌机 350L	台班	226.31	0.470	—	0.559	—

注　表中一般风险费指工程施工期间因停水、停电（每月 16h 以内），材料设备供应（供应不及时造成的停、窝工损失每月 8h 以内），材料代用等不可预见的一般风险因素影响正常施工而有不便计算的损失费用。

（2）计算该分项工程费用。

分项工程费用＝定额综合单价×工程量

＝3 589.23(元/10m^3)×15.23m^3

＝5 466.40 元

（3）计算主要材料消耗量。

见表 2-3 混凝土配合比，确定定额编号 800206020。

材料消耗量＝定额的消耗量×工程量

水泥 32.5R：(320.00×8.585×1.523)kg＝4 183.99kg

特细砂：(0.544×8.585×1.523)t＝7.11t

碎石 5～31.5：(1.405×8.585×1.523)t＝18.37t

水：(0.195×8.585×1.523)m^3＝2.55m^3

另外片石：(2.72×1.523)m^3＝4.14m^3

表 2-3　　混凝土配合比表

计量单位：m^2

定额编号				800206010	800206020	800206030	800206040	800206050	800206060
项目名称				特细砂塑性混凝土（坍落度 10～30mm）					
				碎石公称粒级：5～31.5mm					
				C15	C20	C25	C30	C35	C40
基价（元）				215.49	229.88	247.35	260.69	257.80	273.85
编码	名称	单位	单价	消耗量					
040100015	水泥 32.5R	kg	0.31	263.000	320.000	390.000	443.000	—	—
040100017	水泥 42.5	kg	0.32	—	—	—	—	415.000	476.000
040300760	特细砂	t	63.11	0.596	0.544	0.477	0.428	0.454	0.399
040500207	碎石 5～31.5	t	67.96	1.405	1.405	1.405	1.405	1.405	1.405
341100100	水	m^3	4.42	0.195	0.195	0.195	0.195	0.195	0.195

预算定额直接套用的方法步骤归纳如下：

（1）根据施工图纸设计的分项工程项目内容，与定额工作内容对比，从定额册中查出该项目的定额编号。

（2）当根据施工图纸设计的分项工程项目内容与定额规定的内容相一致，或虽然不一致，但定额规定不允许调整或换算时，即可直接套用定额的人工费、材料费、施工机具使用费等，以及主要材料消耗量，计算该分项工程的定额单价。但是，在套用定额前，必须注意分项工程的名称、规格、计量单位与定额相一致。

（二）换算套用

1. 预算定额的换算

(1) 定额换算的原因。当施工图纸的设计要求与定额项目的内容不相一致时，为了能计算出设计要求项目的单价及人工、材料、机械消耗量，必须对定额项目与设计要求之间的差异进行调整。这种使定额项目的内容适应设计要求的差异调整是产生定额换算的原因。

(2) 定额换算的依据。预算定额具有经济法规性，定额水平（即各种消耗量指标）不得随意改变。为了保持预算定额的水平不改变，在文字说明部分规定了若干条定额换算的条件，因此，在定额换算时必须执行这些规定才能避免人为改变定额水平的不合理现象。从定额水平保持不变的角度来解释，定额换算实际上是预算定额的进一步扩展与延伸。

(3) 预算定额换算的内容。定额换算涉及人工费和材料费及机械费的换算，特别是材料费及材料消耗量的换算占定额换算相当大的比重，因此必须按定额的有关规定进行，不得随意调整。人工费的换算主要是由用工量的增减而引起，材料费的换算则是由材料耗用量的改变（或不同构造做法）及材料代换而引起的。

(4) 预算定额换算的一般情况。

1）比例换算：混凝土及砂浆的强度等级在设计要求与定额不同时，按各省市及地区相关计价依据进行换算；

2）系数换算：在定额分部说明中的各种系数及工料增减的换算。

3）木材材积换算：定额中木木材是按一定厚度的毛料计算，如设计规定与定额不同时，可按照省市及地区相关规定换算。

4）运距、厚度换算：运距、厚度增减问题属于定额的应用问题，但也归纳在换算中。

(5) 预算定额换算的几种类型。

1）砂浆换算：强度等级和砂浆种类换算。

2）混凝土强度等级换算：混凝土强度等级和石子种类换算。

3）木材材积换算：毛料与净料换算。

4）系数换算：在定额说明中的，属于定额使用过程的扩展。

5）其他换算：在定额中隐含的，属于定额使用过程的扩展。

2. 预算定额的换算方法

(1) 混凝土的换算。

这类换算的特点是：定额混凝土用量（消耗量）不发生变化，只换算强度等级或石子种

类不同引起的混凝土单价差。其换算公式为

换算单价＝原定额单价＋定额混凝土用量×（换入混凝土单价－换出混凝土单价）

【例 2-16】 某工程框架薄壁柱，设计要求为 C30（采用砾石）钢筋混凝土现浇，试确定框架薄壁柱的预算基价并计算工料消耗量。

解 （1）确定换算定额编号 AE0028［混凝土 C30（塑、特、碎 5～20，坍 35～50）］（表 2-4）。

定额综合单价：4 214.27 元/10m^3；混凝土定额用量（消耗量）：9.825m^3/10m^3。

表 2-4 **薄壁柱定额项目表**

E.1.2.4 薄壁柱（编码：010502003）

工作内容：1. 自拌混凝土：搅拌混凝土、水平运输、浇捣、养护等。

2. 商品混凝土：浇捣、养护等。

计量单位：10m^3

定额编号					AE0028	AE0029
项目名称					薄壁柱	
					自拌混凝土	商品混凝土
费用	综合单价（元）				4214.27	3352.24
	其中	人工费（元）			931.50	430.10
		材料费（元）			2754.36	2756.47
		施工机具使用费（元）			122.43	—
		企业管理费（元）			254.00	103.65
		利润（元）			136.17	55.57
		一般风险费（元）			15.81	6.45
	编码	名称	单位	单价（元）	消耗量	
人工	000300080	混凝土综合工	工日	115.00	8.100	3.740
材料	800211040	混凝土 C30（塑、特、碎 5～20，坍 35～50）	m^3	266.56	9.825	—
	840201140	商品混凝土	m^3	266.99	—	9.875
	341100100	水	m^3	4.42	4.190	0.690
	850201030	预拌水泥砂浆 1∶2	m^3	398.06	0.275	0.275
	341100400	电	kW·h	0.70	3.720	3.720
	002000010	其他材料费	元	—	4.82	4.82
机械	990602020	双锥反转出料混凝土搅拌机 350L	台班	226.31	0.541	—

（2）确定换入、换出混凝土的基价【塑、特、砾石 5～20】（表 2-5、表 2-6）。

（查附录《×××建设工程混凝土及砂浆配合比表》：确定定额编号 800211040；800208040）

查附录：混凝土 C30（塑、特、碎 5～20、坍 35～50）266.56 元/m^3。

混凝土 C30（塑、特、砾 5－20、坍 35～50）263.20 元/m^3。

表 2-5　　混凝土配合比表

计量单位：m^3

定额编号				800211010	800211020	800211030	800211040	800211050	800211060
项目名称				特细砂塑性混凝土（坍落度 35～50mm）					
				碎石公称粒级：5～20mm					
				C15	C20	C25	C30	C35	C40
基价（元）				218.21	233.15	252.23	266.56	263.49	276.56
编码	名称	单位	单价	消耗量					
040100015	水泥 32.5R	kg	0.31	284.000	344.000	420.000	477.000	—	—
040100017	水泥 42.5	kg	0.32	—	—	—	—	447.000	439.000
040300760	特细砂	t	63.11	0.564	0.506	0.435	0.382	0.410	0.408
040500205	碎石 5～20	t	67.96	1.378	1.378	1.378	1.378	1.378	1.468
143519100	高性能减水剂	kg	2.22	—	—	—	—	—	4.400
341100100	水	m^3	4.42	0.210	0.210	0.210	0.210	0.210	0.180

表 2-6　　混凝土配合比表

计量单位：m^3

定额编号				800208010	800208020	800208030	800208040
项目名称				特细砂塑性混凝土（坍落度 35～50mm）			
				砾石公称粒级：5～20mm			
				C15	C20	C25	C30
基价（元）				222.20	236.96	249.55	263.20
编码	名称	单位	单价	消耗量			
040100015	水泥 32.5R	kg	0.31	281.000	340.000	390.000	444.000
040300750	特细砂	t	63.11	0.594	0.538	0.492	0.443
040500720	砾石 5～20	t	64.00	1.514	15.14	1.514	1.514
341100100	水	m^3	4.42	0.160	0.160	0.160	0.160

(3) 计算换算后的综合单价。

$AE0028_{换}$＝原定额综合单价＋定额混凝土用量×(换入混凝土单价－换出混凝土单价)

＝[4 214.27＋9.825×(263.20－266.56)]元/10m^3

＝4 181.26 元/10m^3

(4) 换算后工料消耗量分析（表 2-4 AE0028，表 2-6　800208040）。

人工消耗：8.1 工日；

施工机具消耗：0.541 台班；

材料消耗量（直接用 C30 砾石项目的消耗量计算）：

水泥 32.5R：(444.00×9.825)kg=436.23kg；

特细砂：(0.443×9.825)t=4.35t；

砾石 5～20：(1.514×9.826)t=1.49t；

水：[4.19+9.826×(0.16−0.21)]m^3=3.699m^3。

换算小结：

1）选择换算定额编号及其定额单价，确定混凝土品种及其骨料粒径，水泥强度等级。

2）根据确定的混凝土品种（塑性混凝土还是低流动性混凝土、石子粒径、混凝土强度等级），从相应表中查换出换入混凝土的基价。

3）计算换算后的定额单价。

4）确定换入混凝土品种须考虑下列因素：

①是塑性混凝土还是低流动性混凝土；

②根据规范要求确定混凝土中石子的最大粒径；

③根据设计要求，确定采用砾石、碎石及混凝土的强度等级。

（2）运距的换算。

当设计运距与定额运距不同时，根据定额规定通过增减运距进行换算。

$$换算单价=基本运距单价\pm增减运距定额部分单价$$

【例 2-17】 某工程人工运土方 100m^3，运距 190m，试计算其人工费。

解 （1）确定换算定额编号 AA0012、AA0013（表 2-7）。

表 2-7　土方定额项目表

A.1.1.6 人工运土方、淤泥、流砂（编码：010103002）

工作内容：装、运、卸土（淤泥、流砂）及平整。　　计量单位：100m^3

定额编号					AA0012	AA0013	AA0014	AA0015
项目名称					人工运土方		人工运淤泥、流砂	
					运距 20m 以内	每增加 20m	运距 20m 以内	每增加 20m
费用	综合单价（元）				1 954.58	408.39	3 053.30	641.74
	其中	人工费（元）			1 709.60	357.20	2 670.60	561.30
		材料费（元）			—	—	—	—
		施工机具使用费（元）			—	—	—	—
		企业管理费（元）			184.29	38.51	287.89	60.51
		利润						
		一般风险费（元）			—	—	—	—
	编码	名称	单位	单价（元）	消耗量			
人工	000300040	土石方综合工	工日	100.00	17.096	3.572	26.706	5.613

（2）AA0012 基本运距 20m 内定额的预算综合单价为 1 954.58 元/100m^3；

(3) AA0013 运距每增加 20m 定额的预算综合单价为 408.39 元/100m³；

则 190m 运距包含 AA0012 项目中 20m 的个数：

$$(190-20)\div 20=8.5(\text{取 }9)$$

(4) 人工运土方 100m³，其人工费为

$$(1\ 954.58+408.39\times 9)\text{元}/100\text{m}^3=5\ 630.09\text{ 元}/100\text{m}^3$$

(3) 厚度的换算。

当设计厚度与定额厚度不同时，根据定额规定通过增减厚度进行换算。

换算单价＝基本厚度单价±增减厚度定额部分单价

【例 2-18】 某家属住宅楼工程现浇直形楼梯，设计要求为 C30 混凝土（低、特、碎 20），折算厚度为 220mm，试计算该分项工程的综合单价及工料消耗量。

解 根据××省预算定额规定："直形楼梯定额子目按折算厚度 200mm 编制。设计折算厚度不同时，执行相应增减定额子目"。

(1) 确定换算定额编号 AE0092、AE0098［混凝土 C30（塑、特、碎 5～20、坍 35～50)］(表 2-8、表 2-9)。

表 2-8 现浇混凝土定额项目表

E.1.6 现浇混凝土楼梯（编码：010506）

E.1.6.1 直形楼梯（编码：010506001）

工作内容：1. 自拌混凝土：搅拌混凝土、水平运输、浇捣、养护等。
2. 商品混凝土：浇捣、养护等。

计量单位：10m²

定额编号					AE0092	AE0093
项目名称					直形楼梯	
					自拌混凝土	商品混凝土
费用	综合单价（元）				1 312.08	1 078.67
	其中	人工费（元）			426.65	307.05
		材料费（元）			654.32	653.34
		施工机具使用费（元）			48.20	—
		企业管理费（元）			114.44	74.00
		利润（元）			61.35	39.67
		一般风险费（元）			7.12	4.61
	编码	名称	单位	单价（元）	消耗量	
人工	000300080	混凝土综合工	工日	115.00	3.710	2.670
材料	800211040	混凝土 C30（塑、特、碎 5～20、坍 35～50）	m³	266.56	2.378	—
	840201140	商品混凝土	m³	266.99	—	2.390
	341100100	水	m³	4.42	1.899	0.722
	341100400	电	kW·h	0.70	1.560	1.560
	002000010	其他材料费	元	—	10.95	10.95
机械	990602020	双锥反转出料混凝土搅拌机 350L	台班	226.31	0.213	—

表 2-9　　现浇混凝土项目表

E.1.6.3 螺旋形楼梯（编码：010506002）

工作内容：1. 自搅混凝土：搅拌混凝土、水平运输、浇捣、养护等。

2. 商品混凝土：浇捣、养护等。

计量单位：10m²

定额编号					AE0096	AE0097	AE0098	AE0099
项目名称					螺旋形楼梯		直（弧、螺旋）形楼梯每增减 10mm	
					自拌混凝土	商品混凝土	自拌混凝土	商品混凝土
费用	综合单价（元）				1 696.83	1 484.19	65.36	54.62
	其中	人工费（元）			718.75	599.15	21.85	16.10
		材料费（元）			653.89	654.24	32.26	32.32
		施工机具使用费（元）			34.17	—	2.04	—
		企业管理费（元）			181.45	144.40	5.76	3.88
		利润（元）			97.28	77.41	3.09	2.08
		一般风险费（元）			11.29	8.99	0.36	0.24
	编码	名称	单位	单价（元）	消耗量			
人工	000300080	混凝土综合工	工日	115.00	6.250	5.210	0.190	0.140
材料	800211040	混凝土 C30（塑、特、碎 5～20，坍 35～50）	m³	266.56	2.378	—	0.119	—
	840201140	商品混凝土	m³	266.99	—	2.390	—	0.120
	341100100	水	m³	4.42	1.468	0.591	0.110	0.051
	341100400	电	kW·h	0.70	1.590	1.590	0.080	0.080
	002000010	其他材料费	元	—	12.41	12.41	—	—
机械	990602020	双锥反转出料混凝土搅拌机 350L	台班	226.31	0.151	—	0.009	—

(2) C30 厚 220mm 的现浇直形楼梯综合单价和 C30 混凝土用量。

综合单价：[1 312.08+65.36×(220−200)÷10]元/10m³=1 442.80 元/10m²

混凝土用量：[2.378+0.119×(220−200)÷10]m³=2.616m³

(3) 换算后工料消耗量分析（见表 2-10）：确定定额编号 800211040。

人工费：[426.65+21.85×(220−200)/10]元/10m²=470.35 元/10m²

施工机具使用费：[48.20+2.04×(220−200)/10]元/10m²=52.28 元/10m²

主要材料消耗量：

水泥 32.5 号：(447.0×2.616)kg=1 169.35kg

特细砂：(0.382×2.616)t=0.9993t

碎石 5−20：(1.378×2.616)t=3.604 8t

表 2-10　　混凝土配合比表

计量单位：m^3

定额编号				800211010	800211020	800211030	800211040	800211050	800211060
项目名称				特细砂塑性混凝土（坍落度 35～50mm）					
				碎石公称粒级：5～20mm					
				C15	C20	C25	C30	C35	C40
基价（元）				218.21	233.15	252.23	266.56	263.49	276.56
编码	名称	单位	单价	消耗量					
040100015	水泥 32.5R	kg	0.31	284.000	344.00	420.000	477.000	—	—
040100017	水泥 42.5	kg	0.32	—	—	—	—	447.000	439.000
040300760	特细砂	t	63.11	0.564	0.506	0.435	0.382	0.410	0.408
040500205	碎石 5～20	t	67.96	1.378	1.378	1.378	1.378	1.378	1.468
143519100	高性能减水剂	kg	2.22	—	—	—	—	—	4.400
341100100	水	m^3	4.42	0.210	0.210	0.210	0.210	0.210	0.180

（4）材料比例的换算。其换算的原理与混凝土强度等级的换算类似，材料用量（消耗量）不发生变化，只换算其材料变化部分，其换算公式仍为

换算单价＝原定额单价＋定额材料用量×(换入单价－换出单价)

【例 2-19】 某设计要求屋面保温层用 1∶8 水泥炉渣，试计算 $10m^3$ 该分项工程的定额综合单价及定额主要材料消耗量。

解 （1）确定换算定额编号 KB0058（表 2-11）。

水泥炉渣混凝土，比例为 1∶6　用量为 $10.20m^3/10m^3$。

定额综合单价为 2 269.13 元/$10m^3$。

表 2-11　　保温、隔热定额项目表

B.1.3 保温、隔热

B.1.3.1 屋面保温

工作内容：清理基层、调制保温混合料、铺填及养护。　　计量单位：$10m^3$

定额编号			KB0058	KB0059	KB0060
项目名称			水泥炉渣 1∶6	水泥焦渣	水泥陶粒 1∶8
费用	综合单价（元）		2 269.13	2 719.15	2 234.24
	其中	人工费（元）	661.25	661.25	661.25
		材料费（元）	1 353.17	1 803.19	1 318.28
		施工机具使用费（元）	—	—	—
		企业管理费（元）	159.36	159.36	159.36
		利润（元）	85.43	85.43	85.43
		一般风险费（元）	9.92	9.92	9.92

续表

定额编号					KB0058	KB0059	KB0060
	编码	名称	单位	单价（元）	消耗量		
人工	000300080	混凝土综合工	工日	115.00	5.750	5.750	5.750
材料	801603010	水泥炉渣混凝土 1∶6	m^3	129.63	10.200	—	—
	840501020	水泥陶粒 1∶8	m^3	126.21	—	—	10.200
	801604010	水泥焦渣混凝土 1∶6	m^3	173.75	—	10.200	—
	341100100	水	m^3	4.42	7.000	7.000	7.000

(2) 1∶8 水泥炉渣混凝土（表 2-12）$10m^3$ 综合单价。

$$[2\ 269.13+(111.63-129.63)\times 10.20]元/10m^3=2\ 085.53\ 元/10m^3$$

表 2-12　　混凝土配合比表

计量单位：m^2

定额编号				801603010	801603020	801603030
项目名称				水泥炉渣混凝土		
				1∶6	1∶7	1∶8
基价（元）				129.63	119.70	111.63
编码	名称	单位	单价	消耗量		
040100015	水泥 32.5R	kg	0.31	281.000	246.000	218.000
040700060	炉渣	t	38.46	1.048	1.072	1.088
341100100	水	m^3	4.42	0.500	0.500	0.500

换算后主要材料分析（表 2-12）：确定定额编号 80603010

水泥 32.5R：$(218\times 10.20)kg/10m^3=2\ 223.60kg/10m^3$

炉渣：$(1.088\times 10.20)t/10m^3=11.098t/10m^3$

(5) 截面的换算。预算定额中的构件截面，是根据不同设计标准，通过综合加权平均计算确定的。如设计截面与定额截面不相符合，应按预算定额的有关规定进行换算。其换算后材料的消耗量公式为

$$换算后的消耗量=\frac{设计截面(厚度)}{定额截面(厚度)}\times 定额消耗量$$

比如：定额项目中所注明的木材面或厚度均为毛截面，如设计图纸注明的截面或厚度为净料时，应增加刨光损耗。定额规定：板、枋材一面刨光增加 3mm，两面刨光增加 5mm，原木每立方米体积增加 $0.05m^3$。

【例 2-20】　试计算屋面变形缝油浸木丝板（断面净料 250mm×30mm）的综合单价。

解　(1) 确定换算定额编号 AJ0042（表 2-13）。

表 2-13　　屋面变形缝定额项目表

J.2.7 屋面变形缝（编码：010902008）

J.2.7.1 填缝

工作内容：1. 清理变形缝，调制建筑油膏，填塞、嵌缝。
2. 清理变形缝，熬沥青、调制沥青麻丝，填塞、嵌缝。
3. 清理变形缝，熬沥青，浸油木丝板，填塞、嵌缝。
4. 清理变形缝，熬沥青，泡沫塑料，填塞、嵌缝。　　计量单位：100m

定额编号					AJ0040	AJ0041	AJ0042	AJ0043
项目名称					建筑油膏	浸油麻丝	浸油木丝板	泡沫塑料
费用	综合单价（元）				816.47	2166.89	1243.67	834.47
	其中	人工费（元）			417.45	816.50	484.15	393.30
		材料费（元）			238.22	1035.87	573.03	289.67
		施工机具使用费（元）			—	—	—	—
		企业管理费（元）			100.61	196.78	116.68	94.79
		利润（元）			53.93	105.49	62.55	50.81
		一般风险费（元）			6.26	12.25	7.26	5.90
	编码	名称	单位	单价（元）	消耗量			
人工	000300130	防水综合工	工日	115.00	3.630	7.100	4.210	3.420
材料	133501000	建筑测膏	kg	2.74	86.940	—	—	—
	022900900	麻丝	kg	8.85	—	55.087	—	—
	051500100	木丝板 25×610×1830	m^2	10.26	—	—	15.530	—
	151300800	硬泡沫塑料板	m^3	401.71	—	—	—	0.600
	133100600	石油沥青 10 号	kg	2.56	—	214.200	161.600	—
	133100700	石油沥青 30 号	kg	2.56	—	—	—	19.000

(2) 确定换算材料的消耗量。

木丝板消耗量为

$$换算后的锯材消耗量=\frac{设计截面(厚度)}{定额截面(厚度)}\times 定额消耗量$$

$$=\frac{(250+5)\times(30+3)\times 15.530}{150\times 25}m^2/100m$$

$$=34.849m^2/100m$$

注：150mm×25mm 指定额中木丝板截面的取定值

换算后增加的材料费=[(34.849−15.530)×10.26]元=198.21 元

(3) 计算换算后的综合单价。

(1 243.67+198.21)元/100m=1 441.88 元/100m

（6）砂浆的换算。砌筑砂浆换算与混凝土构件的换算相类似，其换算公式为：

换算综合单价＝原定额综合单价＋定额砂浆用量×(换入砂浆基价－换出砂浆基价)

【例 2-21】 某工程空花墙，设计要求标准砖 240mm×115mm×53mm，M7.5 混合砂浆砌筑，试计算该分项工程的定额综合单价。

解 （1）确定换算定额编号 AD0065（表 2-14）。

AD0065　M5.0 水泥砂浆　用量为 1.199m^3/10m^3

综合单价为 4 392.20 元/10m^3

（2）确定换入、换出砂浆的基价（表 2-15）。

换出 810104010　M5.0 水泥砂浆 183.45 元/m^3。

换入 810105020　M7.5 混合砂浆 185.67 元/m^3。

（3）计算换算后的综合单价。

AE0017 换＝原定额综合单价＋定额砂浆用量×(换入砂浆基价－换出砂浆基价)

＝4 392.20 元/10m^3＋1.199×(185.67－183.45)元/10m^3

＝4 394.86 元/10m^3

表 2-14　　空花墙定额项目表

D.1.6 空花墙（编码：010401007）

工作内容：1. 调运砂浆、铺砂浆，运砖，砌砖（包括窗台虎头砖、腰线、门窗套，安放木砖、铁件等）。
2. 调运干混商品砂浆、铺砂浆，运砖，砌砖（包括窗台虎头砖、腰线、门窗套，安放木砖、铁件等）。
3. 运湿拌商品砂浆、铺砂浆，运砖，砌砖（包括窗台虎头砖、腰线、门窗套，安放木砖、铁件等）。

计量单位：10m^3

定额编号			AD0065	AD0066	AD0067
项目名称			空花墙		
			水泥砂浆		
			现拌砂浆 M5	干混商品砂浆	湿拌商品砂浆
费用	综合单价（元）		4 392.20	4 553.59	4 390.25
	其中	人工费（元）	1 752.37	1 699.70	1 672.10
		材料费（元）	1 912.86	2 160.54	2 074.05
		施工机具使用费（元）	37.51	27.89	—
		企业管理费（元）	431.36	416.35	402.98
		利润（元）	231.25	223.20	216.04
		一般风险费（元）	26.85	25.91	25.08

续表

定额编号					AD0065	AD0066	AD0067
	编码	名称	单位	单价（元）	消耗量		
人工	000300100	砌筑综合工	工日	115.00	15.238	14.780	14.540
材料	041300010	标准砖 240×115×53	千块	422.33	4.000	4.000	4.000
	810104010	M5.0 水泥砂浆（特稠度 70～90mm）	m^3	183.45	1.199	—	—
	850301010	干混商品砌筑砂浆 M5	t	228.16	—	2.038	—
	850302010	湿拌商品砌筑砂浆 M5	m^3	311.65	—	—	1.223
	341100100	水	m^3	4.42	0.810	1.410	0.810
机械	990610010	灰浆搅拌机 200L	台班	187.56	0.200	—	—
	990611010	干混砂浆罐式搅拌机 20000L	台班	232.40	—	0.120	—

表 2-15　　砂浆配合比表

计量单位：m^3

定额编号				810105010	810105020	810105030
项目名称				混合砂浆（特细砂）		
				M5	M7.5	M10
基价（元）				174.96	185.67	201.55
编码	名称	单位	单价	消耗量		
040100015	水泥 32.5R	kg	0.31	220.000	270.000	348.000
040300760	特细砂	t	63.11	1.212	1.225	1.240
040900550	石灰膏	m^3	165.05	0.170	0.136	0.080
341100100	水	m^3	4.42	0.500	0.500	0.500

（7）系数的换算。系数换算是按定额说明中规定的系数乘以相应定额的基价（或定额工、料之一部分）后，得到一个新的综合单价的换算。

【例 2-22】　某工程挖土方，施工组织设计规定为机械开挖，在机械不能施工的死角有湿土 121m^3，需人工开挖，试计算完成该分项工程的预算价格。

解　某省计价定额土石方分部说明，人工挖湿土时，按相应定额项目乘以系数 1.18 计算；机械不能施工的土石方，按相应人工挖土方定额乘以系数 1.5。

（1）确定换算定额编号及基价（表 2-16）。

定额编号 AA0002，综合单价为 3 701.54 元/100m^3

（2）计算换算基价。

(3 701.54×1.18×1.5)元/100m^3＝6 551.73 元/100m^3

（3）计算完成该分项工程的预算价格。

6 551.73(元/100m^3)×1.21(100m^3)=7 927.59 元

表 2-16　　土方定额项目表

A.1.1.2 人工挖土方（编码：010101002）

工作内容：挖土、修理边底。　　计量单位：100m^3

定额编号					AA0002
项目名称					人工挖土方
费用	综合单价（元）				3701.54
	其中	人工费（元）			3237.60
		材料费（元）			—
		施工机具使用费（元）			—
		企业管理费（元）			349.01
		利润（元）			114.93
		一般风险费（元）			—
	编码	名称	单位	单价（元）	消耗量
人工	000300040	土石方综合工	工日	100.00	32.376

（8）其他换算。其他换算，是指上述几种换算类型不能包括的定额换算。由于此类定额换算的内容较多、较杂，故仅举例说明其换算过程。

【例 2-23】　某工程墙基防潮层，设计要求用 1∶2 水泥砂浆加 8%防水粉施工（一层作法），试计算该分项工程的定额综合单价。

解　（1）确定换算定额编号 AJ0087（表 2-17）。

综合单价：2 046.79 元/100m^2

水泥砂浆用量：2.040m^3/100m^2

（2）计算定额水泥消耗量（见表 2-18 查 810201030）。

水泥 32.5R：570.0kg/m^3×2.04m^3/100m^2=1 162.8kg/100m^2

（3）计算换入、换出防水粉的用量。

换出量：55.000kg/100m^2

换入量：1 162.8kg/100m^2×8%=93.024kg/100m^2

（4）计算换算基价（防水粉单价为 0.68 元/kg）。

2 046.79 元/100m^2+0.68×(93.024−55.000 元/100m^2)=2 072.65 元/100m^2

虽然其他换算没有固定的公式，但换算的思路仍然是在原定额价格的基础上加上换入部分的费用，再减去换出部分的费用。

表 2-17 **防水定额项目表**

J.4.3 砂浆防水（编码：010904003）

工作内容：清理基层、调运砂浆、抹水泥砂浆。 计量单位：100m²

定额编号					AJ0087
项目名称					防水砂浆
费用	综合单价（元）				2046.79
	其中	人工费（元）			1012.50
		材料费（元）			566.34
		施工机具使用费（元）			56.27
		企业管理费（元）			257.57
		利润（元）			138.08
		一般风险费（元）			16.03
	编码	名称	单位	单价（元）	消耗量
人工	000300110	抹灰综合工	工日	125.00	8.100
材料	810201030	水泥砂浆 1:2（特）	m³	256.68	2.040
	133500200	防水粉	kg	0.68	55.000
	002000010	其他材料费	元	—	5.31
机械	990610010	灰浆搅拌机 200L	台班	187.56	0.300

表 2-18 **砂浆配合比表**

计量单位：m³

定额编号				810201010	810201020	810201030	810201040	810201050
项目名称				水泥砂浆（特细砂）				
				1:1	1:1.5	1:2	1:2.5	1:3
基价（元）				334.13	290.25	256.68	232.40	213.87
编码	名称	单位	单价	消耗量				
040100015	水泥 32.5R	kg	0.31	878.000	699.000	570.000	479.000	411.000
040300760	特细砂	t	63.11	0.957	1.142	1.243	1.305	1.344
341100100	水	m³	4.42	0.351	0.336	0.348	0.350	0.370

第四节 概 算 定 额

一、 概算定额的概念

概算定额以扩大的分部分项工程或单位扩大结构构件为对象，以预算定额为基础，根据通用设计或标准图等资料，计算和确定完成合格的该工程项目所需消耗的人工、材料和机械台班的数量标准，所以概算定额又称作扩大结构定额。

概算定额的项目划分粗细，与扩大初步设计的深度相适应，一般是在预算定额的基础上综合扩大而成的，每一综合分项概算定额都包含了数项预算定额。

概算定额是预算定额的综合与扩大。它将预算定额中有联系的若干个分项工程项目综合为一个概算定额项目。如砖基础概算定额项目，就是以砖基础为主，综合了平整场地、挖地槽、铺设垫层、砌砖基础、铺设防潮层、回填土及运土等预算定额中分项工程项目。又如砖墙定额，就是以砖墙为主，综合了砌砖、钢筋混凝土过梁制作、运输、安装，勒脚，内外墙面抹灰，内墙面刷白等预算定额的分项工程项目。

建筑安装工程概算定额基价表又称扩大单位估价表，是确定概算定额单位产品所需全部人工费、材料费、机械台班费之和的文件，是概算定额在各地区以价格表现的具体形式。

二、 概算定额的作用

从1957年我国开始在全国试行统一的《建筑工程扩大结构定额》之后，各省、自治区、直辖市根据本地区的特点，相继编制了本地区的概算定额。为了适应建筑业的改革，概算定额和概算指标由各省、自治区、直辖市在预算定额基础上组织编写，分别由主管部门审批，报国家计划委员会备案。概算定额主要作用如下：

（1）概算定额是初步设计阶段编制概算、扩大初步设计阶段编制修正概算的主要依据；

（2）概算定额是对设计项目进行技术经济分析比较的基础资料之一；

（3）概算定额是建设工程主要材料计划编制的依据；

（4）概算定额是编制概算指标的依据。

三、 概算定额的编制原则和编制依据

（一） 概算定额的编制原则

概算定额应该贯彻社会平均水平和简明适用的原则。由于概算定额和预算定额都是工程计价的依据，所以应符合价值规律和反映现阶段大多数企业的设计、生产及施工管理水平，但在概预算定额水平之间应保留必要的幅度差，一般概算定额加权平均水平比综合预算定额增加造价2.06%，并在概算定额的编制过程中严格控制。概算定额的内容和深度是在预算定额为基础上的综合和扩大。在合并中不得遗漏或增减项目，以保证其严密性和正确性。概算定额务必达到简化、准确和适用。

（二） 概算定额的编制依据

由于概算定额与预算定额的使用范围不同，其编制依据也略有不同。其编制依据一般有以下几种：

（1）现行的设计规范和建筑工程预算定额；

（2）具有代表性的标准设计图纸和其他设计资料；

(3) 现行的人工工资标准、材料预算价格、机械台班预算价格及其他的价格资料。

四、 概算定额与预算定额的区别与联系

(一) 概算定额与预算定额的相同之处

(1) 两者都是以建（构）筑物各个结构部分和分部分项工程为单位表示的，内容都包括人工、材料、机械台班使用量定额三个基本部分，并列有基价，同时它也列有工程费用，是一种计价性定额。概算定额表达的主要内容、主要方式及基本使用方法都与预算定额相似。

(2) 概算定额基价的编制依据与预算定额基价相同。全国统一概算定额基价，是按北京地区的工资标准、材料预算价格和机械台班单价计算基价；地区统一定额和通用性强的全国统一概算定额，以省会所在地的工资标准、材料预算价格和机械台班单价计算基价。在定额表中一般应列出基价所依据的单价，并在附录中列出材料预算价格取定表。

(二) 概算定额与预算定额的不同之处

(1) 在于项目划分和综合扩大程度上的差异。由于概算定额综合了若干分项工程的预算定额，因此使概算工程项目划分、工程量计算和设计概算书的编制，都比编制施工图预算简化了许多。

(2) 概算定额来源于预算定额，概算定额主要用于编制设计概算，同时可以编制概算指标。而预算定额主要用于编制施工图预算。

五、概算定额的应用

(一) 概算定额的内容与形式

按专业特点和地区特点编制的概算定额手册，内容基本上是由文字说明、定额项目表和附录三个部分组成。

1. 文字说明部分

文字说明部分有总说明和分部工程说明。在总说明中，主要阐述概算定额的编制依据、使用范围、包括的内容及作用、应遵守的规则及建筑面积计算规则等。分部工程说明主要阐述本分部工程包括的综合工作内容及分部分项工程的工程量计算规则等。

2. 定额项目表

定额项目表是概算定额手册的主要内容，由若干分节定额组成。各节定额有工程内容、定额表及附注说明组成。定额表中列有定额编号，计量单位，概算价格，人工、材料、机械台班消耗量指标，综合了预算定额的若干项目与数量。

概算定额项目一般按以下两种方法划分：

(1) 按工程结构划分：一般是按土石方、基础、墙、梁板柱、门窗、楼地面、屋面、装饰、构筑物等工程结构划分。

（2）按工程部位（分部）划分：一般是按基础、墙体、梁柱、楼地面、屋盖、其他工程部位等划分，如基础工程中包括了砖、石、混凝土基础等项目。

（二）概算定额应用规则

（1）符合概算定额规定的应用范围；

（2）工程内容、计量单位及综合程度应与概算定额一致；

（3）必要的调整和换算应严格按定额的文字说明和附录进行；

（4）避免重复计算和漏项；

（5）参考预算定额的应用规则。

第五节　企　业　定　额

一、企业定额编制的意义

我国加入WTO以后，工程造价管理改革日渐加速。随着《中华人民共和国招标投标法》的颁布与实施，建设工程承发包主要通过招标投标方式来实现。为了适应我国建筑市场发展的要求和国际市场竞争的需要，我国将推行工程量清单计价模式。工程量清单计价模式与我国传统的定额计价模式不同，将主要采用综合单价计价，不再需要像以往那样进行套定额、调整材料价差、计算独立费等工作，更适合招标投标工作。工程量清单计价模式要求承包商根据市场行情、项目状况和自身实力报价，有利于引导承包商编制企业定额，进行项目成本核算，提高其管理水平和竞争能力。

企业定额是指由施工企业考虑本企业具体情况，参照国家、部门或地区定额的水平制定的定额。企业定额只在企业内部使用，是企业素质的一个标志。企业定额水平是反映本企业技术和管理的实际水平或约高于实际水平。只有高于地区现行定额水平，才能满足生产技术发展、企业管理和市场竞争的要求。

企业定额在不同的历史时期有着不同的概念。在计划经济时期，“企业定额”也称“临时定额”，是国家统一定额或地方定额中缺项定额的补充，它仅限于企业内部临时使用，而不是一级管理层次。在市场经济条件下，“企业定额”有着新的概念，它是参与市场竞争，自主报价的依据。《建筑工程施工发包与承包计价管理办法》（中华人民共和国建设部令第107号）第七条第二款规定：“投标报价应当依据企业定额和市场价格信息，并按照国务院和省、自治区、直辖市人民政府建设行政主管部门发布的工程造价计价办法进行编制”。

所谓企业定额，是指建筑安装企业根据本企业的技术水平和管理水平，编制完成单位合格产品所必需的人工、材料和施工机械台班的消耗量，以及其他生产经营要素消耗的数量标准。企业定额反映企业的施工生产与生产消费之间的数量关系，是施工企业生产力水平的体现，每个企业均应拥有反映自己企业能力的企业定额。企业的技术和管理水平不同，企业定额的定额水平也就不同。因此，企业定额是施工企业进行施工管理和投标报价的基础和依据，从一定意义上讲，企业定额是企业的商业秘密，是企业参与市场竞争的核心竞争能力的具体表现。

目前大部分施工企业是以国家或行业制定的预算定额（计价定额）作为进行施工管理、工料分析和计算施工成本的依据。随着市场化改革的不断深入和发展，施工企业可以参照预算定额和基础定额，逐步建立起反映企业自身施工管理水平和技术装备程度的企业定额。

作为企业定额，必须具备有以下特点：

(1) 其各项平均消耗要比社会平均水平低，体现其先进性。

(2) 可以表现本企业在某些方面的技术优势。

(3) 可以表现本企业局部或全面管理方面的优势。

(4) 所有匹配的单价都是动态的，具有市场性。

(5) 与施工方案能全面接轨。

二、 企业定额的作用

企业定额是建筑安装企业管理工作的基础，也是工程建设定额体系中的基础，施工定额是建筑安装企业内部管理的定额，属于企业定额的性质，所以企业定额的作用与施工定额的作用是相同的。其作用主要表现在以下几个方面。

（一） 企业定额是企业计划管理的依据

企业定额在企业计划管理方面的作用，表现在它既是企业编制施工组织设计的依据，也是企业编制施工作业计划的依据。

施工组织设计是指导拟建工程进行施工准备和施工生产的技术经济文件，其基本任务是根据招标文件及合同协议的规定，确定出经济合理的施工方案，在人力和物力、时间和空间、技术和组织上对拟建工程作出最佳的安排。施工作业计划则是根据企业的施工计划、拟建工程的施工组织设计和现场实际情况编制的。施工作业计划的编制必须依据企业定额。施工组织设计其中包括三部分内容：资源需用量、使用这些资源的最佳时间安排和平面规划。施工中实物工程量和资源需要量的计算均要以企业定额的分项和计量单位为依据。施工作业计划是施工单位计划管理的中心环节，编制时也要用企业定额进行劳动力、施工机械和运输力量的平衡；计算材料、构件等分期需用量和供应时间；计算实物工程量和安排施工形象进度。

（二）企业定额是组织和指挥施工生产的有效工具

企业组织和指挥施工班组进行施工，是按照作业计划通过下达施工任务单和限额领料单来实现的。

施工任务单，既是下达施工任务的技术文件，也是班、组经济核算的原始凭证。它列出了应完成的施工任务，也记录着班组实际完成任务的情况，并且进行班组工人的工资结算。施工任务单上的工程计量单位、产量定额和计件单位，均需取自施工的劳动定额，工资结算也要根据劳动定额的完成情况计算。

限额领料单是施工队随任务单同时签发的领取材料的凭证。这一凭证是根据施工任务和施工的材料定额填写的。其中领料的数量，是班组为完成规定的工程任务消耗材料的最高限额。这一限额也是评价班组完成任务情况的一项重要指标。

（三）企业定额是计算工人劳动报酬的根据

企业定额是衡量工人劳动数量和质量，提供出成果和效益的标准。所以，企业定额应是计算工人工资的基础依据。这样才能做到完成定额好，工资报酬就多，达不到定额，工资报酬就会减少。真正实现多劳多得、少劳少得的社会主义分配原则。这对于打破企业内部分配方面的大锅饭是很有现实意义的。

（四）企业定额是企业激励工人的条件

激励在实现企业管理目标中占有重要位置。所谓激励，就是采取某些措施激发和鼓励员工在工作中的积极性和创造性。但激励只有在满足人们某种需要的情形下才能起到作用，完成和超额完成定额，不仅能获取更多的工资报酬，而且也能满足自尊，得到他人（社会）的认可，并且能进一步发挥个人潜力来体现自我价值。如果没有企业定额这种标准尺度，就不能激励人们去争取，就缺少必要的手段。

（五）企业定额有利于推广先进技术

企业定额水平中包含着某些已成熟的先进的施工技术和经验，工人要达到或超过定额，就必须掌握和运用这些先进技术，如果工人要想大幅度超过定额，就必须创造性地劳动和超常规地发挥。第一，在自己的工作中，注意改进工具和改进技术操作方法，注意原材料的节约，避免原材料和能源的浪费。第二，企业定额中往往明确要求采用某些较先进的施工工具和施工方法，所以贯彻企业定额也就意味着推广先进技术。第三，企业为了推行企业定额，往往要组织技术培训，以帮助工人能达到和超过定额。技术培训和技术表演等方式也都可以大大普及先进技术和先进操作方法。

（六）企业定额是编制施工预算，加强企业成本管理的基础

施工预算是施工单位用以确定单位工程上人工、机械、材料需要量的计划文件。施工预

算以企业定额（或施工定额）为编制基础，既要反映设计图纸的要求，也要考虑在现有条件下可能采取的节约人工、材料和降低成本的各项具体措施。这就能够有效地控制施工中人力、物力消耗，节约成本开支。

施工中人工、机械和材料的费用，是构成工程成本中直接费用的主要内容，对间接费用的开支也有着很大的影响。严格执行施工定额不仅可以起到控制成本、降低费用开支的作用，同时为企业加强班组核算和增加盈利，创造了良好的条件。

（七） 企业定额是施工企业进行工程投标、编制工程投标报价的基础和主要依据

作为企业定额它反映本企业施工生产的技术水平和管理水平，在确定工程投标报价时，首先是依据企业定额计算出施工企业拟完成投标工程需要发生的计划成本。在掌握工程成本的基础上，再根据所处的环境和条件，确定在该工程上拟获得的利润、预计的工程风险费用和其他应考虑的因素，从而确定投标报价。因此，企业定额是施工企业计算投标报价的根基。

特别是在推行的工程量清单报价中，施工企业根据本企业的企业定额进行的投标报价最能反映企业实际施工生产的技术水平和管理水平，体现出本企业在某些方面的技术优势，才能使本企业在竞争的激烈市场中占据有利的位置，立于不败之地。

由此可见，企业定额在建筑安装企业管理的各个环节中都是不可缺少的，企业定额管理是企业的基础性工作，具有重要作用。

三、 企业定额编制的原则

（一） 平均先进性原则

平均先进性是就定额的水平而言。定额水平，是指规定消耗在单位产品上的人工、材料和机械数量的多少。也可以说，它是按照一定施工程序和工艺条件下规定的施工生产中活劳动和物化劳动的消耗水平。所谓平均先进水平，就是在正常的施工条件下，大多数施工队组和大多数生产者经过努力能够达到和超过的水平。

企业定额应以本企业平均先进水平为基准制定企业定额，是反映本企业技术和管理的实际水平或约高于实际水平，使员工经过努力，能够达到或超过企业平均先进水平，其各项平均消耗要比社会平均水平低，以保持企业定额的先进性和可行性，只有高于地区现行定额水平，才能满足生产技术发展、企业管理和市场竞争的需要。

（二） 简明适用性原则

简明适用是就企业定额的内容和形式而言，要方便于定额的贯彻和执行。制定企业定额的目的就在于适用于企业内部管理，具有可操作性。

定额的简明性和适用性，是既有联系又有区别的两个方面。编制企业定额时应全面加以

贯彻。当二者发生矛盾时，定额的简明性应服从适应性的要求。

贯彻定额的简明适用性原则，关键是要做到定额项目设置完全，项目划分粗细适当。还应正确选择产品和材料的计量单位，适当利用系数，并辅以必要的说明和附注。总之，贯彻简明适用性原则，要努力使施工定额达到项目齐全、粗细恰当、步距合理的效果。

（三）以专家为主编制定额的原则

编制企业定额，要以专家为主，这是实践经验的总结。企业定额的编制要求有一支经验丰富、技术与管理知识全面、有一定政策水平的稳定的专家队伍，同时也要注意必须走群众路线，尤其是在现场测时和组织新定额试点时，这一点非常重要。

（四）独立自主的原则

企业独立自主地制定定额，主要是自主地确定定额水平，自主地划分定额项目，自主地根据需要增加新的定额项目。但是，企业定额毕竟是一定时期企业生产力水平的反映，它不可能也不应该割断历史。因此，企业定额应是对原有国家、部门和地区性施工定额的继承和发展。

（五）时效性原则

企业定额是一定时期内技术发展和管理水平的反映，所以在一段时期内表现出稳定的状态。这种稳定性又是相对的，它还有显著的时效性。如果当企业定额不再适应市场竞争和成本监控的需要时，它就要重新编制和修订，否则就会挫伤群众的积极性，甚至产生负效应。

（六）保密原则

企业定额的指标体系及标准要严格保密。建筑市场强手林立、竞争激烈，就企业现行的定额水平，工程项目在投标中如被竞争对手获取，会使本企业陷入十分被动的境地，给企业带来不可估量的损失。所以，企业要有自我保护意识和相应的加密措施。

四、企业定额的编制方法

编制企业定额最关键的工作是确定人工、材料和机械台班的消耗量，计算分项工程单价或综合单价。

人工消耗量的确定，首先是根据企业环境，拟定正常的施工作业条件，分别计算测定基本用工和其他用工的工日数，进而拟定施工作业的定额时间。

材料消耗量的确定是通过企业历史数据的统计分析、理论计算、实验试验、实地考察等方法计算确定包括周转材料在内的净用量和损耗量，从而拟定材料消耗的定额指标。

机械台班消耗量的确定，同样需要按照企业的环境，拟定机械工作的正常施工条件，确定机械工作效率和利用系数，据此拟定施工机械作业的定额台班与机械作业相关的工人小组的定额时间。

五、 企业定额编制与施工及预算定额编制的联系与区别

1. 相互联系

预算定额以施工定额为基础进行编制，企业定额又是以施工定额和预算定额为基础进行编制，它们之间有一定的关联性，都规定了完成单位合格产品所需人工、材料、机械台班消耗的数量标准。

2. 相互区别

（1）研究对象不同。预算定额以分部分项工程为研究对象，施工定额以施工过程为研究对象。前者在后者基础上，在研究对象上进行了科学地综合扩大。而企业定额与施工定额基本相同。

（2）编制单位和使用范围不同。预算定额由国家、行业或地区建设主管部门编制，是国家、行业或地区建设工程造价计价法规性标准。施工定额和企业定额是由施工企业编制，是企业内部使用的定额，企业定额在推行的工程量清单报价中更显得重要。

（3）编制时考虑的因素不同。预算定额编制考虑的是一般情况，考虑了施工过程中，对前面施工工序的检验，对后继施工工序的准备，以及相互搭接中的技术间歇、零星用工及停工损失等人工、材料和机械台班消耗量的增加因素。施工定额和企业定额考虑的是企业施工的个别特殊情况，特别是针对某项工程具体施工技术水平考虑的更多些。所以，预算定额比施工定额考虑的综合因素更多、更复杂、更普遍。

（4）编制水平不同。预算定额采用社会平均水平编制，施工定额和企业定额采用企业平均先进水平编制。

第三章 建筑工程造价的确定

【思政元素】 建筑工程造价的发展历程

我国现代意义上的工程造价的产生，应追溯到19世纪末到20世纪上半叶。

新中国成立初期，借鉴苏联的一套基本建设的概预算制度，这种适应计划经济体制的概预算制度，有效促进了建设资金的合理使用，为国民经济的恢复起到了积极作用。

20世纪50年代末期开始，由于左倾错误思想的影响，“一五”期间建立起来的概预算制度逐渐削弱，20世纪60年代后期到70年代中期概预算工作更是遭到严重破坏。

20世纪70年代后期开始一直到80年代末，逐步建立、健全了概预算和定额管理等研究机构，颁布了有关概预算工作规定，并组织制定了一批概预算定额，概预算工作走向了健康发展的道路。这期间，模式上我国采取的是由政府统一预算定额与单价的工程造价模式，这一阶段持续时间最长，影响最为深远。工程造价采用的是统一的工程量计算规则，计算出工程直接费，再按规定计算出相关间接费，最终确定工程造价。

20世纪90年代至2003年，这一阶段的工程造价主要是沿袭了以前的工程计价模式，随着经济发展的同时，在传统的定额计价模式基础上提出了“控制量，放开价，引入竞争”的基本改革思路，进一步明确了市场价格信息，并适时做出调整。

2003年3月，建设部发布《建设工程工程量清单计价规范》，要求自2003年7月1日起实施，规范要求招标人提供工程量清单，投标人自主报价，合理低价中标。我国推行工程量清单计价，是深化建设工程造价改革、规范计价行为的一项举措，是建筑市场向国际惯例接轨的重要体现，也是我国建筑市场由传统的计划经济时代进入市场经济时代的一个重要标志。截至目前，《建设工程工程量清单计价规范》在2003版基础上已经完善了2008版和2013版，工程造价配合着建筑市场不断发展正在不断完善。

从建筑工程造价的发展历程上看，工程造价的发展和我国经济的发展是同步的，作为建筑人要有责任担当，要为社会发展，国家富强贡献自己的力量。

第一节 建设项目总投资的确定

一、建设项目总投资的构成

建设项目总投资含固定资产投资和流动资产投资两部分，建设项目总投资中的固定资产投资与建设项目的工程造价在量上相等。

工程造价是工程项目按照确定的建设内容、建设规模、建设标准、功能要求和使用要求等全部建成并验收合格交付使用所需的全部费用。因此，工程造价基本构成中，包括用于购买工程项目所含各种设备的费用，用于建筑施工和安装施工所需支出的费用，用于委托工程勘察设计应支付的费用，用于购置土地所需的费用，也包括用于建设单位自身进行项目筹建和项目管理所花费费用等。

我国现行工程造价的构成主要划分为工程费用（包括：设备及工器具购置费用、安装工程费、建筑工程费用）、工程建设其他费用、预备费、建设期贷款利息、固定资产投资方向调节税（暂停征收）等几项。具体构成内容如图 3-1 所示。

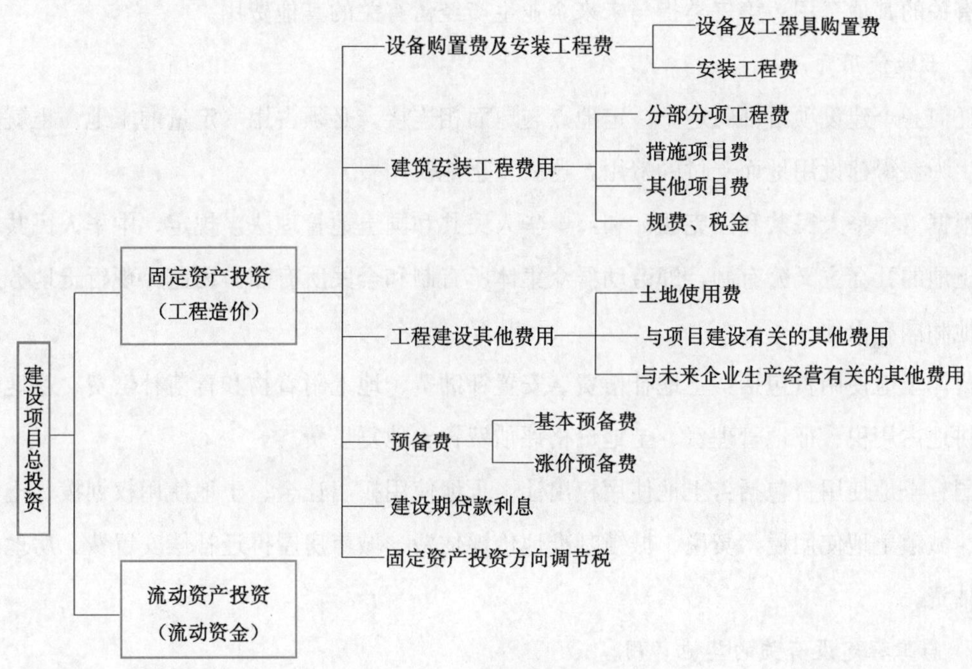

图 3-1 建设项目总投资的构成

二、工程费用

（一）设备及工、器具购置费用

设备及工、器具购置费用是由设备购置费和工具、器具及生产家具购置费组成的，它是固定资产投资中的积极投资部分。

设备购置费是指为建设项目或自制的达到固定资产标准的各种国产或进口设备、工具、器具的购置费用。它由设备原价和设备运杂费构成。

工具、器具及生产家具购置费是指新建或扩建项目初步设计规定的，保证初期正常生产必须购置的没有达到固定资产标准的设备、仪器、工卡模具、器具、生产家具和备品备件等的购置费用。

（二）工程建设其他费用

工程建设其他费用，是指从工程筹建起到工程竣工验收交付使用止的整个建设期间，除建筑安装工程费用和设备及工、器具购置费用以外的，为保证工程建设顺利完成和交付使用后能够正常发挥效用而发生的各项费用。

工程建设其他费用，按其内容大体可分为三类。第一类指土地使用费；第二类指与工程建设有关的其他费用；第三类指与未来企业生产经营有关的其他费用。

1. 土地使用费

任何一个建设项目都固定于一定地点与地面相连接，必须占用一定量的土地，也就必然要发生为获得建设用地而支付的费用，这就是土地使用费。

根据《中华人民共和国宪法》和《中华人民共和国土地管理法》规定，中华人民共和国实行土地的社会主义公有制，即劳动群众集体所有制和全民所有制。因此，现行土地分为集体土地和国有土地。

集体土地使用费包括：土地补偿费、安置补助费、地上附着物和青苗补偿费、耕地开垦费、耕地占用税、征地管理费、土地价格评估费、土地复垦费。

国有土地使用费包括：土地使用权出让、土地使用权出让金、土地使用权划拨、土地增值税、城镇土地使用税、契税、城镇基准地价评估费、城市房屋拆迁补偿安置费、房地产价格评估费。

2. 与工程建设有关的其他费用

根据项目的不同，与项目建设有关的其他费用的构成也不尽相同。与工程建设有关的其他费用一般包括：建设管理费、可行性研究费、研究试验费、勘察设计费、环境影响评价费、劳动安全卫生评价费、场地准备及临时设施费、引进技术和引进设备其他费、工程保险费、防空工程易地建设费、城市基础设施配套费、城市消防设施配套费、高可靠性供电费等。

3. 与未来企业生产经营有关的其他费用

与未来企业生产经营有关的其他费用包括：联合试运转费、生产准备费、办公和生活家具购置费三部分。

三、 预备费、 建设期贷款利息、 投资方向调节税

除上述工程建设其他费用以外，在编制建设项目投资估算、设计总概算时，还应计算预备费、建设期贷款利息和固定资产投资方向调节税（暂停征收）。

第二节 建筑安装工程造价的确定

一、 建筑安装工程造价的构成

建筑安装工程费是工程造价中最活跃的部分。建筑安装工程费约占项目总投资的 50%～60%。建筑安装工程费或建筑安装工程产品价格是建筑安装工程价值的货币表现。

它由建筑工程造价和安装工程造价两部分组成。

1. 建筑工程造价内容

（1）各类房屋建筑工程和列入房屋建筑工程预算的供水、供暖、卫生、通风、煤气等设备费用及其装设、油饰工程的费用，列入建筑工程预算的各种管道、电力、电信和电缆导线敷设工程的费用。

（2）设备基础、支柱、工作台、烟囱、水塔、水池、灰塔等建筑工程以及各种炉窑的砌筑工程和金属结构工程的费用。

（3）为施工而进行的场地平整，工程和水文地质勘察，原有建筑物和障碍物的拆除以及施工临时用水、电、气、路和完工后的场地清理，环境绿化、美化等工作的费用。

（4）矿井开凿、井巷延伸、露天矿剥离，石油、天然气钻井，修建铁路、公路、桥梁、水库、堤坝、灌渠及防洪等工程的费用。

2. 安装工程造价内容

（1）生产、动力、起重、运输、传动和医疗、实验等各种需要安装的机械设备的装配费用，与设备相连的工作台、梯子、栏杆等设施的工程费用，附属于被安装设备的管线敷设工程费用，以及被安装设备的绝缘、防腐、保温、油漆等工作的材料费和安装费。

（2）为测定安装工程质量，对单台设备进行单机试运转、对系统设备进行系统联动无负荷试运转工作的调试费。

按住房城乡建设部财政部印发的《建筑安装工程费用项目组成》的通知（建标〔2013〕

44 号），建筑安装工程费用组成按费用构成要素划分为人工费、材料费、施工机具使用费、企业管理费、利润、规费和税金（图 3-2），按工程造价形成顺序划分为分部分项工程费、措施项目费、其他项目费、规费和税金（图 3-3）。

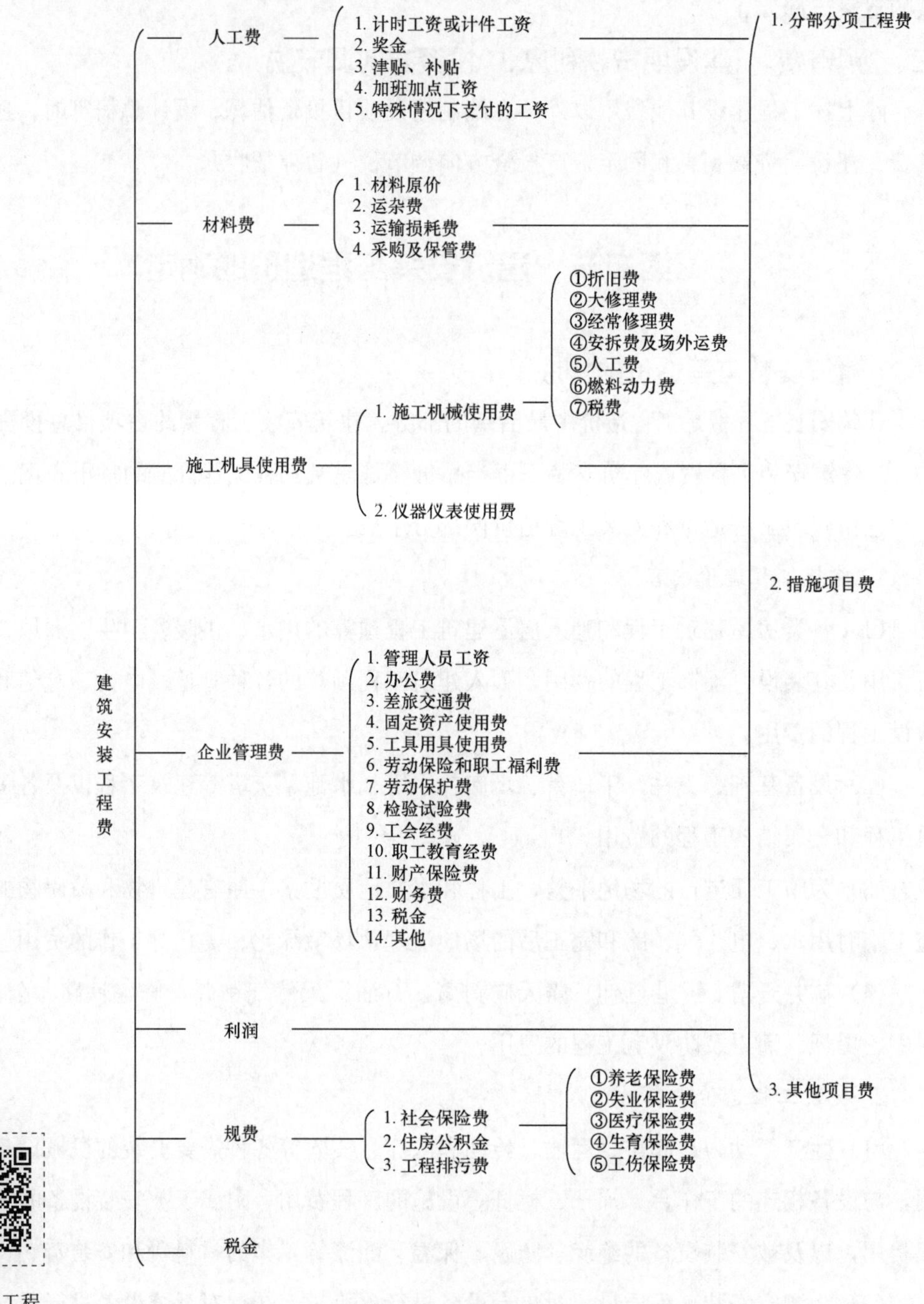

建筑安装工程费用项目组成

图 3-2 建筑安装工程费用构成（按构成要素划分）

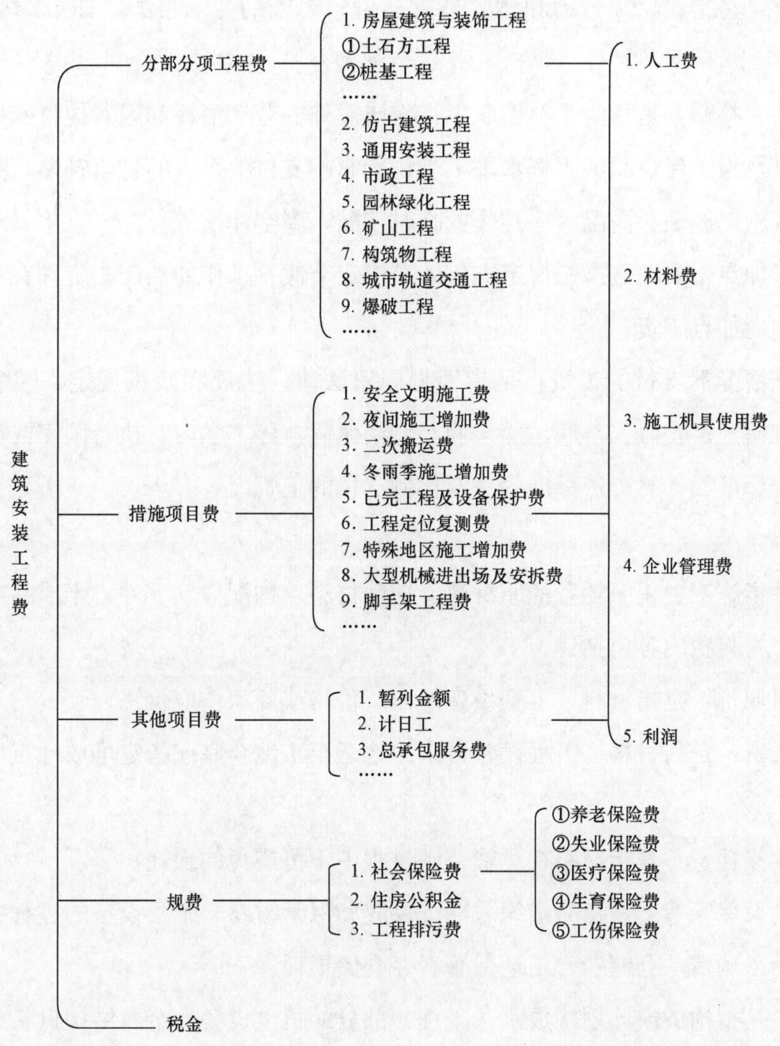

图 3-3 建筑安装工程费用构成（按工程造价形成划分）

（一）按费用构成要素划分

建筑安装工程费按照费用构成要素划分：由人工费、材料（包含工程设备，下同）费、施工机具使用费、企业管理费、利润、规费和税金组成。其中，人工费、材料费、施工机具使用费、企业管理费和利润包含在分部分项工程费、措施项目费、其他项目费中。

1. 人工费

人工费是指按工资总额构成规定，支付给从事建筑安装工程施工的生产工人和附属生产单位工人的各项费用。人工费内容包括：

（1）计时工资或计件工资：是指按计时工资标准和工作时间或对已做工作按计件单价支付给个人的劳动报酬。

(2) 奖金：是指对超额劳动和增收节支支付给个人的劳动报酬，如节约奖、劳动竞赛奖等。

(3) 津贴、补贴：是指为了补偿职工特殊或额外的劳动消耗和因其他特殊原因支付给个人的津贴，以及为了保证职工工资水平不受物价影响支付给个人的物价补贴，如流动施工津贴、特殊地区施工津贴、高温（寒）作业临时津贴、高空津贴等。

(4) 加班加点工资：是指按规定支付的在法定节假日工作的加班工资和在法定日工作时间外延时工作的加点工资。

(5) 特殊情况下支付的工资：是指根据国家法律、法规和政策规定，因病、工伤、产假、计划生育假、婚丧假、事假、探亲假、定期休假、停工学习、执行国家或社会义务等原因按计时工资标准或计时工资标准的一定比例支付的工资。

2. 材料费

材料费是指施工过程中耗费的原材料、辅助材料、构配件、零件、半成品或成品、工程设备的费用。材料费内容包括：

(1) 材料原价：是指材料、工程设备的出厂价格或商家供应价格。

(2) 运杂费：是指材料、工程设备自来源地运至工地仓库或指定堆放地点所发生的全部费用。

(3) 运输损耗费：是指材料在运输装卸过程中不可避免的损耗。

(4) 采购及保管费：是指为组织采购、供应和保管材料、工程设备的过程中所需要的各项费用。包括采购费、仓储费、工地保管费、仓储损耗。

工程设备是指构成或计划构成永久工程一部分的机电设备、金属结构设备、仪器装置及其他类似的设备和装置。

3. 施工机具使用费

施工机具使用费是指施工作业所发生的施工机械、仪器仪表使用费或其租赁费。

(1) 施工机械使用费：以施工机械台班耗用量乘以施工机械台班单价表示，施工机械台班单价应由下列七项费用组成：

1）折旧费：指施工机械在规定的使用年限内，陆续收回其原值的费用。

2）大修理费：指施工机械按规定的大修理间隔台班进行必要的大修理，以恢复其正常功能所需的费用。

3）经常修理费：指施工机械除大修理以外的各级保养和临时故障排除所需的费用。包括为保障机械正常运转所需替换设备与随机配备工具附具的摊销和维护费用，机械运转中日常保养所需润滑与擦拭的材料费用及机械停滞期间的维护和保养费用等。

4）安拆费及场外运费：安拆费指施工机械（大型机械除外）在现场进行安装与拆卸所需的人工、材料、机械和试运转费用以及机械辅助设施的折旧、搭设、拆除等费用；场外运费指施工机械整体或分体自停放地点运至施工现场或由一施工地点运至另一施工地点的运输、装卸、辅助材料及架线等费用。

5）人工费：指机上司机（司炉）和其他操作人员的人工费。

6）燃料动力费：指施工机械在运转作业中所消耗的各种燃料及水、电等。

7）税费：指施工机械按照国家规定应缴纳的车船使用税、保险费及年检费等。

（2）仪器仪表使用费：是指工程施工所需使用的仪器仪表的摊销及维修费用。

4. 企业管理费

企业管理费是指建筑安装企业组织施工生产和经营管理所需的费用。企业管理费内容包括：

（1）管理人员工资：是指按规定支付给管理人员的计时工资、奖金、津贴补贴、加班加点工资及特殊情况下支付的工资等。

（2）办公费：是指企业管理办公用的文具、纸张、账表、印刷、邮电、书报、办公软件、现场监控、会议、水电、烧水和集体取暖降温（包括现场临时宿舍取暖降温）等费用。

（3）差旅交通费：是指职工因公出差、调动工作的差旅费、住勤补助费，市内交通费和误餐补助费，职工探亲路费，劳动力招募费，职工退休、退职一次性路费，工伤人员就医路费，工地转移费以及管理部门使用的交通工具的油料、燃料等费用。

（4）固定资产使用费：是指管理和试验部门及附属生产单位使用的属于固定资产的房屋、设备、仪器等的折旧、大修、维修或租赁费。

（5）工具用具使用费：是指企业施工生产和管理使用的不属于固定资产的工具、器具、家具、交通工具和检验、试验、测绘、消防用具等的购置、维修和摊销费。

（6）劳动保险和职工福利费：是指由企业支付的职工退职金、按规定支付给离休干部的经费，集体福利费、夏季防暑降温、冬季取暖补贴、上下班交通补贴等。

（7）劳动保护费：是企业按规定发放的劳动保护用品的支出，如工作服、手套、防暑降温饮料以及在有碍身体健康的环境中施工的保健费用等。

（8）检验试验费：是指施工企业按照有关标准规定，对建筑以及材料、构件和建筑安装物进行一般鉴定、检查所发生的费用，包括自设试验室进行试验所耗用的材料等费用。不包括新结构、新材料的试验费，对构件做破坏性试验及其他特殊要求检验试验的费用和建设单位委托检测机构进行检测的费用，对此类检测发生的费用，由建设单位在工程建设其他费用中列支。但对施工企业提供的具有合格证明的材料进行检测不合格的，该检测费用由施工企业支付。

(9) 工会经费：是指企业按《工会法》规定的全部职工工资总额比例计提的工会经费。

(10) 职工教育经费：是指按职工工资总额的规定比例计提，企业为职工进行专业技术和职业技能培训，专业技术人员继续教育、职工职业技能鉴定、职业资格认定以及根据需要对职工进行各类文化教育所发生的费用。

(11) 财产保险费：是指施工管理用财产、车辆等的保险费用。

(12) 财务费：是指企业为施工生产筹集资金或提供预付款担保、履约担保、职工工资支付担保等所发生的各种费用。

(13) 税金：是指企业按规定缴纳的房产税、车船使用税、土地使用税、印花税、城市维护建设税、教育费附加、地方教育费附加等。

(14) 其他：包括技术转让费、技术开发费、投标费、业务招待费、绿化费、广告费、公证费、法律顾问费、审计费、咨询费、保险费等。

5. 利润

利润是指施工企业完成所承包工程获得的盈利。

6. 规费

规费是指按国家法律、法规规定，由省级政府和省级有关权力部门规定必须缴纳或计取的费用。规费包括：

(1) 社会保险费。

1) 养老保险费：是指企业按照规定标准为职工缴纳的基本养老保险费。

2) 失业保险费：是指企业按照规定标准为职工缴纳的失业保险费。

3) 医疗保险费：是指企业按照规定标准为职工缴纳的基本医疗保险费。

4) 生育保险费：是指企业按照规定标准为职工缴纳的生育保险费。

5) 工伤保险费：是指企业按照规定标准为职工缴纳的工伤保险费。

(2) 住房公积金：是指企业按规定标准为职工缴纳的住房公积金。

(3) 工程排污费：是指按规定缴纳的施工现场工程排污费。

其他应列而未列入的规费，按实际发生计取。

7. 税金

税金是指施工企业从事建筑服务，根据国家税法规定，应计入建筑安装工程造价内的增值税销项税额。

（二） 按工程造价形成划分

建筑安装工程费按照工程造价形成由分部分项工程费、措施项目费、其他项目费、规费、税金组成，分部分项工程费、措施项目费、其他项目费包含人工费、材料费、施工机具使用费、企业管理费和利润。

1. 分部分项工程费

分部分项工程费是指各专业工程的分部分项工程应予列支的各项费用。

（1）专业工程：是指按现行国家计量规范划分的房屋建筑与装饰工程、仿古建筑工程、通用安装工程、市政工程、园林绿化工程、矿山工程、构筑物工程、城市轨道交通工程、爆破工程等各类工程。

（2）分部分项工程：指按现行国家计量规范对各专业工程划分的项目，如房屋建筑与装饰工程划分的土石方工程、地基处理与桩基工程、砌筑工程、钢筋及钢筋混凝土工程等。

各类专业工程的分部分项工程划分见现行国家或行业计量规范。

2. 措施项目费

措施项目费是指为完成建设工程施工，发生于该工程施工前和施工过程中的技术、生活、安全、环境保护等方面的费用。措施项目费内容包括：

（1）安全文明施工费。

1）环境保护费：是指施工现场为达到环保部门要求所需要的各项费用。

2）文明施工费：是指施工现场文明施工所需要的各项费用。

3）安全施工费：是指施工现场安全施工所需要的各项费用。

4）临时设施费：是指施工企业为进行建设工程施工所必须搭设的生活和生产用的临时建筑物、构筑物和其他临时设施费用，包括临时设施的搭设、维修、拆除、清理费或摊销费等。

（2）夜间施工增加费：是指因夜间施工所发生的夜班补助费、夜间施工降效、夜间施工照明设备摊销及照明用电等费用。

（3）二次搬运费：是指因施工场地条件限制而发生的材料、构配件、半成品等一次运输不能到达堆放地点，必须进行二次或多次搬运所发生的费用。

（4）冬雨季施工增加费：是指在冬季或雨季施工需增加的临时设施、防滑、排除雨雪，人工及施工机械效率降低等费用。

（5）已完工程及设备保护费：是指竣工验收前，对已完工程及设备采取的必要保护措施所发生的费用。

（6）工程定位复测费：是指工程施工过程中进行全部施工测量放线和复测工作的费用。

（7）特殊地区施工增加费：是指工程在沙漠或其边缘地区、高海拔、高寒、原始森林等特殊地区施工增加的费用。

（8）大型机械设备进出场及安拆费：是指机械整体或分体自停放场地运至施工现场或由一个施工地点运至另一个施工地点，所发生的机械进出场运输及转移费用及机械在施工现场进行安装、拆卸所需的人工费、材料费、机械费、试运转费和安装所需的辅助设施的费用。

（9）脚手架工程费：是指施工需要的各种脚手架搭、拆、运输费用以及脚手架购置费的摊销（或租赁）费用。

措施项目及其包含的内容详见各类专业工程的现行国家或行业计量规范。

3. 其他项目费

（1）暂列金额：是指建设单位在工程量清单中暂定并包括在工程合同价款中的一笔款项。用于施工合同签订时尚未确定或者不可预见的所需材料、工程设备、服务的采购，施工中可能发生的工程变更、合同约定调整因素出现时的工程价款调整以及发生的索赔、现场签证确认等的费用。

（2）计日工：是指在施工过程中，施工企业完成建设单位提出的施工图纸以外的零星项目或工作所需的费用。

（3）总承包服务费：是指总承包人为配合、协调建设单位进行的专业工程发包，对建设单位自行采购的材料、工程设备等进行保管以及施工现场管理、竣工资料汇总整理等服务所需的费用。

4. 规费

定义同本章（一）按费用构成要素划分中规费。

5. 税金

定义同本章（一）按费用构成要素划分中税金。

二、建筑安装工程费用计算方法

（一）各费用构成要素计算方法：

1. 人工费

公式1：

$$人工费 = \sum(工日消耗量 \times 日工资单价)$$

$$日工资单价 = \frac{生产工人平均月工资(计时、计件) + 平均月(奖金 + 津贴补贴 + 特殊情况下支付的工资)}{年平均每月法定工作日}$$

注：公式1主要适用于施工企业投标报价时自主确定人工费，也是工程造价管理机构编制计价定额确定定额人工单价或发布人工成本信息的参考依据。

公式2：

$$人工费 = \sum(工程工日消耗量 \times 日工资单价)$$

日工资单价是指施工企业平均技术熟练程度的生产工人在每工作日（国家法定工作时间

内）按规定从事施工作业应得的日工资总额。

工程造价管理机构确定日工资单价应通过市场调查，根据工程项目的技术要求，参考实物工程量人工单价综合分析确定，最低日工资单价不得低于工程所在地人力资源和社会保障部门所发布的最低工资标准的：普工 1.3 倍、一般技工 2 倍、高级技工 3 倍。

工程计价定额不可只列一个综合工日单价，应根据工程项目技术要求和工种差别适当划分多种日人工单价，确保各分部工程人工费的合理构成。

注：公式 2 适用于工程造价管理机构编制计价定额时确定定额人工费，是施工企业投标报价的参考依据。

2. 材工程料及工程设备费

（1）材料费。

$$材料费 = \sum(材料消耗量 \times 材料单价)$$

$$材料单价 = \{(材料原价 + 运杂费) \times [1 + 运输损耗率(\%)]\} \times [1 + 采购保管费率(\%)]$$

（2）工程设备费。

$$工程设备费 = \sum(工程设备量 \times 工程设备单价)$$

$$工程设备单价 = (设备原价 + 运杂费) \times [1 + 采购保管费率(\%)]$$

3. 施工机具使用费

（1）施工机械使用费。

$$施工机械使用费 = \sum(施工机械台班消耗量 \times 机械台班单价)$$

机械台班单价＝台班折旧费＋台班大修费＋台班经常修理费＋台班安拆费及场外运费＋台班人工费＋台班燃料动力费＋台班车船税费工程造价管理机构在确定计价定额中的施工机械使用费时，应根据《建筑施工机械台班费用计算规则》结合市场调查编制施工机械台班单价。施工企业可以参考工程造价管理机构发布的台班单价，自主确定施工机械使用费的报价，如租赁施工机械，公式为

$$施工机械使用费 = \sum(施工机械台班消耗量 \times 机械台班租赁单价)$$

（2）仪器仪表使用费。

$$仪器仪表使用费 = 工程使用的仪器仪表摊销费 + 维修费$$

4. 企业管理费费率

（1）以分部分项工程费为计算基础：

$$企业管理费费率(\%) = \frac{生产工人年平均管理费}{年有效施工天数 \times 人工单价} \times 人工费占分部分项工程费比例(\%)$$

（2）以人工费和机械费合计为计算基础：

$$企业管理费费率(\%)=\frac{生产工人年平均管理费}{年有效施工天数\times(人工单价+每一工日机械使用费)}\times 100\%$$

（3）以人工费为计算基础：

$$企业管理费费率(\%)=\frac{生产工人年平均管理费}{年有效施工天数\times人工单价}\times 100\%$$

注：上述公式适用于施工企业投标报价时自主确定管理费，是工程造价管理机构编制计价定额确定企业管理费的参考依据。

工程造价管理机构在确定计价定额中企业管理费时，应以定额人工费或（定额人工费＋定额机械费）作为计算基数，其费率根据历年工程造价积累的资料，辅以调查数据确定，列入分部分项工程和措施项目中。

5. 利润

（1）施工企业根据企业自身需求并结合建筑市场实际自主确定，列入报价中。

（2）工程造价管理机构在确定计价定额中利润时，应以定额人工费或（定额人工费＋定额机械费）作为计算基数，其费率根据历年工程造价积累的资料，并结合建筑市场实际确定，以单位（单项）工程测算，利润在税前建筑安装工程费的比重可按不低于5%且不高于7%的费率计算。利润应列入分部分项工程和措施项目中。

6. 规费

（1）社会保险费和住房公积金。社会保险费和住房公积金应以定额人工费为计算基础，根据工程所在地省、自治区、直辖市或行业建设主管部门规定费率计算。

$$社会保险费和住房公积金=\sum(工程定额人工费\times社会保险费和住房公积金费率)$$

式中，社会保险费和住房公积金费率可以每万元发承包价的生产工人人工费和管理人员工资含量与工程所在地规定的缴纳标准综合分析取定。

（2）工程排污费。工程排污费等其他应列而未列入的规费应按工程所在地环境保护等部门规定的标准缴纳，按实计取列入。

7. 税金

税金计算公式：

$$税金=税前造价\times增值税率(\%)$$

（二）建筑安装工程费用（按工程造价形成划分）计算方法

1. 分部分项工程费

$$分部分项工程费=\sum(分部分项工程量\times综合单价)$$

式中：综合单价包括人工费、材料费、施工机具使用费、企业管理费和利润以及一定范围的风险费用（下同）。

2. 措施项目费

（1）国家计量规范规定应予计量的措施项目，其计算公式为

$$措施项目费=\sum(措施项目工程量\times综合单价)$$

（2）国家计量规范规定不宜计量的措施项目计算方法如下：

1）安全文明施工费：

$$安全文明施工费=计算基数\times安全文明施工费费率(\%)$$

计算基数应为定额基价（定额分部分项工程费＋定额中可以计量的措施项目费）、定额人工费或（定额人工费＋定额机械费），其费率由工程造价管理机构根据各专业工程的特点综合确定。

2）夜间施工增加费：

$$夜间施工增加费=计算基数\times夜间施工增加费费率(\%)$$

3）二次搬运费：

$$二次搬运费=计算基数\times二次搬运费费率(\%)$$

4）冬雨季施工增加费：

$$冬雨季施工增加费=计算基数\times冬雨季施工增加费费率(\%)$$

5）已完工程及设备保护费：

$$已完工程及设备保护费=计算基数\times已完工程及设备保护费费率(\%)$$

上述2）～5）项措施项目的计费基数应为定额人工费或（定额人工费＋定额机械费），其费率由工程造价管理机构根据各专业工程特点和调查资料综合分析后确定。

3. 其他项目费

（1）暂列金额由建设单位根据工程特点，按有关计价规定估算，施工过程中由建设单位掌握使用、扣除合同价款调整后如有余额，归建设单位。

（2）计日工由建设单位和施工企业按施工过程中的签证计价。

（3）总承包服务费由建设单位在招标控制价中根据总包服务范围和有关计价规定编制，施工企业投标时自主报价，施工过程中按签约合同价执行。

4. 规费和税金

建设单位和施工企业均应按照省、自治区、直辖市或行业建设主管部门发布标准计算规费和税金，不得作为竞争性费用。

（三）建筑安装工程计价程序

建筑安装工程计价程序见表 3-1～表 3-3。

表 3-1　　建设单位工程招标控制价计价程序

工程名称：　　　　　　　　　　　　　　　　标段：

序号	内容	计算方法	金额（元）
1	分部分项工程费	按计价规定计算	
1.1			
1.2			
1.3			
1.4			
1.5			
2	措施项目费	按计价规定计算	
2.1	其中：安全文明施工费	按规定标准计算	
3	其他项目费		
3.1	其中：暂列金额	按计价规定估算	
3.2	其中：专业工程暂估价	按计价规定估算	
3.3	其中：计日工	按计价规定估算	
3.4	其中：总承包服务费	按计价规定估算	
4	规费	按规定标准计算	
5	税金（扣除不列入计税范围的工程设备金额）	（1＋2＋3＋4）×规定税率	
招标控制价合计＝1＋2＋3＋4＋5			

表 3-2　　施工企业工程投标报价计价程序

工程名称：　　　　　　　　　　　　　　　　标段：

序号	内容	计算方法	金额（元）
1	分部分项工程费	自主报价	
1.1			
1.2			
1.3			
1.4			
1.5			

续表

序号	内容	计算方法	金额（元）
2	措施项目费	自主报价	
2.1	其中：安全文明施工费	按规定标准计算	
3	其他项目费		
3.1	其中：暂列金额	按招标文件提供金额计列	
3.2	其中：专业工程暂估价	按招标文件提供金额计列	
3.3	其中：计日工	自主报价	
3.4	其中：总承包服务费	自主报价	
4	规费	按规定标准计算	
5	税金（扣除不列入计税范围的工程设备金额）	（1+2+3+4）×规定税率	
投标报价合计=1+2+3+4+5			

表 3-3　　竣工结算计价程序

工程名称：　　　　标段：

序号	汇总内容	计算方法	金额（元）
1	分部分项工程费	按合同约定计算	
1.1			
1.2			
1.3			
1.4			
1.5			
2	措施项目	按合同约定计算	
2.1	其中：安全文明施工费	按规定标准计算	
3	其他项目		
3.1	其中：专业工程结算价	按合同约定计算	
3.2	其中：计日工	按计日工签证计算	
3.3	其中：总承包服务费	按合同约定计算	
3.4	索赔与现场签证	按发承包双方确认数额计算	
4	规费	按规定标准计算	
5	税金（扣除不列入计税范围的工程设备金额）	（1+2+3+4）×规定税率	
竣工结算总价合计=1+2+3+4+5			

第四章

建筑工程工程量计算

【思政元素】雷神山、火神山医院——中国速度背后的建造技术

在2020年春节来临之际，武汉市爆发的一场突如其来的新冠肺炎疫情打破了祥和。武汉市医院里人满为患、一床难求。在此紧急状态下，国家紧急决定，调动一切力量，建设一座如当年“小汤山”一样的医院来收治新冠肺炎患者。雷神山、火神山医院应运而生，向世人充分展示了中国力量和中国速度！

火神山医院建筑面积超过3万平方米，从开始设计到建成历时10天。医院是先进的全功能呼吸系统传染病大型专科医院，规划床位1000张，医院功能齐全，仪器先进。紧随火神山医院开工的雷神山医院施工面积翻番，工期却相差无几。

这中国速度的背后，有着什么秘密？

工地上，一个个箱式房被极速安装，这便是首要“必杀技”——高度模块化装配式建造新技术。如果把装配式建造技术形象地描述为“搭积木盖房子”，工厂加工预制的箱式板房便是“积木”。作为火神山、雷神山医院的建筑主体，箱式房安装是医院建设的核心环节。

火神山医院建筑面积3.4万平方米，雷神山医院建筑面积7.99万平方米，如此庞大的规模体量，各类箱式房拼装改装如何实现无缝对接？

极致条件下，数字建造大显身手。

在自主研发的BIM平台上，可以提前对36万米各类管线、6000多个信息点位进行电脑模拟铺搭，生成三维数字模拟模型、数据和编号，再根据现场情况实时纠偏。数百家分包、上千道工序、4万多名建设者利用这些电脑生成的数据得以无缝衔接、同步推进。

10天建成火神山，12天建成雷神山，这中国力量和中国速度的背后，装配式建造技术与BIM技术的应用功不可没。

这中国速度背后，也是中国共产党领导、社会主义制度和中国综合国力的体现，凝聚着“听党召唤、不畏艰险、团结奋斗、使命必达”的“火雷”精神。

作为当代大学生，感受中国力量，感受中国基建人的责任担当，同时增强民族自豪感和自信心，要深刻领会“科技是第一生产力，人才是第一资源，创新是第一动力”的二十大精神。

工程量是以自然计量单位（台、套、个等）或物理计量单位（m^3、m^2、m 等）表示的各分项工程或结构构件的数量。正确计算工程量是准确编制施工图预算的基础，也是建设单位、施工企业和管理部门加强管理的重要依据。本章是依据《房屋建筑与装饰工程消耗量定额》（TY01-31—2015）编写的。

第一节 工程量计算方法

一个建筑物或构筑物是由多个分部分项工程组成的，少则几十项，多则上百项。计算工程量时，为避免出现重复计算或漏算，必须按照一定的顺序进行。如按施工的先后顺序，并结合定额中定额项目排列的次序，依次进行。计算工程量，就是要分析各分项工程量在计算过中，相互之间的固有规律及依赖关系，从全局出发，统筹安排计算顺序，以达到节约时间，提高功效的目的。为了避免有关数据重复使用而不重复计算，从而减少工作量、提高功效，通常采用基数进行简化计算。

经过对土建工程施工图预算中各分项工程量计算过程的分析，我们发现：各分项工程量尽管各有特点，但都离不开“线”“面”和“册”。归纳起来，包括“三线”“一面”“一册”。

一、三线

1. 外墙外边线（$L_{外}$）

外墙外边线是指外墙的外侧之间的距离。其计算式如下：

每段墙的外墙外边线=外墙定位轴线长+外墙定位轴线至外墙外侧的距离

如图 4-1（a）所示：外墙定位轴线至外墙外侧距离为 245mm，故：

$$L_{外A轴}=5.4m\times2+0.245m\times2=11.29m$$

$$L_{外①轴}=3.6m\times2+0.245m\times2=7.69m$$

$$L_{外}=(L_{外A轴}+L_{外①轴})\times2=(11.29+7.69)m\times2=37.96m$$

2. 外墙中心线（$L_{中}$）

外墙中心线是指外墙中线至中线之间的距离，其计算式如下：

每段墙的外墙中心线=外墙定位轴线长+外墙定位轴线至外墙中线的距离

墙中心线至墙内侧和外侧的距离相等。图 4-1（b）显示了外墙中心线与外墙定位轴线之间的关系，由此

$$L_{中A轴}=5.4m\times2+0.0625m\times2=10.925m$$

$$L_{中①轴}=3.6m\times2+0.0625m\times2=7.325m$$

$$L_{中}=(L_{中A轴}+L_{中①轴})\times2=(10.925+7.325)m\times2=36.5m$$

或 $L_{中}=L_{外总}-4\times$外墙墙厚$=37.96\text{m}-4\times0.365\text{m}=36.5\text{m}$

3. 内墙净长线（$L_{内}$）

内墙净长线是指内墙与外墙（内墙）交点之间的连线距离。其计算式如下：

每段墙的内墙净长线＝墙定位轴线长－墙定位轴线至所在墙体内侧的距离

由图 4-1（a）可知，外墙定位轴线至外墙内侧及内墙定位轴线至内墙两侧的距离均为120mm，故：

$$L_{内B轴}=5.4\text{m}-0.12\text{m}\times2=5.16\text{m}$$

$$L_{内2轴}=3.6\text{m}\times2-0.12\text{m}\times2=6.96\text{m}$$

$$L_{内}=L_{内B轴}+L_{内2轴}=5.16\text{m}+6.96\text{m}=12.12\text{m}$$

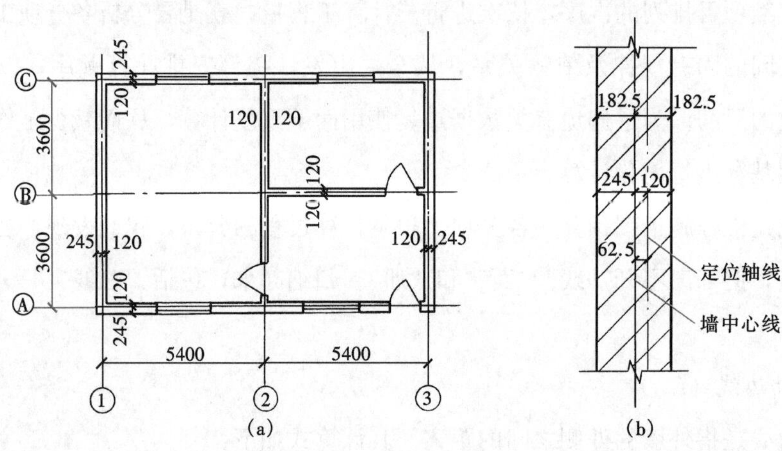

图 4-1 基数计算示意

（a）平面图；（b）定位轴线与墙中线示意

二、一面

“一面”是指建筑物的底层建筑面积（S_1）。详见本章第二节“建筑面积计算规则”。

三、一册

对于有些不能用“线”和“面”计算而又经常用到的数据（如砖基础大放脚折加高度）和系数（如屋面常用坡度系数），就需事先汇编成册。当计算有关分项工程量时，即可查阅手册快速计算。

以上介绍了工程量计算基数及其计算方法。在实际工作中，计算工程量时，首先计算基数，然后按照施工顺序利用基数计算各分项工程量。这样，既可以减少工作量，节约时间，又可以避免出现重算、漏算，为准确编制施工图预算打下良好的基础。

第二节 建筑面积计算

一、建筑面积概述

建筑面积是指建筑物外墙勒脚以上的外围水平面积。

建筑面积中包括有效面积和结构面积。有效面积是指建筑物各层平面中的净面积之和，如住宅建筑中的客厅、卧室、厨房等；结构面积是指建筑物各层平面中的墙、柱等结构所占面积之和。

建筑面积是一项重要的技术经济指标，也是有关分项工程量的计算依据。

二、建筑面积计算规则

（一）计算建筑面积的规定

（1）建筑物的建筑面积，应按自然层外墙结构外围水平面积计算，结构层高在 2.20m 及以上者应计算全面积；结构层高在 2.20m 以下的，应计算 1/2 面积。

注：(1) 自然层指按楼地面结构分层的楼层。

(2) 结构层高指楼面或地面结构层上表面至上部结构层上表面之间的垂直距离。

（2）建筑物内设有局部楼层时，对于局部楼层的二层及以上楼层，有围护结构（是指围合建筑空间的墙体、门、窗）的应按其围护结构外围水平面积计算，无围护结构的应按其结构底板水平面积计算。结构层高在 2.20m 及以上的，应计算全面积；结构层高在 2.20m 以下的，应计算 1/2 面积，如图 4-2、图 4-3 所示。

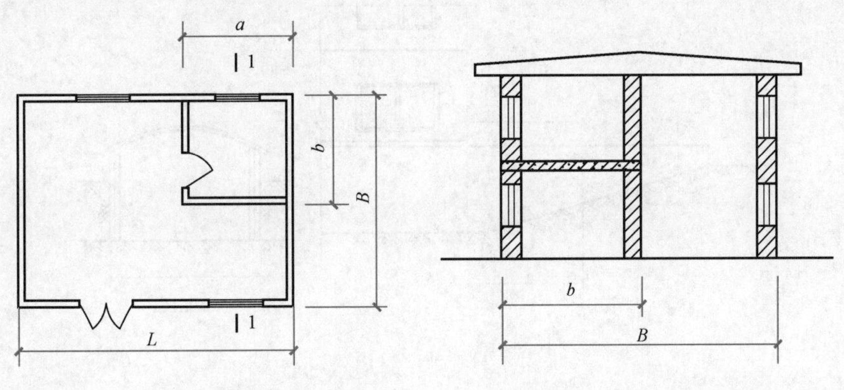

图 4-2 建筑物平面示意图　　图 4-3 建筑物剖面示意图

其建筑面积可用下式表示

$$S = LB + ab$$

式中 S——部分带楼层的单层建筑物面积；

L——两端山墙勒脚以上结构外表面之间水平距离；

B——两纵墙勒脚以上结构外表面之间水平距离；

a、*b*——楼层部分结构外表面之间水平距离。

（3）形成建筑空间的坡屋顶，结构净高在 2.10m 及以上的部位应计算全面积；结构净高在 1.20m 至 2.10m 以下的部位应计算 1/2 面积；结构净高在 1.20m 以下的部位不应计算建筑面积。

注：结构净高指楼面或地面结构层上表面至上部结构层下表面之间的垂直距离。

（4）场馆看台下的建筑空间，结构净高在 2.10m 及以上部位应计算全面积；结构净高在 1.20m 及以上至 2.10m 以下的部位应计算 1/2 面积；结构净高在 1.20m 以下的部位不应计算建筑面积。

室内单独设置的有围护设施的悬挑看台，应按看台结构底板水平投影面积计算建筑面积。有顶盖无围护结构的场馆看台应按其顶盖水平投影面积 1/2 计算面积。

注：围护设施指为保障安全而设置的栏杆、栏板等围挡。

（5）地下室、半地下室应按其结构外围水平面积计算。结构层高在 2.20m 及以上，应计算全面积；结构层高在 2.20m 以下的，应计算 1/2 面积。

注：（1）地下室是指室内地平面低于室外地平面的高度超过室内净高的 1/2 的房间。

（2）半地下室是指室内地平面低于室外地平面的高度超过室内净高的 1/3，且不超过 1/2 的房间。

（6）出入口外墙外侧坡道有顶盖的部位（图 4-4），应按其外墙结构外围水平面积的 1/2 计算面积。

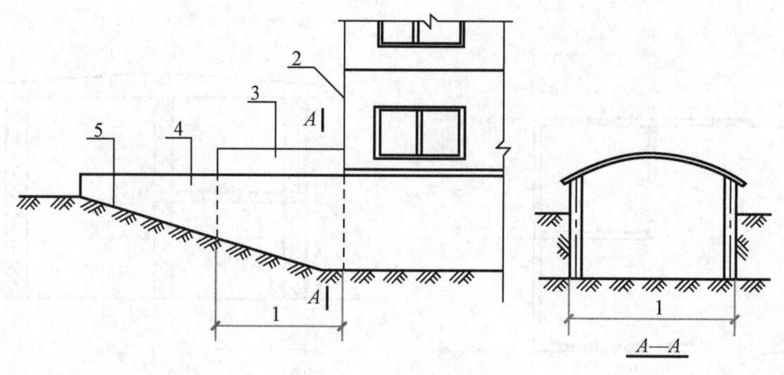

图 4-4　地下室出入口

1—计算 1/2 投影面积部位；2—主体建筑；3—出入口顶盖；4—封闭出入口侧墙；5—出入口坡道

（7）建筑物架空层及坡地建筑物吊脚架空层（见图 4-5），应按其顶盖水平投影计算建筑面积。

结构层高在 2.20m 及以上的应计算全面积；

结构层高在 2.20m 以下的，应计算 1/2 面积。

(8) 建筑物的门厅、大厅按一层计算建筑面积。门厅、大厅内设置的走廊应按走廊结构底板水平投影面积计算建筑面积。结构层高在 2.20m 及以上的，应计算全面积；结构层高在 2.20m 以下的，应计算 1/2 面积。

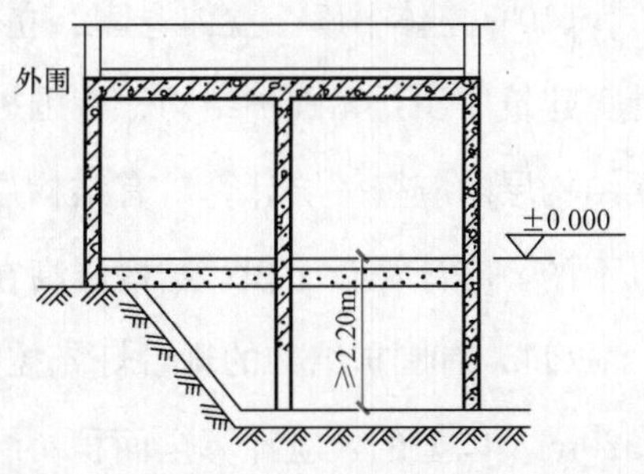

图 4-5 吊脚架空层示意

【例 4-1】 某 3 层实验综合楼设有大厅带回廊，其平面和剖面示意图如图 4-6 所示。试计算其走廊建筑面积。

解 依据图 4-6 (a)、(b) 所示，计算如下：

走廊部分建筑面积：$[30\times12-(12-2.1\times2)\times(30-2.1\times2)]\text{m}^2\times2=317.52\text{m}^2$

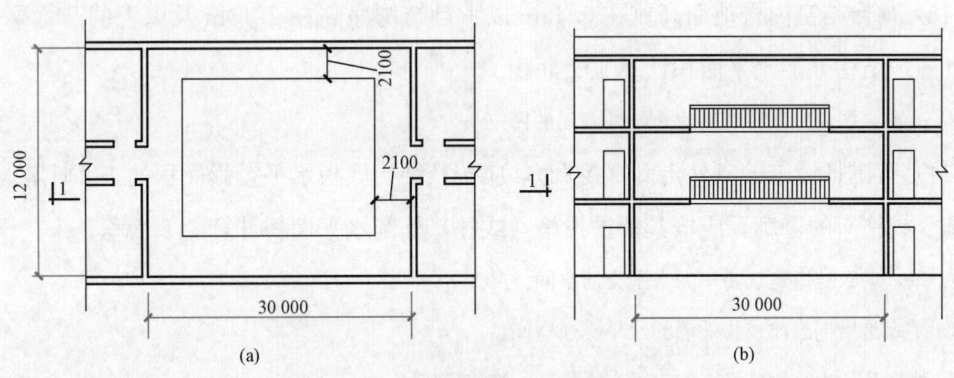

图 4-6 某实验楼大厅、走廊示意图

(a) 平面图；(b) 1—1 剖面图

(9) 建筑物间的架空走廊，有顶盖和围护结构的，应按其围护结构外围水平面积计算全面积。无围护结构、有围护设施的，应按其结构底板水平投影面积计算 1/2 面积，如图 4-7、图 4-8 所示。

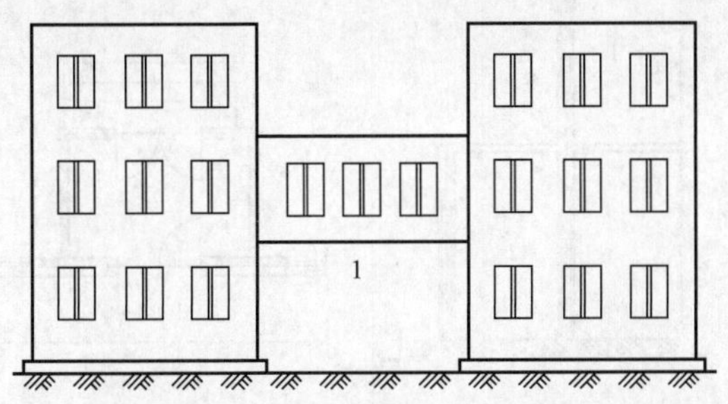

图 4-7 有围护结构的架空走廊

1—架空走廊

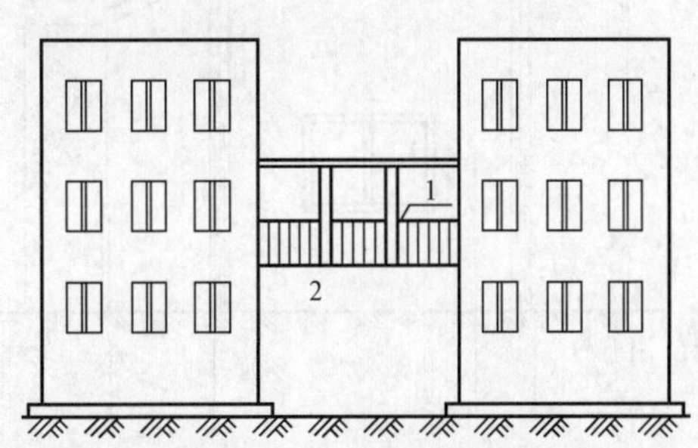

图 4-8 无围护结构的架空走廊

1—栏杆；2—架空走廊

（10）立体书库、立体仓库、立体车库，有围护结构的，应按其围护结构外围水平面积计算建筑面积：无围护结构、有围护设施的，应按其结构底板水平投影面积计算建筑面积。无结构层的应按一层计算，有结构层的应按其结构层面积分别计算。结构层高在 2.20m 及以上的，应计算全面积；结构层高在 2.20m 以下的，应计算 1/2 面积。

（11）有围护结构的舞台灯光控制室，应按其围护结构外围水平面积计算。结构层高在 2.20m 及以上的，应计算全面积；结构层高在 2.20m 以下的，应计算 1/2 面积。

（12）附属在建筑物外墙的落地橱窗，应按其围护结构外围水平面积计算。结构层高在 2.20m 及以上的，应计算全面积；结构层高在 2.20m 以下的，应计算 1/2 面积。

注：落地橱窗是指在商业建筑临街面设置的下槛落地、可落在室外地坪也可落在室内首层地板，用来展览各种样品的玻璃窗。

（13）窗台与室内楼地面高差在 0.45m 以下且结构净高在 2.10m 及以上的凸（飘）窗，应按其围护结构外围水平面积计算 1/2 面积。

注：凸窗（飘窗）是指凸出建筑物外墙面的窗户。

（14）有围护设施的室外走廊（挑廊），应按其结构底板水平投影面积的 1/2 计算，有围护设施（或柱）的檐廊，应按其围护设施（或柱）外围水平面积计算 1/2 面积。

注：(1) 走廊是指建筑物中的水平交通空间。

(2) 挑廊是指挑出建筑物外墙的水平交通空间。

(3) 檐廊是指建筑物挑檐下的水平交通空间。檐廊见图 4-9。

（15）门斗应按其围护结构外围水平面积计算建筑面积。结构层高在 2.20m 及以上的，应计算全面积；结构层高在 2.20m 以下的，应计算 1/2 面积。

注：门斗是指建筑物入口处两道门之间的空间。门斗见图 4-10。

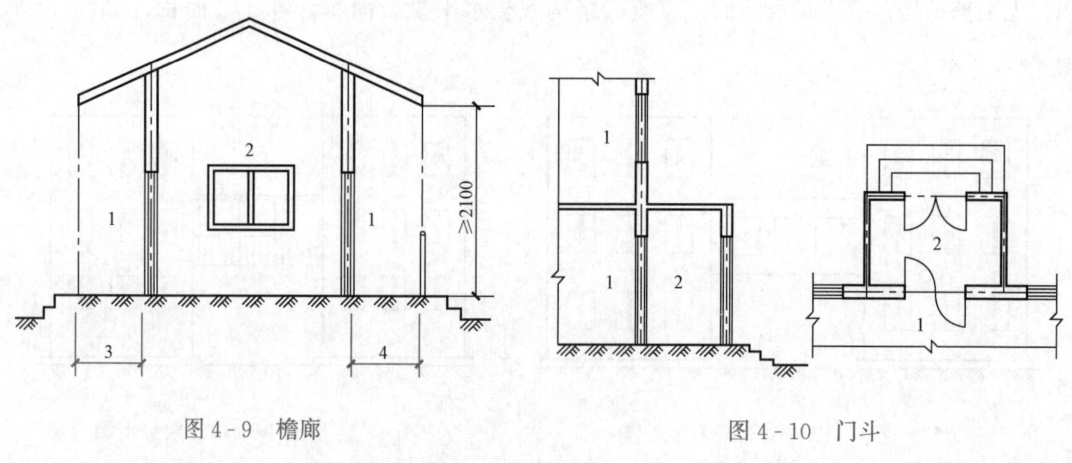

图 4-9 檐廊

1—檐廊；2—室内；3—不计算建筑面积部位；

4—计算 1/2 建筑面积部位

图 4-10 门斗

1—室内；2—门斗

（16）门廊应按其顶板水平投影面积的 1/2 计算建筑面积；有柱雨篷应按其结构板水平投影面积的 1/2 计算建筑面积；无柱雨篷的结构外边线至外墙结构外边线的宽度在 2.1m 及以上的，应按雨篷结构板的水平投影面积的 1/2 计算建筑面积。

（17）设在建筑物顶部的有围护结构的楼梯间、水箱间、电梯机房等，结构层高在 2.20m 及以上的应计算全面积；结构层高在 2.20m 以下的，应计算 1/2 面积。

（18）围护结构不垂直于水平面的楼层，应按其底板面的外墙外围水平面积计算。结构净高在 2.10m 及以上的部位，应计算全面积；结构净高在 1.20m 及以上至 2.10m 以下的部位，应计算 1/2 面积；结构净高在 1.20m 以下的部位，不应计算建筑面积。

（19）建筑物的室内楼梯、电梯井、提物井、管道井、通风排气竖井、烟道，应并入建筑物的自然层计算建筑面积。

有顶盖的地下室采光井（图 4-11）应按一层计算面积，结构净高在 2.10m 及以上的，应计算全面积，结构净高在 2.10m 以下的，应计算 1/2 面积。

（20）室外楼梯应并入所依附建筑物自然层，并应按其水平投影面积的 1/2 计算建筑面积。

（21）在主体结构内的阳台，应按其结构外围水平面积计算全面积；在主体结构外的阳台，应按其结构底板水平投影面积的 1/2 计算面积。

（22）有顶盖无围护结构的车棚、货棚、站台、加油站、收费站等，应按其顶盖水平投影面积的 1/2 计算建筑面积。

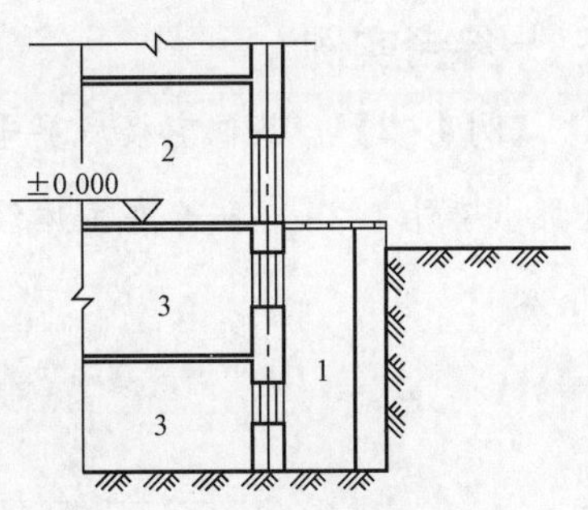

图 4-11　有顶盖的地下室采光井

1—采光井；2—室内；3—地下室

（23）以幕墙作为围护结构的建筑物，应按幕墙外边线计算建筑面积。

（24）建筑物外墙外保温层，应按其保温材料的水平截面积计算，并计入自然层建筑面积。

（25）与室内相通的变形缝，应按其自然层合并在建筑物建筑面积内计算。对于高低联跨的建筑物，当高低跨内部连通时，其变形缝应计算在低跨面积内。

（26）对于建筑物内的设备层、管道层、避难层等有结构层的楼层，结构层高在 2.20m 及以上的，应计算全面积；结构层高在 2.20m 以下的，应计算 1/2 面积。

（二）不应计算面积的项目

下列项目不应计算面积：

（1）与建筑物内不相连通的建筑部件。

（2）骑楼（建筑物底层沿街面后退且留出公共人行空间的建筑物）、过街楼（跨越道路上空并与两边建筑相连接的建筑物）底层的开放公共空间和建筑物通道。

（3）舞台及后台悬挂幕布和布景的天桥、挑台等。

（4）露台、露天游泳池、花架、屋顶的水箱及装饰性结构构件。

（5）建筑物内的操作平台、上料平台、安装箱和罐体的平台。

（6）勒脚、附墙柱、垛、台阶、墙面抹灰、装饰面、镶贴块料面层、装饰性幕墙、主体结构外的空调室外机搁板（箱）、构件、配件、挑出宽度在 2.10m 以下的无柱雨篷和顶盖高度达到或超过两个楼层的无柱雨篷。

（7）窗台与室内楼地面高差在 0.45m 以下且结构净高在 2.10m 以下的凸（飘）窗，窗台与室内楼地面高差在 0.45m 及以上的凸（飘）窗。

（8）室外爬梯、室外专用消防钢楼梯。

（9）无围护结构的观光电梯。

（10）建筑物以外的地下人防通道，独立烟囱、烟道、地沟、油（水）罐、气柜、水塔、贮油（水）池、贮仓、栈桥等构筑物。

三、综合实例

【例 4-2】 某住宅楼底层平面图如图 4-12 所示。已知内、外墙墙厚均为 240mm，雨篷挑出墙外 1.2m，阳台在主体结构外，试计算住宅底层建筑面积。

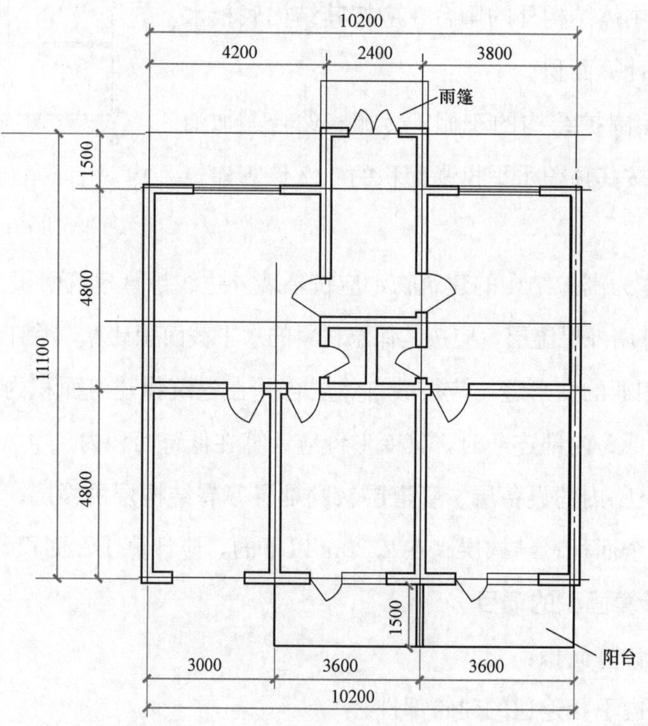

图 4-12　某住宅楼底层平面图

解 (1) 房屋建筑面积。

房屋建筑面积按围护结构外围水平面积计算，应为

$$
\begin{aligned}
\text{房屋建筑面积} &= (3+3.6+3.6+0.12\times2)\text{m}\times(4.8+4.8+0.12\times2)\text{m} \\
&\quad +(2.4+0.12\times2)\text{m}\times(1.5-0.12+0.12)\text{m} \\
&= 102.73\text{m}^2+3.96\text{m}^2 \\
&= 106.69\text{m}^2
\end{aligned}
$$

(2) 阳台建筑面积。

阳台建筑面积按结构底板水平投影面积的一半计算，应为

$$\text{阳台建筑面积}=\frac{1}{2}\times(3.6+3.6)\text{m}\times1.5\text{m}=5.4\text{m}^2$$

(3) 雨篷建筑面积。

雨篷挑出墙外的宽度为 1.2m<2.1m，所以不计算建筑面积。

(4) 住宅楼底层建筑面积。

住宅楼底层建筑面积=房屋建筑面积+非封闭阳台建筑面=106.69m^2+5.4m^2=112.09m^2

第三节 土石方工程

本节适用于人工作业和机械施工的土方、石方工程的项目，包括平整场地、挖沟槽、挖土方、回填土、运土和石方开挖、运输等内容。

一、需要了解的内容

计算土石方工程量前，应确定以下资料：

(1) 土壤类别。土壤类别共分四类，详见各地《建筑工程预算定额》中的划分情况；

(2) 土方开挖的施工方法及运输距离；

(3) 岩石开凿、爆破方法、石渣清运方法及运输距离；

(4) 工作面大小；

(5) 其他有关资料。

二、人工土方

(一) 平整场地

平整场地，系指建筑物所在现场厚度不超过±30cm 的就地挖、填及平整。如图 4-13 所示。

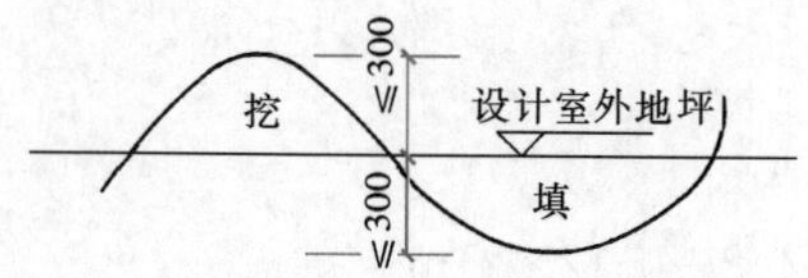

图 4-13　平整场地剖面示意图

1. 工程量计算规则

工程量按设计图示尺寸，以建筑物首层建筑面积计算。建筑物地下室结构外边线突出首层结构外边线时，其突出部分的建筑面积合并计算。

2. 说明

当挖（填）土方厚度超过±30cm 时，全部厚度按一般土方相应规定另行计算，但仍应计算平整场地。

（二）挖沟槽

底宽（设计图示垫层或基础的底宽）不大于 7m，且底长大于底宽的 3 倍时为沟槽，如图 4-14 所示。

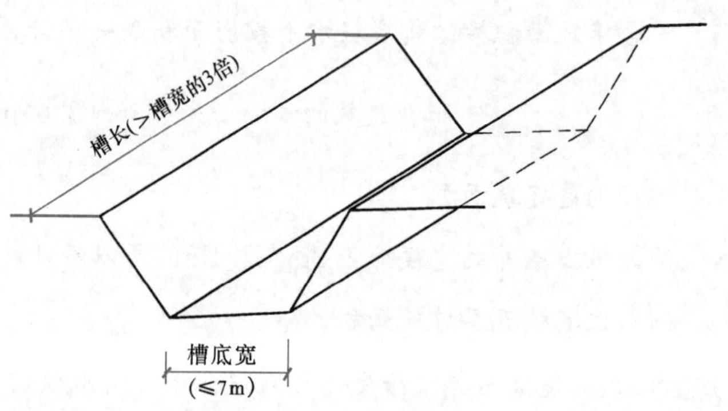

图 4-14　沟槽示意图

1. 工程量计算规则

（1）土方体积，均以挖掘前的天然密实体积为准计算。如遇有必须以天然密实体积折算时，可按表 4-1 所列数值换算。

表 4-1　　**土方体积折算系数表**

虚方体积	天然密实度体积	夯实后体积	松填体积
1.00	0.77	0.67	0.83
1.20	0.92	0.80	1.00
1.30	1.00	0.87	1.08
1.50	1.15	1.00	1.25

（2）基础土方的开挖深度，应按基础（含垫层）底标高至设计室外地坪标高确定。交付施工场地标高与设计室外地坪标高不同时，应按交付施工场地标高确定。

2. 有关问题说明

（1）挖掘前的天然密实体积是指未经人工加工前，依图纸算出的土方体积。若必须以天然密实体积折算的，依据表 4-1 进行。例如，由表 4-1 可知：当天然密实体积为 $1m^3$ 时，虚方体积为 $1.3m^3$。若已知天然密实体积为 $10m^3$，则其虚方体积＝1.3×10＝$13m^3$。

（2）沟槽土方开挖方式。

1）不放坡不支挡土板见图 4-15。

2）放坡开挖。在土方开挖时，当开挖深度超过一定深度（即放坡起点深度）时，为防止土方侧壁塌方，保证施工安全，土壁应做成有一定倾斜坡度（即放坡系数）的边坡

(图 4-16)。放坡起点及有关规定见表 4-2。表中放坡系数指放坡宽度 b 与挖土深度 H 的比值，用 K 表示，即：

$$K = \tan\alpha = \frac{b}{H}$$

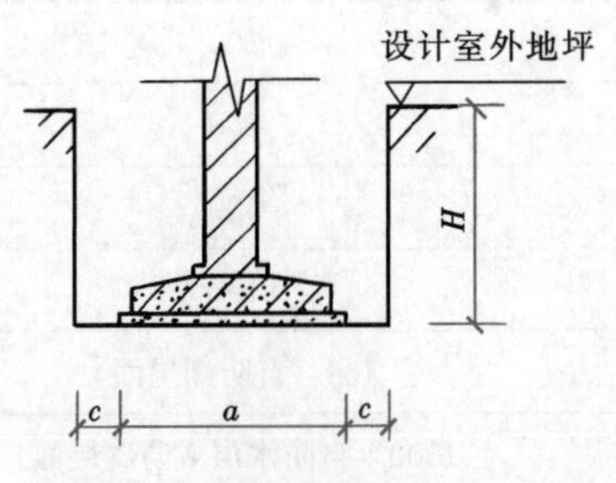

图 4-15 不放坡不支挡土板示意图

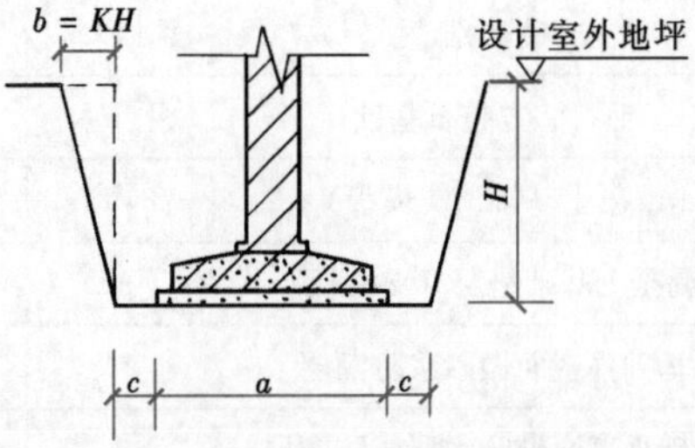

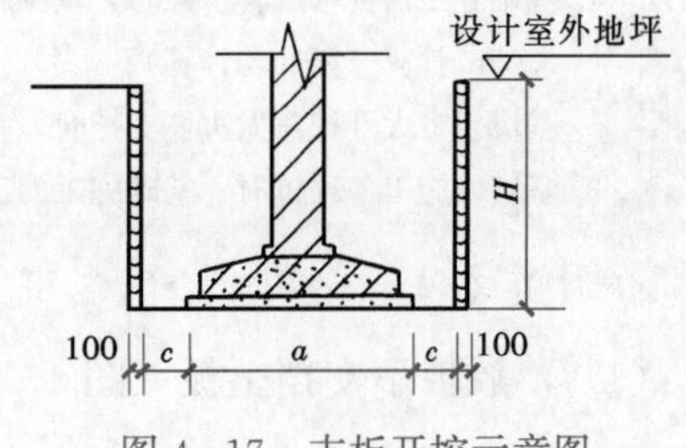

图 4-16 放坡示意图

3) 支挡土板开挖。在需要放坡的土方开挖中，若因现场限制不能放坡，或因土质原因，放坡后工程量较大时，就需要用支护结构支撑土壁（见图 4-17）。挡土板宽度按图示沟槽底宽，单面加 10cm 计算，双面加 20cm 计算。基础土方支挡土板时，土方放坡不另行计算。

图 4-17 支板开挖示意图

表 4-2 放坡起点及放坡系数表

土壤类别	起点深度(m)>	人工挖土	机械挖土		
			基坑内作业	基坑上作业	沟槽上作业
一、二类土	1.20	1∶0.50	1∶0.33	1∶0.75	1∶0.50
三类土	1.50	1∶0.33	1∶0.25	1∶0.67	1∶0.33
四类土	2.00	1∶0.25	1∶0.10	1∶0.33	1∶0.25

注 1. 混合土质的基础土方，其放坡的起点深度和放坡坡度，按不同土类厚度加权平均计算。

2. 计算基础土方放坡时，不扣除放坡交叉处的重复工程量（见图 4-18），原槽、坑作基础垫层时，放坡自垫层上表面开始计算。

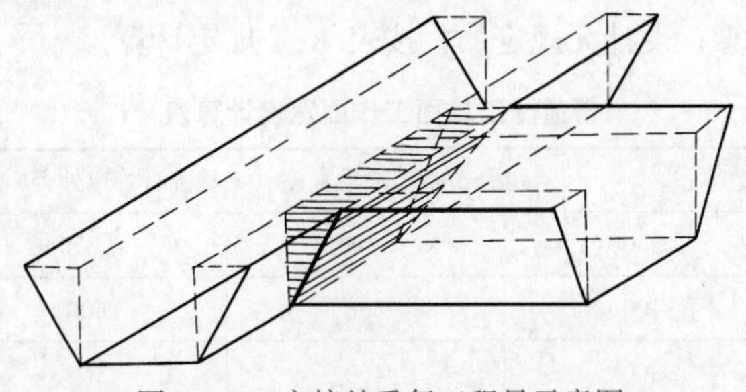

图 4-18 交接处重复工程量示意图

（3）预留工作面：基础施工时，因某些项目的需求或为保证施工人员施工方便，挖土时要在垫层两侧增加部分面积，这部分面积称工作面。基础施工所需工作面按表 4-3 计算。

表 4-3 基础施工单面工作面宽度计算表

基础材料	每边各增加工作面宽度（mm）
砖基础	200
毛石、方整石基础	250
混凝土基础（支模板）	400
混凝土基础垫层（支模板）	150
基础垂直面做砂浆防潮层	400（自防潮层面）
基础垂直面做防水层或防腐层	1000（自防水层或防腐层面）
支挡土板	100（另加）

注 1. 基础施工需要搭设脚手架时，基础施工的工作面宽度，条形基础按 1.50m 计算（只计算一面）；独立基础按 0.45m 计算（四面均计算）。
2. 基坑土方大开挖需做边坡支护时，基础施工的工作面宽度按 2.00m 计算。
3. 基坑内施工各种桩时，基础施工的工作面宽度按 2.00m 计算。

3. 计算方法

（1）不放坡不支挡土板（图 4-15）。

$$挖沟槽工程量 = (a + 2c)HL$$

式中 L——沟槽长度。外墙按图示中心线长度（$L_{中}$）计算；突出墙面的墙垛，按墙垛突出墙面的中心线长度，并入相应工程量内计算。内墙沟槽、框架间墙沟槽，按其基础（含垫层）之间垫层（或基础底）的净长度计算。

（2）放坡（图 4-16）。

$$挖沟槽工程量 = (a + 2c + KH)HL$$

（3）支板（图 4-17）

$$挖沟槽工程量 = (a + 2c + 0.2m)HL$$

（4）挖管道沟槽。挖管道沟槽工程量的计算方法与挖沟槽相同。沟槽宽度，设计有规定的，按设计规定尺寸计算；设计无规定的，按表 4-4 规定计算。

表 4-4 管道施工单面工作面宽度计算表

管径材质	管道基础外沿宽度（无基础时管道外径）（mm）			
	≤500	≤1000	≤2500	>2500
混凝土管、水泥管	400	500	600	700
其他管道	300	400	500	600

（三）挖基坑

底长不大于底宽的 3 倍，且底面积不大于 $150m^2$ 时为基坑。

1. 工程量计算规则

计算规则与挖沟槽相同。

2. 计算方法

(1) 不放坡不支挡土板。所挖基坑是一长方体或圆柱体。

当为长方体时，

$$\text{挖基坑工程量} = (a + 2c)(b + 2c)H$$

当为圆柱体时

$$\text{挖基坑工程量} = \pi r^2 H$$

(2) 放坡。所挖基坑是一棱台或圆台。

当为棱台时，如图 4 - 19 所示：

$$\text{挖基坑工程量} = (a + 2c + KH)(b + 2c + KH)H + \frac{1}{3}K^2 H^3$$

当为圆台时，

$$\text{挖基坑工程量} = \frac{1}{3}\pi H(r^2 + rR + R^2)$$

式中 a——垫层长度；

b——垫层宽度；

c——工作面宽度；

H——挖土深度；

r——坑底半径；

R——坑上口半径。

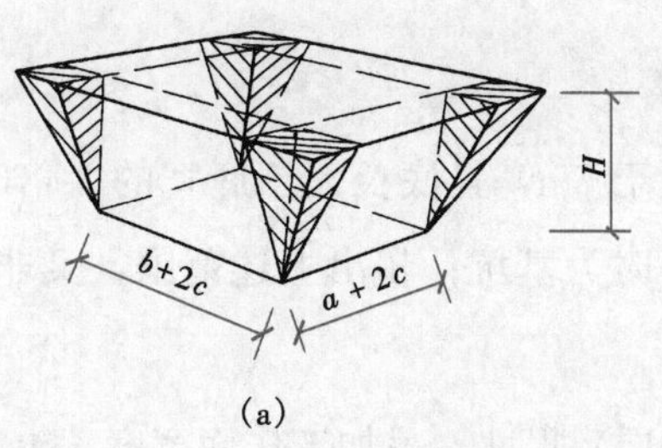

(a)

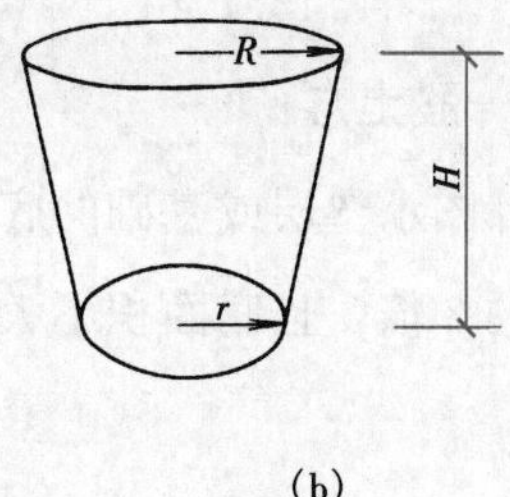

(b)

图 4 - 19 挖基坑示意

(a) 棱台；(b) 圆台

3. 有关问题说明

（1）挡土板内人工挖槽坑时，相应项目人工乘以系数1.43。

（2）桩间挖土不扣除桩体和空孔所占体积，相应项目人工、机械乘以系数1.50。

（3）满堂基础垫层底以下局部加深的槽坑，按槽坑相应规则计算工程量，相应项目人工、机械乘以系数1.25。

【例4-3】 已知某混凝土独立基础长度为2.1m，宽度为1.5m。设计室外标高为−0.3m，垫层底部标高为−1.9m，工作面$c=300\text{mm}$，坑内土质为Ⅲ类土。试计算人工挖土工程量。

解 （1）分析。

1）由已知条件可知：

底宽：$b+2c=1.5\text{m}+2\times0.3\text{m}=2.1\text{m}<7\text{m}$

底长：$a+2c=2.1\text{m}+2\times0.3\text{m}=2.7\text{m}$

底长小于槽底宽的3倍，且$2.1\text{m}\times2.7\text{m}=5.67\text{m}^2<150\text{m}^2$，故该挖土工程量应执行"挖基坑"定额项目。

2）挖土深度：$H=1.9\text{m}-0.3\text{m}=1.6\text{m}>1.5\text{m}$（表4-2），所以需放坡开挖土方。由表4-2可知，放坡系数$K=0.33$。

（2）计算。

$$
\begin{aligned}
\text{挖基坑工程量} &= (a+2c+KH)(b+2c+KH)H+\frac{1}{3}K^2H^3 \\
&= (2.1+2\times0.3+0.33\times1.6)\times(1.5+2\times0.3+0.33\times1.6) \\
&\quad \times1.6\text{m}^3+\frac{1}{3}\times0.33^2\times1.6^3\text{m}^3 \\
&= 3.228\times2.628\text{m}^3\times1.6+0.149\text{m}^3 \\
&= 13.72\text{m}^3
\end{aligned}
$$

（四）挖一般土方

底宽（设计图示垫层或基础的底宽）不大于7m，且底长大于底宽的3倍时为沟槽；底长不大于底宽的3倍，且底面积不大于150m²时为基坑；超出上述范围，又非平整场地的，为挖一般土方。

工程量计算规则：按设计图示基础（含垫层）尺寸，另加工作面宽度、土方放坡宽度乘以开挖深度，以体积计算。

（五）原土夯实

原土夯实是指在开挖后的土层进行夯击的施工过程。它包括打夯、平整工作内容。

工程量计算规则：按施工组织设计规定的尺寸以面积计算。

（六）基底钎探

基底钎探就是在基础开挖达到设计标高后，按规定对基础底面以下的土层进行探察。

工程量计算规则：以垫层（或基础）底面积计算。

（七）回填土

回填土是指基础、垫层等隐蔽工程完工后，在5m以内的取土回填的施工过程。

1. 工程量计算规则

（1）沟槽、基坑回填，按挖方体积减去设计室外地坪以下建筑物、基础（含垫层）体积计算。

（2）房心（含地下室内）回填，按主墙间净面积（扣除连续底面积2m²以上的设备基础等面积）乘以回填厚度以体积计算。

（3）管道沟槽回填，按挖方体积减去管道基础和表4-5管道折合回填体积计算。

（4）场区（含地下室顶板以上）回填，按回填面积乘以平均回填厚度以体积计算。

表4-5　　管道折合回填体积表　　单位：m^3/m

管道	公称直径（mm以内）					
	500	600	800	1000	1200	1500
混凝土管及钢筋混凝土管	—	0.33	0.60	0.92	1.15	1.45
其他材质管道	—	0.22	0.46	0.74	—	—

2. 有关问题说明

（1）回填土分夯填、松填。夯填是指土方回填后以夯实机具夯实；反之，为松填。

（2）本项目中包括了5m以内取土的工作内容：当取土距离在5m以内时，不另计算取土费用；当取土距离超过5m时，应单独计算取土费用。

（3）沟槽、基坑回填土是指室外地坪以下的回填；房心回填土是指室外地坪以上至室内地面垫层之间的回填，也称室内回填土，如图4-20所示。

（4）主墙指墙厚大于120mm的墙体。“主墙之间的净面积”强调的含义是：当墙厚小于120mm时，其所占的面积不扣除。

（5）若设计有地下室，沟槽、基坑回填土应在减去室外地坪以下的基础、垫层后，再减去室外地坪以下地下室所占体积，而此时则没有房心回填土了。

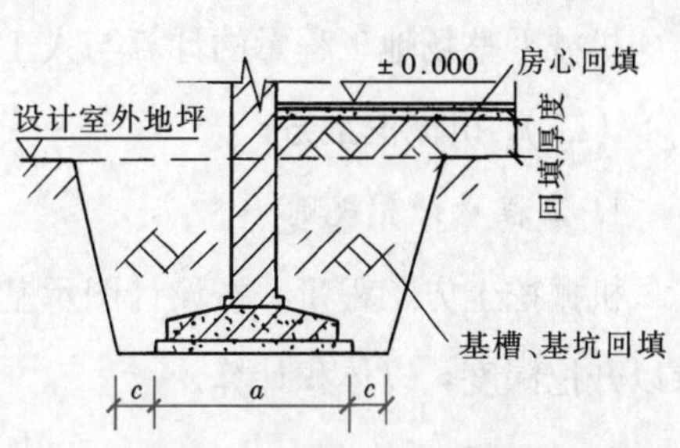

图4-20　回填土示意

3. 计算方法

（1）沟槽、基坑回填土。

沟槽、基坑回填土工程量＝挖土体积－设计室外地坪以下建筑物、基础（含垫层）所占的体积

（2）房心回填土。

房心回填土工程量＝主墙间净面积×回填土厚度

＝(底层建筑面积－主墙所占面积)×回填土厚度

＝$(S_1 - L_{中}\times$外墙厚度$-L_{内}\times$内墙厚度$)\times$回填土厚度

式中，回填土厚度为设计室外地坪至室内地面垫层间的距离。

（八）土方运输

1. 工程量计算规则

土方运输工程量按天然密实体积计算。

其计算式可表示为

余（取）土工程量＝挖土总体积－回填土总体积－其他需土体积

式中，回填土总体积及其他需土体积应为天然密实状态的体积。

当计算结果为正，表示余土外运体积；如为负，表示取土回运体积。

2. 有关问题说明

（1）运土是按整个单位工程需土量考虑的。若所需的是3∶7灰土（或其他与土有关的材料），则应算出3∶7灰土（或其他与土有关的材料）中土所占的体积，计入到运土工程量的计算中。

（2）运土包括余土外运和取土回运。运土距离按挖土区重心至填方区（或堆放区）重心间的最短距离计算。

三、机械土方

（一）平整场地

机械平整场地工程量的计算与人工平整场地相同。

（二）机械挖土方

1. 工程量计算规则

机械挖土方工程量，按设计图示基础（含垫层）尺寸，另加工作面宽度、土方放坡宽度乘以开挖深度，以体积计算。

2. 有关问题说明

（1）挖掘机（含小型挖掘机）挖土方项目，已综合了挖掘机挖土方和挖掘机挖土后，基

底和边坡遗留厚度不大于0.3m的人工清理和修整。使用时不得调整，人工基底清理和边坡修整不另行计算。

(2) 小型挖掘机，系指斗容量不大于0.30m^3的挖掘机，适用于基础（含垫层）底宽不大于1.20m的沟槽土方工程或底面不大于8m^2的基坑土方工程。

（三）原土碾压

原土碾压是指在自然土层上进行碾压。其工程量计算与人工原土夯实相同。

（四）填土碾压

1. 工程量计算规则

填土碾压是指在已开挖的基坑内分层、分段回填。其工程量按图示填土厚度以立方米计算，计算公式为

填土碾压工程量＝填土面积×填土厚度

2. 说明

填土碾压按压实方计算工程量。

（五）运土

1. 工程量计算规则

机械运土按天然密实体积以立方米计算。

2. 说明

人工、人力车、汽车的负载上坡（坡度不大于15%）降效因素，已综合在相应运输项目中，不另行计算。推土机、装载机负载上坡时，其降效因素按坡道斜长乘以表4-6相应系数计算。

表4-6　　重车上坡降效系数表

坡度（%）	5～10	≤15	≤20	≤25
系数	1.75	2.00	2.25	2.50

四、石方工程

（一）人工凿岩石

人工凿岩石工程量计算规则：按图示尺寸以立方米计算。计算公式为

人工凿岩石工程量＝岩石体积

（二）爆破岩石

爆破岩石工程量计算规则：按图示尺寸以立方米计算。

允许超挖量分别为极软岩、软岩0.20m，较软岩、较硬岩、坚硬岩0.15m。

（三）运石

石方运输工程量的计算与土方运输相同。

五、综合实例

【例 4-4】 某建筑物基础平面及剖面如图 4-21 所示。已知设计室外地坪以下砖基础体积量为 15.85m³，混凝土垫层体积为 2.86m³，工作面 c=300mm，土质为Ⅱ类土。要求挖出土方堆于现场，回填后余下的土外运。试对土石方工程相关项目进行列项，并计算各分项工程量。

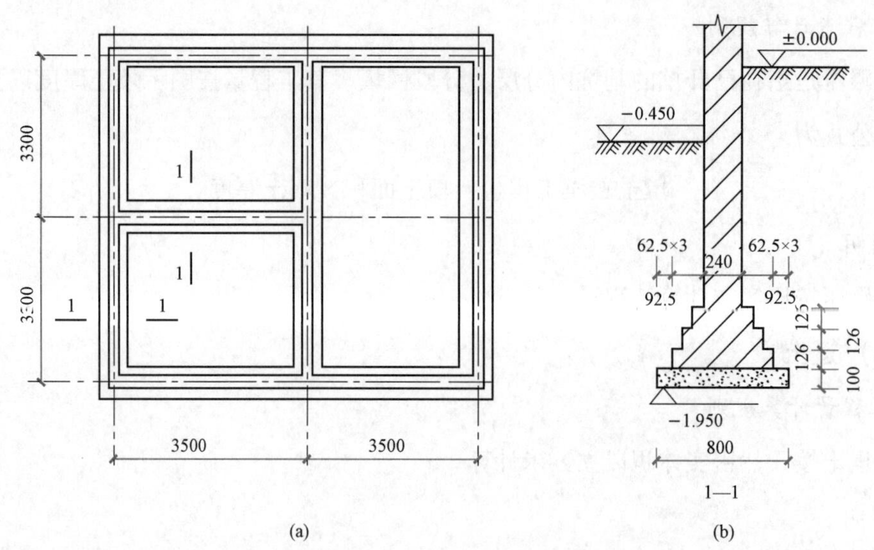

图 4-21　某建筑物基础平面及剖面图

(a) 平面图；(b) 基础 1—1 剖面图

解　(1) 列项。

本工程完成的与土石方工程相关的施工内容有：平整场地、挖土、原土夯实、回填土、运土。从图 4-21 可以看出，挖土的底宽为 $b+2c$=(0.8+2×0.3)=1.4m<7m，底长>底宽的 3 倍，故挖土应执行挖地槽项目。由此，原土打夯项目不再单独列项。本分部工程应列的土石方工程定额项目为平整场地、挖沟槽、基础回填土、房心回填土、运土。

(2) 计算工程量。

1) 基数计算：

$L_{外}$=(3.5×2+0.24+3.3×2+0.24)m×2=28.16m

$L_{中}$=(3.5×2+3.3×2)m×2=27.2m

$L_{内}$=3.3m×2−0.24m+3.5m−0.24m=9.62m

S_1=(3.5×2+0.24)m×(3.3×2+0.24)m=49.52m²

2）平整场地：

$$平整场地工程量=S_1=49.52m^2$$

3）挖沟槽：

如图 4-21（b）所示：挖沟槽深度＝1.95m－0.45m＝1.5m＞1.2m（表 4-2），故需放坡开挖沟槽。放坡系数 $K=0.50$（表 4-2），由垫层下表面放坡。

$$\begin{aligned}外墙挖沟槽工程量&=(a+2c+KH)HL_{中}\\&=(0.8+2\times0.3+0.50\times1.5)m\times1.5m\times27.2m\\&=2.15m\times1.5m\times27.2m\\&=87.72m^3\end{aligned}$$

$$\begin{aligned}内墙挖沟槽工程量&=(a+2c+KH)H\times基底净长线\\&=(0.8+2\times0.3+0.5\times1.5)m\times1.5m\times[3.3\times2-(0.4+0.3)\\&\quad\times2+3.5-(0.4+0.3)\times2]m\\&=2.15m\times1.5m\times7.3m=23.54m^3\end{aligned}$$

$$\begin{aligned}挖沟槽工程量&=外墙挖沟槽工程量+内墙挖沟槽工程量\\&=87.72m^3+23.54m^3=111.26m^3\end{aligned}$$

4）回填土：

$$\begin{aligned}基础回填土工程量&=挖土体积-室外地坪以下埋设的基础、垫层的体积\\&=111.26m^3-15.85m^3-2.86m^3\\&=92.55m^3\end{aligned}$$

$$\begin{aligned}房心回填土工程量&=主墙之间的净面积\times回填土厚度\\&=[(3.5-0.24)\times(3.3-0.24)\times2+(3.5-0.24)\\&\quad\times(3.3\times2-0.24)]m^3\times(0.45-0.18)m\\&=40.68m^3\times0.27m\\&=10.98m^3\end{aligned}$$

$$\begin{aligned}或房心回填土工程量&=(S_1-L_{中}\times外墙厚度-L_{内}\times内墙厚度)\times回填土厚度\\&=(49.52-27.2\times0.24-9.62\times0.24)m^2\times(0.45-0.18)m\\&=40.68m^2\times0.27m\\&=10.98m^3\end{aligned}$$

$$\begin{aligned}回填土总体积&=基础回填土工程量+房心回填土工程\\&=92.55m^3+10.98m^3=103.53m^3\end{aligned}$$

5）运土：

由图 4-21 及已知条件可知：

运土工程量＝挖土总体积－回填土总体积＝111.26m^3－103.53m^3×1.15＝－7.78m^3

计算结果为负，表示有亏土，应由场外向场内运输。

第四节 地基处理与基坑支护工程

地基处理与基坑支护工程包括地基处理和基坑与边坡支护两部分。

一、 地基处理

地基处理一般是指用于改善支撑建筑物地基（土或岩石）的承载能力或改善其变形性质或渗透性质而采取的工程技术措施。

（一） 填料加固

1. 工程量计算规则

填料加固适用于软弱地基挖土后的换填材料加固工程，其工程量按设计图示尺寸以体积计算。

2. 说明

填料加固夯填灰土就地取土时，应扣除灰土配比中的黏土。

（二） 强夯

地基强夯是利用起重机械（起重机或起重机配三脚架、龙门架）将大吨位（一般 8～30t）夯锤起吊到 6～30m 高度后，自由落下，给地基土以强大的冲击能量的夯击，迫使土层空隙压缩，从而提高地基承载力，降低其压缩性的一种有效的地基加固方法，使表面形成一层较为均匀的硬层来承受上部荷载。

1. 工程量计算规则

地基强夯工程量，按设计图示强夯处理范围以面积计算。设计无规定时，按建筑物外围轴线每边各加 4m 计算。

2. 有关问题说明

（1）强夯项目中每单位面积夯点数，指设计文件规定单位面积内的夯点数量，若设计文件中夯点数量与定额不同时，采用内插法计算消耗量。

（2）强夯的夯击击数系指强夯机械就位后，夯锤在同一夯点上下起落的次数。

（3）强夯工程量应区分不同夯击能量和夯点密度，按设计图示夯击范围及夯击遍数分别计算。

（三） 桩加固地基

1. 填料桩

填料桩包括灰土桩、砂石桩、碎石桩、水泥粉煤灰碎石桩。其工程量计算规则：按设计桩长（包括桩尖）乘以设计桩外径截面积以体积计算。

2. 搅拌桩

搅拌桩是一种机械设备，利用水泥作为固化剂，通过深层搅拌机械在地基将软土或沙等和固化剂强制拌和，使软基硬结而提高地基强度。

（1）深层水泥搅拌桩、三轴水泥搅拌桩、高压旋喷水泥桩，其工程量计算规则：按设计桩长加 50cm 乘以设计桩外径截面积，以体积计算。

（2）三轴水泥搅拌桩中的插、拔型钢工程量按设计图示型钢以质量计算。

3. 注浆桩

（1）工程量计算规则。

1）分层注浆钻孔数量按设计图示以钻孔深度计算。注浆数量按设计图纸注明加固土体的体积计算。

2）压密注浆钻孔数量按设计图示以钻孔深度计算。注浆数量按下列规定计算：

①设计图纸明确加固土体体积的，按设计图纸注明的体积计算。

②设计图纸以布点形式图示土体加固范围的，则按两孔间距的一半作为扩散半径，以布点边线各加扩散半径，形成计算平面，计算注浆体积。

③如果设计图纸注浆点在钻孔灌注桩之间，按两注浆孔的一半作为每孔的扩散半径，依次圆柱体积计算注浆体积。

（2）有关问题说明。

1）高压旋喷桩项目已综合接头处的复喷工料。

2）高压喷射注浆桩的水泥设计用量与定额不同时，应予以调整。

二、基坑支护

基坑支护，是为保证地下结构施工及基坑周边环境的安全，对基坑侧壁及周边环境采用的支挡、加固与保护措施。

（一） 地下连续墙

地下连续墙是基础工程在地面上采用一种挖槽机械，沿着深开挖工程的周边轴线，在泥浆护壁条件下，开挖出一条狭长的深槽，清槽后，在槽内吊放钢筋笼，然后用导管法灌筑水下混凝土筑成一个单元槽段，如此逐段进行，在地下筑成一道连续的钢筋混凝土墙壁，作为截水、防渗、承重、挡水结构。

1. 工程量计算规则

(1) 现浇导墙混凝土按设计图示以体积计算。现浇导墙混凝土模板按混凝土与模板接触面的面积，以面积计算。

(2) 成槽工程量按设计长度乘以墙厚及成槽深度（设计室外地坪至连续墙底），以体积计算。

(3) 浇筑连续墙混凝土工程量按设计长度乘以墙厚及墙深加 0.5m，以体积计算。

(4) 凿地下连续墙超灌混凝土，设计无规定时，其工程量按墙体断面面积乘以 0.5m，以体积计算。

2. 说明

地下连续墙未包括导墙挖土方、泥浆处理及外运、钢筋加工，实际发生时，按相应规定另行计算。

（二） 钢板桩

钢板桩是一种边缘带有联动装置，且这种联动装置可以自由组合以便形成一种连续紧密的挡土或者挡水墙的钢结构体，如图 4 - 22 所示。

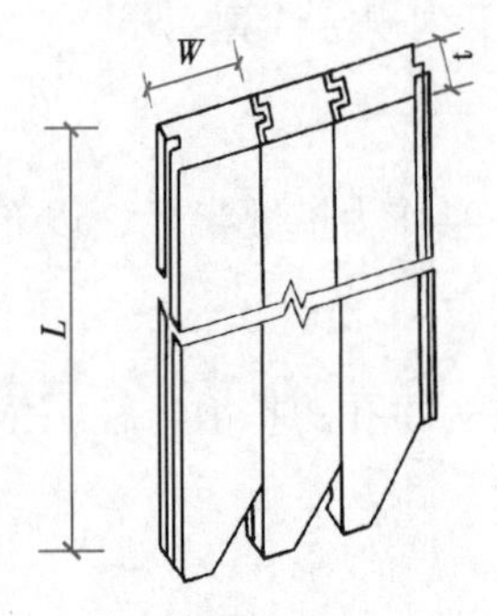

图 4 - 22 钢板桩

1. 工程量计算规则

打拔钢板桩按设计桩体以质量计算。安、拆导向夹具按设计图示尺寸以长度计算。

2. 有关问题说明

(1) 打拔槽钢或钢轨，按钢板桩项目，其机械乘以系数 0.77，其他不变。

(2) 现场制作的型钢桩、钢板桩，其制作执行本章第八节金属结构工程中钢柱、制作相应项目。

(3) 定额内未包括型钢桩、钢板桩的制作、除锈、刷油。

(4) 若单位工程的钢板桩的工程量不大于 50t 时，其人工、机械量按相应项目乘以系数 1.25 计算。

（三） 土钉与锚喷联合支护

土钉支护是指在需要加固的土体中设置一排土钉（变形钢筋或钢管、角钢等）并灌浆，在加固的土体面层上固定钢丝网后，喷射混凝土面层后所形成的支护，如图 4 - 23 所示。锚杆支护是指在需要加固的土体中设置锚杆（钢管或粗钢筋、钢丝束、钢绞线）并灌浆，之后进行锚杆张拉并固定后所形成的支护，如图 4 - 24 所示。

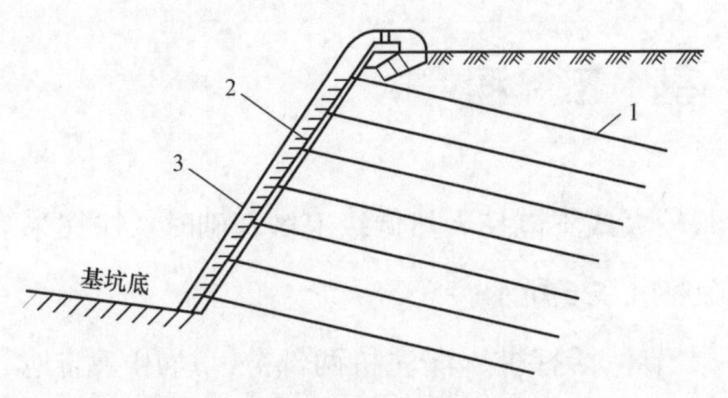

图 4-23 土钉支护

1—土钉；2—铺设钢筋网；3—喷射混凝土面层

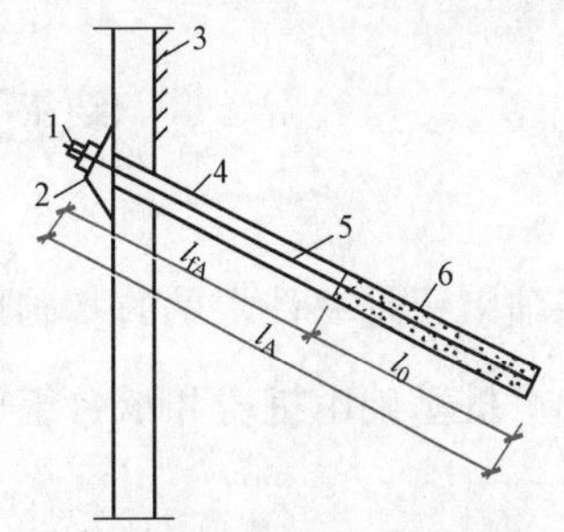

图 4-24 锚杆支护

1—锚头；2—锚头垫座；3—支护；4—钻杆；

5—拉杆；6—锚固体；

l_0—锚固段长度；l_{fA}—非锚固段长度；l_A—锚固长度

工程量计算规则如下：

（1）砂浆土钉、砂浆锚杆的钻孔、灌浆，按设计文件或施工组织设计规定（设计图示尺寸）以钻孔深度，以长度计算。

（2）喷射混凝土护坡区分土层和岩层，按设计文件（或施工组织设计）规定尺寸，以面积计算。

（3）钢筋、钢管锚杆按设计图示以质量计算。

（4）锚头制作、安装、张拉、锁定按设计图示以“套”计算。

（四）支挡土板

1. 工程量计算规则

挡土板按设计文件（或施工组织设计）规定的支挡范围，以面积计算。

2. 有关问题说明

（1）挡土板项目分为疏板和密板。

（2）疏板是指间隔支挡土板，且板间净空不大于 150cm 的情况。

（3）密板是指满堂支挡土板或板间净空不大于 30cm 的情况。

（五）钢支撑

1. 工程量计算规则

钢支撑按设计图示尺寸以质量计算，不扣除孔眼质量，焊条、铆钉、螺栓等也不另增加质量。

2. 说明

钢支撑仅适用于基坑开挖的大型支撑安装、拆除。

第五节 桩 基 工 程

桩基础工程是一种常见的基础形式，当荷载较大或不能在天然低级上做基础时，往往采用桩基础。桩基础由桩身和承台组成，其形式见图 4-25 所示。

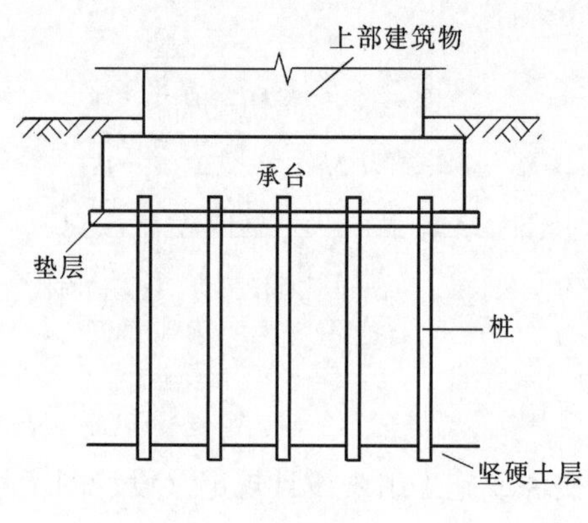

图 4-25　桩基础示意图

本节包括打桩、灌注桩两部分。适用于陆地上桩基工程，所列打桩机械的规格、型号是按常规施工工艺和方法综合取定，施工场地的土质级别也进行了综合取定。

一、 桩基础分类及施工顺序

（1）预制桩基础。预制桩基础包括预制钢筋混凝土方桩、板桩，预应力钢筋混凝土管桩，钢管桩。预制桩的施工顺序为桩的制作→运输→堆放→打（压）桩。

（2）混凝土灌注桩基础（现浇桩基础）。

灌注桩基础按施工方法分为回旋钻机成孔桩、冲击成孔机成孔桩、螺旋钻机成孔桩、人工挖孔灌注桩等，其施工顺序为桩位成孔→安放钢筋笼→浇混凝土成桩。

二、 预制桩工程量计算

（一）打桩

1. 预制钢筋混凝土桩

打桩是利用桩锤下落产生的冲击能量将桩沉入土中。压桩是在软土地基上，利用静力压桩机械或液压压桩机，用无震动的静压力将预制桩压入土中。

打、压预制钢筋混凝土桩工程量计算规则：按设计桩长（包括桩尖）乘以桩截面面积，以体积计算。

2. 预应力钢筋混凝土管桩

打、压预应力钢筋混凝土管桩工程量计算规则：按设计桩长（不包括桩尖），以长度计算。

如图 4-26 所示，计算式如下：

预制钢筋混凝土方桩工程量 $= abLN$

预应力钢筋混凝土管桩工程量 $= LN$

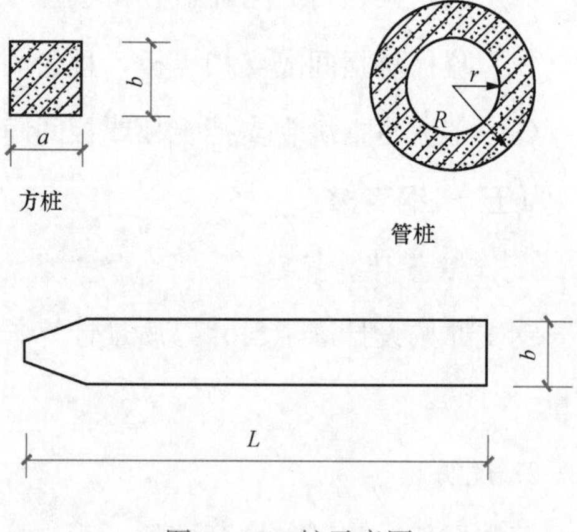

图 4-26　桩示意图

式中 a、b——预制混凝土方桩截面的边长；

L——预制混凝土桩长；

N——桩根数。

（二）接桩

当工程需要桩基长超过 30m 时，可将桩分成几节（段）预制，然后在打桩过程中逐段接长，称之为接桩。接桩的方法一般有电焊接桩法和包角钢、包钢板接桩两种。

电焊接桩工程量计算规则：按桩设计要求接桩头的数量计算；包角钢、包钢板接桩按接桩根数计算。计算式如下：

电焊接桩工程量＝桩设计接头个数

包角钢、包钢板接桩工程量＝接桩根数

（三）送桩

当桩顶面需要送入自然地坪以下时，受打桩机的影响，桩锤不能直接锤击到桩头，而必须用另一根桩置于原桩头上，将原桩打入土中。此过程称之为送桩。

送桩工程量计算规则：按桩断面面积乘以送桩长度计算。计算式如下：

送桩工程量＝桩断面面积×送桩长度

式中，送桩长度按打桩架底至桩顶面高度或自桩顶面至自然地坪面另加 0.5m 计算，如图 4-27 所示。

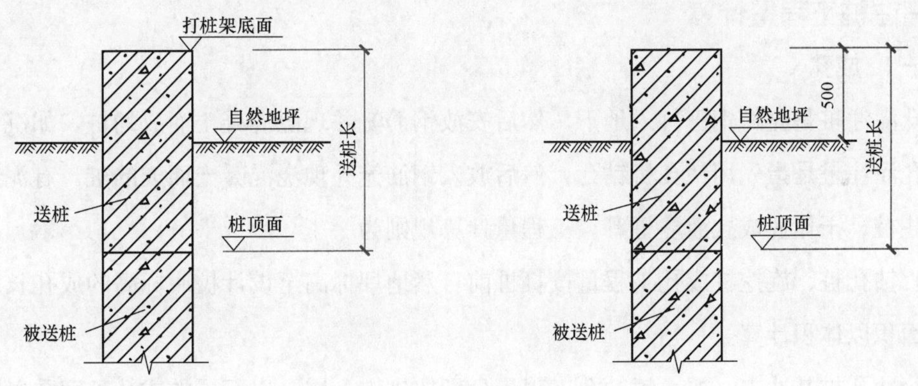

图 4-27 送桩长度示意

（四）截桩

一般设计的桩长是指基础底（承载荷载的地基土或岩石层）至桩顶的长度。而在实际工作中，由于地基土层实际深度不一，制作的桩长比实际深度长，多余的部分就要截掉。

1. 工程量计算规则

截桩工程量按设计要求的截桩数量计算。

2. 说明

截桩长度不大于 1m 时，不扣减相应桩的打桩工程量；截桩长度大于 1m 时，其超过部分按实扣减打桩工程量相应桩的打桩工程量。

（五）凿桩头

凿桩头是指在桩身混凝土浇筑时，由于在振捣过程中随着混凝土内部的气泡或孔隙的上升至桩顶部分，桩顶一定范围内为浮浆，或是水下混凝土浇筑时的泥浆、灰浆混合物，为了保证桩身混凝土强度需将上部的虚桩凿除。

凿桩头工程量计算规则：按设计图示桩截面面积乘以凿桩头长度以体积计算。凿桩头长度按以下规定计取：

（1）设计无规定时，凿桩头长度按桩体高 $40d$（d 为桩体主筋直径，主筋直径不同时取大者）计算。

（2）灌注混凝土桩凿桩头按设计超灌高度（设计有规定的按设计要求，设计无规定的按 0.5m）乘以桩身设计截面积以体积计算。

（六）桩头钢筋整理

桩头钢筋整理工程量计算规则：按所整理的桩的数量计算。

三、灌注桩工程量计算

（一）成孔

打孔灌注桩是先将钢管打入地下，然后安放钢筋笼并现浇混凝土而成的桩，如沉管灌注桩。钻孔灌注桩是指先用钻孔机钻孔，然后放入钢筋笼并现浇混凝土而成的桩，有泥浆护壁成孔灌注桩、干作业成孔灌注桩等。工程量计算规则为

（1）钻孔桩、旋挖桩成孔工程量按打桩前自然地坪标高至设计桩底标高的成孔长度乘以桩径截面积以体积计算。

（2）冲孔桩基冲击（抓）锤冲孔工程量分别按进入土层、岩石层的成孔长度乘以桩径截面积以体积计算。

（3）沉管成孔工程量按打桩前自然地坪标高至设计桩底标高（不包括预制桩尖）的成孔长度乘以钢管外径截面积以体积计算。

（4）人工挖孔桩挖孔工程量分别按进入土层、岩石层的成孔长度乘以设计护壁外围截面积以体积计算。

（二）灌注混凝土

1. 工程量计算规则

（1）钻孔桩、旋挖桩、冲孔桩灌注混凝土工程量按设计桩径截面积乘以设计桩长（包括桩尖）另加加灌长度以体积计算。加灌长度设计有规定者，按设计要求计算；设计无规定者，按 0.5m 计算。

（2）沉管灌注混凝土工程量按钢管外径截面积乘以设计桩长另加加灌长度以体积计算。加灌长度设计有规定者，按设计要求计算；设计无规定者，按 0.5m 计算。

（3）人工挖孔桩灌注混凝土护壁和桩芯工程量分别按设计图示截面积乘以设计桩长（包括桩尖）另加加灌长度以体积计算。加灌长度设计有规定者，按设计要求计算；设计无规定者，按 0.5m 计算。

（4）钻孔压浆桩工程量按设计桩长以长度计算。

2. 有关问题说明

（1）人工挖孔桩模板工程量按现浇混凝土护壁与模板的实际接触面积计算。

（2）钻（冲）孔灌注桩、人工挖孔桩，设计要求扩底时，其扩底工程量按设计尺寸以体积计算，并入相应的工程量内。

（3）定额各种灌注的材料用量中，均已包括表 4-7 规定的充盈系数和材料损耗，各省根据实际情况可适当调整。

表 4-7　充盈系数及材料损耗表

项目名称	充盈系数	损耗率（%）
冲孔桩机成孔灌注混凝土桩	1.30	1
旋挖、冲击钻孔成孔灌注混凝土桩	1.25	1
回旋、螺旋钻击钻孔灌注混凝土桩	1.20	1
沉管桩机成孔灌注混凝土桩	1.15	1

注　充盈系数是指实际灌注材料体积与按设计桩身直径计算体积之比。

（4）定额灌注桩项目中未包括桩钢筋笼、铁件制作及安装的费用，实际发生时按本章第七节混凝土及钢筋混凝土工程中相应项目计算。

（三）泥浆运输

1. 工程量计算规则

泥浆运输工程量按成孔工程量以体积计算，其计算式如下：

泥浆运输工程量＝成孔体积×成孔个数

2. 说明

泥浆池的制作执行本章第六节砌筑工程，泥浆场外运输执行本章第三节土石方工程。

（四）桩孔回填

桩孔回填工程量计算规则：按打桩前自然地坪标高至桩加灌长度的顶面乘以桩孔截面积以体积计算。

（五）桩底（侧）后压浆

桩底（侧）后压浆是指在混凝土灌注桩成桩后的一定时间，通过预设在桩身内的注浆管与桩侧或桩端注浆阀相连注入水泥浆，使桩端与桩侧土体得到加固，达到提高单桩承载力、降低沉降的目的。

桩底（侧）后压浆工程量计算规则：按设计注入水泥用量，以质量计算。

（六）注浆管、声测管埋设

注浆管、声测管埋设工程量计算规则：按打桩前自然地坪标高至设计桩底标高另加0.5m以长度计算。

第六节　砌　筑　工　程

砌筑工程划分为砖砌体、砌块砌体、轻质隔墙、石砌体和垫层部分，包含了砖（石）基础、砖（石）墙、填充墙、砖柱、砖碹、零星砌体、轻质隔墙、垫层等定额项目。本节主要介绍砖砌体、砌块砌体和垫层部分。

一、需要了解的内容

计算砌筑工程量之前，应了解如下内容：

（1）砌筑砂浆的种类及强度等级。因房屋中各墙体的位置及所承受的荷载大小不同，所以，设计时各墙体所采用的砌筑砂浆的种类及强度等级也有所不同。不同的砌筑砂浆种类及强度等级对应不同的定额基价，因此，计算工程量时，应按不同的砌筑砂浆种类及强度等级分别计算砌体工程量。

（2）砌体所选用的材料。定额中，砖砌体和砌块砌体对应不同的定额项目，所以应区别砖和砌块分别计算砌体工程量。

（3）垫层所选用的材料。

二、基础和墙（柱）身的划分

基础和墙（柱）身应按以下规定分界：

（1）基础和墙（柱）身使用同一种材料。基础和墙（柱）身使用同一种材料时，以设计室内地面为界（有地下室者，以地下室室内设计地面为界），以下为基础，以上为墙（柱）身，如图 4-28 所示。

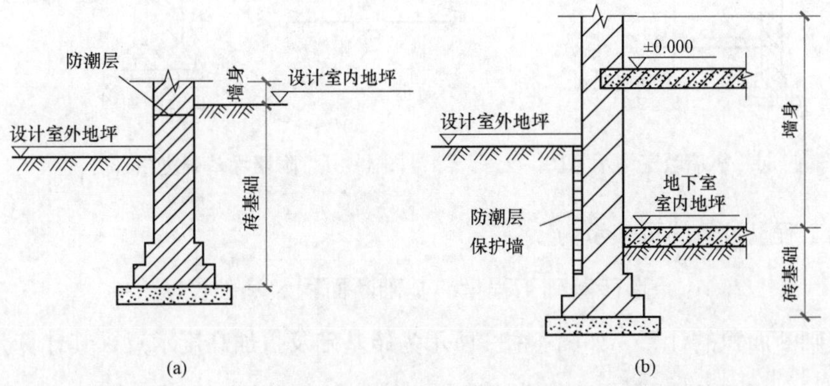

图 4-28 基础与墙（柱）身的划分

(a) 同种材料无地下室时；(b) 同种材料有地下室时

(2) 基础和墙（柱）身使用不同材料。

1) 位于设计室内地面高度不超过±300mm 时，以不同材料为分界线。

2) 位于设计室内地面高度超过±300mm 时，以设计室内地面为分界线。

(3) 砖砌地沟。砖砌地沟不分墙基和墙身，按不同材质合并工程量套用相应项目。

(4) 围墙。围墙以设计室外地坪为界，以下为基础，以上为墙身。

三、砖基础

1. 工程量计算规则

砖基础工程量按设计图示尺寸以体积计算。附墙垛基础宽出部分体积按折价长度合并计算，扣除地梁（圈梁）、构造柱所占体积，不扣除基础大放脚 T 形接头处的重叠部分以及嵌入基础内的钢筋、铁件、管道、基础砂浆防潮层和单个面积不大于 0.3m^2 的孔洞所占体积，靠墙暖气沟的挑檐不增加（图 4-29～图 4-31）。

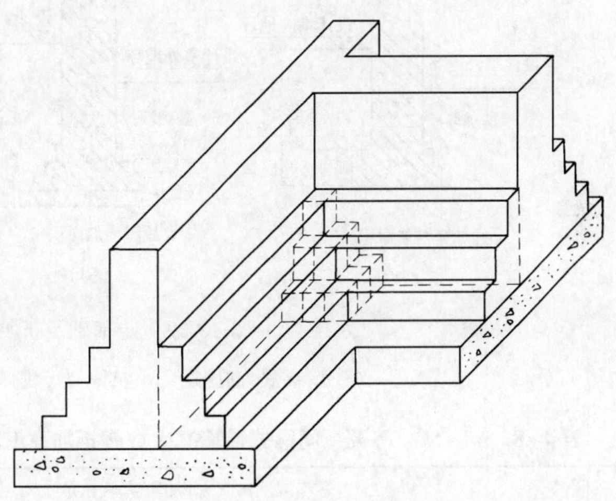

图 4-29 T 形接头重叠部分

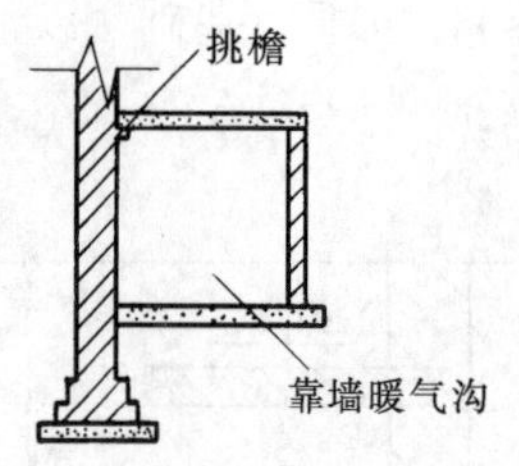

图 4-30 靠墙暖气沟示意图

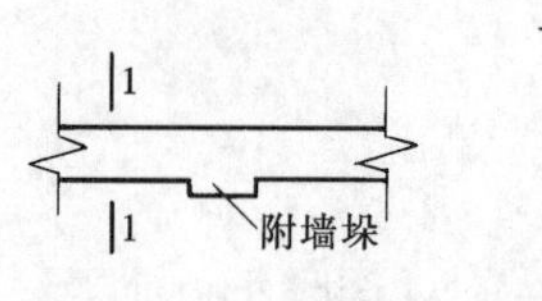

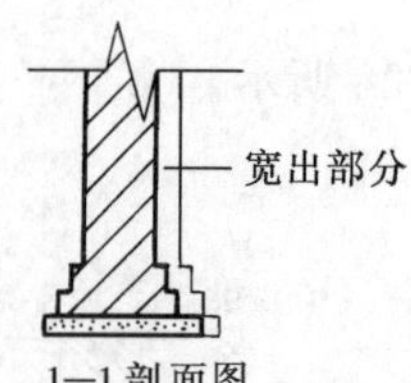

图 4-31 附墙垛基础宽出部分

砖基础工程量计算式可表示为

$$条形砖基础工程量=基础断面积\times基础长度$$

（1）基础断面积的计算。如图 4-32 所示为砖基础及折加高度示意，其计算公式如下：

$$砖基础断面积=基础墙墙厚\times基础高度+大放脚增加面积$$

或

$$砖基础断面积=基础墙墙厚\times(基础高度+折加高度)$$

式中，大放脚增加面积及折加高度可查表 4-8；折加高度是指将大放脚面积按其相应基础墙墙厚折合成的高度，即

$$折加高度=\frac{大放脚增加面积}{基础墙墙厚}$$

（2）基础长度计算。外墙按外墙中心线长度计算；内墙按内墙基净长线计算。

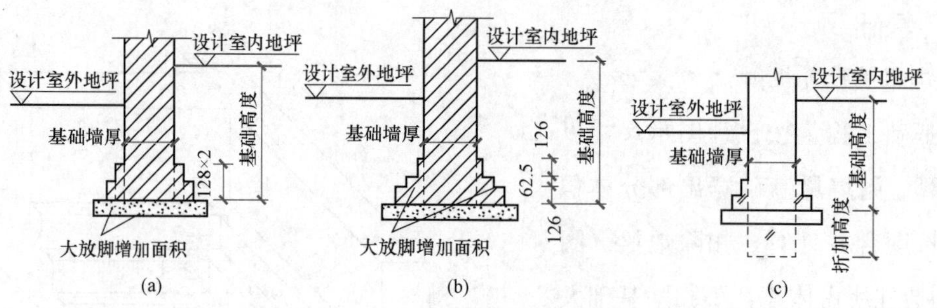

图 4-32 砖基础及折加高度示意

(a) 等高式大放脚；(b) 间隔式大放脚；(c) 折加高度示意图

表 4-8　　等高、间隔式砖墙基大放脚折加高度和大放脚增加断面积表

放脚层高	折加高度（m）												增加断面（m^2）	
	$\frac{1}{2}$砖(0.115)		1砖(0.24)		$1\frac{1}{2}$砖(0.365)		2砖(0.49)		$2\frac{1}{2}$砖(0.615)		3砖(0.74)			
	等高	间隔式	等高	间隔式	等高	间隔式	等高	间隔式	等高	间隔式	等高	间隔式	等高	间隔式
一	0.137	0.137	0.066	0.066	0.043	0.043	0.032	0.032	0.026	0.026	0.021	0.021	0.015 75	0.015 75
二	0.411	0.342	0.197	0.164	0.129	0.108	0.096	0.080	0.077	0.064	0.064	0.053	0.047 25	0.039 38

续表

放脚层高	折加高度（m）												增加断面（m^2）	
	$\frac{1}{2}$砖(0.115)		1砖(0.24)		$1\frac{1}{2}$砖(0.365)		2砖(0.49)		$2\frac{1}{2}$砖(0.615)		3砖(0.74)			
	等高	间隔式	等高	间隔式	等高	间隔式	等高	间隔式	等高	间隔式	等高	间隔式	等高	间隔式
三	—	—	0.394	0.328	0.259	0.216	0.193	0.161	0.154	0.128	0.128	0.106	0.094 5	0.078 75
四	—	—	0.656	0.525	0.432	0.345	0.321	0.253	0.256	0.205	0.213	0.170	0.157 5	0.126
五	—	—	0.984	0.788	0.647	0.518	0.482	0.380	0.384	0.307	0.319	0.255	0.236 3	0.189
六	—	—	1.378	1.083	0.906	0.712	0.672	0.530	0.538	0.419	0.447	0.351	0.330 8	0.259 9
七	—	—	1.838	1.444	1.208	0.949	0.900	0.707	0.717	0.563	0.596	0.468	0.441	0.346 5
八	—	—	2.363	1.838	1.553	1.208	1.157	0.900	0.922	0.717	0.766	0.596	0.567	0.441 1
九	—	—	2.953	2.297	1.942	1.510	1.447	1.125	1.153	0.896	0.958	0.745	0.708 8	0.551 3
十	—	—	3.610	2.789	2.372	1.834	1.768	1.366	1.409	1.088	1.171	0.905	0.866 3	0.669 4

2. 说明

砖基础不分砌筑宽度及有否大放脚，均执行对应品种及规格砖的同一项目。地下混凝土构件所用砖模及砖砌挡土墙套用砖基础项目。

四、砖墙

1. 工程量计算规则

砖墙工程量按设计图示尺寸以体积计算，其应扣除或不扣除、不增加、增加的体积按表4-9规定执行。

表4-9　砖墙工程量应扣除与不扣除、不增加、增加的内容表

应扣除内容	不扣除内容	不增加内容	增加内容
（1）门窗、洞口、嵌入墙内的钢筋混凝土柱、梁、圈梁、挑梁、过梁所占体积 （2）凹进墙内的壁龛、管槽、暖气槽、消火栓箱所占体积	（1）梁头、板头、檩头、垫木、木楞头、沿椽木、木砖、门窗走头、砖墙内加固钢筋、木筋、铁件、钢管所占体积 （2）单个面积不大于0.3m^2的孔洞所占的体积	凸出墙面的腰线、挑檐、压顶、窗台线、虎头砖、门窗套的体积	凸出墙面的砖垛并入墙体体积内

墙体工程量计算式如下：

墙体工程量=(墙体长度×墙体高度−门窗洞口所占面积)×墙体厚度−嵌入墙身的柱、梁所占体积

式中，墙体长度中外墙长度按中心线计算，内墙长度按净长计算；女儿墙长按女儿墙中心线长度计算。墙体高度取值见表4-10。墙体厚度：标准砖以240mm×115mm×53mm为准，其墙体计算厚度按表4-11计算；使用非标准砖时，其墙体厚度应按砖实际规格和设计厚度

计算；如设计厚度与实际规格不同时，按实际规格计算。

表 4-10　　墙体高度计算规定

墙体名称	屋面类型		墙体高度计算方法
外墙	斜（坡）屋面	无檐口天棚	算至屋面板底
		有屋架且室内、外均有天棚	算至屋架下弦底另加 200mm
		无天棚	算至屋架下弦底另加 300mm
		出檐宽度超过 600mm	按实砌高度计算
		有钢筋混凝土楼板隔层	算至板顶
	平屋顶		算至钢筋混凝土板底
内墙	位于屋架下弦		算至屋架下弦底
	无屋架		算至天棚底另加 100mm
	有钢筋混凝土楼板隔层		算至楼板底
	有框架梁		算至梁底
内、外山墙	—		按平均高度计算
女儿墙	砖压顶		屋面板上表面算至女儿墙顶面
	钢筋混凝土压顶		算至压顶下表面

表 4-11　　标准砖砌体计算厚度表

砖数（厚度）	1/4	1/2	3/4	1	1.5	2	2.5	3
计算厚度（mm）	53	115	178	240	365	490	615	740

2. 有关问题说明

（1）门窗、洞口面积及嵌入墙内的钢筋混凝土柱、梁的体积，不仅在墙体工程量的计算中要使用，而且在以后的有关工程量（如门窗工程量、钢筋混凝土构造柱、梁等工程量）的计算中也要使用。为防止这些数据的重复计算，计算墙体工程量之前，应先计算出门窗洞口的面积及埋入墙体的柱、梁的体积。

（2）梁头、板头是指梁、板在墙上的支撑部分。

（3）凸出墙面的窗台虎头砖、压顶线如图 4-33 所示。

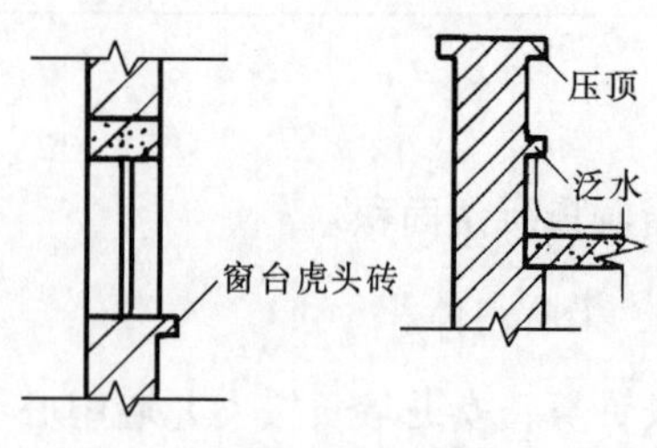

图 4-33　窗台虎头砖、压顶线示意

（4）附墙烟囱、通风道、垃圾道应按设计图示尺寸以体积（扣除孔洞所占体积）计算并入所依附的墙体体积内。当设计规定孔洞内需抹灰时，另按本书“第五章第二节墙、柱面装饰与隔断、幕墙工程”相应项目计算。

（5）砌体砌筑设置导墙时，砖砌导墙需单独计算，厚度与长度按墙身主体，高度以实际砌筑高度计算，墙身主体的高度相应扣除。

(6) 砖砌体钢筋加固，砌体内加筋、灌注混凝土，墙体拉结筋的制作、安装，以及墙基、墙身的防潮、防水、抹灰等，按本书其他相关章节的项目及规定执行。

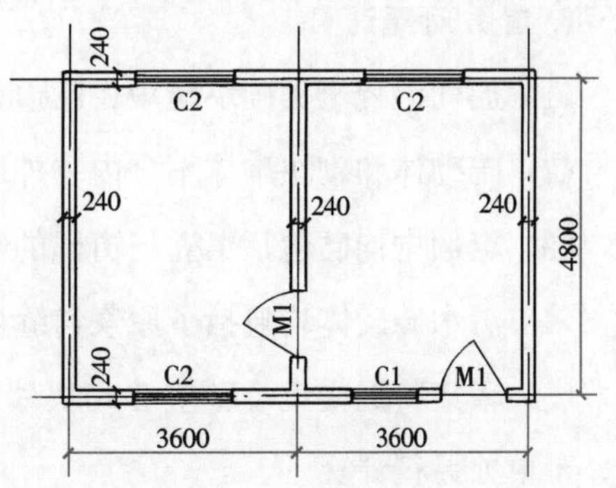

图 4-34 单层建筑物平面图

【例 4-5】 某单层建筑物平面如图 4-34 所示。已知层高 3.6m，内、外墙墙厚均为 240mm，所有墙身上均设置圈梁，且圈梁与现浇板顶平，板厚 100mm。门窗尺寸及墙体埋件体积分别见表 4-12、表 4-13。试计算内、外墙墙体工程量。

表 4-12 门窗尺寸表

门窗名称	洞口尺寸［宽（mm）×高（mm）］	数量
C1	1000×1500	1
C2	1500×1500	3
M1	1000×2500	2

表 4-13 墙体埋件体积表

构件名称	构件所在部位体积	
	外墙	内墙
构造柱	0.81	—
过梁	0.39	0.06
圈梁	1.13	0.22

解 (1) 基数计算。

由图 4-34 可知：$L_{中}=(3.6\times2+4.8)\text{m}\times2=24\text{m}$

$$L_{内}=4.8\text{m}-0.24\text{m}=4.56\text{m}$$

(2) 门窗洞口所占面积计算。

外墙上门窗洞口所占面积：$1\text{m}\times1.5\text{m}+1.5\text{m}\times1.5\text{m}\times3+1\text{m}\times2.5\text{m}=10.75\text{m}^2$

内墙上门窗洞口所占面积$=1\text{m}\times2.5\text{m}=2.5\text{m}^2$

(3) 墙体工程量计算。

墙体工程量=(墙体长度×墙体高度－门窗洞口所占面积)×墙体厚度－嵌入墙身的柱、梁所占体积

外墙墙体工程量$=[24\times(3.6-0.1)-10.75]\times0.24\text{m}-0.81\text{m}^3-0.39\text{m}^3-1.13\text{m}^3=15.25\text{m}^3$

内墙墙体工程量$=[4.56\times(3.6-0.1)-2.5]\times0.24\text{m}-0.06\text{m}^3-0.22\text{m}^3=2.95\text{m}^3$

五、砌块墙

1. 工程量计算规则

砌块墙按图示尺寸以立方米计算，其工程量计算方法与砖墙相同。

2. 有关问题说明

（1）加气混凝土类砌块墙项目已包括砌块零星切割改锯的损耗及费用。

（2）砖砌体和砌块砌体不分内、外墙，均执行对应品种的砖和砌块项目。

（3）定额中均已包括了立门窗框的调直以及腰线、窗台线、挑檐等一般出线用工。

（4）清水砖砌体均包括了原浆勾缝用工，设计需加浆勾缝时，应另行计算。

（5）轻集料混凝土小型空心砌块墙的门窗洞口等镶砌的同类实心砖部分已包含在定额内，不单独另行计算。

（6）轻质砌块L形专用连接件的工程量按设计数量计算。

六、框架间墙

框架间墙是指框架结构中填充在柱之间的墙体。其工程量计算规则：不分内外墙按墙体净尺寸以体积计算。计算式如下：

框架间砌体工程量＝框架间净空面积×墙厚度－嵌入墙之间的洞口、埋件所占体积

＝框架柱间净距×框架梁间净高×墙厚度

－嵌入墙之间的洞口、埋件所占体积

七、轻质隔墙

轻质隔墙工程量计算规则：按设计图示尺寸以面积计算。

八、其他砖砌体

（一）零星砌体

零星砌体系指台阶、台阶挡墙、梯带、锅台、炉灶、蹲台、池槽、池槽腿、花台、花池、楼梯栏板、阳台栏板、地垄墙、≤0.3m^{2}的空洞填塞、突出屋面的烟囱、屋面伸缩缝砌体、隔热板砖蹲等（图4-35、图4-36）。

零星砌体工程量计算规则：按设计图示尺寸以体积计算。

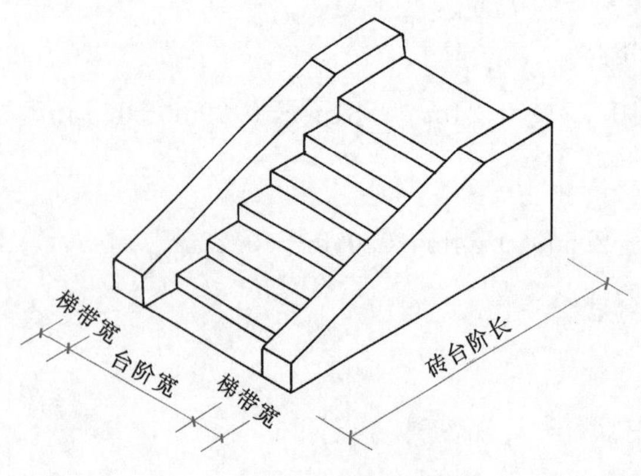

图4-35 砖砌台阶示意

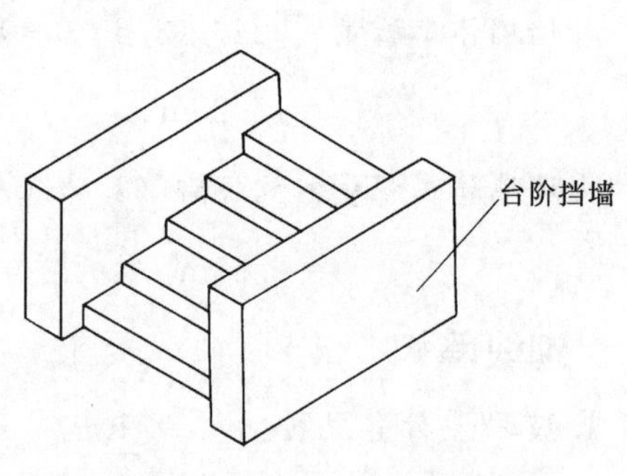

图4-36 有挡墙台阶示意

（二）砖地沟、砖碹

砖地沟、砖碹工程量计算规则：按设计图示尺寸以体积计算。

（三）砖散水、地坪

其工程量计算规则：按设计图示尺寸以面积计算。

九、垫层

垫层是承重地面或基础的荷载，并将其传递给下面土层的构造层。按使用材料的不同，常用的垫层有灰土、素土、混凝土、炉渣等。

1. 工程量计算规则

垫层工程量按设计图示尺寸以体积计算。计算式如下：

（1）地面垫层：

地面垫层工程量＝垫层面积×垫层厚度

（2）基础下垫层：

基础垫层工程量＝垫层长度×垫层宽度×垫层厚度

当为条形基础时，垫层长度取值为外墙下垫层以 $L_{中}$、内墙下垫层以垫层间净长度计算；当为独立基础或满堂基础时，按图纸设计长度计算。

2. 说明

采用地暖的地板垫层，按不同材料执行相应项目，人工乘以系数 1.3，材料乘以系数 0.95。

十、综合实例

【例 4-6】 某办公室平面图及其基础剖面图如图 4-37 所示，有关尺寸见表 4-14。已知内外墙墙厚均为 240mm，室内净高 3.2m；内外墙上均设圈梁，洞口上部设置过梁，外墙转角处设置构造柱及砌体加固筋；基础下设 C15 素混凝土垫层，垫层宽 1000mm。试根据已知条件对砌筑工程列项，并计算各分项工程量。

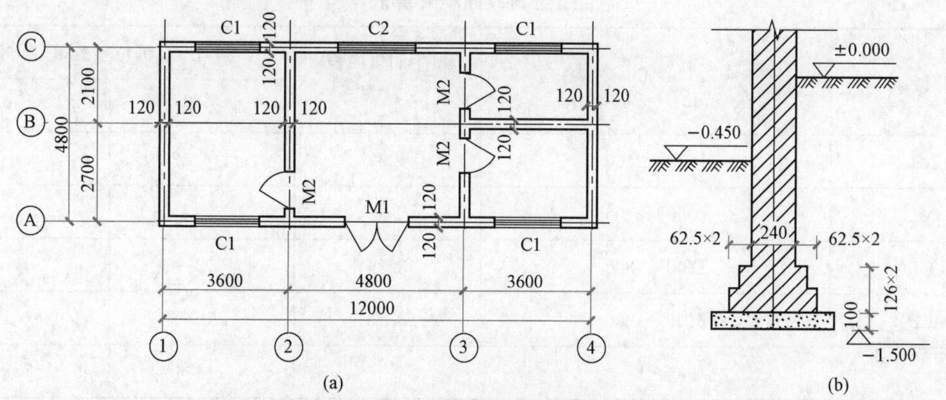

图 4-37 办公室平面及基础剖面图

（a）平面图；（b）内、外墙基础剖面图

表 4-14　　门窗洞口尺寸及墙体埋件尺寸

门窗名称	洞口尺寸[宽(mm)×高(mm)]	墙体埋件名称		墙体埋件尺寸
M1	1800×2400	构造柱		0.18m^3/根
M2	1000×2400	圈梁	外墙	$L_{中}$×0.24m×0.2m
C1	1800×1800		内墙	$L_{内}$×0.24m×0.2m
C2	2100×1800	钢筋混凝土过梁		（洞口宽度+0.5m）×0.24m×0.18m

解　(1) 列项。

由上述资料可知，本工程所完成的砌筑工程的施工内容有：砖基础、砖墙、钢筋砖过梁及砌体加固筋。砌体加固筋应套用混凝土及钢筋混凝土工程中相应项目，所以本例应列的砌筑工程定额项目为砖基础、砖墙、混凝土垫层。

(2) 计算工程量。

1) 基数：

$L_{中}$=(3.6+4.8+3.6+2.7+2.1)m×2=33.6m

$L_{内}$=(2.7+2.1−0.24)m×2+3.6m−0.24m=12.48m

门窗洞口面积及墙体埋件体积的计算分别见表 4-15、表 4-16。

2) 砖基础：

砖基础工程量=基础断面面积×基础长度

由图 4-37 (b) 及表 4-8 可知：

外墙基础工程量=[0.24×(1.5−0.1)+0.047 25]m^2×33.6m=12.88m^3

内墙基础工程量=[0.24×(1.5−0.1)+0.047 25]m^2×12.48m=4.78m^3

砖基础工程量=12.88m^3+4.78m^3=17.66m^3

表 4-15　　门窗洞口面积计算表

门窗名称	洞口尺寸[宽（mm）×高（mm）]	单个洞口面积（m^2）	洞口所在部位（数量/面积）	
			外墙	内墙
M1	1800×2400	4.32	1/4.32	
M2	1000×2400	2.4		3/7.2
C1	1800×1800	3.24	4/12.96	
C2	2100×1800	3.78	1/3.78	
合计			21.06	7.2

表 4 - 16 **墙体埋件体积计算表**

<table>
<tr><th colspan="2" rowspan="2">埋件名称</th><th rowspan="2">埋件体积（m³）</th><th colspan="2">埋件所在部位体积（m³）</th><th rowspan="2">备注</th></tr>
<tr><th>外墙</th><th>内墙</th></tr>
<tr><td colspan="2">构造柱</td><td>0.72</td><td>0.72</td><td></td><td>0.72m³＝0.18m³×4</td></tr>
<tr><td colspan="2">圈梁</td><td>2.21</td><td>0.61</td><td>0.60</td><td>1.61m³＝33.6×0.24×0.2m³；0.6＝12.48×0.24×0.2m³</td></tr>
<tr><td rowspan="4">过梁</td><td>M1</td><td>0.1</td><td>0.1</td><td></td><td rowspan="4">M1 过梁体积＝（1.8＋0.5）m×0.24m×0.18m＝0.1m³
M2 过梁体积＝（1＋0.5）m×0.24m×0.18m×3＝0.19m³
C1 过梁体积＝（1.8＋0.5）m×0.24m×0.18m×4＝0.4m³
C2 过梁体积＝（2.1＋0.5）m×0.24m×0.18m＝0.11m³</td></tr>
<tr><td>M2</td><td>0.19</td><td></td><td>0.19</td></tr>
<tr><td>C1</td><td>0.4</td><td>0.4</td><td></td></tr>
<tr><td>C2</td><td>0.11</td><td>0.11</td><td></td></tr>
<tr><td colspan="3">合计</td><td>2.94</td><td>0.79</td><td></td></tr>
</table>

3）砖墙：

砖墙工程量＝（墙体长度×墙体高度－门窗洞口所占面积）×墙体厚度－嵌入墙身的柱、梁所占体积

外墙工程量＝(33.6×3.2－21.06)m² ×0.24m－2.94m³ ＝17.81m³

内墙工程量＝(12.48×3.2－7.2)m² ×0.24m－0.79m³ ＝7.07m³

4）素混凝土垫层：

基础垫层工程量＝垫层长度×垫层宽度×垫层厚度

外墙下垫层长度＝$L_{中}$＝(3.6＋4.8＋3.6＋2.7＋2.1)m×2＝33.6m

内墙下垫层长度＝垫层间净长度＝(4.8－0.5×2)m×2＋(3.6－0.5×2)m＝10.2m

基础垫层工程量＝(33.6＋10.2)m×1.0m×0.1m＝4.38m³

第七节 混凝土及钢筋混凝土工程

定额中，混凝土及钢筋混凝土工程包括混凝土、钢筋、模板、混凝土构件运输及安装四个部分。

一、 需要了解的内容

混凝土及钢筋混凝土工程中包含的项目较多，计算其工程量之前，应了解以下内容：

（1）模板的种类。模板系统由模板和支撑两个部分组成。其中，模板是保证混凝土及钢筋混凝土构件按设计形状和尺寸成型的重要工具，常用的有：组合钢模板、复合模板、大钢模板、木模板等。而支撑则是混凝土及钢筋混凝土构件在浇筑至养护期间所需的承载构件，

有木钢支撑和复合模板钢支撑之分。

（2）钢筋混凝土构件的施工方法、混凝土的强度等级。

1）了解各混凝土构件的施工方法是现浇还是预制，以便分别计算工程量。

2）由于建筑物各层的柱、梁、板、墙等构件所受的荷载大小不同，其设计的混凝土强度等级也不相同。所以计算柱、梁、板、墙等构件的工程量时，应按不同混凝土强度等级分别计算，以正确确定混凝土构件的预算价格。

（3）混凝土的保护层厚度。

（4）混凝土种类。混凝土种类分现场搅拌混凝土和预拌混凝土。其中预拌混凝土是指在混凝土工厂集中搅拌、用混凝土罐车运输到施工现场并入模的混凝土（圈梁、过梁及构造柱项目中已综合考虑了因施工条件限制不能直接入模的因素）。

二、模板工程

（一）现浇混凝土构件模板

1. 基础

（1）工程量计算规则。现浇混凝土及钢筋混凝土模板工程量，除另有规定者外，均按模板与混凝土的接触面积（扣除后浇带所占面积）计算。计算式如下：

基础模板工程量＝模板与混凝土的接触面积＝基础支模长度×支模高度

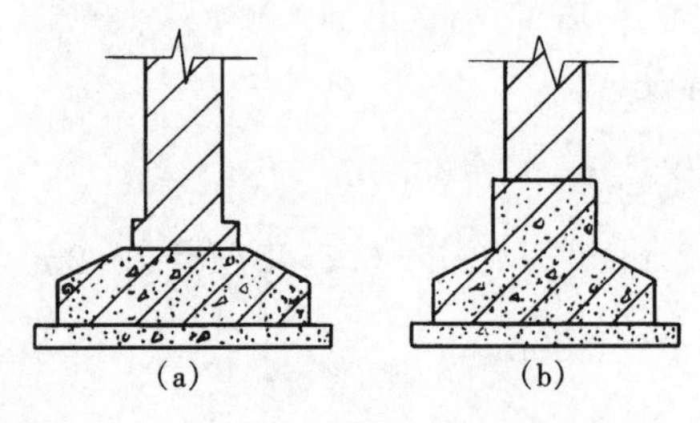

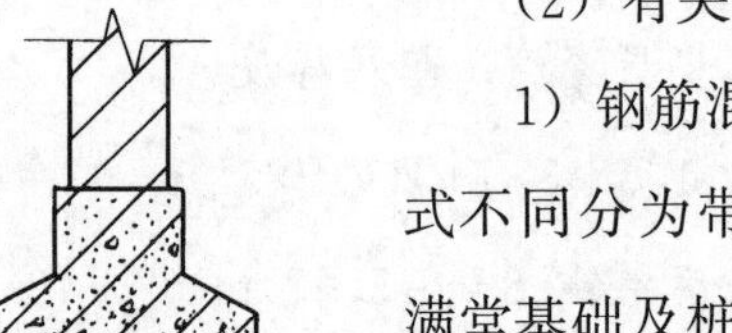

图 4-38　条形基础

（a）无梁式；（b）有梁式

（2）有关问题说明。

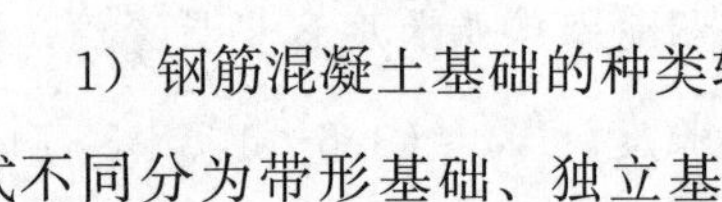

1）钢筋混凝土基础的种类较多，按构造形式不同分为带形基础、独立基础、杯形基础、满堂基础及桩承台等。其中，带形基础又可分为无梁式和有梁式（板式）两种；满堂基础又可分为无梁式、有梁式和箱形基础（图 4-38、图 4-39）。

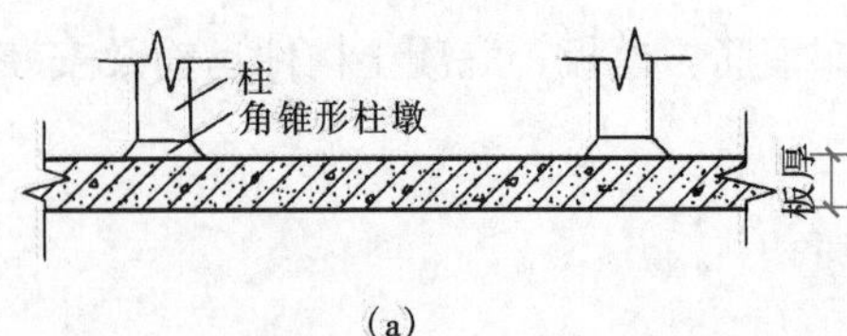

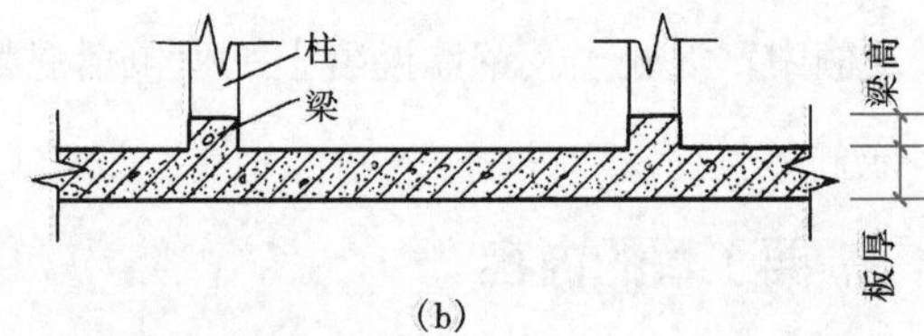

图 4-39　满堂基础

（a）无梁式；（b）有梁式

2）有肋式带形基础，肋高（指基础扩大顶面至梁顶面的高）不大于 1.2m 时，合并计算；肋高大于 1.2m 时，基础底板模板按无肋带形基础项目计算，扩大顶面以上部分模板按混凝土墙项目计算。

3）独立基础：其高度从垫层上表面计算到柱基上表面。

4）满堂基础：无梁式满堂基础有扩大或角锥形柱墩时，并入无梁式满堂基础内计算。有梁式满堂基础梁高（从板面或板底计算，梁高不含板厚）不大于 1.2m 时，基础和梁合并计算；有梁式满堂基础梁高大于 1.2m 时，底板按无梁式满堂基础模板项目计算，梁按混凝土墙模板项目计算。

5）定额中未设箱形满堂基础项目，箱形满堂基础应分别按无梁式满堂基础、柱、墙、梁、板的有关规定计算。箱形满堂基础中的底板、顶板、隔板分别按以下规定执行：底板执行无梁式满堂基础项目，顶板执行钢筋混凝土平板项目，隔板执行钢筋混凝土墙项目。

6）独立桩承台执行独立基础项目；带形桩承台执行带形基础项目；与满堂基础相连的桩承台执行满堂基础项目。

【例 4-7】 计算图 4-40 所示的基础模板工程量。

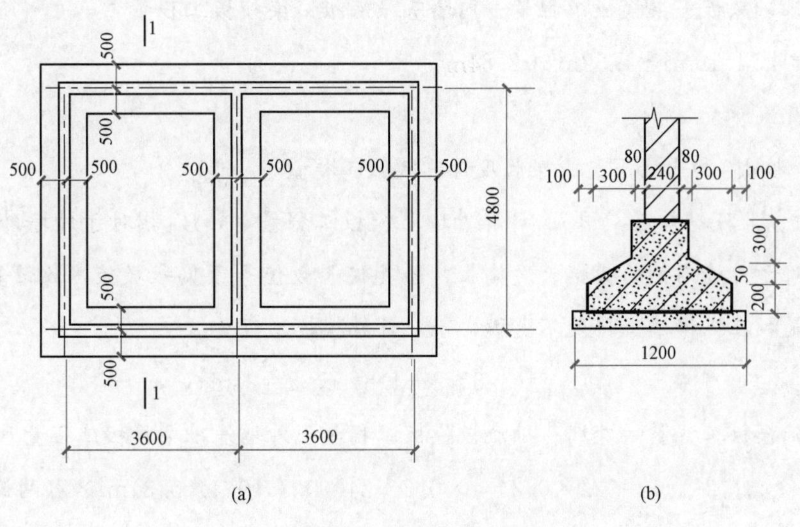

图 4-40 基础平面及剖面图

（a）基础平面图；（b）基础剖面图

解 （1）分析。

1）由图 4-40 可以看出，本基础为有梁式条形基础，其支模位置在基础底板（厚 200mm）的两侧和梁（高 300mm）的两侧。所以，混凝土与模板的接触面积应计算的是：基础底板的两侧面积和梁两侧面积。

2）图 4-40（a）所示为基础平面图，也可以看作是基础底板的支模位置图。图中细线显示了支模的位置及长度。

(2) 工程量计算。

基础模板工程量=基础支模长度×支模高度

方法 1：按图示长度计算模板工程量

外墙基础底板模板工程量：

(3.6×2+0.5×2)m×2×0.2m+(4.8+0.5×2)m×2×0.2m+(3.6−0.5×2)m×4×0.2m+(4.8−0.5×2)m×2×0.2m=9.2m²

外墙基础梁模板工程量：

(3.6×2+0.2×2)m×2×0.3m+(4.8+0.2×2)m×2×0.3m+(3.6−0.2×2)m×4×0.3m+(4.8−0.2×2)m×2×0.3m=14.16m²

内墙基础底板模板工程量：(4.8−0.5×2)m×2×0.2m=1.52m²

内墙基础梁模板工程量：(4.8−0.2×2)m×2×0.3m=2.64m²

基础模板工程量：

外墙基础底板、梁模板工程量+内墙基础底板、梁模板工程量

=9.2m²+14.16m²+1.52m²+2.64m²

=27.52m²

方法 2：按 $L_中$ 和内墙下支模净长度计算模板工程量

从 $L_中$ 的含义可以知道，用 $L_中$ 计算外墙下模板工程量时，$L_中$ 相对于外墙外侧的模板长度偏短，相对于外墙内侧的模板长度偏长，而其偏长数值等于偏短数值，故计算较为简便。但需注意的是，在纵横墙交接处不支模，不应计算模板工程量。

$L_中$=(3.6×2+4.8)m×2=24m

外墙基础模板工程量=外墙基础底板模板工程量+外墙基础梁模板工程量

=(24×0.2−1×0.2+24×0.3−0.4×0.3)m²×2(两侧)

=23.36m²

内墙基础模板工程量=内墙基础底板模板工程量+内墙基础梁模板工程量

=(4.8−0.5×2)m×2×0.2m+(4.8−0.2×2)m×2×0.3m

=4.16m²

基础模板工程量=外墙基础模板工程量+内墙基础模板工程量

=23.36m²+4.16m²

=27.52m²

比较两种计算方法，可以看出：方法2的计算简便、快捷。这种计算思路，不仅仅局限于模板工程量的计算，还可以广泛应用于其他有关分项工程量的计算之中，以提高工作效率。

2. 柱、梁、板、墙

(1) 工程量计算规则。柱、梁、板、墙模板的计算规则为：

1) 按模板与混凝土接触面积计算。

2) 现浇钢筋混凝土柱（不含构造柱）、梁（不含圈梁、过梁）、板、墙是按高度（板面或地面、垫层面至上层板面之间的高度）3.6m综合考虑的，超过3.6m以上部分，另按超过部分计算增加支撑工程量。

3) 现浇钢筋混凝土墙、板上单孔面积在0.3m^{2}以内的孔洞，不予扣除，洞侧壁模板亦不增加；单孔面积在0.3m^{2}以外时，应予扣除，洞侧壁模板面积并入墙、板模板工程量以内计算。

4) 现浇钢筋混凝土框架分别按柱、梁、板有关规定计算，附墙柱突出墙面部分按柱工程量计算，暗梁、暗柱并入墙内工程量计算。

5) 柱、墙、梁、板、栏板相互连接的重叠部分，均不计算模板面积。

6) 构造柱均应按图示外露部分计算模板面积。带马牙槎构造柱的宽度按马牙槎处的宽度计算。

(2) 有关问题说明。

1) 当现浇钢筋混凝土柱、梁、板、墙的支模高度不大于3.6m时，直接列出相应项目，确定模板工程量及费用；当现浇钢筋混凝土柱、梁、板、墙的支模高度大于3.6m时，应在原项目基础上，另按超高部分增加支撑工程量及其费用。现举例说明柱、梁的列项方法，墙、板的列项方法与此相同。

【例4-8】 某二层框架结构办公楼，一层板顶标高为3.0m，二层板顶标高为7.5m，板厚100mm，如图4-41所示。设计为矩形柱，用钢模板、钢支撑施工，试列出柱、梁的模板项目。

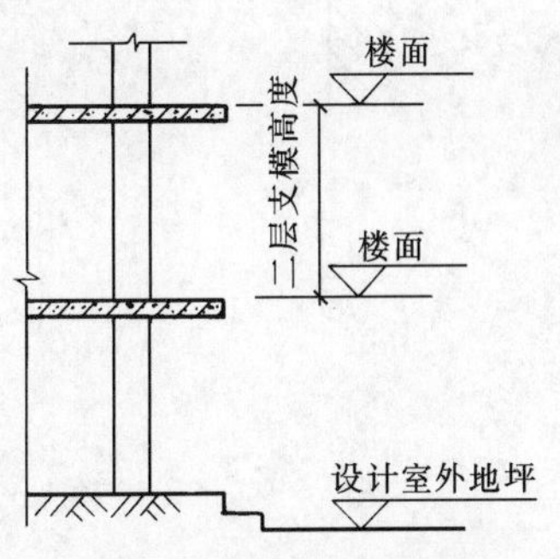

图4-41 支模高度示意

解 施工时，二层柱、梁的支模高度=二层板面至板底高度=7.5m−3.0m−0.1m=4.4m>3.6m，而4.4m−3.6m=0.8m，不足1m。按定额规定，不足1m部分按1m计算，故本例应列项目见表4-17。

表 4-17　柱、梁模板应列项目表

构件名称	项目名称	工程量计算范围
柱	矩形柱钢模板	二层柱的模板工程量
	柱钢支撑	二层柱高为 0.8m 的模板工程量
梁	梁钢模板	二层梁的模板工程量
	梁钢支撑	二层梁的模板工程量

2）浇混凝土柱（不含构造柱）、墙、梁（不含圈、过梁）、板是按高度（板面或地面、垫层面至上层板面的高度）3.6m 综合考虑的。如遇斜板面结构时，柱分别按各柱的中心高度为准；墙按分段墙的平均高度为准；框架梁按每跨两端的支座平均高度为准；板（含梁板合计的梁）按高点与低点的平均高度为准。

3）混凝土梁、板应分别计算执行相应项目，混凝土板适用于截面厚度不大于 250mm；板中暗梁并入板内计算；墙、梁弧形且半径不大于 9m 时，执行弧形墙、梁项目。

4）设有钢筋混凝土构造柱的房屋，砖墙应砌成马牙槎。

构造柱在墙中的设置位置有很多种，如在外墙转角处、T 形接头处，位置不同，构造柱的外露面与墙的接触面就不同，计算其模板工程量时，应注意区分。

【例 4-9】　某工程在图 4-42 所示的位置上设置了构造柱。已知构造柱尺寸为 240mm×240mm，柱支模高度为 3.0m，墙厚度 240mm。试计算构造柱模板工程量。

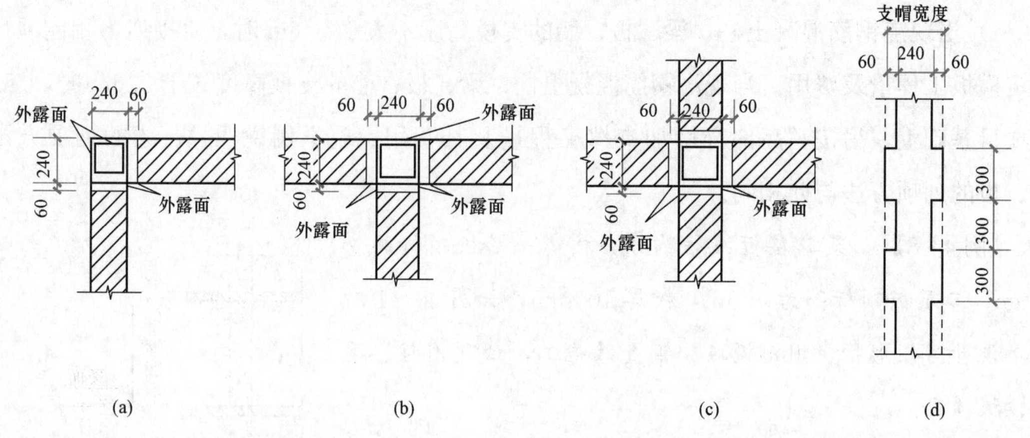

图 4-42　构造柱设置示意

(a) 转角处；(b) T 形接头处；(c) 十字接头处；(d) 支模宽度示意

解　(1) 转角处。

构造柱模板工程量＝[(0.24＋0.06)×2＋0.06×2]m×3.0m＝2.16m²

（2）T形接头处。

构造柱模板工程量=[（0.24+0.06）×2+0.06×2×2]m×3.0m=2.52m²

（3）十字接头处。

构造柱模板工程量=0.06m×2×4×3.0m=1.44m²

构造柱模板工程量=各处构造柱模板工程量之和=2.16m²+2.52m²+1.44m²=6.12m²

3. 悬挑板（雨篷、阳台）

现浇钢筋混凝土悬挑板（雨篷、阳台）按图示外挑部分尺寸的水平投影面积计算，挑出墙外的悬挑梁及板边不另计算。如图4-43所示，计算式如下：

$$悬挑板（雨篷、阳台）模板工程量=L\times B$$

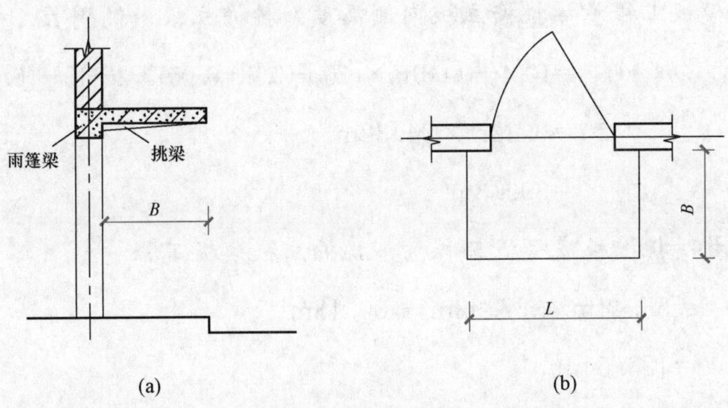

图4-43 悬挑雨篷示意

4. 挑檐

挑檐模板工程量按模板与混凝土的接触面积计算。

【例4-10】 某屋面挑檐的平面及剖面图如图4-44所示。试计算挑檐模板工程量。

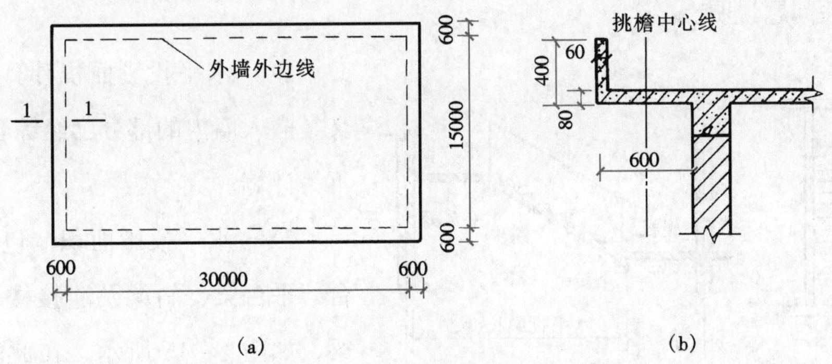

图4-44 某屋面挑檐的平面及剖面图

（a）平面图；（b）1—1剖面图

解　(1) 挑檐板底。

挑檐板底模板工程量＝挑檐宽度×挑檐板底的中心线长

＝0.6m×(30＋0.6＋15＋0.6)m×2

＝0.6m×92.4m＝55.44m²

(2) 挑檐立板。

挑檐立板外侧模板工程量＝挑檐立板外侧高度×挑檐立板外侧周长

＝0.4m×(30＋0.6×2＋15＋0.6×2)m×2

＝0.4m×94.8m

＝37.92m²

挑檐立板内侧模板工程量＝挑檐立板内侧高度×挑檐立板内侧周长

＝(0.4－0.08)m×[30＋(0.6－0.06)×2＋15＋(0.6－0.06)×2]m×2

＝0.32m×94.32m

＝30.18m²

挑檐模板工程量＝挑檐板底模板工程量＋挑檐立板模板工程量

＝55.44m²＋37.92m²＋30.18m²

＝123.54m²

5. 楼梯

(1) 工程量计算规则。现浇钢筋混凝土楼梯（包括休息平台、平台梁、斜梁和楼层板的连接的梁）按水平投影面积计算。不扣除宽度小于 500mm 的楼梯井所占面积，楼梯的踏步、踏步板、平台梁等侧面模板不另行计算，伸入墙内部分亦不增加。当整体楼梯与现浇楼板无梯梁连接时，以楼梯的最后一个踏步边缘加 300mm 为界。

(2) 有关问题说明。

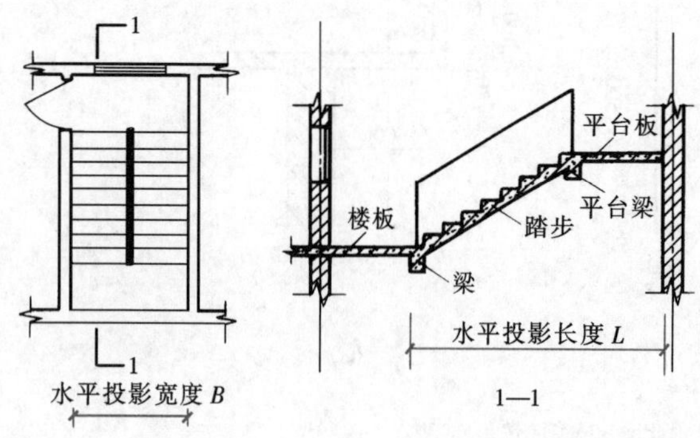

图 4-45　楼梯示意

1) “水平投影面积计算”所指的含义是嵌入墙内的部分已经综合在定额内，不另计算。

2) “水平投影面积”包括：休息平台、平台梁、斜梁及连接楼梯与楼板的梁，如图 4-45 所示。在此范围内的构件，不再单独计算；此范围以外的，应另列项目单独计算。计算公式如下：

$$楼梯模板工程量 = \sum_{i=1}^{n} L_i \times B_i - 各层梯井所占面积(梯井宽大于500mm时)$$

当楼梯各层水平投影面积相当时：

$$楼梯模板工程量 = L \times B \times 楼梯层数 - 各层梯井所占面积(梯井宽大于500mm时)$$

6. 台阶

（1）工程量计算规则。

混凝土台阶不包括梯带，按图示台阶尺寸的水平投影面积计算，台阶端头两侧不另计算模板面积。

（2）说明。

1）台阶是连接两个高低地面的交通踏步。一般情况下，台阶多与平台相连。计算模板工程量时，台阶与平台的分界线应以最上一层踏步外沿加300mm计算。

2）架空式混凝土台阶按现浇楼梯计算。

【例4-11】 某台阶平面图如图4-46所示，试计算其模板工程量。

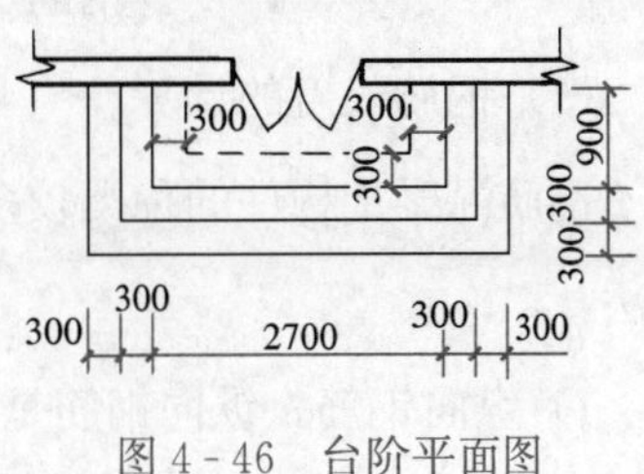

图4-46 台阶平面图

解 由图4-46可知，台阶与平台相连，则台阶应算至最上一层踏步外沿加300mm，如图中虚线所示，故：

台阶模板工程量＝台阶水平投影面积

$$=(2.7+0.3\times4)\text{m}\times(0.9+0.3\times2)\text{m}-(2.7-0.3\times2)\text{m}\times(0.9-0.3)\text{m}$$

$$=5.85\text{m}^2-1.26\text{m}^2$$

$$=4.59\text{m}^2$$

7. 后浇带

后浇带是在建筑施工中为防止现浇钢筋混凝土结构由于自身收缩不均或沉降不均可能产生的有害裂缝，按照设计或施工规范要求，在基础底板、墙、梁相应位置留设的混凝土带。后浇带模板工程量计算规则：按模板与后浇带的接触面积计算。

（二）预制混凝土构件模板

预制混凝土构件模板工程量计算规则：按模板与混凝土的接触面积计算，地模不计算接触面积。

三、钢筋及预埋铁件

（一）钢筋工程

钢筋工程按钢筋的不同品种和规格以现浇构件、现浇构件、预应力构件以及箍筋分别列项，钢筋的品种、规格比例按常规工程设计综合考虑。

1. 工程量计算规则

(1) 现浇、预制构件钢筋，按设计图示钢筋长度乘以单位理论质量计算。

(2) 钢筋搭接长度按设计图示及规范要求计算；设计图示及规范未规定钢筋搭接长度的，不另计算搭接长度。

(3) 钢筋的搭接（接头）数量应按设计图示及规范要求计算，设计图示及规范要求未标明的，按以下规定计算：

1) ϕ10 以内的长钢筋按每 12m 计算一个钢筋搭接（接头）；

2) ϕ10 以上的长钢筋按每 9m 计算一个钢筋搭接（接头）。

2. 计算方法

计算公式：

钢筋工程量＝钢筋长度×钢筋每米长质量

(1) 钢筋长度的计算。

钢筋混凝土构件的种类较多，其所配置的钢筋就有所不同，以下分别介绍其长度的计算方法：

1) 纵向钢筋。纵向钢筋是指沿构件长度（或高度）方向设置的钢筋。

计算公式：

纵向钢筋长度＝构件支座间净长度＋应增加钢筋长度

式中，应增加钢筋长度包括钢筋的锚固长度、钢筋弯钩长度、弯起钢筋增加长度及钢筋接头的搭接长度。

①钢筋锚固长度的计算。为满足受力需要，埋入支座的钢筋必须具有足够的长度，此长度称为钢筋的锚固长度。锚固长度的大小，应按实际设计内容及表 4-18、表 4-19 的规定确定。

表 4-18　受拉钢筋基本锚固长度 l_{abE}、l_{ab}

钢筋种类	抗震等级	混凝土强度等级								
		C20	C25	C30	C35	C40	C45	C50	C55	≥C60
HPB300	一、二级（l_{abE}）	45d	39d	35d	32d	29d	28d	26d	25d	24d
	三级（l_{abE}）	41d	36d	32d	29d	26d	25d	24d	23d	22d
	四级（l_{abE}） 非抗震（l_{ab}）	39d	34d	30d	28d	25d	24d	23d	22d	21d
HRB335 HRBF335	一、二级（l_{abE}）	44d	38d	33d	31d	29d	26d	25d	24d	24d
	三级（l_{abE}）	40d	35d	31d	28d	26d	24d	23d	22d	22d
	四级（l_{abE}） 非抗震（l_{ab}）	38d	33d	29d	27d	25d	23d	22d	21d	21d

续表

钢筋种类	抗震等级	混凝土强度等级								
		C20	C25	C30	C35	C40	C45	C50	C55	≥C60
HRB400 HRBF400 RRB400	一、二级（l_{abE}）	—	46d	40d	37d	33d	32d	31d	30d	29d
	三级（l_{abE}）	—	42d	37d	34d	30d	29d	28d	27d	26d
	四级（l_{abE}） 非抗震（l_{ab}）	—	40d	35d	32d	29d	28d	27d	26d	25d
HRB500 HRBF500	一、二级（l_{abE}）	—	55d	49d	45d	41d	39d	37d	36d	35d
	三级（l_{abE}）	—	50d	45d	41d	38d	36d	34d	33d	32d
	四级（l_{abE}） 非抗震（l_{ab}）	—	48d	43d	39d	36d	34d	32d	31d	30d

注 1. HPB300 级钢筋末端应做 180°弯钩，弯后平直段长度不应小于 3d，但做受压钢筋时可不做弯钩。

2. 当锚固钢筋的保护层厚度不大于 5d 时，锚固钢筋长度范围内应设置横向构造钢筋，其直径不应小于 $d/4$（d 为锚固钢筋的最大直径）；对梁、柱等构件间距不应大于 5d，对板、墙等构件间距不应大于 10d，且均不应大于 100（d 为锚固钢筋的最小直径）。

表 4-19　　受拉钢筋锚固长度 l_{aE}、l_a

钢筋种类	抗震等级	混凝土强度等级																
		C20	C25		C30		C35		C40		C45		C50		C55		≥C60	
		d≤25	d≤25	d>25	d≤25	d>25	d≤25	d>25	d≤25	d>25	d≤25	d>25	d≤25	d>25	d≤25	d>25	d≤25	d>25
HPB300	一、二级（l_{aE}）	45d	39d	—	35d	—	32d	—	29d	—	28d	—	26d	—	25d	—	24d	—
	三级（l_{aE}）	41d	36d	—	32d	—	29d	—	26d	—	25d	—	24d	—	23d	—	22d	—
	四级（l_{abE}） 非抗震（l_a）	39d	34d	—	30d	—	28d	—	25d	—	24d	—	23d	—	22d	—	21d	—
HRB335 HRBF335	一、二级（l_{aE}）	44d	38d	—	33d	—	31d	—	29d	—	26d	—	25d	—	24d	—	24d	—
	三级（l_{aE}）	40d	35d	—	30d	—	28d	—	26d	—	24d	—	23d	—	22d	—	22d	—
	四级（l_{aE}） 非抗震（l_a）	38d	33d	—	29d	—	27d	—	25d	—	23d	—	22d	—	21d	—	21d	—
HRB400 HRBF400 RRB400	一、二级（l_{aE}）	—	46d	51d	40d	45d	37d	40d	33d	37d	32d	36d	31d	35d	30d	33d	29d	32d
	三级（l_{aE}）	—	42d	46d	37d	41d	34d	37d	30d	34d	29d	33d	28d	32d	27d	30d	26d	29d
	四级（l_{aE}） 非抗震（l_a）	—	40d	44d	35d	39d	32d	36d	29d	32d	28d	31d	27d	30d	26d	29d	25d	28d

续表

钢筋种类	抗震等级	混凝土强度等级															
		C20	C25		C30		C35		C40		C45		C50		C55		≥C60	
		$d\leqslant25$	$d\leqslant25$	$d>25$	$d\leqslant25$	$d>25$	$d\leqslant25$	$d>25$	$d\leqslant25$	$d>25$	$d\leqslant25$	$d>25$	$d\leqslant25$	$d>25$	$d\leqslant25$	$d>25$	$d\leqslant25$	$d>25$
HRB500 HRBF500	一、二级（l_{aE}）	—	55d	61d	49d	54d	45d	49d	41d	46d	39d	43d	37d	40d	36d	39d	35d	38d
	三级（l_{aE}）	—	50d	56d	45d	49d	41d	45d	38d	42d	36d	39d	34d	37d	33d	36d	32d	35d
	四级（l_{aE}） 非抗震（l_a）	—	48d	53d	43d	47d	39d	43d	36d	40d	34d	37d	32d	35d	31d	34d	30d	33d

注 1. 当纵向受拉钢筋在施工过程中易受扰动时，表中数据尚应乘以系数 1.1。

2. 受拉钢筋的锚固长度 l_a、l_{aE}计算值不应小于 200mm。

②钢筋弯钩长度计算。钢筋弯钩长度的确定与弯钩形式有关。常见的弯钩形式有三种：半圆弯钩、直弯钩、斜弯钩。当光圆钢筋的末端做 180°、90°、135°三种弯钩时（图 4-47），各弯钩长度如下：

a. 180°半圆弯钩每个长度为 6.25d。

b. 90°直弯钩每个长＝3.5d。

c. 135°斜弯钩每个长＝4.5d。

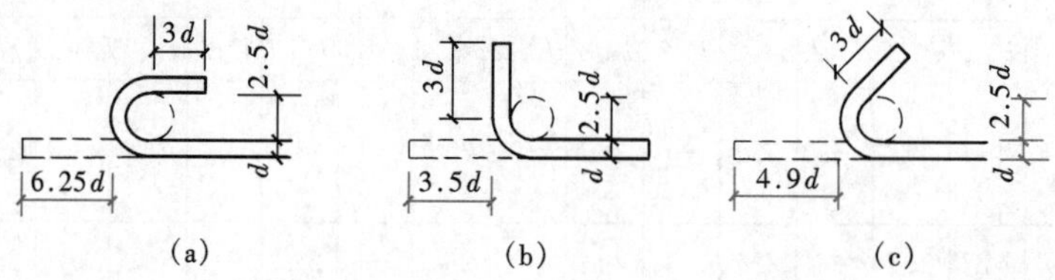

图 4-47　光圆钢筋弯钩示意图

(a) 180°半圆弯钩；(b) 90°直弯钩；(c) 135°斜弯钩

③钢筋接头及搭接长度的计算。钢筋按外形分有光面圆钢筋、螺纹钢筋、钢丝和钢绞线。其中，光面圆钢筋中 ϕ10mm 以内的钢筋为盘条；ϕ10mm 以外及螺纹钢筋为直条钢筋，长度为 6～12m。也就是说，当构件设计长度较长时，ϕ10mm 以内的圆钢筋，可以按设计要求长度下料，但 ϕ10mm 以外的圆钢筋及螺纹钢筋就需要接头了。钢筋的接头方式有：绑扎连接、焊接和机械连接。施工规范规定：受力钢筋的接头应优先采用焊接或机械连接。焊接的方法有闪光对焊、电弧焊、电渣压力焊等；机械连接的方法有钢筋套筒挤压连接、锥螺纹套筒连接。

计算钢筋工程量时，钢筋搭接长度按设计图示及规范要求计算；设计图示及规范未规定钢筋搭接长度的，不另计算搭接长度。

2）箍筋。箍筋是钢筋混凝土构件中形成骨架，并与混凝土一起承担剪力的钢筋，在梁、柱构件中设置。

计算式：

箍筋长度＝单根箍筋长度×箍筋个数

①单根箍筋长度计算。单根箍筋的长度与箍筋的设置形式有关。箍筋常见的设置形式有双肢箍、四肢箍及螺旋箍，如图 4 - 48 所示。

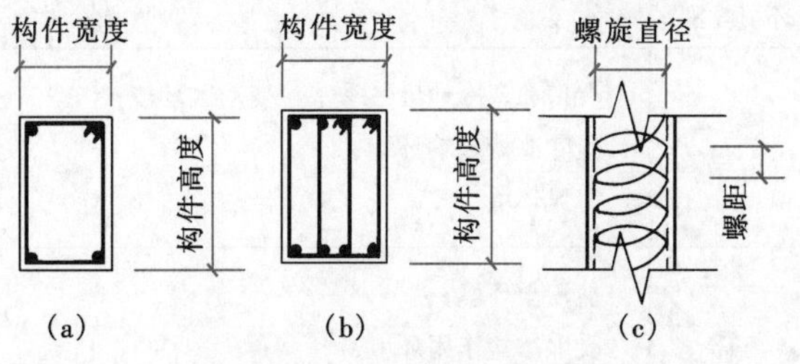

图 4 - 48　箍筋形式示意图

(a) 双肢箍；(b) 四肢箍；(c) 螺旋箍

a. 双肢箍。

双肢箍长度＝构件周长－8×混凝土保护层厚度＋箍筋两个弯钩增加长度

式中，混凝土保护层厚度应符合表 4 - 20、表 4 - 21 的规定，弯钩增加长度见表 4 - 22。

表 4 - 20　　混凝土保护层最小厚度　　（单位：mm）

环境类别	板、墙	梁、柱	环境类别	板、墙	梁、柱
一	15	20	三 a	30	40
二 a	20	25	三 b	40	50
二 b	25	35			

注　1. 表中混凝土保护层厚度指最外层钢筋外边缘至混凝土表面的距离，适用于设计使用年限为 50 年的混凝土结构。

2. 构件中受力钢筋的保护层厚度不应小于钢筋的公称直径。

3. 一类环境中，设计使用年限为 100 年的混凝土结构，最外层钢筋的保护层厚度不应小于表中数值的 1.4 倍；二、三类环境中（环境类别划分见表 4 - 21），设计使用年限为 100 年的混凝土结构应采取专门的有效措施。

4. 混凝土强度等级不大于 C25 时，表中保护层厚度数值应增加 5mm。

5. 基础底面钢筋的保护层厚度，有混凝土垫层时应从垫层顶面算起且不小于 40mm。

表 4 - 21　　混凝土结构的环境类别

环境类别	条件
一	室内干燥环境； 无侵蚀性净水浸没环境
二 a	室内潮湿环境； 非严寒和非寒冷地区的露天环境； 非严寒和非寒冷地区与无侵蚀性的水或土壤直接接触的环境； 严寒和寒冷地区的冰冻线以下与无侵蚀性的水或土壤直接接触的环境
二 b	干湿交替环境； 水位频繁变动环境； 严寒和寒冷地区的露天环境； 严寒和寒冷地区冰冻线以下与无侵蚀性的水或土壤直接接触的环境

续表

环境类别	条件
三 a	严寒和寒冷地区冬季水位变动区环境； 受除冰盐影响环境； 海风环境
三 b	盐渍土环境； 受除冰盐作用环境； 海岸环境
四	海水环境
五	受人为或自然的侵蚀性物质影响的环境

注 1. 室内潮湿环境是指构件表面经常处于结露或湿润状态的环境。

2. 严寒和寒冷地区的划分应符合现行国家标准《民用建筑热工设计规范》GB 50176 的有关规定。

3. 海岸环境和海风环境宜根据当地情况，考虑主导风向及结构所处迎风、背风部位等因素的影响，由调查研究和工程经验确定。

4. 受除冰盐影响环境是指受到除冰盐盐雾影响的环境；受除冰盐作用环境是指被除冰盐溶解溅射的环境以及使用除冰盐地区的洗车房、停车楼等建筑。

5. 暴露的环境是指混凝土结构表面所处的环境。

表 4-22　　光圆钢筋箍筋每个弯钩增加长度计算表

弯钩形式		180°	90°	135°
弯钩增加值	一般结构	$8.25d$	$5.5d$	$6.87d$
	有抗震等要求结构	—	—	$11.87d$

实际工作中，为简化计算，箍筋长度也可按构件周长计算，既不加弯钩长度，也不减混凝土保护层厚度。

b. 四肢箍。四肢箍即两个双肢箍，其长度与构件纵向钢筋根数及其排列有关。如当纵向钢筋每侧为四根时，可按下式计算：

$$\begin{aligned}\text{四肢箍长度} &= \text{一个双肢箍长度}\times 2\\ &= \left\{\left[(\text{构件宽度}-\text{两端保护层厚度})\times\frac{2}{3}+\text{构件高度}-\text{两端保护层厚度}\right]\right.\\ &\quad\left.\times 2+\text{箍筋弯钩增加长度}\right\}\times 2\end{aligned}$$

c. 螺旋箍。

$$\text{螺旋箍长度}=\sqrt{(\text{螺距})^2+(3.14\times\text{螺旋直径})^2}\times\text{螺旋圈数}$$

②箍筋根数的计算。箍筋根数的多少与构件的长短及箍筋的间距有关。箍筋既可等间距设置，也可在局部范围内加密。无论采用何种设置方式，计算方法是一样的，其计算式可表

示为

$$箍筋根数=\frac{箍筋设置区域的长度}{箍筋设置间距}+1$$

（2）钢筋每米长质量的计算

钢筋每米长的质量可直接从表4-23中查出，也可按下式计算：

$$钢筋每米质量=0.006\ 165d^2$$

式中 d——钢筋直径，mm。

表4-23 每米钢筋质量表

直径（mm）	断面积（cm^2）	每米质量（kg）	直径（mm）	断面积（cm^2）	每米质量（kg/m）
4	0.126	0.099	18	2.545	2.00
5	0.196	0.154	19	2.835	2.23
6	0.283	0.222	20	3.142	2.47
8	0.503	0.395	22	3.801	2.98
9	0.636	0.499	25	4.909	3.85
10	0.785	0.617	28	6.158	4.83
12	1.131	0.888	30	7.069	5.55
14	1.539	0.210	32	8.042	6.31
16	2.011	0.580	—	—	—

【例4-12】 板钢筋的计算。

某钢筋混凝土板配筋如图4-49所示。已知板混凝土强度等级为C30，板厚100mm，板内钢筋种类为HPB300。板支撑在圈梁上，在室内干燥环境下使用。试计算板内钢筋工程量。

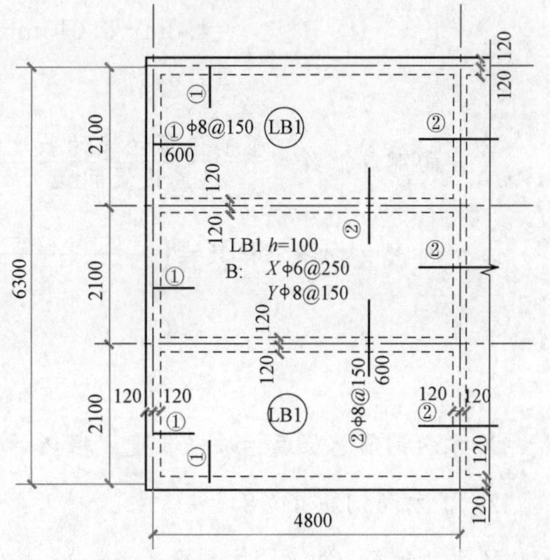

图4-49 现浇钢筋混凝土板配筋

板受力筋工程量计算

解 （1）计算钢筋长度。

由表4-23可知，该板所需的混凝土保护层厚度为15mm。由图4-50可以看出，当板的端部支座为圈梁时，其下部贯通纵筋在支座处的锚固长度应不小于5d且至少到圈梁中心线120mm。

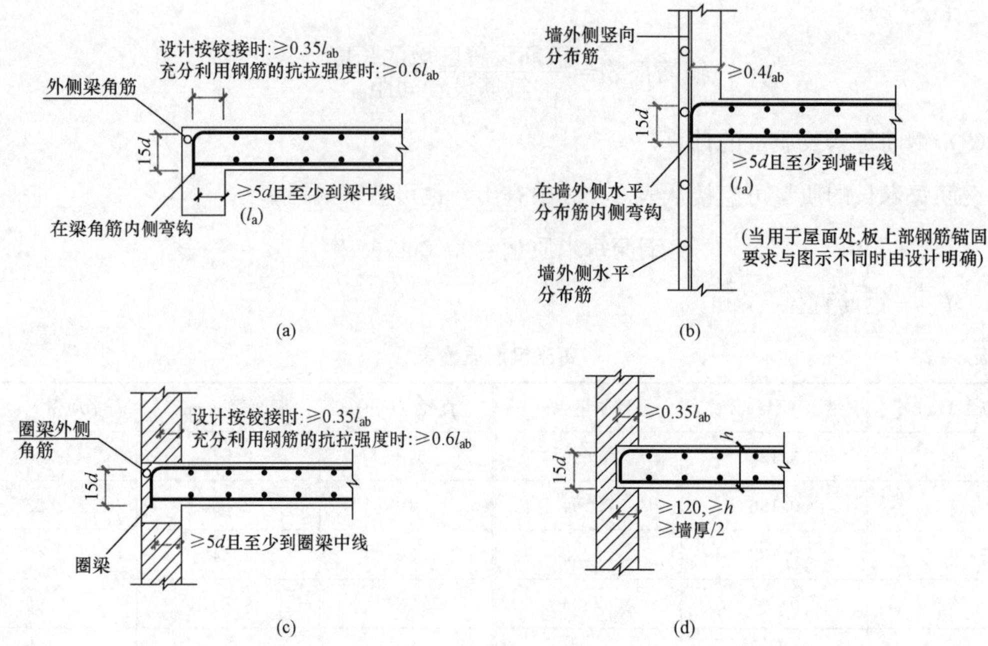

图 4-50　钢筋支座锚固示意图

(a) 端部支座为梁；(b) 端部支座为剪力墙；(c) 端部支座为砌体墙的圈梁；(d) 端部支座为砌体墙

则：

1）X 方向钢筋（ф 6 按ф 6.5 计）。

X 方向钢筋每根长度＝墙中心线长度＋两个弯钩增加长度

$$=4.8\text{m}-0.015\text{m}+2\times6.25\times0.0065\text{m}$$

$$=4.88\text{m}$$

$$X\text{ 方向钢筋根数}=\frac{\text{箍筋设置区域的长度}}{\text{箍筋设置间距}}+1$$

$$\text{本示例 }X\text{ 方向钢筋根数}=\left(\frac{2.1-0.24-0.05\times2}{0.25}+1\right)\times3$$

$$\approx(7+1)\times3$$

$$=24$$

X 方向钢筋总长度＝每根长度×根数＝4.88m×24＝117.12m

2）Y 方向钢筋（ф 8）。

Y 方向钢筋（ф 8）每根长度＝6.3m＋2×6.25×0.008m＝6.40m

$$Y\text{ 方向钢筋根数}=\frac{4.8-0.24-0.05\times2}{0.15}+1\approx30+1=31$$

Y 方向钢筋（ф 8）总长度＝每根长度×根数＝6.4m×31＝198.40m

3）①号钢筋（Φ8）。

①号钢筋（Φ8）每根长度＝支座锚固长度＋伸出支座外长度＋一个弯折长度

支座锚固长度＝伸入支座内的水平长度＋15d。当设计为铰接时，由图 4-50（c）可知，板端部支座上部非贯通筋伸入支座内的水平长度要求大于或等于 0.35l_{ab}，且必须伸入圈梁外侧角筋内侧弯折 15d。

查表 4-18 可知 l_{ab}＝30d＝300mm，故 0.35l_{ab}＝0.35×300mm＝105mm，查表 4-23 可知，板保护层厚度为 15mm，圈梁外侧角筋（假设直径为 ϕ20）内侧水平长度＝梁宽－保护层厚度－梁角筋直径＝240mm－15mm－20mm＝205mm。因 205mm＞105mm，故伸入支座内的水平长度取 205mm。

①号钢筋（Φ8）每根长度＝0.205＋15×0.008＋6.25×0.008＋0.6－0.12＋(0.1－0.015)＝0.94m

$$①号钢筋根数=\left(\frac{2.1-0.24-0.075\times2}{0.15}+1\right)\times3+31(同Y方向钢筋)\times2$$

$$\approx(11+1)\times3+31\times2$$

$$=98$$

板负筋和分布筋工程量计算

①号钢筋（Φ8）总长度＝0.94m×98＝92.12m

4）②号钢筋（Φ8）。

②号钢筋（Φ8）每根长度＝0.6m×2＋(0.1－0.015)m×2＝1.37m

②号钢筋根数＝1 号钢筋的根数＝98

②号钢筋（Φ8）总长度＝1.37m×98＝134.26m

5）钢筋长度汇总。

Φ8 钢筋总长度＝198.40m＋92.12m＋134.26m＝424.78m

Φ6.5 钢筋总长度＝117.12m

（2）计算钢筋质量。

钢筋质量＝钢筋总长度×每米长质量

Φ8 钢筋质量＝424.78m×0.395kg/m＝167.79kg

Φ6.5 钢筋质量＝117.12m×(0.006 165×6.5^2)kg/m＝117.12m×0.26kg/m＝30.531kg

【例 4-13】 梁钢筋的计算。

某框架结构房屋，抗震等级为二级，其框架梁的配筋如图 4-51 所示。已知梁混凝土的强度等级为 C30，柱的断面尺寸为 450mm×450mm，室内干燥环境使用，试计算梁内的钢筋工程量。

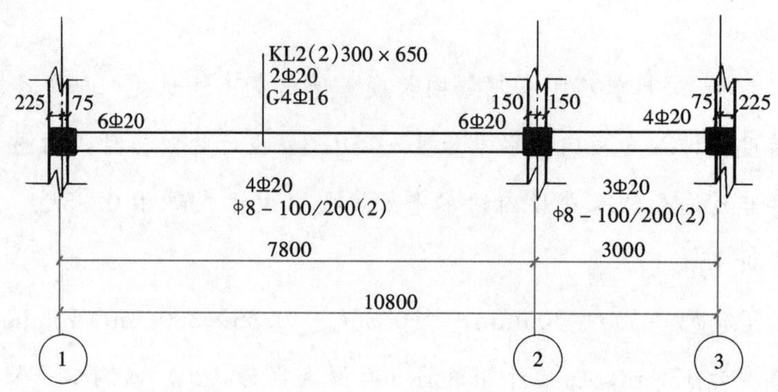

图 4-51　梁平面配筋图

解　(1) 识图。图 4-51 所示是梁配筋的平法表示。它的含义是：

框架梁钢筋工程量计算

1) ①、②轴线间的 KL2 (2) 300×650 表示 KL2 共有两跨，截面宽度为 300mm，截面高度为 650mm；2 Φ 20 表示梁的上部贯通筋为 2 根Φ 20；G2 Φ 16 表示按构造要求配置了两根Φ 16 的腰筋；4 Φ 20 表示梁的下部贯通筋为 4 根Φ 20；φ 8@100/200 (2) 表示箍筋直径为φ 8，加密区间距为 100mm，非加密区间距为 200mm，采用两肢箍。

2) ①轴支座处的 4 Φ 20 表示支座处的负弯矩筋为 4 根Φ 20；②轴及③轴支座处的 4 Φ 20 和 2 Φ 20 与①轴表示意思相同。

3) ②、③轴线间的标注表示的含义与①、②轴线间的标注相同。

以上各位置钢筋的放置情况见图 4-52 所示。

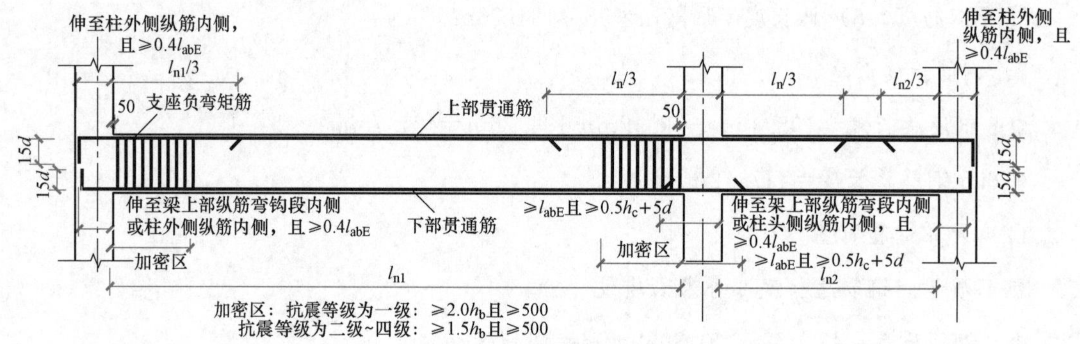

图 4-52　一、二级抗震楼层框架梁配筋示意图

l_n—相邻两跨的最大值；h_b—梁的高度

(2) 工程量计算。

1) 上部贯通筋 2 Φ 20。

每根上部贯通筋的长度＝各跨净长度＋中间支座的宽度＋两端支座的锚固长度

由图 4-52、图 4-53 可知，梁上部贯通筋伸入柱内锚固长度取决于锚固形式，即直锚、弯锚、锚板锚固，鉴于锚板锚固施工难度大，本工程采用直锚或弯锚。当柱宽 h_c 大于直锚长度时采用直锚，否则采用弯锚。一至四级抗震等级，直锚长度应大于或等于 l_{aE} 且不小于 $0.5h_c+5d$，如图 4-52 所示；弯锚时，要求梁上部纵筋平直段要伸入柱纵筋的内侧且不小于 $0.4l_{abE}$。由表 4-19 及已知条件可知，本例 $h_c=0.45\text{m}$，$0.5h_c+5d=0.5\times0.45\text{m}+5\times0.02\text{m}=0.325\text{m}<l_{aE}=33d=33\times0.02\text{m}=0.66\text{m}>h_c=0.45\text{m}$，故采用弯锚。因为

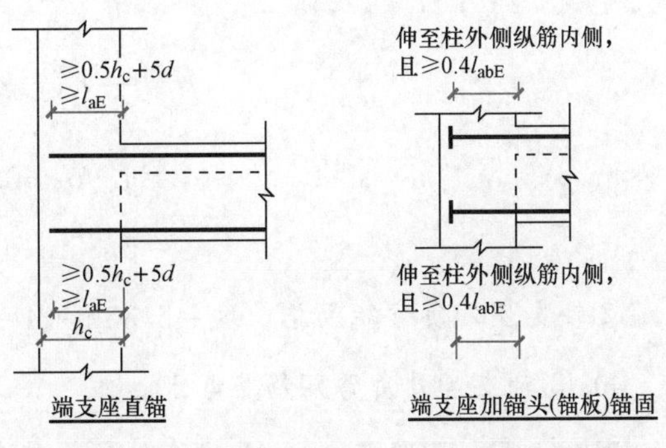

图 4-53 纵筋在端支座直锚、加锚头锚固构造

梁钢筋伸入柱纵筋的内侧长度=柱宽－保护层厚－柱钢筋直径

$=0.45\text{m}-(0.020+0.008)\text{m}-0.02\text{m}=0.40\text{m}$

$l_{abE}=33d=33\times0.02\text{m}=0.66\text{m}$

$0.4l_{abE}=0.4\times0.66\text{m}=0.264\text{m}$

所以梁钢筋锚固长度的平直段取 0.40m。

每根上部贯通筋的长度=两端柱间净长度＋两端弯锚长度

$=10.8\text{m}-0.225\text{m}\times2+(0.40\text{m}+15d)\times2$

$=10.35\text{m}+(0.40+15\times0.02)\text{m}\times2$

$=10.35\text{m}+0.70\text{m}\times2$

$=11.75\text{m}$

上部贯通筋总长=每根上部贯通筋的长度×根数

$=11.75\text{m}\times2$

$=23.50\text{m}$

2) ①轴支座处负弯矩筋 4Φ20。

①轴支座处每根负弯矩筋长度$=\dfrac{l_{n1}}{3}$＋支座锚固长度

$=\dfrac{1}{3}\times(7.8-0.225\times2)\text{m}+(0.40+15\times0.02)\text{m}$

$=2.45\text{m}+0.70\text{m}$

$=3.15\text{m}$

①轴支座处负弯矩筋总长度$=3.15\text{m}\times4=12.60\text{m}$

3）②轴支座处负弯矩筋4Φ20。

②轴支座处每根负弯矩筋长度$=\frac{l_n}{3}\times2+$支座宽度

$=\frac{1}{3}\times(7.8-0.225\times2)\text{m}\times2+0.225\text{m}\times2$

$=4.9\text{m}+0.45\text{m}$

$=5.35\text{m}$

②轴支座处负弯矩筋总长度=5.35m×4=21.4m

4）③轴支座处负弯矩筋2Φ20。

因②、③轴间跨长3m，其中②轴处支座负弯矩筋伸入第二跨连同支座长共为0.225m+2.45m=2.675m，故②轴支座处4Φ20直接伸入③轴支座处。

③轴支座处每根负弯矩筋计算长度=(3−2.675−0.225)m+(0.40+15×0.02)m

=0.1m+0.7m

=0.8m

③轴支座处负弯矩筋总长度=0.8m×2=1.6m

5）第一跨（①②轴线间）下部贯通筋4Φ20。

每根下部贯通筋的长度=本跨净长度+两端支座锚固长度

在②轴支座处的锚固长度应取l_{aE}和$0.5h_c+15d$的最大值，因$l_{aE}=0.759\text{m}$，

$0.5h_c+15d=0.5\times0.225\text{m}\times2+15\times0.02\text{m}=0.525\text{m}$，故②轴支座处的锚固长度应取0.66m。

每根下部贯通筋的长度=(7.8−0.225×2)m+0.40m+15d+0.66m

=(7.8−0.225×2)m+(0.40+15×0.02)m+0.66m

=7.35m+0.70m+0.66m

=8.71m

第一跨（①②轴线间）下部贯通筋总长度=8.71m×4=34.84m

6）第二跨（②③轴线间）下部贯通筋3Φ20。

每根下部贯通筋的长度=(3−0.225×2)m+0.66m+(0.40+15×0.02)m

=2.55m+0.66m+0.70m

=3.91m

第二跨（②③轴线间）下部贯通筋总长度=3.91m×3=11.73m

7）箍筋Φ8。

由于第一跨与第二跨的截面尺寸不同，所以其箍筋长度也不相同。

a. 第一跨。

每根箍筋长度＝梁周长－8×混凝土保护层厚度＋两个弯钩长度

$$=(0.3+0.65)\text{m}\times2-8\times0.020\text{m}+2\times11.87\times0.008\text{m}$$

$$=1.93\text{m}$$

由图 4 - 52 可知：箍筋加密区长度应≥$1.5h_b$且≥500mm，因 $1.5h_b=1.5\times0.65\text{m}=0.975\text{m}=975\text{mm}>500\text{mm}$，故第一跨箍筋加密区长度＝0.975m。

第一跨箍筋设置个数＝加密区个数＋非加密区个数

$$=\left(\frac{0.975-0.05}{0.1}+1\right)\times2+\frac{7.8-0.225\times2-0.975\times2}{0.2}-1$$

$$\approx(9+1)\times2+(27-1)$$

$$=46$$

第一跨箍筋总长度＝1.93×46＝88.78m

b. 第二跨。

每根箍筋长度同第一跨，即 1.93m

第二跨箍筋加密区长度同第一跨，即 0.975m。

第二跨箍筋设置个数$=\left(\frac{0.975-0.05}{0.1}+1\right)\times2+\frac{3-0.225\times2-0.975\times2}{0.2}-1$

$$\approx(9+1)\times2+(3-1)=22\text{根}$$

第二跨箍筋总长度＝1.93m×22＝42.46m

梁内箍筋总长度＝第一跨箍筋总长度＋第二跨箍筋总长度

$$=88.78\text{m}+42.46\text{m}=131.24\text{m}$$

8）腰筋 2⌀16 及其拉筋。

按构造要求，当梁高大于 450mm 时，在梁的两侧应沿高度配腰筋（图 4 - 54），其间距≤200mm；当梁宽≤350mm 时，腰筋上拉筋直径为 6mm，间距为非加密区箍筋间距的两倍，即间距为 400mm，拉筋弯钩长度为 $10d$。

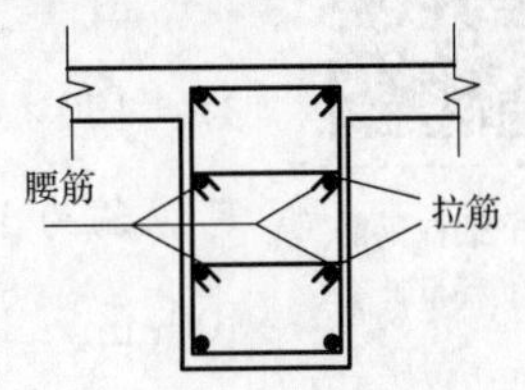

图 4 - 54 腰筋及拉筋设置示意图

目前，市场供应钢筋直径为φ 6.5，故本例以直径为φ 6.5 说明腰筋的计算方法。

因第一跨梁高为（650－100）mm＞450mm，故应沿梁高每侧设两根⌀16 的腰筋，即共设腰筋 4 根，其锚固长度取 $15d$。

腰筋长度＝每根腰筋长度×根数

＝(各跨净长＋两端锚固长度)×根数

＝[(10.8－0.225×2)＋2×15×0.016]m×24

＝10.83m×2

＝43.32m

拉筋长度＝每根拉筋长度×根数

$$=(\text{梁宽}-2\times\text{保护层厚度}+2\times\text{弯钩长度})\times\left(\frac{\text{腰筋长度}}{\text{拉筋间距}}+1\right)$$

×沿梁高每侧设置腰筋根数

$$=(0.3-2\times0.02+2\times10\times0.065)\text{m}\times\left(\frac{10.83}{0.4}+1\right)\times2$$

＝0.39m×(27＋1)×2＝21.84m

9）计算钢筋质量。

钢筋质量＝钢筋总长度×每米长钢筋质量

Φ 20 钢筋质量＝(23.5＋12.6＋21.4＋1.6＋34.84＋11.73)m×2.47kg/m

＝105.67×2.47＝261.00kg

Φ 16 钢筋质量＝43.32m×1.58kg/m＝68.45kg

φ 8 钢筋质量＝131.24m×0.395kg/m＝51.84kg

φ 6.5 钢筋质量＝21.84m×0.26kg/m＝5.68kg

【例 4-14】 柱钢筋计算。已知某工程为四层框架结构办公楼，抗震等级为二级，各层层高 3.6m，屋面板（C30）顶标高为 14.4m，板厚 100mm，屋面框架梁截面尺寸为 300mm×650mm。钢筋混凝土筏片基础底板厚 450mm，内配Φ 18 的钢筋，基础顶标高为－2.0m。KZ1（C30）的配筋情况见图 4-55（i）。试计算 KZ1 的钢筋工程量。

框架柱钢筋工程量计算

解 （1）分析。

图 4-55（i）所示是柱配筋的平法施工图截面注写表示方法。其含义为：450×450——柱截面尺寸，长 450mm，宽 450mm；12Φ20——柱内全部纵筋为 12 根Φ20 的钢筋；φ8@100/200——箍筋直径φ8，加密区间距 100mm，非加密区间距 200mm。

（2）计算钢筋长度。

1）KZ1 中纵向钢筋。

框架柱钢筋上部伸入屋面框架梁锚固，下部伸入基础锚固，其形式如图 4-55 所示。层与层之间钢筋采用电渣压力焊连接。则

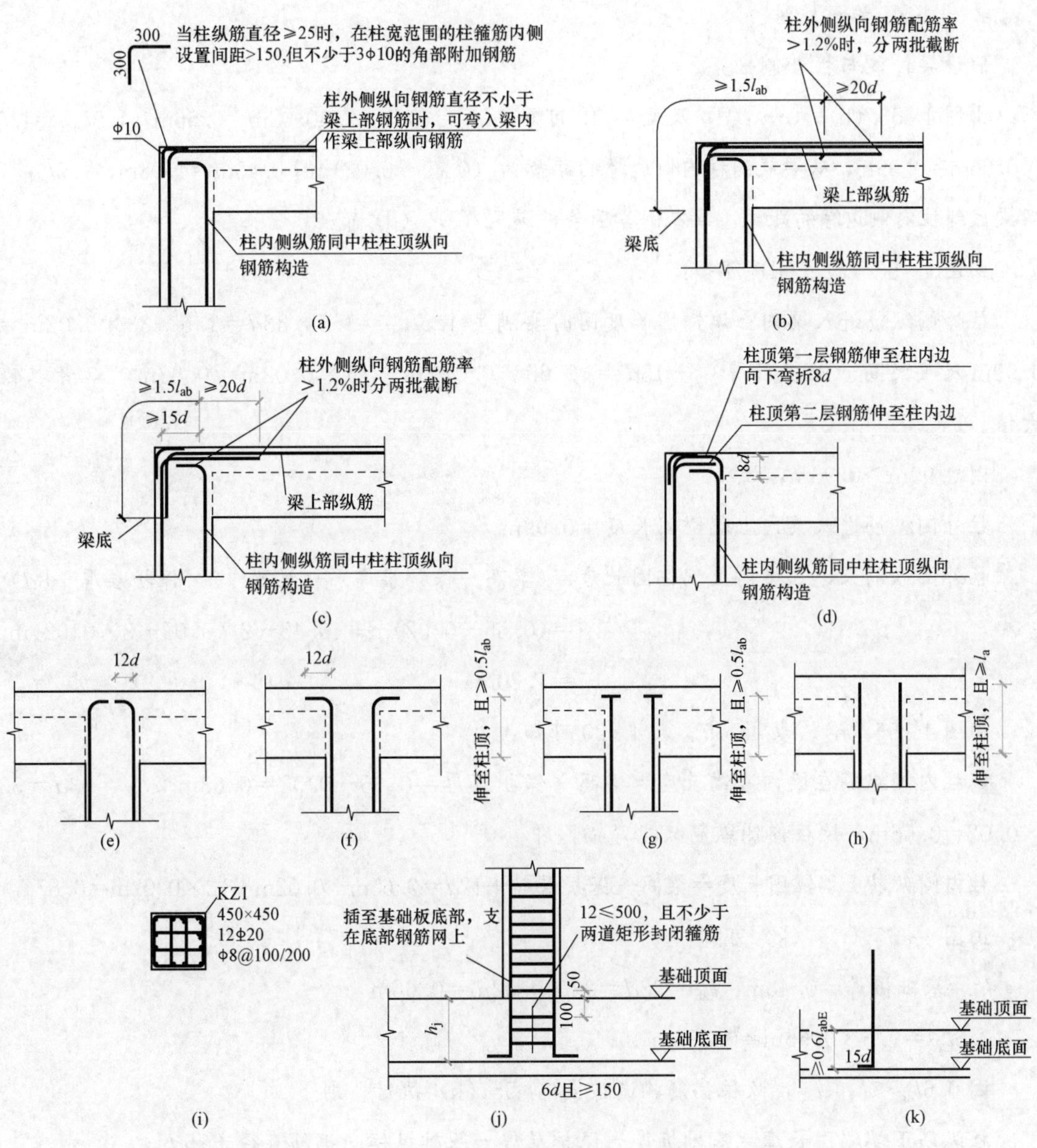

图 4-55 柱钢筋锚固、箍筋设置示意图

(a) 柱筋作为梁上部钢筋使用；(b) 从梁底算起 1.5l_{abE}超过柱内侧边沿；(c) 从梁底算起 1.5l_{abE}未超过柱内侧边沿；(d) 用于 b、c 节点未伸入梁内柱外侧纵筋锚固；(e)、(f) 当柱顶有不小于 100 厚的现浇板；(g) 柱纵向钢筋端头加锚头；(h) 当直锚长度≥l_{aE}时；(i) 柱配筋；(j) 柱插筋构造 1；(k) 柱插筋构造 2

注 1. 图 (a)、(b)、(c)、(d) 为抗震 KZ 边柱、角柱柱顶纵向钢筋构造

2. 图 (e)、(f)、(g)、(h) 为抗震 KZ 中柱柱顶纵向钢筋构造

3. 图 (j) 适用于插筋保护层厚度≥5d；h_j≥l_{aE}，图 (k) 适用于插筋保护层厚度≥5d；h_j≤l_{aE}

柱中纵筋长度=基础上表面至屋面框架梁下表面距离+上下两端锚固长度

a. 当 KZ1 为角柱时。

假设梁外侧与柱外侧平齐。

由图 4-55（b)、(c)、(d）及表 4-18 可知，$l_{abE}=33d=33\times0.02m=0.66m$，$1.5l_{abE}=1.5\times0.66m=0.99m$，从梁底到柱内侧边缘的距离为（0.65－0.02)m＋0.45m＝1.08m，$1.5l_{abE}<$ 从梁底到柱内侧边缘的距离，故本例各项条件满足（c)、(d）节点。

由图 4-55（c)、(d）可知：

柱外侧纵筋进入梁内上端锚固长度同时要满足 $1.5l_{abE}=1.5\times33d=1.5\times33\times0.02m=0.99m$ 及（梁高－保护层厚）＋$15d$＝(0.65－0.02)m＋15×0.02m＝0.93m，二者取较大值。

因 0.99m＞0.93m，故：

柱外侧纵筋进入梁内上端锚固长度＝0.99m

柱外侧纵筋未进入梁内上端锚固长度＝(梁高－保护层厚)＋(柱宽－2×保护层厚＋8d)

＝(0.65－0.02)m＋(0.45－2×0.02＋8×0.02)m

＝1.20m

由图 4-55（h)、表 4-19、表 4-20 可知：

因柱内侧纵筋在梁内直锚长度＝梁高－保护层厚＝0.65－0.02＝0.63m＜$l_{aE}=33d=33\times0.02=0.66m$，故柱内侧纵筋只能弯锚，即

柱内侧纵筋上端锚固长度＝梁高—保护层厚＋12d＝0.65m－0.02m＋12×0.02m＝0.87m

由图 4-55（j)、(k）可知：

h_j＝基础板厚＝0.45m，$l_{aE}=33d=33\times0.02m=0.66m$

$0.6l_{aE}=0.6\times0.66m=0.396m$

因 $0.6l_{aE}<h_j<l_{aE}$，故柱插筋构造按图 4-55（k）执行。则

柱纵筋下端锚固长度＝基础板厚－保护层厚－基础纵横向钢筋直径＋15d

＝0.45m－0.04m－2×0.018m＋15×0.02m＝0.67m

本例柱纵筋共配置 12 Φ20，所以外侧纵筋为 7 根（其中伸入梁内锚固的有 5 根、未锚入梁内的有 2 根)，内侧纵筋为 5 根。

柱外侧纵筋长度(伸入梁内锚固)＝柱外侧每根纵筋长度×根数

＝[(2＋14.4－0.65)＋0.99＋0.67]m×5

＝17.41m×5＝87.05m

柱外侧纵筋长度(未伸入梁内锚固)＝柱外侧每根纵筋长度×根数

＝[(2＋14.4－0.65)＋1.20＋0.67]m×2

$=17.62\text{m}\times 2=35.24\text{m}$

柱内侧纵筋长度＝柱内侧每根纵筋长度×根数

$=[(2+14.4-0.65)+0.87+0.67]\text{m}\times 5$

$=17.29\text{m}\times 5=86.45\text{m}$

柱纵筋总长度＝87.05＋35.24＋86.45＝208.74m

b. 当 KZ1 为边柱时。

KZ1 为边柱时纵筋的锚固长度与角柱相同。因此

柱外侧纵筋长度＝柱外侧每根纵筋长度×根数＝17.41m×4＝69.64m

柱内侧纵筋长度＝柱内侧每根纵筋长度×根数＝17.29m×8＝138.32m

柱纵筋总长度＝69.64m＋138.32m＝207.96m

c. 当 KZ1 为中柱时。

因柱纵筋在梁内直锚长度＝梁高－保护层厚＝0.65m－0.02m＝0.63m＜$l_{aE}=33d=33\times 0.02\text{m}=0.66\text{m}$，由图 4-55（f）、（h）可知，当 KZ1 为中柱时，柱纵筋只能弯锚，其上下端的锚固长度与柱为角柱或边柱时的内侧纵筋上下端锚固长度相等，分别为 0.87m、0.67m。

柱纵筋长度＝柱每根纵筋长度×根数

$=[(2+14.4-0.65)+0.87+0.67]\text{m}\times 12$

$=17.29\times 12=207.48\text{m}$

2）箍筋。

角柱、边柱、中柱的箍筋长度计算方法相同。

由图 4-55（i）可知：本例箍筋设置为大箍套小箍。

每根大箍筋长＝柱周长－8×混凝土保护层厚度＋箍筋弯钩增加长度

$=0.45\text{m}\times 4-8\times 0.02\text{m}+11.87\times 0.008\text{m}\times 2$

$=1.83\text{m}$

每根小箍筋长$=\left(\dfrac{0.45-0.02\times 2}{3}+0.45-0.02\times 2\right)\text{m}\times 2+11.87\times 0.008\text{m}\times 2$

$=1.09+0.19=1.28\text{m}$

箍筋的设置有加密区和非加密区。其中，加密区长度规定为①自基础顶面，底层柱根加密区长$\geqslant\dfrac{H_n}{3}$（H_n 为基础顶面至一层梁底的高）；②其他层次梁高范围及其上下均加密，上下加密区长≥柱长边尺寸且$\geqslant\dfrac{H_n}{6}$（H_n 为各层梁与梁间净高）且≥500mm。柱边长 450mm＜

$\frac{H_n}{6}=\frac{3.6-0.65}{6}$=492mm<500mm，则各层梁上下加密区长应取500mm。

加密区长$=\frac{3.6-0.65+2}{3}$m+(0.5+0.65+0.5)m×3+(0.5+0.65)m

=1.65m+4.95m+1.15m=7.75m

非加密区长=14.4m+2m−7.75m=8.65m

箍筋设置个数$=\frac{7.75}{0.1}+\frac{8.65}{0.2}$+1+2(插入基础底板)

≈78+43+1+2

=124

箍筋长度=1.83m×124+1.28m×124m×2=226.92m+317.44m=544.36m

(3) 计算钢筋工程量。

1) KZ1 为角柱时：

Φ20 钢筋工程量=208.74m×2.466kg/m=514.75kg

Φ8 钢筋工程量=544.36m×0.395kg/m=215.02kg

2) KZ1 为边柱时：

Φ20 钢筋工程量=207.96m×2.466kg/m=512.83kg

Φ8 钢筋工程量=544.36m×0.395kg/m=215.02kg

3) KZ1 为中柱时：

Φ20 钢筋工程量=207.48m×2.466kg/m=511.65kg

Φ8 钢筋工程量=544.36m×0.395kg/m=215.02kg

【例 4-15】 砌体中拉结钢筋的计算。

解 (1) 砌体中拉结钢筋设置。

砌体中设置拉结钢筋是加强房屋整体性的一项措施。以下三种情况需要设置：

1) 砖墙的纵横交接处。

2) 隔墙与墙（柱）不能同时砌筑且也不能留斜槎时，可留直槎，但必须是阳槎，并加设拉结钢筋。拉结钢筋的设置应不少于2Φ6，间距500mm，伸入墙内不小于500mm。

3) 设有钢筋混凝土构造柱的抗震多层砖混结构房屋，应先绑扎钢筋，后砌砖墙。墙与柱沿高度每500mm设2Φ6钢筋，每边伸入墙内不少于1m，如图4-56所示。

(2) 砌体中拉结钢筋的计算。

拉结钢筋在各层圈梁之间设置。假设有一多层砖混结构房屋，其二层与三层圈梁之间的净距为3.0m，墙厚240mm，拉结钢筋直径为Φ6（按Φ6.5计），则如图4-56 (a) 所示。

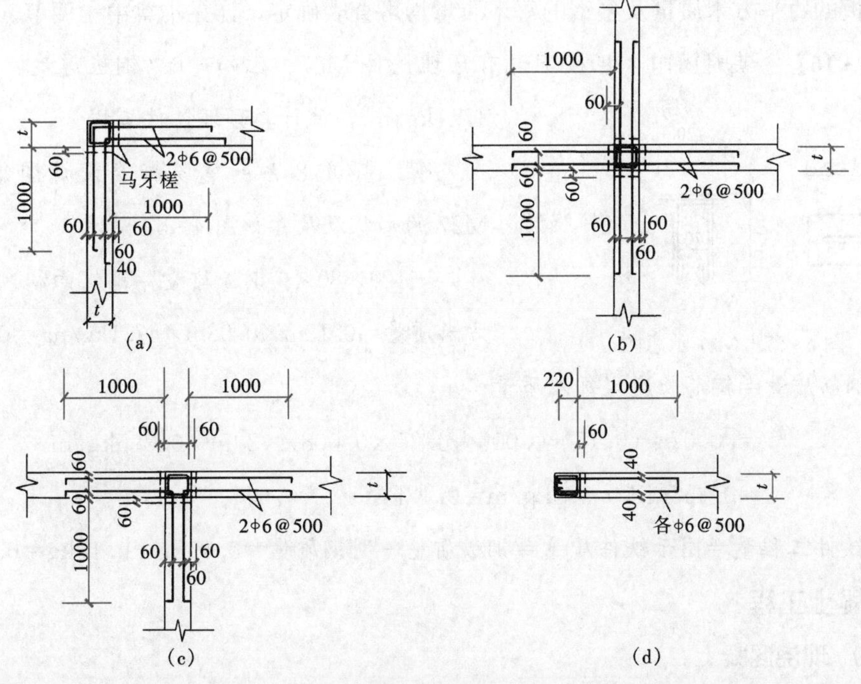

图 4-56 砌体中拉结钢筋示意图

每道拉结钢筋的长度=(1+0.24−0.06+0.04)m×2×2(道)=1.22m×2×2=4.88m

$$拉结钢筋设置道数=\frac{拉结钢筋设置区域的长度}{拉结钢筋间距}-1=\frac{3}{0.5}-1=5$$

拉结钢筋总长度=每道拉结钢筋的长度×拉结钢筋设置道数=4.88m×5=24.4m

拉结钢筋质量=拉结钢筋总长度×每米长质量=24.4m×0.26kg/m=6.34kg

同理可以计算出其他位置拉结钢筋的工程量。

值得注意的是：实际施工中，受门、窗洞口及暖气槽等的影响，构造柱至洞口边的距离可能不足 1m。此时，拉结钢筋的长度应按不同位置所伸入墙内长度的不同，而分别计算。在无洞口处，拉结钢筋长度按伸入墙内 1m 计算；在有洞口处，若拉结钢筋伸入墙内长度不足 1m，按构造柱至洞口边实际距离计算。

（二）预埋铁件

在混凝土或钢筋混凝土浇筑前预先埋设的金属零件叫预埋铁件，如预埋的钢板、型钢等。其工程量计算规则：按设计图示尺寸以质量计算。计算公式如下：

预埋铁件工程量=图示铁件质量

其中：

钢板质量=钢板面积×钢板每平方米质量

型钢质量=型钢长度×型钢每米质量

式中：钢板的每平方米质量及型钢的每米质量均可查表确定，详见本章第十四节。

【例 4-16】 某封闭阳台栏板下设有预埋铁件 M27。已知－6（钢板厚度）的钢板为 $47.1kg/m^2$，试计算预埋铁件工程量。

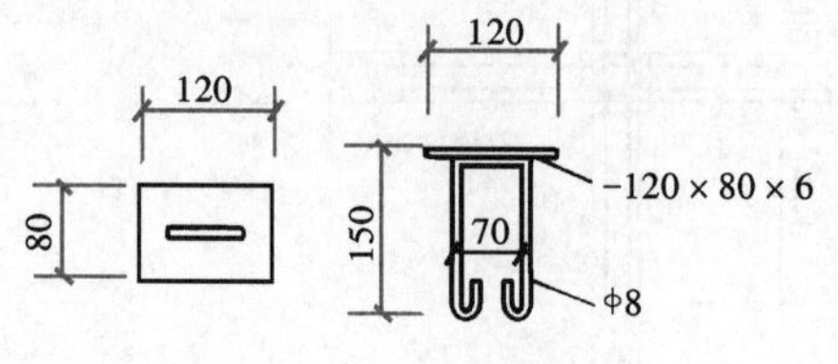

图 4-57 M27 示意图

解 查《98 系列建筑标准设计图集》可知，M27 的形状及尺寸如图 4-57 所示：

－120×80×6 钢板质量＝钢板面积×钢板每平方米质量＝$0.12m\times0.08m\times47.1kg/m^2=0.45kg$

φ 8 钢筋质量＝钢筋长度×每米质量

$=[0.07+(0.15-0.006+6.25\times0.008)\times2]m\times0.395kg/m$

$=0.458m\times0.395kg/m=0.18kg$

预埋铁件工程量＝图示铁件质量＝钢板质量＋型钢质量＝0.45kg＋0.18kg＝0.63kg

四、 混凝土工程

（一） 现浇混凝土

1. 基础

现浇混凝土基础工程量计算规则：按图示尺寸以体积计算，不扣除伸入承台基础的桩头所占体积。

（1）带形基础。

条形基础混凝工程量＝基础断面面积×基础长度

式中，基础长度的取值，外墙基础以外墙基中心线长度（当为不偏心基础时，外墙基中心线长度即为 $L_{中}$）计算；内墙基础以基础间净长度计算。

【例 4-17】 图 4-40 所示为有梁式条形基础，计算其混凝土工程量。

解 （1）外墙基础混凝土工程量的计算。

由图 4-40（b）可以看出，该基础的中心线与外墙中心线（也是定位轴线）重合，故外墙基的计算长度可取 $L_{中}$。

外墙基础混凝土工程量＝基础断面积×$L_{中}$

$$=\left(0.4\times0.3+\frac{0.4+1}{2}\times0.15+1\times0.2\right)m^2\times(3.6\times2+4.8)m\times2$$

$$=0.425m^2\times24m$$

$$=10.2m^3$$

（2）内墙基础混凝土工程量的计算。

图 4-58 所示为图 4-40 的 1—1 剖面图。由图 4-58 可以看出，内墙基础的梁部分、梯

形部分及底板部分，与外墙基础的相应位置衔接，所以这三部分的计算长度也各不相同。为防止内、外墙基础工程量的重复计算，应按图 4-55 所示长度分别取值，即：梁部分取梁间净长度；梯形部分取斜坡中心线长度；底板部分取基底净长度。

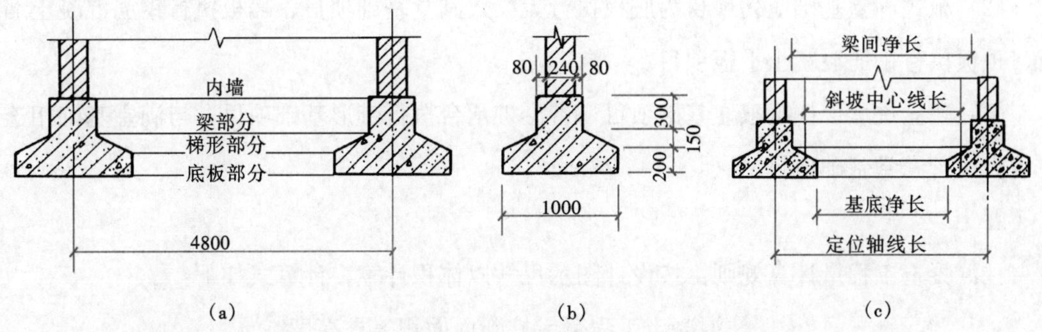

图 4-58　剖面图

(a) 1—1 剖面图；(b) 内墙基础剖面图；(c) 计算长度示意图

梁间净长度＝4.8m－0.2m×2＝4.4m

斜坡中心线长度＝4.8m－$\left(0.2+\dfrac{0.3}{2}\right)$m×2＝4.1m

基底净长度＝4.8m－0.5m×2＝3.8m

墙基础混凝土工程量＝∑内墙基础各部分断面积×相应计算长度

$$=0.4\text{m}\times0.3\text{m}\times4.4\text{m}+\frac{0.4+1}{2}\times0.15\text{m}\times4.1\text{m}+1\text{m}\times0.2\text{m}\times3.8\text{m}$$

$$=0.528\text{m}^3+0.43\text{m}^3+0.76\text{m}^3=1.72\text{m}^3$$

(2) 独立基础。独立基础如图 4-59 所示。

$$\text{独立基础混凝土工程量}=Abh_2+\frac{h_1}{6}[AB+ab+(A+a)(B+b)]$$

(3) 满堂基础。

1) 无梁式满堂基础［图 4-39 (a)］。无梁式满堂基础形似倒置的楼板。有时为增大柱与基础的接触面，还会在基础底板上设计角锥形柱墩。

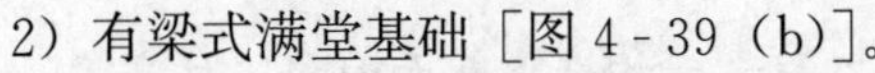
无梁式满堂基础混凝土工程量＝基础底板体积＋柱墩体积

式中，柱墩体积的计算与角锥形独立基础相同。

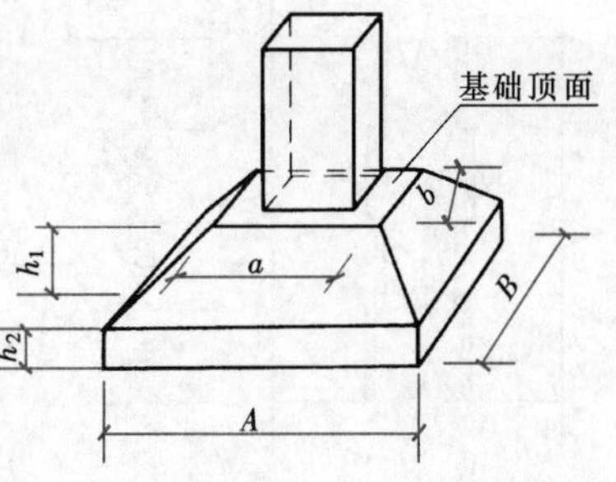

图 4-59　独立基础示意图

2) 有梁式满堂基础［图 4-39 (b)］。

有梁式满堂基础混凝土工程量＝基础底板体积＋梁体积

有关基础的说明：

(1) 带形基础不分有肋式与无肋式，均按带形基础项目计算。有肋式带形基础，肋高指基础扩大顶面至梁顶面的高，肋高不大于 1.2m 时，合并计算；肋高大于 1.2m 时，扩大顶面以下的基础部分，按无肋式基础项目计算，扩大顶面以上部分，按墙项目计算。

(2) 箱式满堂基础应列项目为底板执行无梁式满堂基础项目、隔板执行钢筋混凝土墙项目、顶板执行钢筋混凝土平板项目。

(3) 独立桩承台执行独立基础项目，带形桩承台执行带形基础项目，与满堂基础相连的桩承台执行满堂基础项目。

2. 柱

柱混凝土工程量计算规则：按设计图示尺寸以体积计算，计算式如下：

柱混凝土工程量=柱断面面积×柱高度

式中，柱高度按表 4-24 规定计取。

表 4-24　　柱高度取值表

名称	柱高度取值
有梁板的柱高	自柱基上表面（或楼板上表面）至上一层楼板上表面之间的高度
无梁板的柱高	自柱基上表面（或楼板上表面）至柱帽下表面之间的高度
框架柱高	自柱基上表面至柱顶面高度
构造柱高	全高，即自柱基上表面至柱顶面之间的高度

注　1. 无梁板是指直接用柱帽来支撑的楼板。
2. 构造柱嵌接墙体部分（马牙槎）并入柱身体积。

有关柱的说明：

钢管混凝土柱以钢管高度按照钢管内径计算混凝土体积。

【例 4-18】　已知某工程中构造柱的高度为 3.6m，试计算图 4-42 所示位置的构造柱的混凝土工程量。

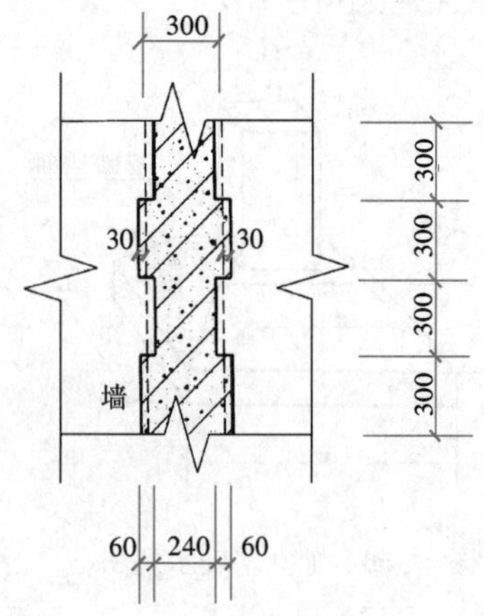

图 4-60　构造柱计算尺寸示意图

解　如图 4-60 所示，由于砖墙砌成了马牙槎，使构造柱的断面尺寸也随之变化。为简化工程量的计算，构造柱的断面尺寸取为马牙槎的中心线间的尺寸，如图 4-60 中所示的虚线位置。

构造柱断面面积=原构造柱断面面积$+\frac{1}{2}\times$马牙槎断面面积×马牙槎个数

构造柱混凝土工程量=构造柱断面面积×柱高度

图 4-42 中构造柱混凝土工程量为

图 4-42（a）：$(0.24\times0.24+\frac{1}{2}\times0.06\times0.24\times2)\ m^2\times3.6m=0.26m^3$

图 4-42（b）：$(0.24\times0.24+\frac{1}{2}\times0.06\times0.24\times3)\ m^2\times3.6m=0.29m^3$

图 4-42（c）：$(0.24\times0.24+\frac{1}{2}\times0.06\times0.24\times4)\ m^2\times3.6m=0.31m^3$

构造柱混凝土工程量$=0.26m^3+0.29m^3+0.31m^3=0.86m^3$

3. 梁

梁的混凝土工程量计算规则：按设计图示尺寸以体积计算，伸入砖墙内的梁头、梁垫并入梁体积内。

计算公式如下：

梁混凝土工程量＝梁断面面积×梁长度

式中，梁长度按表 4-25 确定。

有关梁的说明：

当圈梁与过梁连接在一起时，应分别按圈梁、过梁计算工程量。

表 4-25　　梁长度取值表

名称		梁长度取值	备注
支撑在柱上的梁		柱间净距	—
次梁支撑在主梁上		主梁间净距	
支撑墙上的梁	砖墙或砌块墙	梁的实际长度	
	混凝土墙	墙间净距	
圈梁	外墙	$L_中$	当圈梁与过梁连接时，圈梁按此长度算出的体积中应扣除过梁所占体积
	内墙	$L_内$	

【例 4-19】 某房屋 $L_中=24m$，$L_内=4.56m$，共设 4 个洞口宽度为 1.5m 的窗户及两个洞口宽度为 1.0m 的门。已知圈梁与过梁连接在一起，断面尺寸为 240mm（宽）×300mm（高），过梁设计长度为（门窗洞口宽＋0.5m）。试计算圈梁、过梁的混凝土工程量。

解 因为圈梁与过梁连接在一起，所以圈梁体积中应减去过梁所占的体积。按统筹法原理，应先计算过梁体积。

(1) 过梁。

$$
\begin{aligned}
过梁混凝土工程量 &= 过梁断面面积\times过梁长度\\
&=0.24\times0.3\times(1.5+0.5)\times4+0.24\times0.3\times(1+0.5)\times2\\
&=0.576+0.216\\
&=0.79m^3
\end{aligned}
$$

（2）圈梁。

圈梁混凝土工程量＝圈梁断面面积×圈梁长度－过梁所占体积

$$=0.24\times0.3\times(L_{中}+L_{内})-0.79$$

$$=0.24\times0.3\times(24+4.56)-0.79$$

$$=1.27\text{m}^3$$

4. 板

板混凝土工程量计算规则：按设计图示尺寸以体积计算，不扣除单个面积 0.3m^2 以内的柱、垛及孔洞所占体积。其计算式可表示为

（1）有梁板：

有梁板混凝土工程量＝板体积＋梁体积

（2）无梁板：

无梁板混凝土工程量＝板体积＋柱帽体积

当柱帽为圆形时，柱帽体积$=\frac{\pi h_1}{3}(R^2+r^2+Rr)$

式中 h_1——柱帽高度；

R、r——柱帽上口半径和下口半径。

当柱帽为矩形时，柱帽体积计算与锥形独立基础相同。

（3）平板：

平板混凝土工程量＝板长度×板宽度×板厚度

式中，板的长度、宽度中应包含板头部分，即按实际尺寸计算。

有关板的说明：

（1）定额中现浇板划分为有梁板、无梁板、平板等项目。其中，平板是指无梁、无柱，四边直接支撑在承重墙上的板。

（2）由表 4-24 可知，柱计算高度已算至楼板上表面，所以板工程量中应扣除与柱（单个面积 0.3m^2）重叠部分的体积。

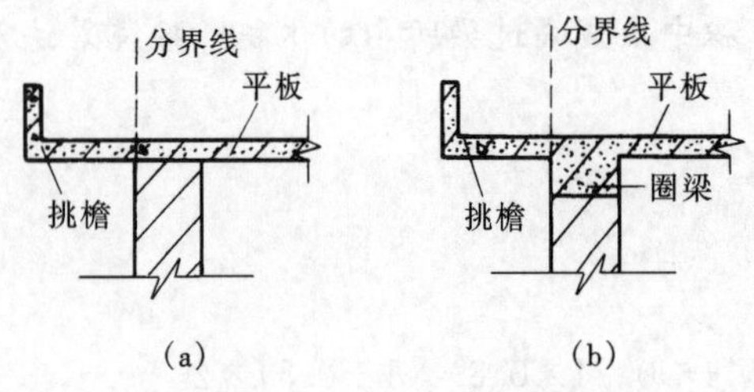

图 4-61 挑檐天沟与板及圈梁分界示意图

(a) 挑檐天沟与板连接；(b) 挑檐天沟与圈梁连接

（3）当现浇挑檐天沟与板（包括屋面板、楼板）连接时，以外墙外边线为分界线；与梁（包括圈梁等）连接时，以梁外边线为分界线。外墙外边线以外为挑檐、天沟（图 4-61）。

5. 墙

墙混凝土工程量计算规则：按设计图示尺

寸以体积计算，扣除门窗洞口及0.3m²以外孔洞所占体积，墙垛及凸出部分并入墙体积内计算。

有关墙的说明：

（1）直形墙中门窗洞口上的梁并入墙体积。

（2）短支剪力墙结构砌体内门窗洞口上的梁并入梁体积。

（3）墙与柱连接时墙算至柱边；墙与梁连接时墙算至梁底；墙与板连接时板算至墙侧；未凸出墙面的暗梁暗柱并入墙体积。

6. 楼梯

楼梯（包括休息平台、平台梁、斜梁及楼梯的连接梁）工程量计算规则：按设计图示尺寸以水平投影面积计算，不扣除宽度小于500mm楼梯井，伸入墙内部分不计算。当整体楼梯与现浇楼板无梯梁连接时，以楼梯的最后一个踏步边缘加300mm为界。

7. 阳台

阳台分凸阳台和凹阳台。

凸阳台（凸出外墙外侧用悬挑梁悬挑的阳台）工程量计算规则：按设计图示尺寸以墙外部分体积计算，套用阳台项目；凹进墙内的阳台，按梁、板分别计算，阳台栏板、压顶分别按栏板、压顶项目计算。

8. 雨篷

雨篷工程量计算规则：按雨篷梁、板工程量合并，以体积计算，栏板高度不大于400mm的并入雨篷体积内计算，栏板高度大于400mm时，其超过部分，按栏板计算。

9. 散水

散水混凝土工程量计算规则：按设计图示尺寸，以水平投影面积计算。计算式如下：

散水面层工程量＝散水长度×散水宽度－台阶、坡道等所占面积

式中，散水长度为散水中心线长。

【例4-20】 已知散水的工程做法为①50mm厚C20混凝土上撒1：1水泥砂子；②150mm 3：7灰土垫层；③素土夯实。试对图5-3所示的散水列项并计算工程量。

解 （1）列项。

根据已知条件及定额项目的划分，本例应列项目为混凝土散水、3：7灰土垫层两项。

（2）计算工程量。

散水中心线长＝(4.2＋3.6＋3.3＋0.24＋0.5×2)＋(2.7＋2.7＋0.24＋0.5×2)
＋(4.2＋3.6＋0.12＋0.5＋0.12)＋(2.7＋0.12＋0.5＋0.12)
＝12.34＋6.64＋8.54＋3.44＝30.96m

散水面层工程量=散水中心线长×散水宽度−坡道所占面积

$$=30.96\times1-2.7\times1=28.26m^2$$

10. 台阶

台阶混凝土工程量计算规则：按设计图示尺寸，以水平投影面积计算。台阶与平台连接时其投影面积应以最上层踏步外沿加300mm计算。

说明：

台阶混凝土工程量与台阶模板工程量相等。

11. 栏板、扶手

栏板、扶手工程量计算规则：按设计图示尺寸以体积计算，伸入砖墙内的部分并入栏板、扶手体积计算。

栏板混凝土工程量=栏板实际长度×栏板高度×栏板厚度

12. 后浇带

后浇带工程量计算规则：按设计图示尺寸以体积计算。

（二）预制混凝土

预制混凝土构件工程量计算规则：均按图示尺寸以体积计算，不扣除构件内钢筋、铁件及小于0.3m²以内孔洞所占体积。

（三）预制混凝土构件接头灌缝

预制混凝土构件接头灌缝工程量计算规则：均按预制混凝土构件体积计算。

五、混凝土构件运输与安装

（一）预制混凝土构件运输及安装

1. 工程量计算规则

预制混凝土构件运输及安装工程量，除另有规定外，均按构件设计图示尺寸以体积计算。

2. 有关问题说明

（1）预制混凝土矩形柱、工形柱、双肢柱、空格柱、管道支架等安装，均按柱安装计算。

（2）组合屋架安装，以混凝土部分体积计算，钢杆件部分不计算。

（3）预制板安装，不扣除单个面积不大于0.3m²的孔洞所占体积，扣除空心板空洞体积。

（二）装配式建筑构件安装

装配式建筑构件安装工程量计算规则：均按设计图示尺寸以体积计算。不扣除构件内钢筋、预埋铁件等所占体积。

有关问题说明：

（1）装配式墙、板安装，不扣除单个面积0.3m^2的孔洞所占体积。

（2）装配式楼梯安装，应按扣除空心踏步板空洞体积后，以体积计算。

（3）预埋套筒、注浆按数量计算。

（4）墙间空腔注浆按长度计算。

六、综合实例

【例4-21】 某现浇框架结构房屋的三层结构平面如图4-62所示。已知二层板顶标高为3.3m，三层板顶标高为6.6m，板厚100mm，构件断面尺寸见表4-26。试对图中所示钢筋混凝土构件进行列项并计算其工程量。

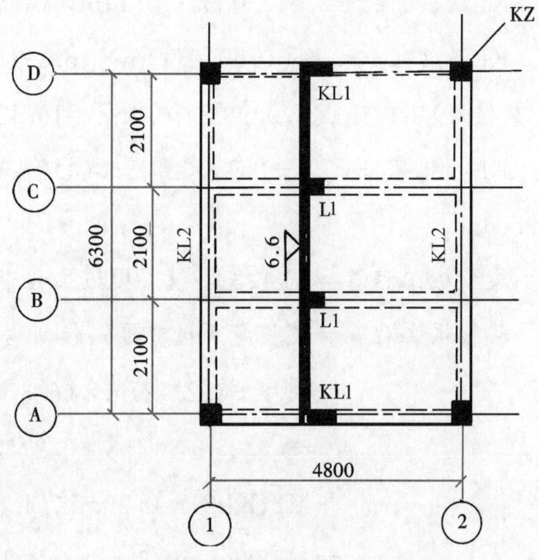

图4-62 三层结构平面图

表4-26 **构件尺寸表**

构件名称	构件尺寸（mm×mm）	构件名称	构件尺寸（mm×mm）
KZ	400×400	KL_2	300×600（宽×高）
KL1	250×550（宽×高）	L_1	250×500（宽×高）

解 （1）列项。

由已知条件可知，本例设计的钢筋混凝土构件有框架柱（KZ）、框架梁（KL）、梁（L）及板，且支模高度=6.6m−3.3m=3.3m<3.6m，故本例应列项目为

模板工程：矩形柱（KZ），有梁板

混凝土工程：矩形柱（KZ），有梁板

（2）计算。

1）模板工程量。模板工程量=混凝土与模板的接触面积

①矩形柱。

矩形柱模板工程量=柱周长×柱高度−柱与梁交接处的面积

=0.4m×4×(6.6−3.3−0.1)m×4(根)−[0.25m×0.45m×4(KL1)

+0.3m×0.5m×4(KL2)]+0.4m×2×0.1m×4(柱外侧板厚部分)

=20.48m^2−(0.45+0.6)m^2+0.32m^2

=19.75m^2

②有梁板。

有梁板模板工程量=梁模板工程量+板模板工程量

梁模板工程量=梁支模展开宽度×梁支模长度×根数

KL1：(0.25＋0.55＋0.55－0.1)m×(4.8－0.2×2)m×2＝1.25m×4.4m×2＝11m²

KL2：(0.3＋0.6＋0.6－0.1)m×(6.3－0.2×2)m×2－0.25m×(0.5－0.1)m×4(与L1交接处)＝1.4m×5.9m×2－0.4m²＝16.12m²

L1：[0.25＋(0.5－0.1)×2]m×(4.8＋0.2×2－0.3×2)m×2＝1.05m²×4.6m²×2＝9.66m²

梁模板工程量＝KL1、KL2、L1模板工程量之和＝11m²＋16.12m²＋9.66m²＝36.78m²

板模板工程量＝板长度×板宽度－柱所占面积－梁所占面积

＝(4.8＋0.2×2)m×(6.3＋0.2×2)m－0.4m×0.4m×4

－[0.25m×(4.8－0.2×2)m×2(KL1)＋0.3m×(6.3－0.2×2)m

×2(KL2)＋0.25m×(4.8＋0.2×2－0.3×2)m×2(L1)]

＝34.84m²－0.64m²－(2.2＋3.54＋2.3)m²＝26.16m²

有梁板模板工程量＝梁模板工程量＋板模板工程量＝36.78m²＋26.16m²＝62.94m²

2）混凝土。

混凝土工程量＝构件实体体积

①矩形柱。

矩形柱混凝土工程量＝柱断面面积×柱高度×柱根数

＝0.4m×0.4m×3.3m×4

＝2.11m³

②有梁板。

有梁板混凝土工程量＝梁混凝土工程量＋板混凝土工程量

梁混凝土工程量＝梁宽度×梁高度×梁长度×根数

KL1：0.25m×(0.55－0.1)m×(4.8－0.2×2)m×2＝0.99m³

KL2：0.3m×(0.6－0.1)m×(6.3－0.2×2)m×2＝1.77m³

L1：0.25m×(0.5－0.1)m×(4.8＋0.2×2－0.3×2)m×2＝0.92m³

梁混凝土工程量＝KL1、KL2、L1混凝土工程量之和

＝0.99m³＋1.77m³＋0.92m³＝3.68m³

板混凝土工程量＝板长度×板宽度×板厚度－柱所占体积

＝(6.3＋0.2×2)m×(4.8＋0.2×2)m×0.1m－0.4m×0.4m×0.1m×4

＝3.484m³－0.064m³＝3.42m³

有梁板混凝土工程量＝梁混凝土工程量＋板混凝土工程量

＝3.68m³＋3.42m³＝7.1m³

第八节 金属结构工程

金属结构工程包括金属结构制作、金属结构运输、金属结构安装和金属结构楼（墙）面板及其他四部分。

一、 金属结构制作

金属结构制作是指钢网架、钢屋架、钢托架、钢桁架、钢柱、钢梁、钢支撑等的现场加工制作或企业附属加工厂制作的构件。

（一） 工程量计算规则

金属构件工程量按设计图示尺寸以理论质量计算。不扣除单个面积不大于 0.3m^2 的孔洞质量，焊缝、铆钉、螺栓等不另增加质量。计算式如下：

金属构件工程量＝构件中各钢材质量之和

（1）钢网架计算工程量时，不扣除孔眼的质量，焊接、铆钉等不另增加质量。

焊接空心球网架质量包括连接钢管杆件、连接球、支托和网架支座等零件的质量，螺栓球节点网架质量包括连接钢管杆件（含高强螺栓、销子、套筒、锥头或封板）、螺栓球、支托和网架支座等零件的质量。

（2）依附在钢柱上的牛腿及悬臂梁的质量等并入钢柱的质量内，钢柱上的柱脚板、加劲板、柱顶板、隔板和肋板并入钢柱工程量。

（3）钢楼梯的工程量包括楼梯平台、楼梯梁、楼梯踏步等的质量，钢楼梯上的扶手、栏杆另行列项计算。

（二） 有关问题说明

（1）构件制作若采用成品构件，按各省、自治区、直辖市造价管理机构发布的信息价执行；如采用现场制作或施工企业附属加工厂制作，可参照本节执行。

（2）构件制作项目中钢材按钢号 Q235 编制，构件制作设计使用的钢材强度等级、型材组成比例与定额不同时，可按设计图纸进行调整；配套焊材单价相应调整，用量不变。

（3）构件制作项目中钢材的损耗量已包括了切割和制作损耗，对于设计有特殊要求的，损耗量可进行调整。

（4）构件制作项目中已包括加工厂预装配所需的人工、材料、机械台班用量及预拼装平台摊销费用。

（5）构件制作按构件种类及截面形式不同套用相应项目，构件安装按构件种类及质量不同套用相应项目。构件安装项目中的质量指按设计图纸所确定的构件单元质量。

（6）构件制作项目中未包括除锈工作内容，发生时套用相应项目。

【例 4-22】 某钢柱结构图如图 4-63 所示。其油漆做法为①调和漆两度；②刮腻子；③防锈漆一度。试列出其清单项目并计算 10 根钢柱工程量。

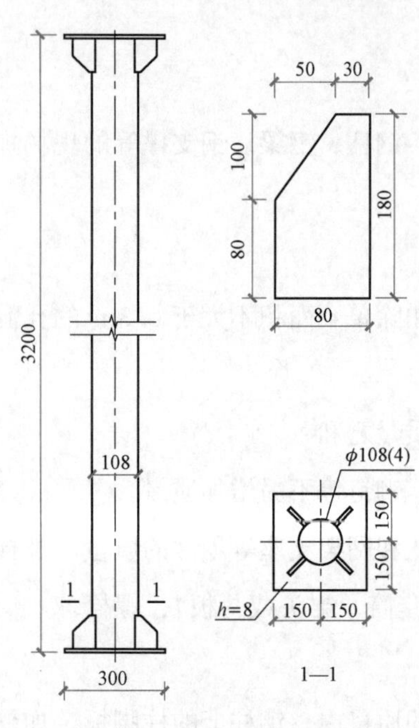

图 4-63 钢管柱结构示意

解 金属构件工程量＝构件中各钢材质量之和

从图 4-63 中可以看出，钢管柱工程量需计算钢板和钢管的质量。

钢板质量＝钢板面积×钢板每平方米质量

钢管质量＝钢管长度×钢管每米长质量

式中，钢板每平方米质量及钢管每米长质量可从有关表中查出，也可以按下式计算：

钢板每平方米质量＝7.85×钢板厚度

（1）方形钢板（δ＝8mm）。

每平方米质量＝7.85×8＝62.8kg/m^2

钢板面积＝0.3m×0.3m＝0.09m^2

质量小计＝62.8kg/m^2×0.09m^2×2＝1.13kg

（2）不规则钢板钢板（δ＝6）。

每平方米质量＝7.85×6＝47.1kg/m^2

钢板面积＝0.18m×0.08m－0.1m×0.05m/2＝0.012m^2

质量小计＝47.1kg/m^2×0.012m^2×8(8 块)＝4.52kg

（3）钢管质量：

(3.2－0.008×2) m×10.26kf/m＝32.67kg

则 10 根钢柱的质量 (1.13＋4.52＋32.67)kg×10＝383.2kg

二、 金属结构运输、安装

（一） 工程量计算规则

（1）金属结构构件运输、安装工程量同制作工程量。

（2）钢构件现场拼装平台摊销工程量按实施拼装构件的工程量计算。

（二） 有关问题说明

（1）金属结构构件运输是按加工厂至施工现场考虑的，运输距离以 30km 为限，运距在 30km 以上时按照构件运输方案和市场运价调整。

（2）金属结构构件运输按表 4-27 分为三类，套用相应项目。

表 4 - 27 金属结构构件分类

类别	构件名称
一	钢柱、屋架、托架、桁架、吊车梁、网架、钢架桥
二	钢梁、檩条、钢支撑、支撑、拉条、栏杆、钢平台、钢走道、钢楼梯、零星构件
三	墙架、挡风架、天窗架、轻型屋架、其他构件

（3）金属结构构件运输过程中，如遇路桥限载（限高），而发生的加固、拓宽的费用及有电车线路和公安交通管理部门的保安护送费用，应另外处理。

（4）钢结构构件 15t 及以下构件按单机吊装编制，其他按双机抬吊考虑吊装机械，网架按分块吊装考虑配置相应机械。

（5）钢构件安装项目按檐高 20m 以内、跨内吊装编制，实际须采用跨外吊装的，应按施工方案进行调整。

（6）钢构件安装项目中已考虑现场拼装费用，但未考虑分块或整体吊装的钢网架、钢桁架地面平台拼装摊销，如发生则套用现场拼装平台摊销定额项目。

三、金属结构楼（墙）面板及其他

1. 工程量计算规则

（1）楼面板按设计图示尺寸以铺设面积计算，不扣除单个面积不大于 0.3m^2 的柱、垛及孔洞所占面积。

（2）墙面板按设计图示尺寸以铺挂面积计算，不扣除单个面积不大于 0.3m^2 的梁、孔洞所占面积。

（3）钢板天沟按设计图示尺寸以质量计算，依附天沟的型钢并入天沟的质量内计算；不锈钢天沟、彩钢板天沟按设计图示尺寸以长度计算。

（4）金属构件安装使用的高强螺栓、花篮螺栓和剪刀栓钉按设计图纸以数量以“套”为单位计算。

（5）槽铝檐口端面封边包角、混凝土浇捣收边板高度按 150mm 考虑，工程量按设计图示尺寸以延长米计算；其他材料的封边包角、混凝土浇捣收边板按设计图示尺寸以展开面积计算。

2. 有关问题说明

（1）金属结构楼面板和墙面板按成品板编制。

（2）压型楼面板的收边板未包括在楼面板项目内，应单独计算。

第九节　木结构工程

木结构工程包括木屋架、木构件、屋面木基层三个部分。

一、木屋架

1. 工程量计算规则

（1）木屋架、檩条工程量按设计图示的规格尺寸以体积计算。附属于其上的木夹板、垫木、风撑、挑檐木、檩条三角条均按木料你体积并入屋架、檩条工程量内。单独挑檐木并入檩条工程量内。檩托木、檩垫木已包括在定额项目内，不另计算。

（2）圆木屋架上的挑檐木、风撑等设计规定为方木时，应将方木木料体积乘以系数 1.7 折合成圆木并入圆木屋架工程量内。

（3）钢木屋架工程量按设计图示的规格尺寸以体积计算。定额内已包括钢构件的用量，不再另外计算。

2. 有关问题说明

（1）屋架跨度是指屋架两端上、下弦中心线交点之间的距离。

（2）屋面板制作厚度不同时可进行调整。

（3）木屋架、钢木屋架定额项目中的钢板、型钢、圆钢用量与设计不同时，可按设计数量另加 8%损耗进行换算，其余不再调整。

二、木构件

木构件计算规则如下：

（1）木柱、木梁按设计图示尺寸以体积计算。

（2）木楼梯按设计图示尺寸以水平投影面积计算。不扣除宽度不大于 300mm 的楼梯井，伸入墙内部分不计算。

（3）木地楞按设计图示尺寸以体积计算。定额内已包括平撑、剪刀撑、沿油木的用量，不再另行计算。

三、屋面木基层

屋面木基层由檩条、椽子、屋面板、挂瓦条组成，如图 4-64 所示。

工程量计算规则：

（1）屋面椽子、屋面板、挂瓦条、竹帘子工程量按设计图示尺寸以屋面斜面积计算，不扣除屋面烟囱、风帽底座、小气窗及斜沟等所占面积。小气窗的出檐部分亦不增加面积。

（2）封檐板工程量按设计图示檐口外围长度计算。博风板按斜长度计算，每个大刀头增加长度 0.50m。

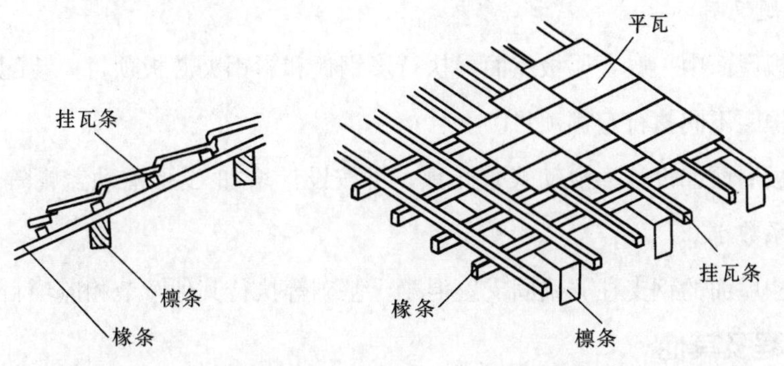

图 4-64 屋面木基层组成示意图

第十节 屋面及防水工程

屋面及防水工程包括屋面工程、防水工程及其他两个部分。

一、屋面工程

屋面工程是指屋面板以上的构造层。按形式不同，屋面可分为坡屋面、平屋面和曲屋面三种类型。其中，平屋面的基本构造层次有保温层、找坡层、找平层、防水层。保温层执行本章第十一节保温、隔热、防腐工程相应项目；找平层等项目执行本书第五章第一节楼地面装饰工程相应项目。

定额中，屋面工程包含的定额项目有：块瓦屋面、沥青瓦屋面、金属板屋面、采光屋面及膜结构屋面。

1. 需要了解的内容

计算屋面工程量之前，首先要了解清楚屋面工程做法、定额项目的划分情况及屋面防水材料及施工方法等。

2. 工程量计算规则

(1) 各种屋面和型材屋面（包括挑檐部分）均按设计图示尺寸以面积计算（斜屋面按斜面面积计算）。不扣除房上烟囱、风帽底座、风道、小气窗、斜沟和脊瓦等所占面积，小气窗的出檐部分亦不增加。

(2) 采光板屋面和玻璃采光顶屋面按设计图示尺寸以面积计算，不扣除面积不大于 0.3m^2孔洞所占面积。

(3) 膜结构屋面按设计图示尺寸以需要覆盖的水平投影面积计算，膜材料可以调整含量。

3. 有关问题说明

(1) 金属板屋面中一般金属板屋面，执行彩钢板和彩钢夹芯板项目；装配式单层金属压型板屋面区分檩距不同执行定额项目。

(2) 采光板屋面如设计为滑动式采光顶，可按设计增加U形滑动盖帽等部件，调整材料、人工乘以系数1.05。

(3) 膜结构屋面的钢支柱、锚固支座混凝土基础等执行其他章节相应项目。

二、防水工程及其他

（一）防水工程

1. 屋面卷材防水

屋面卷材防水是采用玻璃纤维布卷材防水、改性沥青卷材防水、高分子卷材等柔性防水材料所做的屋面防水层。

(1) 工程量计算规则。其工程量按设计图示尺寸以面积计算（斜屋面按斜面面积计算），不扣除房上烟囱、风帽底座、风道、屋面小气窗等所占面积，上翻部分也不另计算；屋面的女儿墙、伸缩缝和天窗等处的弯起部分，按设计图示尺寸计算；无设计规定时，女儿墙、伸缩缝、天窗的弯起部分按500mm计算，计入立面工程量计算，如图4-65所示。

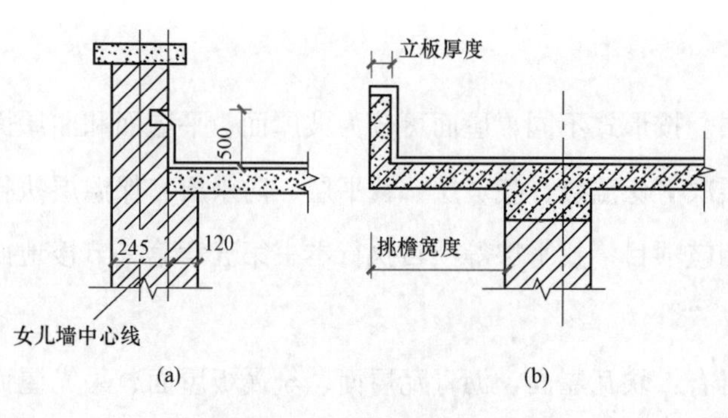

图4-65　卷材防水示意

(a) 女儿墙弯起部分示意；(b) 挑檐示意

(2) 有关问题说明。

1) 卷材防水附加层套用卷材防水相应项目，人工乘以系数1.43。

2) 防水卷材、防水涂料及防水砂浆，定额以平面和立面分别列项。

【例4-23】 某工程建筑平面为矩形，如图4-65(a)所示。假定$L_{外1}$=40000mn，$L_{外2}$=20 000mm，女儿墙厚240mm，外墙厚365mm。试计算其卷材屋面工程量。

解

(1) 分析。

由已知条件可知，该工程的卷材屋面应列平面和立面两项。

(2) 工程量计算。

由图4-65(a)可知：

卷材屋面平面工程量＝屋面建筑面积－女儿墙所占面积

$$=40\text{m}\times20\text{m}-0.24\text{m}\times[(40+20)\times2-8\times0.12]\text{m}^2$$

$$=800\text{m}^2-28.57\text{m}^2=771.43\text{m}^2$$

卷材屋面立面工程量＝女儿墙弯起部分面积

＝弯起高度×女儿墙内周长

$$=0.5\text{m}\times[(40+20)\times2-8\times0.24]\text{m}$$

$$=59.04\text{m}^2$$

2. 涂料屋面

涂料屋面是在屋面基层上涂刷防水涂料，经一定时间固化后，形成具有防水效果的整体涂膜。如改性沥青防水涂料、高分子防水涂料，其工程量计算与卷材屋面相同。

3. 楼地面防水、防潮层

楼地面防水、防潮层工程量计算规则：按设计图示尺寸以主墙间净面积计算，扣除凸出地面的构筑物、设备基础等所占的面积，不扣除间壁墙及单个面积不大于 0.3m^2 柱、垛、烟囱和孔洞所占面积。平面与立面交接处，上翻高度不大于 300mm 时，按展开面积并入平面工程量内计算，高度大于 300mm 时，按立面防水层计算。

计算公式可表示为

楼地面平面防水、防潮层工程量＝主墙间净空面积＋立面上卷部分面积（上卷高度不大于 300mm）

4. 墙基防水、防潮层

墙基防水、防潮层工程量，外墙按外墙中心线长度、内墙按内墙净长线乘以宽度，以面积计算。

5. 墙的立面防水、防潮层

墙的立面防水、防潮层工程量，不论内墙、外墙，均按设计图示尺寸以面积计算。

6. 基础底板防水、防潮层

（1）工程量计算规则。

基础底板防水、防潮层工程量按设计图示尺寸以面积计算，不扣除桩头所占面积。桩头处外包防水按桩头投影外扩 300mm 以面积计算，地沟处防水按展开面积计算，均计入平面工程量，执行相应规定。

（2）有关问题说明。

1）屋面、楼地面及墙面、基础底板等，其防水搭接、拼缝、压边、留槎用量已综合考虑，不另行计算，卷材防水附加层按设计铺贴尺寸以面积计算。

2）屋面分隔缝，按设计图示尺寸以长度计算。

（二）屋面排水

1. 屋面排水方式

屋面排水方式按使用材料的不同，划分为镀锌铁皮排水、铸铁管排水、塑料管排水、玻璃钢管排水、虹吸式排水、镀锌钢管排水和种植屋面排水。

2. 工程量计算规则

（1）水落管、镀锌铁皮天沟、檐沟按设计图示尺寸，以长度计算。

（2）水斗、下水口、雨水口、弯头、短管等均以设计数量计算。

（3）种植屋面排水按设计图示尺寸以铺设排水层面积计算；不扣除房上烟囱、风帽底座、风道、屋面小气窗、斜沟和脊瓦等所占面积，以及面积不大于 0.3m^2 的孔洞所占面积，屋面小气窗的出檐部分也不增加。

3. 有关问题说明

（1）下水口也称落水口，是将屋面搜集的雨、雪水引至水斗和雨水管的零件，有直筒式和弯头式；水斗是汇集和调节雨、雪水至水落管的零件；水落管也称雨水管、落水管，是将雨、雪水排至地面或地下排水系统的竖管，如图 4-66 所示。

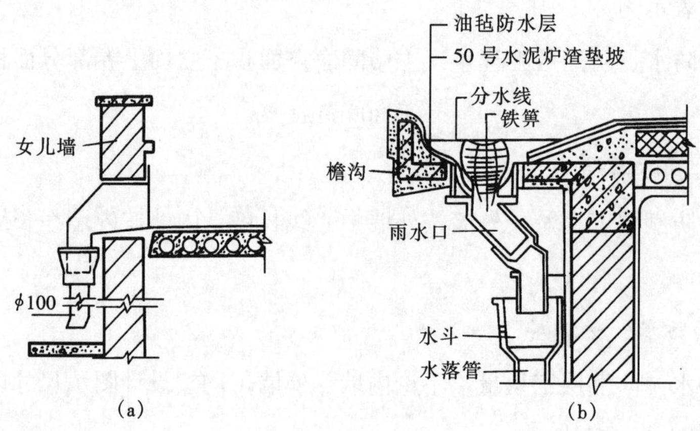

图 4-66 屋面排水系统图

（a）女儿墙屋面排水；（b）挑檐屋面排水

（2）铁皮屋面及铁皮排水项目内已包括铁皮咬口和搭接的工料。

（三）变形缝与止水带

1. 概念

变形缝是指根据设计需要，在相应结构处设置缝隙，以防止由于温度变化、地基不均匀沉降以及地震等因素的影响，导致建筑物破坏。

止水带是指用于工程中混凝土缝隙止水的建筑配件，主要用于在混凝土变形缝、伸缩缝等混凝土内部，具有以橡胶材料弹性和结构形式来适应混凝土伸缩变形的能力。

2. 工程量计算规则

变形缝（嵌填缝与盖板）与止水带工程量按设计图示尺寸，以长度计算。

【例 4-24】 某屋面伸缩缝内填沥青麻丝，外盖镀锌铁皮，平面形状如图 4-67 所示。试计算屋面伸缩缝工程量。

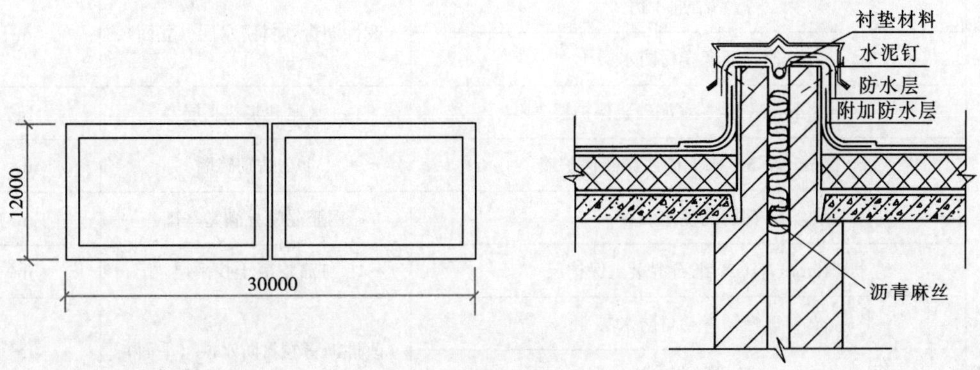

图 4-67 屋面伸缩缝

解 如图 4-67 所示：

屋面伸缩缝填缝工程量＝12m

屋面伸缩缝盖缝工程量＝12m

三、综合实例

【例 4-25】 某工程地下室平面及其墙身防水构造如图 4-68 所示。试计算地下室墙身防水层工程量。

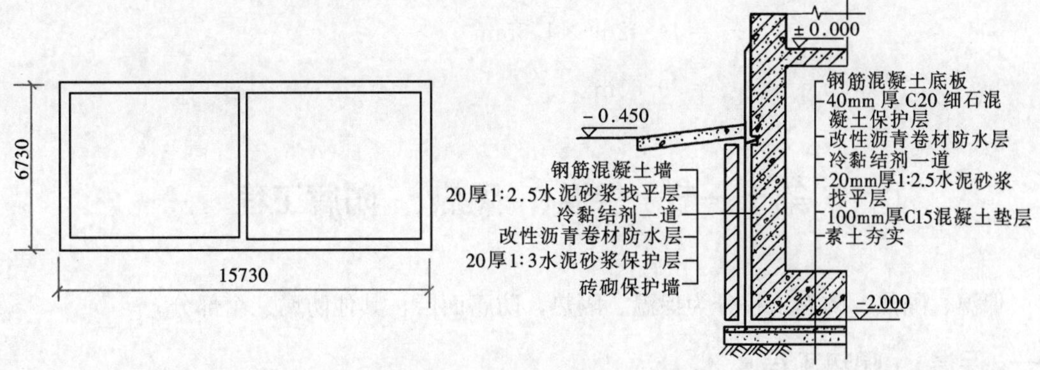

图 4-68 地下室平面及墙身防水示意图

解 （1）列项。

由图 4-67 所给工程做法可知，应列项目见表 4-28。

表 4-28　　应列项目表

工程做法		定额项目名称	计量单位
墙身	钢筋混凝土墙	基层	
	20mm 厚 1∶2.5 水泥砂浆找平层	水泥砂浆找平层	m^2
	冷粘结剂一道	改性沥青卷材防水层（立面）	m^2
	改性沥青卷材防水层		
	20mm 厚 1∶3 水泥砂浆保护层	水泥砂浆找平层	m^2
	20mm 厚 M5 水泥砂浆砌砖保护墙	1/2 贴砌砖墙	m^3
底板	钢筋混凝土底板	钢筋混凝土满堂基础	m^3
	40mm 厚 C20 细石混凝土保护层	细石混凝土找平层	m^2
	改性沥青卷材防水层	改性沥青卷材防水层（平面）	m^2
	冷粘结剂一道		
	20mm 厚 1∶2.5 水泥砂浆找平层	水泥砂浆找平层	m^2
	C15 混凝土垫层 100mm 厚	C15 混凝土垫层	m^3
	素土夯实	原土碾压（或填料碾压）	m^2（m^3）

（2）计算。

地下室地面防水层工程量＝实铺面积＝$15.73\text{m}\times6.73\text{m}=105.86\text{m}^2$

地下室墙身防水层工程量＝实铺面积＝$L_{外}\times$实铺高度

$$=(15.73+6.73)\text{m}\times2\times(2-0.45)\text{m}$$

$$=44.92\text{m}^2\times1.55\text{m}^2$$

$$=69.63\text{m}^2$$

第十一节　保温、隔热、防腐工程

保温、隔热、防腐工程分为保温、隔热，防腐面层，其他防腐三个部分。

一、保温、隔热工程

保温层是指为使室内温度不至于散失太快，而在各基层上（楼板、墙身等）设置的起保温作用的构造层；隔热层是指减少地面、墙体或层面导热性的构造层。定额中保温、隔热工程适用于中温、低温及恒温的工业厂（库）房隔热工程以及一般保温工程，其定额项目划分为屋面、天棚、墙面、柱面、楼地面。

注：

(1) 保温层的保温材料配合比、材质、厚度与设计不同时，可以换算。

(2) 保温隔热材料应根据设计规范，必须达到国家规定要求的等级标准。

（一）屋面保温隔热层

屋面保温隔热层工程量计算规则：按设计图示尺寸以面积计算，扣除大于0.3m^2孔洞所占面积。其他项目按设计图示尺寸以定额项目规定的计量单位计算。

【例4-26】 某工程屋顶平面及剖面如图4-69所示，其屋面工程做法如下：

①4mm厚高聚物改性沥青卷材防水层（带铝箔保护层）；

②20mm厚1∶3水泥砂浆找平层；

③1∶6水泥焦渣找2%坡，最薄处30mm厚；

④60mm厚聚苯乙烯泡沫塑料板；

⑤钢筋混凝土板。

试对此做法列项，并计算各分项工程量。

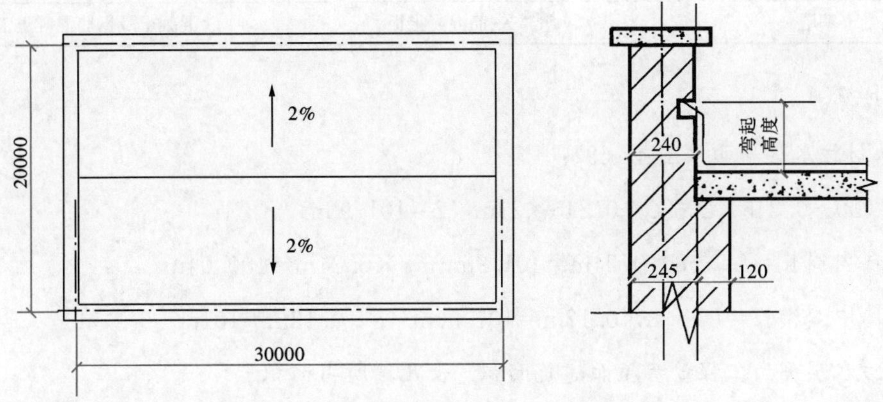

图4-69 屋顶平面及剖面图

解 (1) 列项。

由表4-29中的工作内容及表中项目9-34、9-35的材料构成可知，做法①平面部分的人工费、材料费、机械费已包含在项目9-34中，立面部分的人工费、材料费、机械费已包含在项目9-35中；做法②、③、④、⑤需按相应项目单独列项。本例应列项目见表4-30所示。

表 4-29 **改性沥青卷材防水**

工作内容：清理基层，刷基底处理剂，收头钉压条等全部操作过程。 单位：$100m^2$

定额编号			9-34	9-35	9-36	…
项目		单位	改性沥青卷材			
			热熔法一层		热熔法每增一层	
			平面	立面	平面	立面
人工	合计工日	工日	2.445	4.244	2.097	…
材料	SBS 改性沥青防水卷材	m^3	115.635	115.635	115.635	…
	沥青嵌缝油膏	kg	5.977	5.977	5.165	…
	液化石油气	kg	26.992	26.992	30.128	
	……					

表 4-30 **应列项目表**

工程做法	定额项目名称	备注
①4mm 厚高聚物改性沥青卷材防水层（带铝箔保护层）	改性沥青卷材防水平面	屋面及防水工程
	改性沥青卷材防水立面	
②20mm 厚 1∶3 水泥砂浆找平层	水泥砂浆找平层	楼地面工程
③1∶6 水泥焦渣找 2%坡，最薄处 30mm 厚	1∶6 水泥焦渣保温层	防腐、保温、隔热工程
④60mm 厚聚苯乙烯泡沫塑料板	聚苯乙烯泡沫塑料板保温层	防腐、保温、隔热工程
⑤钢筋混凝土基层	钢筋混凝土板	混凝土及钢筋混凝土工程

（2）计算。

1）卷材防水层平面（图 4-69）：

$L_{外}=(30+0.245\times2+20+0.245\times2)m\times2=101.96m$

女儿墙内周长$=L_{外}-8\times0.24m=101.96m-8\times0.24m=100.04m$

女儿墙中心线长$=L_{外}-8\times0.12m=101.96m-8\times0.12m=101m$

卷材防水层平面工程量＝屋面建筑面积－女儿墙所占面积

$=(30+0.245\times2)m\times(20+0.245\times2)m-101m\times0.24m$

$=624.74m^2-24.24m^2$

$=600.5m^2$

2）卷材防水层立面（图 4-69）：

卷材防水层立面工程量＝女儿墙弯起部分面积

＝女儿墙内周长×弯起高度(500mm)

$=100.04m\times0.5m$

$=50.02m^2$

3）水泥砂浆找平层：

水泥砂浆找平层工程量＝卷材防水层平面工程量＋卷材防水层立面工程量

$=600.5\text{m}^2+50.02\text{m}^2$

$=650.52\text{m}^2$

4）水泥焦渣找坡层（图 4-69）：

找坡层铺至女儿墙内侧，且 1∶6 水泥焦渣找 2%坡，故计算其工程量时，应按平均厚度（图 4-70）计算，则：

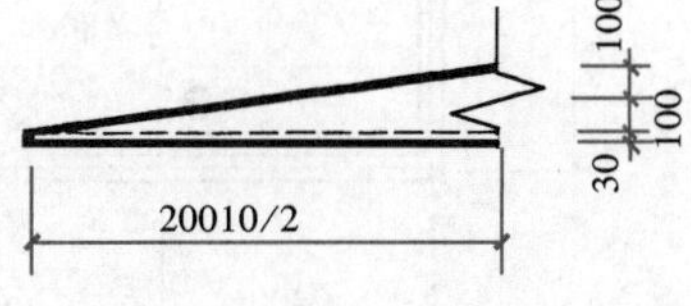

图 4-70 平均厚度示意图

找坡层长度＝30m＋0.005m×2＝30.01m

找坡层宽度＝20m＋0.005m×2＝20.01m

找坡层平均厚度$=0.03\text{m}+\left(\frac{20.01}{2}\times 2\%\right)\text{m}\times\frac{1}{2}=0.13\text{m}$

水泥焦渣找坡层工程量＝找坡层长度×找坡层宽度×找坡层平均厚度

$=30.01\text{m}\times 20.01\text{m}\times 0.13\text{m}$

$=78.07\text{m}^3$

5）聚苯乙烯泡沫塑料板保温层：

聚苯乙烯泡沫塑料板保温层工程量＝保温层面积＝30.01m×20.01m＝600.5m^2

（二）天棚保温隔热层

1. 工程量计算规则

按设计图示尺寸以面积计算，扣除大于 0.3m^2柱、垛、孔洞所占面积。与天棚相连的梁按展开面积计算，其工程量并入天棚保温隔热层工程量内。

2. 说明

柱帽保温隔热层，并入天棚保温隔热层工程量内。

（三）墙面保温隔热层

1. 工程量计算规则

按设计图示尺寸以面积计算，扣除门窗洞口及面积大于 0.3m^2梁、孔洞所占面积；门窗洞口侧壁以及与墙相连接的柱，并入墙体保温工程量内。墙体及混凝土板下铺贴隔热层不扣除木框架及木龙骨的体积。其中，外墙按隔热层中心线长度计算，内墙按隔热层净长度计算。

2. 有关问题说明

（1）外墙隔热层的中心线及内墙隔热层的净长度不是 $L_{中}$ 及 $L_{内}$，计算时应考虑隔热层厚度对隔热层长度所带来的影响。

(2) 墙面岩棉板保温、聚苯乙烯板保温及保温装饰一体板保温如使用钢骨架，钢骨架按本书第五章第二节墙、柱面装饰与隔断、幕墙工程相应项目执行。

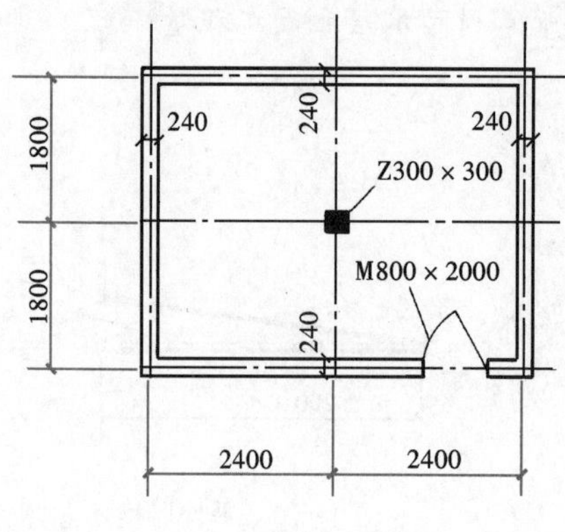

图 4-71　某房屋平面图

(3) 大于 0.3m²孔洞侧壁周围及梁头、连系梁等其他零星工程保温隔热工程量，并入墙面的保温隔热工程量内。

【例 4-27】 某房屋外墙外侧设保温层。已知保温层厚度 100mm，高度 3.2m。试计算图 4-71 外墙保温层工程量。

解

外墙保温层中心线长度＝(4.8＋0.24＋0.05×2＋3.6＋0.24＋0.05×2)m×2

＝18.16m

墙面保温层工程量＝保温层长度×高度－门窗洞口所占面积＋门窗洞口侧壁增加面积

＝18.16m×3.2m－0.8m×2m＋[(2－0.1)×2＋0.8]m×0.12m

＝46.32m²－1.6m²＋0.55m²

＝4.53m²

（四）柱、梁保温隔热层

1. 工程量计算规则

按设计图示尺寸以面积计算。其中，柱保温隔热层工程量，按设计图示柱断面保温层中心线展开长度乘以高度以面积计算，扣除面积大于 0.3m²梁所占面积。梁保温隔热层工程量，按设计图示梁断面保温层中心线展开长度乘以保温层长度以面积计算。

2. 说明

柱面保温根据墙面保温定额项目人工乘以系数 1.19，材料乘以系数 1.04。

（五）楼地面保温隔热层

地面保温隔热层工程量，其计算规则按设计图示尺寸以面积计算，扣除柱、垛及单个大于 0.3m²孔洞所占面积。

（六）保温层排气管、排气孔

在屋面保温层内设置纵横贯通的排气管道，排气管道上伸出屋面的排气孔，使得保温层内的气体能够及时排出，有效防止屋面因水的冻胀、气体的压力导致屋面的开裂破坏，延长了屋面的使用寿命。

1. 保温层排气管

保温层排气管工程量计算规则：按设计图示尺寸以长度计算，不扣除管件所占长度。

2. 保温层排气孔

保温层排气孔工程量计算规则以数量计算。

（七）防火隔离带

防火隔离带是为阻止火灾大面积延烧，起着保护生命与财产作用的隔离空间和相关设施。防火隔离带工程量计算规则按设计图示尺寸以面积计算。

二、防腐工程

防腐工程适用于对房屋有特殊要求的工程，防腐面层定额项目划分为防腐混凝土、防腐砂浆、防腐胶泥、玻璃钢防腐、软聚氯乙烯板、块料防腐等。

（一）工程量计算规则

（1）防腐工程面层、隔离层及防腐油漆工程量均按设计图示尺寸以面积计算。其中，平面防腐工程量应扣除凸出地面的构筑物、设备基础等以及面积大于 $0.3m^2$ 孔洞、柱、垛等所占面积，门洞、空圈、暖气包槽、壁龛的开口部分不增加面积。立面防腐工程量应扣除门、窗、洞口以及面积大于 $0.3m^2$ 孔洞、梁所占面积，门、窗、洞口侧壁、垛凸出部分按展开面积并入墙面内。

（2）池、槽块料防腐面层工程量按设计图示尺寸以展开面积计算。

（3）踢脚板防腐工程量按设计图示长度乘以高度以面积计算，扣除门洞所占面积，并相应增加侧壁展开面积。

（4）混凝土面及抹灰面防腐工程量按设计图示尺寸以面积计算。

（二）有关问题说明

（1）各种胶泥、砂浆、混凝土配合比以及各种整体面层的厚度，如设计与定额不同时，可以换算。定额已综合考虑了各种块料面层的结合层、胶结料厚度及灰缝厚度。

（2）花岗岩面层以六面剁斧的块料为准，结合层厚度为 15mm，如板底为毛面时，其结合层胶结料用量按设计厚度调整。

（3）整体面层踢脚板按整体面层相应项目执行，块料面层踢脚板按立面砌块相应项目人工乘以系数 1.2。

（4）卷材防腐接缝、附加层、收头工料已包括在定额内，不再另行计算。

（5）块料防腐中面层材料的规格、材质与设计不同时，可以换算。

第五章 装饰工程工程量计算

【思政元素】科技创新与匠心——超级工程“上海中心大厦”

上海中心大厦（Shanghai Tower）为中国第一高楼、世界第三高楼，它不是最高的建筑，却是最高的绿色建筑！一共19种绿色技术可以让大厦每年节省25%的能源费用。其中最具变革性的双层玻璃幕墙，被业界定义为“世界顶级幕墙工程”。

上海中心大厦的幕墙面积达到14万平方米，由20357块玻璃组成，每一块的形状都不同，重量都有数百公斤，最重的达800公斤，这就给外幕墙的设计、建造和施工安装带来了前所未有的挑战。这是世界上首次在超高建筑中安装如此大面积的柔性幕墙。安装幕墙需用到滑移支座，而这在世界400米以上超高建筑中都没有应用先例。为此我国技术团队自主研发了专用于上海中心大厦的15种滑移支座，不仅降低了控制安装偏差的难度，更有效控制了工程造价和工期，为整个上海中心大厦节省了接近1个亿的建设成本。

高耸入云的上海中心大厦，科技含量走在世界前列，创造出无数奇迹。当我们欣赏着因上海中心大厦形成的崭新完整优美的天际线时，要知道这背后有几千名建设者为此付出了辛勤的汗水，它带给我们的不只是视觉上的冲击，更多的是对建设者身上工匠精神的钦佩。

超级工程——
上海中心大厦

本章是依据《房屋建筑与装饰工程消耗量定额》（TY01-31—2015）编写的。

第一节 楼地面装饰工程

楼地面是建筑物底层地面和楼层楼面的总称，其基本构造层次为垫层、找平层和面层。楼地面装饰工程包括找平层及整体面层、块料面层、橡塑面层、其他材料面层、踢脚线、楼梯面层、台阶装饰、零星装饰项目、分格嵌条、防滑条、酸洗打蜡十部分。

一、需要了解的内容

楼地面装饰工程在计算工程量之前，应首先了解的是一项工程中楼面、地面的工程做法及定额项目的划分情况，并据此确定该工程的应列项目。这样，才能在计算各分项工程量时，不出现重算、漏算项目，保证预算编制工作的顺利进行。

二、找平层及整体面层

楼地面工程项目列项

1. 工程量计算规则

楼地面找平层及整体面层工程量按设计图示尺寸以面积计算。扣除凸出地面的构筑物、设备基础、室内铁道、地沟等所占面积，不扣除间壁墙及单个面积不大于 $0.3m^2$ 柱、垛、附墙烟囱及孔洞所占面积，门洞、空圈、暖气包槽、壁龛的开口部分不增加面积。

2. 有关问题说明

（1）水磨石地面水泥石子浆的配合比，设计与定额不同时，可以调整。

（2）厚度不大于 60mm 的细石混凝土按找平层项目执行；厚度大于 60mm 的细石混凝土按本书第四章第六节砌筑工程中垫层项目执行。

（3）整体面层即一次性连续浇筑而成的楼地面面层。

三、块料面层、橡塑面层

块料面层指用预制块料铺设而成的楼地面面层，包括石材、陶瓷地面砖、镭射玻璃砖、缸砖、陶瓷棉砖、水泥花砖等。橡塑面层指块状橡塑材料，包括橡胶板、橡胶卷材、塑料板、塑料卷材。

1. 工程量计算规则

（1）块料面层、橡塑面层工程量按设计图示尺寸以面积计算，门洞、空圈、暖气包槽和壁龛的开口部分的工程量并入相应的工程量内计算。

（2）石材拼花工程量按最大外围尺寸以矩形面积计算，有拼花的石材地面工程量，按设计图示尺寸扣除拼花的最大外围矩形面积计算。

（3）石材底面刷养护液包括侧面涂刷，工程量按设计图示尺寸以底面积计算。

（4）石材表面刷保护液工程量按设计图示尺寸以表面积计算。

（5）石材勾缝工程量按石材设计图示尺寸以面积计算。

2. 有关问题说明

（1）镶贴块料项目是按块料考虑的，如需现场倒角、磨边者按“其他装饰工程”相应项目执行。

（2）石材楼地面拼花按成品考虑。

（3）镶嵌规格在 100mm×100mm 以内的石材执行点缀项目。

（4）玻化砖按陶瓷地面砖相应项目执行。

（5）石材楼地面需做分格、分色的，按相应项目人工乘以系数 1.10。

【例 5-1】 计算图 5-1 所示房屋的花岗岩地面面层工程量。

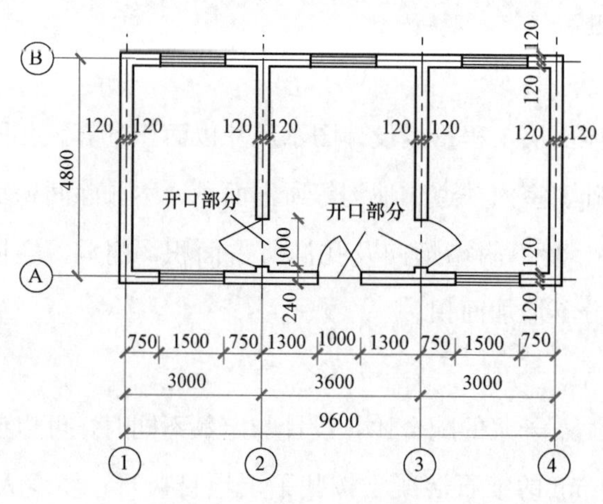

图 5-1　某房屋平面图

解　花岗岩地面面层工程量＝设计图示尺寸面积

＝墙间净空面积＋门洞等开口部分面积

＝[(3－0.24)×(4.8－0.24)×2＋(3.6－0.24)×(4.8－0.24)]m^2＋1m×0.24m×3

＝40.49m^2＋0.72m^2

＝41.21m^2

四、其他材料面层

1. 工程量计算规则

按设计图示尺寸以面积计算。门洞、空圈、暖气包槽和壁龛的开口部分的工程量并入相应的工程量内计算。

2. 有关问题说明

(1) 其他材料面层包括：化纤地毯、复合地板、实木地板、铝合金防静电活动地板。

(2) 木地板安装按成品企口考虑，若采用平口安装，其人工乘以系数 0.85。

(3) 木地板填充材料按本书第四章第十一节 保温、隔热、防腐工程相应项目执行。

五、 踢脚线

踢脚线是为保护墙面清洁而设的一种构造处理。常用的踢脚线有水泥砂浆踢脚线、石材踢脚线、陶瓷地面砖踢脚线、玻璃地砖踢脚线、陶瓷棉砖踢脚线、木踢脚线等。

踢脚线工程量计算规则：按设计图示长度乘以高度以面积计算，楼梯靠墙踢脚线（含锯齿形部分）贴块料工程量按设计图示面积计算。

说明：弧形踢脚线、楼梯段踢脚线按相应项目人工、机械乘以系数 1.15。

【例 5-2】 计算图 5-1 所示房屋的水泥砂浆踢脚线工程量（踢脚线高 150mm，不考虑门框宽度）。

解 踢脚线工程量＝内墙面净长度×高度－门洞所占面积＋门洞侧壁增加面积

$$=[(3-0.24+4.8-0.24)\times2\times2+(3.6-0.24+4.8-0.24)\times2]\text{m}\times0.15\text{m}-1\text{m}\times0.15\text{m}\times3+0.12\text{m}\times0.15\text{m}\times2\times3$$

$$=(29.28+15.84)\text{m}\times0.15\text{m}-0.45\text{m}^2+0.108\text{m}^2$$

$$=6.43\text{m}^2$$

六、 楼梯面层

楼梯面层工程量计算规则：按设计图示尺寸以楼梯（包括踏步、休息平台及不大于 500mm 的楼梯井）水平投影面积计算。楼梯与楼地面相连时，算至梯口梁内侧边沿；无梯口梁者，算至最上一层踏步边沿加 300mm。

说明：石材螺旋形楼梯，按弧形楼梯项目人工乘以系数 1.2。

七、 台阶装饰

台阶面层工程量计算规则：按设计图示尺寸以台阶（包括最上层踏步边沿加 300mm）水平投影面积计算。

【例 5-3】 某工程室外台阶的工程做法如图 5-2 所示，试就此做法进行列项。

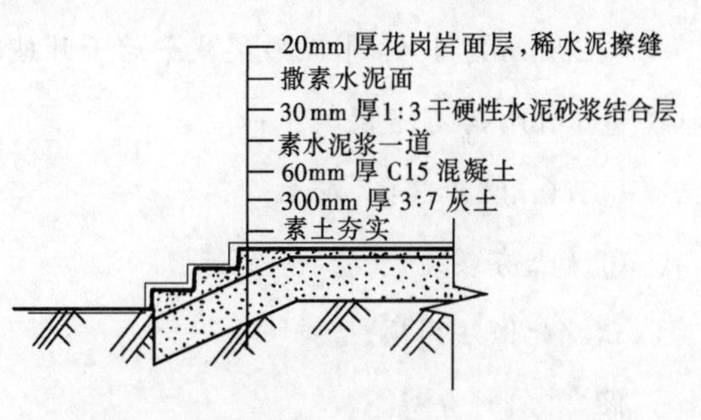

图 5-2 台阶剖面

解 由台阶面层工程量计算规则可知：最上一层踏步外沿 300mm 以内为台阶，以外为平台，故本例应针对台阶和平台分别列项。所列项目见表 5-1。

表 5-1　　台阶、平台应列项目表

<table>
<tr><th rowspan="2">工程做法</th><th colspan="2">定额项目名称（计量单位）</th></tr>
<tr><th>台阶部分</th><th>平台部分</th></tr>
<tr><td>20mm 厚花岗岩面层，稀水泥擦缝；
撒素水泥面；
30mm 厚 1∶3 干硬性水泥砂浆结合层；
素水泥浆一道</td><td>花岗岩台阶（m²）</td><td>花岗岩地面（m²）</td></tr>
<tr><td>60mm 厚 C15 混凝土</td><td>混凝土台阶（m²）</td><td>混凝土垫层（m³）</td></tr>
<tr><td>300mm 厚 3∶7 灰土</td><td colspan="2">3∶7 灰土垫层（m³）</td></tr>
<tr><td>素土夯实</td><td colspan="2">素土垫层（m³）</td></tr>
</table>

注　混凝土台阶的模板项目在混凝土及钢筋混凝土工程中列出。

八、零星装饰项目

零星装饰项目工程量计算规则：按设计图示尺寸以面积计算。

说明：零星项目面层适用于楼梯侧面、台阶的牵边，小便池、蹲台、池槽，以及面积在 0.5m² 以内且未列项目的工程。

九、分格嵌条、防滑条

分格嵌条、防滑条工程量计算规则：按设计图示尺寸以“延长米”计算。

十、酸洗打蜡

块料楼地面做酸洗打蜡者，其工程量计算规则：按设计图示尺寸以表面积计算。

说明：水磨石地面包含酸洗打蜡，其他块料项目如需做酸洗打蜡者，单独执行相应酸洗打蜡项目。

十一、综合实例

【例 5-4】　某水磨石地面的工程做法：

①20mm 厚 1∶2.5 水磨石地面磨光打蜡；

②素水泥浆结合层一道；

③20mm 厚 1∶3 水泥砂浆找平后干卧玻璃分格条；

④60mm 厚 C15 混凝土；

⑤150mm 厚 3∶7 灰土；

⑥素土夯实。

试就此做法列项。

解　(1) 分析。

由表 5-2 的工作内容及表中 11-11 项目的材料构成可知：做法①～③所需的人工费、材料费、机械费都包含在项目“水磨石楼地面”中；做法④和做法⑤是垫层其定额项目单独列出。

表 5-2　　　　整体面层

工作内容：清理基层，调运砂浆及（白）水泥石子浆，刷素水泥浆，打底嵌条，抹面找平；磨光、补砂眼，理光，上草酸打蜡，擦光，条色，养护等。　　　　单位：$100m^2$

定额编号			11-11	11-12	11-15	…
项目			水磨石楼地面		水磨石每增减 1mm	
			嵌条	带嵌条分色	普通水泥	
			15mm			
名称		单位	数量			
人工	合计工日	工日	50.859	54.315	0.201	
材料	白水泥白石子浆 1∶2	m^3	1.724			…
	白水泥彩色石子浆 1∶2	m^3		1.734	0.112	
	平板玻璃	m^2	5.300	5.300		
	……					
机械	灰浆搅拌机 200L	台班	0.288	0.288		
	平面磨石机	台班	10.172	10.863		

（2）列项。本例应列项目见表 5-3。

表 5-3　　　　应列项目表

工程做法	定额项目名称	备注
①20mm 厚 1∶2.5 水磨石地面磨光打蜡	水磨石地面	楼地面工程
②素水泥浆结合层一道		
③20mm 厚 1∶3 水泥砂浆找平后干卧玻璃分格条		
④60mm 厚 C15 混凝土	混凝土垫层	砌筑工程
⑤150mm 厚 3∶7 灰土	3∶7 灰土垫层	砌筑工程
⑥素土夯实	基层	

【例 5-5】 某房屋平面如图 5-3 所示。已知内、外墙墙厚均为 240mm，要求计算：（1）60mm 厚 C15 混凝土地面垫层工程量；（2）20mm 厚水泥砂浆面层工程量；（3）水泥砂浆防滑坡道工程量；（4）台阶工程量。

解　（1）20mm 厚水泥砂浆面层。

20mm 厚水泥砂浆面层工程量中包括两部分：一部分是地面面层，另一部分是与台阶相

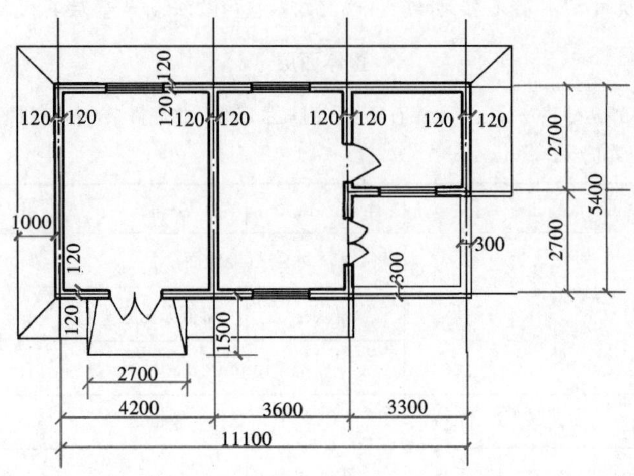

图 5-3　某房屋平面图

连的平台部分的面层。

地面面层工程量＝墙间净面积

$=(4.2-0.24+3.6-0.24)\text{m}\times(5.4-0.24)\text{m}+(3.3-0.24)\text{m}\times(2.7-0.24)\text{m}$

$=37.77\text{m}^2+7.53\text{m}^2$

$=45.30\text{m}^2$

平台面层工程量$=(3.3-0.3\times2)\text{m}\times(2.7-0.3\times2)\text{m}=5.67\text{m}^2$

水泥砂浆面层工程量＝地面面层工程＋平台面层工程量$=45.30\text{m}+5.67\text{m}=50.97\text{m}^2$

（2）60mm 厚 C15 混凝土地面垫层。

60mm 厚 C15 混凝土地面垫层工程量中包括两部分：一部分是地面垫层，另一部分是与台阶相连的平台部分混凝土垫层。

地面垫层工程量＝面层工程量×垫层厚度

$=50.97\text{m}\times0.06\text{m}$

$=3.06\text{m}^3$

（3）水泥砂浆防滑坡道。

防滑坡道工程量＝坡道水平投影面积$=2.7\text{m}\times1.5\text{m}=4.05\text{m}^2$

（4）台阶。

台阶面层工程量＝台阶水平投影面积

$=3.3\text{m}\times2.7\text{m}-(3.3-0.3\times2)\text{m}\times(2.7-0.3\times2)\text{m}$

$=8.91\text{m}^2-5.67\text{m}^2$

$=3.24\text{m}^2$

第二节 墙、柱面装饰与隔断、幕墙工程

墙、柱面装饰与隔断，幕墙工程包括墙面抹灰，柱（梁）面抹灰，零星抹灰，墙面块料面层，柱（梁）面镶贴块料，镶贴零星块料，墙饰面，柱（梁）饰面，幕墙工程及隔断十部分。

一、需要了解的内容

计算装饰工程量之前，应了解图纸各部位工程做法，以确定计算工程量时，分部分项工程项目划分问题。

二、抹灰面层

（一）墙面抹灰

墙面抹灰包含墙面一般抹灰、装饰抹灰。其中，一般抹灰是指用石灰砂浆、混合砂浆、水泥砂浆、其他砂浆等为主要材料的抹灰。装饰抹灰是指能给予人们一定程度的美观感和艺术感的饰面抹灰工程，本节主要包括了水刷石、干粘白石子、斩假石的装饰抹灰项目。

1. 内墙面、墙裙抹灰

（1）工程量计算规则。

内墙面、墙裙抹灰面积应扣除门窗洞口和单个面积大于0.3m²以上的空圈所占面积，不扣除踢脚线、挂镜线及单个面积不大于0.3m²的孔洞和墙与构件交接处的面积，且门窗洞口、空圈、孔洞的侧壁面积亦不增加，附墙柱的侧面抹灰应并入墙面、墙裙抹灰工程量内计算。计算式如下：

内墙面抹灰工程量＝内墙面抹灰面积－门窗洞口和空圈所占面积＋附墙柱侧面抹灰面积

内墙裙抹灰工程量＝内墙面抹灰净长度×内墙裙抹灰高度－门窗洞口和空圈所占面积＋附墙柱侧面抹灰面积

式中，内墙面抹灰净长度取主墙间图示净长度；内墙面抹灰高度按室内地面至天棚底面净高计算。

（2）有关问题说明。

1）挂镜线是指为保持室内整洁、美观，钉在墙面四周上部用于悬挂图幅和镜框等用的小木条。

2）“墙身与构件交接处面积”是指墙与构件交接时的接触面积。

3）内墙裙是指为保护墙身，对易受碰撞或受潮的墙面进行处理的部分，其高度为1.5m左右。墙面抹灰面积应扣除墙裙抹灰面积，如墙面和墙裙抹灰种类相同者，工程量合并计算。

2. 外墙面抹灰

（1）工程量计算规则。

外墙抹灰面积按外墙面的垂直投影面积计算，应扣除门窗洞口、外墙裙（墙面和墙裙抹灰种类相同者应合并计算）和单个面积大于 0.3m² 的孔洞所占面积，不扣除单个面积不大于 0.3m² 的孔洞所占面积，门窗洞口及洞口侧壁面积亦不增加。附墙柱侧面抹灰面积应并入外墙面抹灰工程量内。其工程量计算式：

外墙面抹灰工程量＝外墙垂直投影面积－门窗洞口及 0.3m² 以上孔洞所占面积
＋附墙柱侧壁面积

外墙裙抹灰工程量＝$L_{外}$×外墙裙高度－门窗洞口及 0.3m² 以上孔洞所占面积
＋附墙柱侧壁面积

式中，外墙抹灰高度按表 5-4 规定计算。

表 5-4　外墙抹灰高度取值表

类型			外墙抹灰高度取值
平屋面	有挑檐	无墙裙	设计室外地坪取至挑檐板底
		有墙裙	勒脚顶取至挑檐板底
	有女儿墙	无墙裙	设计室外地坪取至女儿墙压顶底
		有墙裙	勒脚顶取至女儿墙压顶底
坡屋面	有檐口天棚	无墙裙	设计室外地坪取至檐口天棚底
		有墙裙	勒脚顶取至檐口天棚底
	无檐口天棚	无墙裙	设计室外地坪取至屋面板底
		有墙裙	勒脚顶取至屋面板底

（2）说明。

女儿墙（包括泛水、挑砖）内侧、阳台栏板（不扣除花格所占孔洞面积）内侧与阳台栏板外侧抹灰工程量按其投影面积计算。

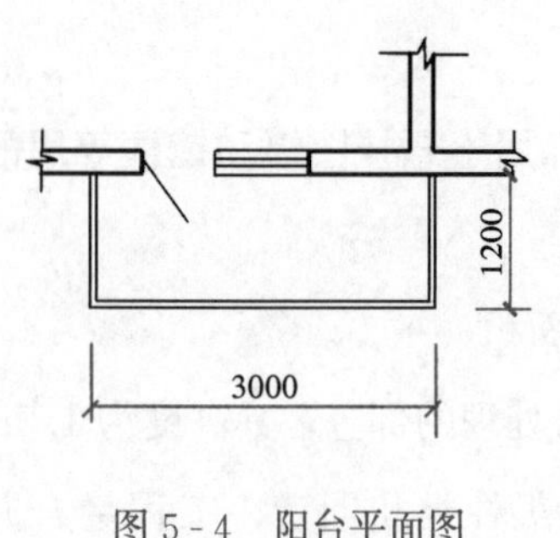

图 5-4　阳台平面图

【例 5-6】　已知某挑阳台栏板高度为 1.2m，栏板厚度为 50mm，阳台底板厚度为 100mm，其平面形式如图 5-4 所示。试计算其底板及栏板外侧抹灰工程量。

解　（1）阳台底板：

阳台底板抹灰工程量＝阳台水平投影面积
＝3m×1.2m
＝3.6m²

(2) 阳台栏板：

阳台栏板外侧抹灰工程量＝阳台栏板投影面积

$$=(3+1.2\times2)\text{m}\times1.2\text{m}$$

$$=6.48\text{m}^2$$

3. 装饰线条抹灰

装饰线条抹灰工程量计算规则：按设计图示尺寸以长度计算。

有关问题说明：

(1) 抹灰工程的装饰线条适用于门窗套、挑檐、腰线、压顶、遮阳板外边、宣传栏边框等项目的抹灰，以及凸出墙面且展开宽度不大于 300mm 的竖、横线条抹灰。线条展开宽度大于 300mm 且不大于 400mm 者，按相应项目乘以系数 1.33；展开宽度大于 400mm 且不大于 500mm 者，按相应项目乘以系数 1.67。

(2) 门窗套指门窗洞口四周凸出墙面的装饰线。它可用砖挑出墙面 60mm×60mm 砌成，然后进行抹灰，也可用水泥砂浆做成 60mm×60mm 的装饰线条。但未凸出墙面的侧边抹灰不是门窗套。腰线指凸出外墙面的横直线条。一般常与窗台线连成一体。

4. 装饰抹灰分格嵌缝

装饰抹灰分格嵌缝工程量计算规则：按抹灰面面积计算。

（二）柱（梁）面抹灰

柱（梁）面抹灰包括一般抹灰和装饰抹灰两部分。

柱（梁）面抹灰工程量计算规则：按结构断面周长乘以抹灰高度（长度）计算。

说明：墙中的钢筋混凝土梁、柱侧面抹灰大于 0.5m^{2}的并入相应墙面项目执行，不大于 0.5m^{2}的按“零星抹灰”项目执行。

（三）零星抹灰

“零星项目”抹灰工程量计算规则：按设计图示尺寸以展开面积计算。

说明：抹灰工程的“零星项目”适用于各种壁柜、碗柜、飘窗板、空调隔板、暖气罩、池槽、花台以及不大于 0.5m^{2}的其他各项零星抹灰。

三、块料面层

块料镶贴面层包括墙面块料面层、柱（梁）面镶贴块料和镶贴零星块料三部分，根据材料不同分类，包括石材、陶瓷棉砖、玻璃马赛克、瓷板、面砖等。

（一）墙面块料面层

墙面镶贴块料面层工程量计算规则：按镶贴表面积计算。

有关问题说明：

（1）墙面贴块料、饰面高度在300mm以内者，按踢脚线项目执行。

（2）勾缝镶贴面砖子目，面砖消耗量分别按缝宽5mm和10mm考虑，如灰缝宽度与取定不同者，其块料与灰缝（预拌水泥砂浆）允许调整。调整方法如下：

1）勾缝的块料及砂浆用量。

$$块料用量=\frac{100\text{m}^2}{(块料长度+灰缝)\times(块料宽度+灰缝)}\times(1+损耗率)$$

$$砂浆用量=(100\text{m}^2-块料净用量\times每个块料面积)\times灰缝厚度\times(1+损耗率)$$

2）密缝的块料及砂浆用量（假设灰缝=0，不计灰缝砂浆）。

$$块料用量=\frac{100\text{m}^2}{块料长度\times块料宽度}\times(1+损耗率)$$

（3）玻化砖、干挂玻化砖或玻岩板按面砖相应项目执行。

（二）柱面镶贴块料

柱面镶贴块料面层工程量计算规则：按设计图示饰面外围尺寸乘以高度以面积计算。

（三）镶贴零星块料

镶贴零星块料工程量计算规则：挂贴石材零星项目中柱墩、柱帽是按圆弧形成品考虑的，工程量按其圆的最大外径以周长计算的；其他类型的柱帽、柱墩工程量按设计图示尺寸以展开面积计算。

四、饰面

墙、柱（梁）饰面是指以镜面玻璃、不锈钢面板、人造革、丝绒、塑料板面、木质饰面板铝合金板、电化铝板等为饰面面层的装饰工程。

（一）墙饰面

龙骨、基层、面层墙饰面工程量计算规则：按设计饰面尺寸以面积计算，扣除门窗洞口及单个面积大于0.3m²以上的空圈所占面积，不扣除单个面积不大于0.3m²的孔洞所占面积，门窗洞口及孔洞侧壁面积亦不增加。

（二）柱（梁）饰面

柱（梁）饰面的龙骨、基层、面层工程量计算规则：按设计图示饰面尺寸以面积计算，柱帽、柱墩并入相应柱面积计算。

【例5-7】 设计某方形柱做圆形不锈钢片饰面。已知柱饰面外围直径为600mm，柱高3.6m，试计算柱饰面工程量。

解 定额不锈钢片饰面项目中已包含了龙骨、基层及面层的费用，故本例应列项目为方形柱包圆形饰面。

柱饰面工程量＝实铺面积＝饰面周长×柱高＝3.14×0.6m×3.6m＝6.78m²

五、幕墙、隔断

（一）幕墙

幕墙是用于高级建筑物装饰外表的如同幕一样的墙体。最常见的是玻璃幕墙和铝板幕墙，幕墙工程量计算规则：以框外围面积计算。计算式如下：

玻璃幕墙、铝板幕墙工程量＝幕墙四周框外围面积＝幕墙外框长度×外框高度

有关问题说明：

（1）半玻璃隔断、全玻璃幕墙如有加强肋者，工程量按其展开面积计算。

（2）玻璃幕墙中的玻璃按成品玻璃考虑；幕墙中的避雷装置已综合，但幕墙的封边、封顶的费用另行计算。型钢、挂件设计用量与定额取定用量不同时，可以调整。

（3）幕墙饰面中的结构胶与耐候胶设计用量与定额取定用量不同时，消耗量按设计计算的用量加15%的施工损耗计算。

（4）玻璃幕墙设计带有平开、推拉窗者，并入幕墙面积计算，窗的型材用量应予以调整，窗的五金用量相应增加，五金施工损耗按2%计算。

（二）隔断

隔断是用于分隔房屋内部空间的，但它与隔墙不同。隔墙是到顶的墙体，隔断不到顶。

隔断工程量计算规则：按设计图示框外围尺寸以面积计算，扣除门窗洞口及单个面积大于0.3m²的孔洞所占面积。

有关问题说明：

（1）隔断项目内，除注明者外均为包括压边、收边、装饰线（板）。

（2）隔断、幕墙等项目中龙骨间距、规格如与设计不同时，允许调整。

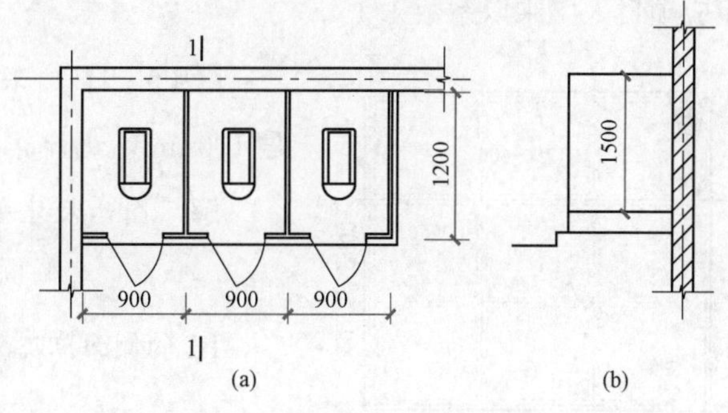

图5-5　卫生间木隔断示意

（a）平面图；（b）1—1剖面图

【例5-8】 已知图5-5中浴厕门尺寸为600mm×1500mm，试计算如图5-5所示的卫生间木隔断的工程量。

解 卫生间木隔断工程量＝隔断外框长度×外框高度－门洞所占面积

＝(0.9×3＋1.2×3)m×1.5m－0.6m×1.5m×3

＝6.75m²

第三节　天　棚　工　程

天棚工程包括天棚抹灰、天棚吊顶、天棚其他装饰三部分。

一、 天棚抹灰

天棚抹灰面层是指在混凝土面、钢板网面、板条及其他木质面上用石灰砂浆、水泥砂浆、混合砂浆等为主要材料的抹灰层。

1. 工程量计算规则

（1）天棚抹灰按设计结构尺寸以展开面积计算，不扣除间壁墙、垛、柱、附墙烟囱、检查口和管道所占的面积。带梁天棚的梁两侧抹灰面积，并入天棚抹灰工程量内计算。

（2）板式楼梯底面抹灰面积（包括踏步、休息平台以及不大于500mm宽的楼梯井）按水平投影面积乘以系数1.15计算。

（3）锯齿形楼梯底面抹灰面积（包括踏步、休息平台以及不大于500mm宽的楼梯井）按水平投影面积乘以系数1.37计算。

2. 有关问题说明

（1）间壁墙即为隔墙；检查口为检查人员检查管道的出入口。

（2）抹灰项目中砂浆配合比与设计不同时，可按设计要求予以换算；如设计厚度不同时，按相应项目调整。

（3）如混凝土天棚刷素水泥浆或界面剂，按本书第二节墙、柱面装饰与隔断、幕墙工程相应项目人工乘以系数1.15。

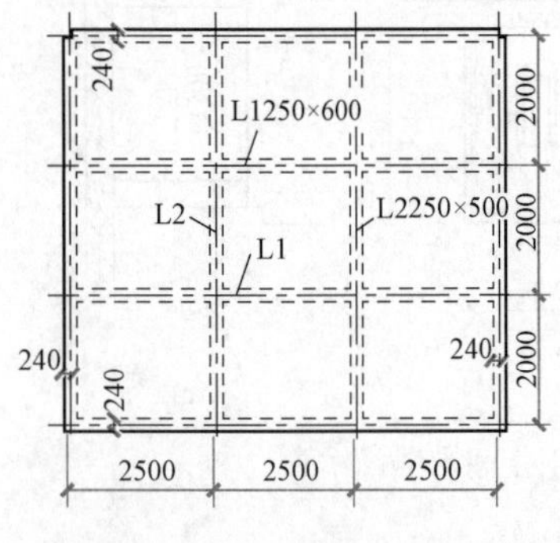

图5-6　带梁天棚示意

【例5-9】　某钢筋混凝土天棚如图5-6所示。已知板厚100mm，试计算其天棚抹灰工程量。

解　图示尺寸平面面积＝(2.5×3－0.24)m×(2×3－0.24)m＝41.82m²

L1的侧面抹灰面积＝[(2.5－0.12－0.125)m×2＋(2.5－0.125×2)m]×(0.6－0.1)m×2×2

＝6.76m×0.5m×2×2

＝13.52m²

L2的侧面抹灰面积＝[(2－0.12－0.125)m×2＋(2－0.125×2)m]×(0.5－0.1)m×2×2(根)

＝5.26m×0.4m×2×2

＝8.42m²

天棚抹灰工程量＝图示尺寸平面面积＋L1、L2 的侧面抹灰面积

$$=41.82m^2+13.52+8.42m^2$$

$$=63.76m^2$$

二、天棚吊顶

定额项目划分中，天棚吊顶包括吊顶天棚、格栅吊顶、吊筒吊顶、藤条造型悬挂吊顶、织物软雕吊顶和装饰网架吊顶六部分。

（一）天棚龙骨

天棚龙骨工程量计算规则：按主墙间水平投影面积计算，不扣除间壁墙、垛、柱、附墙烟囱、检查口和管道所占的面积，扣除单个大于 $0.3m^2$ 的孔洞、独立柱及与天棚相连的窗帘盒所占的面积。斜面龙骨按斜面计算。计算式如下：

天棚龙骨工程量＝主墙间净面积－独立柱及与天棚相连的窗帘盒所占面积

－＞$0.3m^2$ 孔洞面积

有关问题说明：

（1）除烤漆龙骨天棚为龙骨、面层合并列项外，其余均为天棚龙骨、基层、面层分别列项编制。

（2）格栅吊顶、吊筒吊顶、藤条造型悬挂吊顶、织物软雕吊顶、装饰网架吊顶，龙骨、面层合并列项编制。

（3）龙骨的种类、间距、规格和基层、面层材料的型号、规格是按常用材料和常用做法考虑的，如设计要求不同时，材料可以调整，人工、机械不变。

（4）轻钢龙骨、铝合金龙骨项目中龙骨按双层双向结构考虑，即中、小龙骨紧贴大龙骨底面吊挂，如为单层结构时，即大、中龙骨底面在同一水平上者，人工乘以系数 0.85。

（5）轻钢龙骨、铝合金龙骨项目中，如面层规格与定额不同时，按相近面积的项目执行。

（6）轻钢龙骨和铝合金龙骨不上人型吊杆长度为 0.6m，上人型吊杆长度为 1.4m。吊杆长度与定额不同时，可按实际调整，人工不变。

（二）天棚装饰面层及其他吊顶

1. 天棚装饰面层

天棚装饰面层是指在龙骨下安装饰面板的面层。定额中按所用材料不同分为板条、漏风条、薄板、胶合板、木丝板、木屑板、埃特板、铝塑板、宝丽板等项目。

（1）工程量计算规则。

天棚装饰面层工程量按图示尺寸以展开面积计算。天棚面中的灯槽及跌级、阶梯式、锯

齿形、吊挂式、藻井式天棚面积按展开计算。不扣除间壁墙、垛、柱、附墙烟囱、检查口和管道所占面积，扣除单个大于 0.3m²的孔洞、独立柱及与天棚相连的窗帘盒所占的面积。

（2）有关问题说明。

1）天棚面层在同一标高者为平面天棚；天棚面层不在同一标高者为跌级天棚。跌级天棚其面层按相应项目人工乘以系数 1.30。

2）平面天棚和跌级天棚指一般直线形天棚，不包括灯光槽的制作安装。灯光槽制作安装应按本节相应项目执行。吊顶天棚中的艺术造型天棚项目中包括灯光槽的制作安装。

3）天棚面层不在同一标高，且高差在 400mm 以下、跌级三级以内的一般直形线平面天棚按跌级天棚相应项目执行；高差在 400mm 以上或跌级超过三级，以及圆弧形、拱形等造型天棚按吊顶天棚中的艺术造型天棚相应项目执行。

4）天棚检查孔的工料已包括在项目内，不另行计算。

5）龙骨、基层、面层的防火处理及天棚龙骨的刷防腐油，石膏板刮嵌缝膏、贴绷带，按本章第五节　油漆、涂料、裱糊工程相应项目执行。

6）天棚吊顶基层工程量计算同装饰面层。

2. 其他吊顶

工程量计算规则：格栅吊顶、藤条造型悬挂吊顶、织物软雕吊顶和装饰网架吊顶，按设计图示尺寸以水平投影面积计算。吊筒吊顶以最大外围水平投影尺寸，以外接矩形面积计算。

【例 5-10】　某天棚设计为带艺术迭级造型的钢木龙骨石膏板面层，如图 5-7 所示，其工程做法如下：

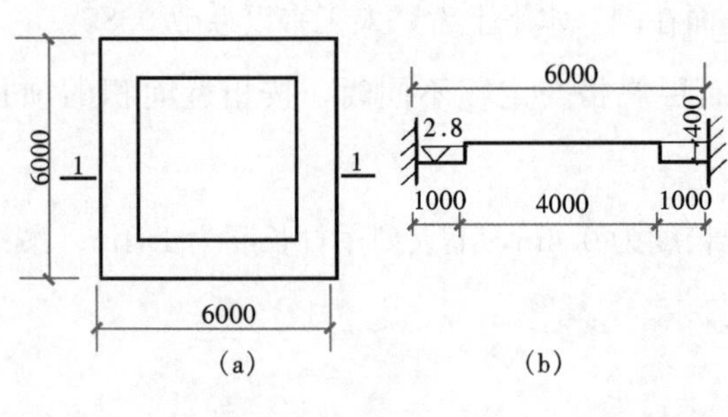

图 5-7　天棚造型示意

（a）平面图；（b）剖面图

①贴壁纸（布），在纸（布）背面和棚面刷纸胶粘结；

②棚面刷一道清油；

③9mm 厚纸面石膏板自攻螺钉拧牢（900mm×3000mm×9mm）；

④轻钢横撑龙骨 U19×50×0.5 中距 3000mm，U19×25×0.5 中距 3000mm；

⑤轻钢小龙骨 U19×25×0.5 中距等于板材 1/3 宽度；

⑥轻钢中龙骨 U19×50×0.5 中距等于板材宽度；

⑦轻钢大龙骨［45×15×1.2 或［50×15×1.5；

⑧ϕ8 螺栓吊杆双向吊点，中距 900～1200mm；

⑨钢筋混凝土板内预留 ϕ6 铁环，双向中距 900～1200mm。

试对其工程做法进行列项，并计算天棚龙骨、面层工程量。

解 （1）列项。

由图 5-7 可知：天棚面层不在同一标高且相差 400mm，故此天棚设计为二级天棚。

由表 5-5 及表中项目 13—35 的材料构成可知：做法④～⑨所需的人工费、材料费、机械费已包含在项目 13—35 中，而做法①、②、③未包含在内，需分别单独列项。本例应列项目见表 5-6。

表 5-5　　天棚轻钢龙骨

工作内容：1. 吊件加工、安装。2. 定位、弹线、射钉。3. 选料、下料、定位杆控制高度、平整、安装龙骨及横撑附件、孔洞预留等。4. 临时加固、调整、校正。5. 灯箱风口封边、龙骨设置。6. 预留位置、整体调整。

计量单位：$100m^2$

定额编号			13-34	13-35
项目		单位	装配式 U 型轻钢天棚龙骨（不上人型）	
			面层规格（mm×mm）	
			600×600 以上	
			平面	跌级
人工	综合工日	工日	11.009	13.027
材料	轻钢龙骨不上人型（平面）600×600 以上	m^3	105.000	105.000
	轻钢龙骨不上人型（跌级）600×600 以上	m		
	吊杆	m	25.979	33.900
	六角螺栓	m	1.590	1.530
	……			
机械	交流弧焊机 32kV·A		2.710	3.207

表 5-6　　应列项目表

工程做法	定额项目名称
①贴壁纸（布），在纸（布）背面和棚面刷纸胶粘结	贴壁纸天棚
②棚面刷一道清油	天棚面油漆
③9mm 厚纸面石膏板自攻螺钉拧牢（900mm×3000mm×9mm）	纸面石膏板
④轻钢横撑龙骨 U19×50×0.5 中距 3000mm，U19×25×0.5 中距 3000mm； ⑤轻钢小龙骨 U19×25×0.5 中距等于板材 1/3 宽度； ⑥轻钢中龙骨 U19×50×0.5 中距等于板材宽度； ⑦轻钢大龙骨 [45×15×1.2 或 [50×15×1.5； ⑧ϕ8 螺栓吊杆双向吊点，中距 900～1200mm； ⑨钢筋混凝土板内预留 ϕ6 铁环，双向中距 900～1200mm	轻钢龙骨

（2）工程量计算。

1）轻钢龙骨。

$$轻钢龙骨工程量=主墙间净面积=6m\times6m=36m^2$$

2）天棚面层（纸面石膏板）。

天棚面层工程量=图示尺寸平面面积+折线、迭落等艺术造型增加面积

$=6m\times6m+4m\times0.4m\times4$

$=36m^2+6.4m^2$

$=42.4m^2$

三、天棚其他装饰

（一）灯带（槽）

灯带（槽）工程量计算规则：按设计图示尺寸以框外围面积计算。

（二）送风口、回风口及灯光孔

送（回）风口是用于空调房间的配套装饰物。送风口指空调管道向室内输入空气的管口；回风口指空调管道向室外送出空气的管口。

送风口、回风口、灯光孔工程量计算规则：按设计图示数量计算。

第四节　门　窗　工　程

门窗工程包括木门，金属门，金属卷帘（闸），厂库房大门、特种门，其他门，金属窗，门钢架、门窗套，窗台板，窗帘盒、轨，门五金十个部分。

一、木门

1. 工程量计算规则

（1）成品木门框安装按设计图示框的中心线长度计算。

（2）成品木门扇安装按设计图示扇面积计算。

（3）成品套装木门安装按设计图示数量计算。

（4）木质防火门安装按设计图示洞口面积计算。

2. 有关说明

成品套装门安装包括门套和窗扇的安装。

二、金属门、窗

1. 工程量计算规则

（1）铝合金门窗（飘窗、阳台封闭窗除外）、塑钢门窗均按设计图示门、窗洞口面积

计算。

(2) 门连窗按设计图示洞口面积分别计算门、窗面积，其中窗的宽度算至门框的外边线。

(3) 飘窗、阳台封闭窗按设计图示框型材外边线尺寸以展开面积计算。

2. 有关问题说明

(1) 铝合金成品门窗安装项目按隔热断桥铝合金型材考虑，当设计为普通铝合金型材时，按相应项目执行，其中人工乘以系数 0.8.

(2) 金属门连窗，门、窗应分别执行相应项目。

三、金属卷帘（闸）

1. 工程量计算规则

按设计图示卷帘门宽度乘以卷帘门高度（包括卷帘箱高度）以面积计算。电动装置安装按设计图示套数计算。

2. 有关问题说明

(1) 金属卷帘（闸）项目是按卷帘侧装（即安装在洞口内侧或外侧）考虑的，当设计为中装（即安装在洞口中）时，按项目执行，其中人工乘以系数 1.1。

(2) 金属卷帘（闸）项目是按不带活动小门考虑的，当设计为带活动小门时，按相应项目执行，其中人工乘以系数 1.07，材料调整为带活动小门金属卷帘（闸）。

(3) 防火卷帘（闸）(无机布基防火卷帘除外) 按镀锌钢板卷帘（闸）项目执行，并将材料中的镀锌钢板卷帘换为相应的防火卷帘。

四、厂库房大门、特种门

1. 工程量计算规则

按设计图示门洞口面积计算。

2. 有关问题说明

(1) 厂库房大门的钢骨架制作以钢材质量表示，已包括在定额中，不再另列项计算。

(2) 厂库房大门门扇上所用铁件均已列入定额，墙、柱、楼地面等部位的预埋铁件按设计要求另按第四章“第七节混凝土及钢筋混凝土工程”中相应项目执行。

五、其他门

1. 工程量计算规则

(1) 全玻有框门扇按设计图示扇边框外边线尺寸以扇面积计算。

(2) 全玻无框（条夹）门扇按设计图示扇面积计算，高度算至条夹外边线、宽度算至玻璃外边线。

（3）全玻无框（点夹）门扇按设计图示玻璃外边线尺寸以扇面积计算。

（4）全玻转门按设计图示数量计算。

（5）不锈钢伸缩门按设计图示延长米计算。

（6）传感和电动装置按设计图示套数计算。

2. 有关问题说明

（1）全玻璃门扇安装项目按地弹门考虑，其中地弹簧消耗量可按实际调整。

（2）全玻璃门门框、横梁、立柱钢架的制作安装及饰面装饰，按本节中门钢架相应项目执行。

（3）电子感应自动门传感装置、伸缩门电动装置安装已包括调试用工。

六、门钢架、门窗套

1. 工程量计算规则

（1）门钢架按设计图示尺寸以质量计算。

（2）门钢架基层、面层按设计图示饰面外围尺寸展开面积计算。

（3）门窗套（筒子板）龙骨、面层、基层均按设计图示饰面外围尺寸展开面积计算。

（4）成品门窗套按设计图示饰面外围尺寸展开面积计算。

2. 说明

门窗套、门窗筒子板均执行门窗套（筒子板）项目。

七、窗台板、窗帘盒、轨

工程量计算规则：

（1）窗台板按设计图示长度乘以宽度以面积计算。图纸未注明尺寸的，窗台板长度可按窗框的外围度两边共加 100mm 计算。窗台板凸出墙面的宽度按墙面外加 50mm 计算。

（2）窗帘盒、窗帘轨按设计图示长度计算。

第五节　油漆、涂料、裱糊工程

油漆、涂料、裱糊工程包括木门油漆，木扶手及其他板条、线条油漆，其他木材油漆，金属面油漆，抹灰面油漆，喷刷涂料和裱糊七个部分。

一、木门油漆工程

执行单层木门油漆的项目，其工程量计算规则及相应系数见表 5－7。

表 5-7　　工程量计算规则和系数表

项目	系数	工程量计算规则（设计图示尺寸）
单层木门	1.00	门洞口面积
单层半玻门	0.85	
单层全玻门	0.75	
半截百叶门	1.50	
全百叶门	1.70	
厂库房大门	1.10	
纱门窗	0.80	
特种门（包括冷藏门）	1.00	
装饰门扇	0.90	扇外围尺寸面积
间壁、隔断	1.00	单面外围面积
玻璃间壁露明墙筋	0.80	
木栅栏、木栏杆（带扶手）	0.90	

注　多面涂料按单面计算工程量。

二、木扶手及其他板条、线条油漆工程

（1）执行木扶手（不带托板）油漆的项目，其工程量计算规则及相应系数见表 5-8。

表 5-8　　工程量计算规则和系数表

项目	系数	工程量计算规则（设计图示尺寸）
木扶手（不带托板）	1.00	延长米
木扶手（带托板）	2.50	
封檐板、博风板	1.70	
黑板框、生活园地框	0.50	

（2）木线条油漆按设计图示尺寸以长度计算。

三、其他木材面油漆工程

（1）执行其他木材面油漆的项目，其工程量计算规则及相应系数见表 5-9。

表 5-9　　工程量计算规则和系数表

项目	系数	工程量计算规则（设计图示尺寸）
木板、胶合板天棚	1.00	长×宽
屋面板（带檩条）	1.10	斜长×宽

续表

项目	系数	工程量计算规则（设计图示尺寸）
清水板条檐口天棚	1.10	长×宽
吸音板（墙面或天棚）	0.87	
鱼鳞板墙	2.40	
木护墙、木墙裙、木踢脚	0.83	
窗台板、窗帘盒	0.83	
出入口盖板、检查口	0.87	
壁橱	0.83	展开面积
木屋架	1.77	跨度（长）×中高×1/2
以上未包括的其余木材面油漆	0.83	展开面积

（2）木地板油漆工程量计算规则：按设计图示尺寸以面积计算，空洞、空圈、暖气包槽、壁龛的开口部分并入相应的工程量内。

（3）木龙骨刷防火、防腐涂料工程量计算规则：按设计图示尺寸以龙骨架投影面积计算。

（4）基层板刷防火、防腐涂料工程量计算规则：按实际涂刷面积计算。

（5）油漆面抛光打蜡按相应刷油部位油漆工程量计算规则计算。

四、金属面油漆工程

（1）执行金属面油漆、涂料项目，其工程量计算规则：按设计图示尺寸以展开面积计算。质量在500kg以内的单个金属构件，可参考表5-10中相应的系数，将质量（t）折算为面积。

表5-10　　质量折算面积参考系数表

项目	系数	项目	系数
钢栅栏门、栏杆、窗栅	64.98	轻型屋架	53.20
钢爬梯	44.84	零星铁件	58.00
踏步式钢扶梯	39.90		

（2）执行金属平板屋面、镀锌铁皮面（涂刷磷化、锌黄底漆）油漆的项目，其工程量计算规则及相应的系数见表5-11。

表 5-11　　工程量计算规则和系数表

项目	系数	工程量计算方法（设计图示尺寸）
平板屋面	1.00	斜长×宽
瓦垄板屋面	1.20	
排水、伸缩缝盖板	1.05	展开面积
吸气罩	2.20	水平投影面积
包镀锌薄钢板门	2.20	门窗洞口面积

【例 5-11】 某工程设计库房大门，尺寸为 1800mm×3000mm，数量为 2 樘，试计算其油漆工程量。

解 由表 5-7 可知：该油漆工程量应执行单层木门油漆定额项目，且：

库房大门的油漆工程量＝单面洞口面积×1.1＝1.8m×3m×1.1×2＝11.88m^2

五、抹灰面油漆、涂料工程

工程量计算规则：

(1) 抹灰面油漆、涂料（另做说明的除外）按设计图示尺寸以面积计算。

(2) 踢脚线刷耐磨漆按设计图示尺寸以长度计算。

(3) 槽形底板、混凝土折瓦板、有梁板底、密肋梁板底、井字梁板底刷油漆、涂料按设计图示尺寸展开面积计算。

(4) 墙面及天棚面刷石灰油浆、白水泥、石灰浆、石灰大白浆、普通水泥浆、可赛银浆、大白浆等涂料工程量按抹灰面积工程量计算规则。

(5) 混凝土花格窗、栏杆花饰刷（喷）油漆、涂料按设计图示洞口面积计算。

(6) 天棚、墙、柱面基层板缝粘贴胶带纸按相应天棚、墙、柱面基层板面积计算。

六、裱糊工程

墙面、天棚面裱糊工程量计算规则：按设计图示尺寸以面积计算。

七、综合实例

【例 5-12】 图 5-8 所示为某房屋平面及剖面图。该房屋内墙面、外墙面及天棚面的工程做法见表 5-12，门窗尺寸见表 5-13。已知内外墙厚均为 240mm，吊顶高 3.0m，窗台线长按窗洞口宽度两端共加 200mm 计算，门框、窗框的宽度均为 100mm，且安装于墙中线。试对其进行列项，并计算各分项工程量。

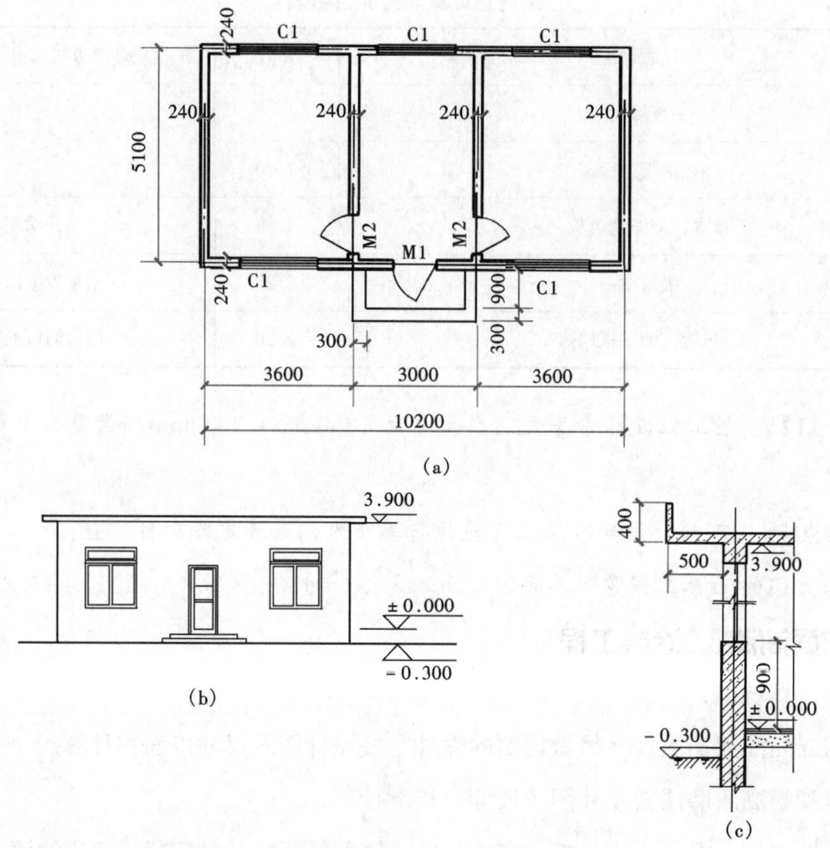

图 5-8　某房屋平面、立面及墙身大样

(a) 平面图；(b) 立面图；(c) 墙身大样

表 5-12　　　　　　　　　　　**工程做法表**

部位	工程做法
内墙面	①刷（喷）内墙涂料（大白浆）； ②5mm 厚 1∶2.5 水泥砂浆抹面，压实赶光； ③13mm 厚 1∶3 水泥砂浆打底
内墙裙 （高 900mm）	①白水泥擦缝； ②粘贴 5mm 厚釉面砖（在釉面砖粘贴面上涂抹专用粘结剂，然后粘贴）； ③8mm 厚 1∶0.1∶2.5 水泥石灰膏砂浆找平； ④12mm 厚 1∶3 水泥砂浆打底扫毛
外墙面	①1∶1 水泥砂浆（细砂）勾缝； ②贴 6～12mm 厚面砖（在砖粘贴面上涂抹专用粘结剂，然后粘贴）； ③6mm 厚 1∶0.2∶2.5 水泥石灰膏砂浆找平； ④12mm 厚 1∶3 水泥砂浆打底扫毛

续表

部位	工程做法
天棚	①贴矿棉板（用专用胶与石膏板基层粘贴）； ②9mm 厚纸面石膏板基层自攻螺钉拧牢； ③轻钢横撑龙骨 U19×50×0.5 中距 3000mm，U19×25×0.5 中距 3000mm； ④轻钢小龙骨 U19×25×0.5 中距等于板材 1/3 宽度； ⑤轻钢中龙骨 U19×50×0.5 中距等于板材宽度； ⑥轻钢大龙骨［45×15×1.2 或［50×15×1.5； ⑦ϕ8 螺栓吊杆双向吊点，中距 900～1200mm； ⑧钢筋混凝土板内预留 ϕ6 铁环，双向中距 900～1200mm
挑檐（立板外侧）	①1∶1 水泥砂浆（细砂）勾缝； ②贴 6～12mm 厚面砖（在砖粘贴面上涂抹专用粘结剂，然后粘贴）； ③基层用 EC 聚合物砂浆修补整平
挑檐（底板）	①刷（喷）涂料； ②5mm 厚 1∶2.5 水泥砂浆抹面，压实赶光； ③13mm 厚 1∶3 水泥砂浆打底； ④刷素水泥浆一道（内掺建筑胶）； ⑤现浇钢筋混凝土板

表 5-13　　门窗表

门窗名称	洞口尺寸（mm×mm）
M1	1000×2400
M2	900×2100
C1	1800×1800

解　(1) 列项。

根据本工程做法及有关定额项目的划分情况，本例应列项目如表 5-14 所示。

表 5-14　　应列项目表

部位	工程做法	定额项目名称
内墙面	①刷（喷）内墙涂料	喷内墙涂料
	②5mm 厚 1∶2.5 水泥砂浆抹面，压实赶光； ③13mm 厚 1∶3 水泥砂浆打底	内墙面抹水泥砂浆
内墙裙	①白水泥擦缝； ②粘贴 5mm 厚釉面砖（在釉面砖粘贴面上涂抹专用粘结剂，然后粘贴）； ③8mm 厚 1∶0.1∶2.5 水泥石灰膏砂浆找平； ④12mm 厚 1∶3 水泥砂浆打底扫毛	釉面砖墙裙
外墙面	①1∶1 水泥砂浆（细砂）勾缝； ②贴 6～12mm 厚面砖（在砖粘贴面上涂抹专用粘结剂，然后粘贴）； ③6mm 厚 1∶0.2∶2.5 水泥石灰膏砂浆找平； ④12mm 厚 1∶3 水泥砂浆打底扫毛	面砖墙面

续表

部位	工程做法	定额项目名称
天棚	①贴矿棉板（用专用胶与石膏板基层粘贴）	矿棉板天棚面层
	②9mm 厚纸面石膏板基层自攻螺钉拧牢	石膏板天棚基层
	③轻钢横撑龙骨 U19×50×0.5 中距 3000mm，U19×25×0.5 中距 3000mm； ④轻钢小龙骨 U19×25×0.5 中距等于板材 1/3 宽度； ⑤轻钢中龙骨 U19×50×0.5 中距等于板材宽度； ⑥轻钢大龙骨［45×15×1.2 或［50×15×1.5； ⑦ϕ8 螺栓吊杆双向吊点，中距 900～1200mm； ⑧钢筋混凝土板内预留 ϕ6 铁环，双向中距 900～1200mm	轻钢龙骨吊顶
挑檐	①1∶1 水泥砂浆（细砂）勾缝； ②贴 6～12mm 厚面砖（在砖粘贴面上涂抹专用粘结剂，然后粘贴）； ③基层用 EC 聚合物砂浆修补整平	面砖墙面
挑檐（底板）	①刷（喷）涂料	天棚涂料
	②5mm 厚 1∶2.5 水泥砂浆抹面，压实赶光； ③13mm 厚 1∶3 水泥砂浆打底； ④刷素水泥浆一道（内掺建筑胶）； ⑤现浇钢筋混凝土板	天棚抹灰

(2) 计算。

1) 内墙面。

内墙面抹灰工程量＝内墙面净长度×内墙面抹灰高度－门窗洞口所占面积

$$=[(3.6-0.24+5.1-0.24)\times2\times2+(3-0.24+5.1-0.24)\times2]\text{m}\times(3+0.1-0.9)\text{m}-(1\times1.5+0.9\times1.2\times2\times2+1.8\times1.8\times5)\text{m}^2$$

$$=48.12\text{m}\times2.2\text{m}-22.02\text{m}^2$$

$$=83.84\text{m}^2$$

内墙面喷涂料工程量＝内墙面抹灰工程量＝83.84m^2

2) 内墙裙。门框、窗框的宽度均为 100mm，且安装于墙中线，则

内墙裙贴釉面砖工程量＝内墙面净长度×内墙裙高度－门洞口所占面积＋门洞口侧壁面积

$$=48.12\text{m}\times0.9\text{m}-(1\times0.9+0.9\times0.9\times2\times2)\text{m}^2+\left[0.9\times\frac{0.24-0.1}{2}\times2+0.9\times(0.24-0.1)\times4\right]\text{m}^2$$

$$=43.31\text{m}^2-4.14\text{m}^2+0.63\text{m}^2$$

$$=39.80\text{m}^2$$

3）外墙面。

外墙面贴面砖工程量$=L_{外}\times$外墙面高度－门窗洞口、台阶所占面积＋洞口侧壁面积

$$=(3.6\times2+3+0.24+5.1+0.24)\text{m}\times2\times(3.9+0.3)\text{m}$$

$$-(1\times2.4+1.8\times1.8\times5)\text{m}^2-(2.4\times0.15+3\times0.15)\text{m}^2$$

$$+\frac{0.24-0.1}{2}\text{m}\times[(1+2.4\times2)+(1.8+1.8)\times2\times5]\text{m}$$

$$=31.56\text{m}\times4.2\text{m}-18.6\text{m}^2-0.81\text{m}^2+2.93\text{m}^2$$

$$=132.55\text{m}^2-18.6\text{m}^2-0.81\text{m}^2+2.93\text{m}^2$$

$$=116.07\text{m}^2$$

4）天棚。

天棚龙骨工程量＝主墙间净面积

$$=(3.6-0.24)\text{m}\times(5.1-0.24)\text{m}\times2+(3-0.24)\text{m}\times(5.1-0.24)\text{m}$$

$$=16.33\text{m}^2\times2+13.41\text{m}^2$$

$$=46.07\text{m}^2$$

天棚基层工程量＝天棚面层工程量＝天棚龙骨工程量$=46.07\text{m}^2$

5）挑檐。

挑檐贴面砖工程量＝挑檐立板外侧面积

$=(L_{外}+0.5\text{m}\times8)\times$立板高度

$$=(31.56+0.5\times8)\text{m}\times0.4$$

$$=5.69\text{m}^2$$

挑檐抹灰工程量＝挑檐底板面积

$=(L_{外}+0.5\text{m}\times4)\times$挑檐宽度

$$=(31.56+0.5\times4)\text{m}\times0.5\text{m}$$

$$=16.78\text{m}^2$$

挑檐刷涂料工程量＝挑檐抹灰工程量$=16.78\text{m}^2$

第六章
措施项目工程量计算

【思政元素】素颜混凝土之美　成就城市新地标

武汉月湖边，俯瞰如“起伏山丘”“银色梯田”的琴台美术馆，国内最大规模清水混凝土单体建筑呼之欲出。

国画讲究“下笔无悔”，这座外观曲线流畅的美术馆设计建造过程，如同“画国画”，一旦落笔就不能改，因清水混凝土的设计，要求建筑“毛坯”一次成型即交付，设计师和建设者们将“极简风”“隐形力”发挥到极致。

步入美术馆，第一感受是“素雅”，工业风、艺术气息扑面而来。

视线所及，均为清水混凝土本色，无装饰痕迹，连灯具都镶嵌在混凝土顶板内。整个建筑顶部、墙面全部采用被称作“素颜混凝土”的清水混凝土。整个建筑的清水混凝土面积达到 72000 平方米，创下国内单体清水混凝土使用面积之最。

“素颜”建筑比“精装修”的难度更大，各种管线以及喷淋头、风口百叶、开关面板、灯具等需一次设计到位，不能 NG，一旦设计考虑不周全，现场混凝土浇筑后无法修补。

如此大的美术馆内部，常见的支撑柱也少，形成“顺滑”的无障碍视角。美术馆内有几处面积较大的展墙，乍看是用于安装艺术品的普通墙体，实际上“暗藏玄机”。墙体本身是超大空间支撑结构，可承重超大型展品，“中空”的墙体内“藏”着各类水电、通风、消防等设备线路，留给艺术品最大空间。

“美术馆内展墙布置灵活、纵横交错，空间流动、一步一景；同一空间内不同标高的楼板进退错落，营造丰富的室内空间。”

“4.3 万平方米的建筑，逛一圈不仅没有重复的空间和通道，连空间感都完全不同。”

清水混凝土即混凝土浇筑成型的表面不再有任何涂装或石材等装饰装修材料。琴台美术馆工程是国内最大的清水混凝土建筑，同时也是世界上首个地景式复杂双曲面清水混凝土建筑，该工程造型复杂，要求每块模板的尺寸、结构都要和谐统一，这就对模板施工要求更高。该工程又一次让我们感受到工匠精神及建筑人的严谨、认真和精益求精的精神，作为当代大学生要勤于学习、善于学习，不断积累为社会服务的专业技能。

（资料来源：长江日报—长江网）

措施项目是指为完成工程项目施工，发生于该工程施工准备和施工过程中的技术、生活、安全、环境保护等方面的项目，如模板工程，脚手架工程，垂直运输，建筑物超高增加费，大型机械设备进出场及安拆，施工排水、降水安全文明施工，冬雨季施工，材料二次搬运等。其中，模板工程在第四章第七节中已经介绍，安全文明施工，冬雨季施工、材料二次搬运等项目不宜算量。本章依据《房屋建筑与装饰工程消耗量定额》（TY01-31—2015）编写。

第一节 脚手架工程

脚手架是为了保证各施工过程顺利进行而搭设的工作平台，按搭设的位置不同可分为外脚手架、里脚手架；按材料不同可分为木脚手架、竹脚手架、钢管脚手架；按构造形式不同可分为立杆式脚手架、桥式脚手架、门式脚手架、挂式脚手架、悬吊式脚手架等。

一、需要了解的内容

计算脚手架工程量之前，应了解以下内容：

(1) 檐高。建筑物檐高是以设计室外地坪至檐口滴水高度（平屋顶系指屋面板底高度，斜屋面系指外墙外边线与斜屋面板底的交点）为准。突出主体建筑屋顶的楼梯间、电梯间、水箱间、屋面天窗等不计入檐口高度之内。

(2) 脚手架的类型。本定额将脚手架分为综合脚手架、单项脚手架（包括外脚手架、里脚手架、满堂脚手架、挑脚手架、悬空脚手架、吊篮脚手架、安全网等项目）。

二、综合脚手架

（一）工程量计算规则

综合脚手架工程量按设计图示尺寸以建筑面积计算。

（二）有关问题说明

(1) 综合脚手架中包括外墙砌筑及外墙粉饰、3.6m以内的内墙砌筑及混凝土浇捣用脚手架以及内墙面和天棚粉饰脚手架。

(2) 执行综合脚手架有下列情况者，可另执行单项脚手架项目：

1) 满堂基础或者高度（垫层上皮至基础顶面）在1.2m以外的混凝土或钢筋混凝土基础，按满堂脚手架基本层定额乘以系数0.3；高度超过3.6m，每增加1m按满堂脚手架增加层定额乘以系数0.3。

2) 砌筑高度在3.6m以外的砖内墙，按单排脚手架定额乘以系数0.3；砌筑高度在3.6m以外的砌块内墙，按相应双排外脚手架定额乘以系数0.3。

3）砌筑高度在 1.2m 以外的屋顶烟囱的脚手架按设计图示烟囱外围周长另加 3.6m 乘以烟囱出屋顶高度以面积计算，执行里脚手架项目。

4）砌筑高度在 1.2m 以外的管沟墙及砖基础，按设计图示砌筑长度乘以高度以面积计算，执行里脚手架项目。

5）墙面粉饰高度在 3.6m 以外的执行内墙面粉饰脚手架项目。

6）按照建筑面积计算规范的有关规定未计入建筑面积，但施工过程中需要搭设脚手架的施工部位。

（3）同一建筑物有不同檐高时，按建筑物的不同檐高纵向分割，分别计算建筑面积，并按各自的檐高执行相应项目。建筑物有多种结构时，按不同结构分别计算。

（4）凡单层建筑工程执行单层建筑综合脚手架项目（适用于檐高 20m 以内的单层建筑工程），二层及二层以上的建筑工程执行多层建筑综合脚手架项目，地下室部分执行地下室综合脚手架项目。

（5）凡不适宜使用综合脚手架的项目，可按相应的单项脚手架项目执行。

【例 6 - 1】 某砖混结构办公楼，地下一层地上五层。每层层高 3.0m，每层建筑面积 1000m^2，设计采用独立基础（基底标高−1.5m）。试计算该办公楼综合脚手架工程量。

解 因为地上部分与地下部分执行不同的定额项目，故综合脚手架工程量应分别按多层建筑综合脚手架项目和地下室综合脚手架项目计算。

多层综合脚手架工程量＝建筑面积＝1000m×5m＝5000m^2

地下室综合脚手架工程量＝建筑面积＝1000m^2

三、 外脚手架

沿建筑物外墙面搭设的脚手架称外脚手架。它可用于砌筑和装饰工程，搭设形式有单排（一排立杆）和双排（两排立杆）之分。如图 6 - 1 所示扣件式钢管外脚手架。

1. 工程量计算规则

外脚手架工程量按外墙外边线长度（含墙垛及附墙井道）乘以外墙高度以面积计算。不扣除门窗洞口、空圈等所占面积。计算式如下：

$$外脚手架工程量=L_{外}\times 外墙高度$$

2. 有关问题说明

（1）外脚手架消耗量中已综合斜道、上料平台、护卫栏杆等。

（2）同一建筑高度不同时，应按不同高度分别计算。

（3）建筑物外墙脚手架，设计室外地坪至檐口的砌筑高度在 15m 以内的按单排脚手架计算；砌筑高度在 15m 以外或砌筑高度虽不足 15m，但外墙门窗及装饰面积超过外墙表面

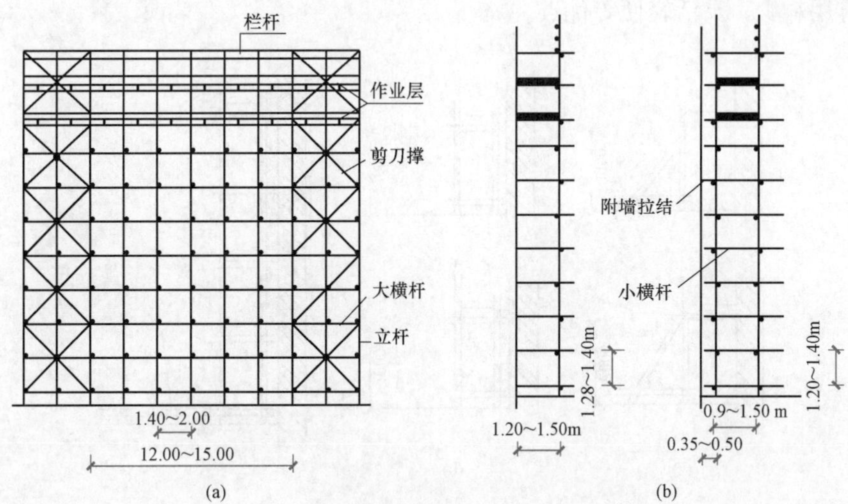

图 6-1 扣件式钢管外脚手架

(a) 单排；(b) 双排

积 60%时，执行双排脚手架项目。

(4) 现浇钢筋混凝土梁，按梁顶面至地面（或楼面）间的高度，乘以梁净长以面积计算，执行双排外脚手架定额乘以系数 0.3。计算式如下：

现浇钢筋混凝土梁脚手架工程量＝脚手架高度×梁净长度

式中：脚手架高度为梁顶面至地面（或楼面）间的高度。

(5) 独立柱按设计图示尺寸以结构外围周长另加 3.6m 乘以高度以面积计算，执行双排外脚手架定额乘以系数 0.3。计算式如下：

独立柱脚手架工程量＝(柱结构外围周长＋3.6m)×柱高

(6) 围墙脚手架，室外地坪至围墙顶面的砌筑高度在 3.6m 以内的，按里脚手架计算；砌筑高度在 3.6m 以外的，执行单排外脚手架项目。

(7) 石砌体，砌筑高度在 1.2m 以外的，执行双排外脚手架项目。

(8) 大型设备基础，凡距地坪高度在 1.2m 以外的，执行双排外脚手架项目。

【例 6-2】 某建筑物外墙外边线 $L_{外}$＝100m，设计室外地坪标高为－0.45m，外墙顶面标高为 15.9m，试计算砌筑外墙所需的外脚手架工程量。

解 由已知条件可知：

外墙砌筑高度＝15.9m＋0.45m＝16.35m

故：外脚手架工程量＝$L_{外}$×外墙砌筑高度＝100m×16.35m＝1635m^2

四、里脚手架

沿室内墙面搭设的脚手架称里脚手架，如图 6-2 所示，可用于内外墙砌筑和室内装修施工，具有用料少，灵活轻便等优点。

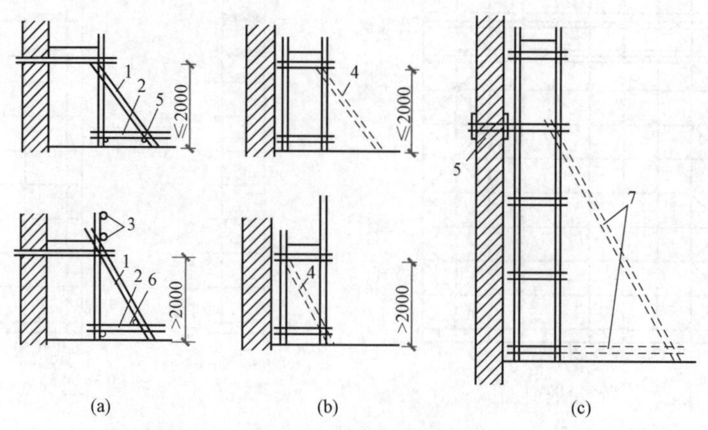

图 6-2　里脚手架

(a) 单层单排架；(b) 单层双排架；(c) 多层双排架

1—抛撑；2—扫地杆；3—栏杆；4—视需要设置的斜杆和抛撑；5—连墙点；6—纵向连接杆；7—无连墙件的设置的抛撑

里脚手架工程量计算规则：按墙面垂直投影面积计算，不扣除门、窗、洞口、空圈等所占面积。

五、满堂脚手架

在施工作业面上满铺的，纵横向各超过三排立杆的整块形落地式多立杆脚手架称满堂脚手架，主要用于单层厂房、礼堂、大厅等天棚安装及装修作业以及大面积的高处作业。满堂脚手架如图 6-3 所示。

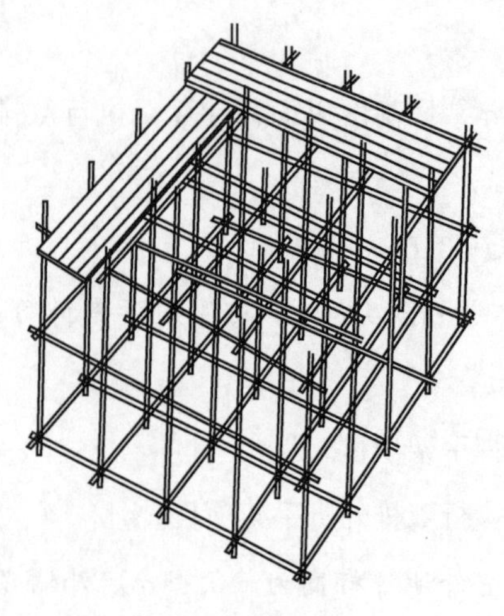

图 6-3　满堂脚手架

满堂脚手架工程量计算规则：按室内净面积计算。

说明：

满堂脚手架的搭设高度在 3.6～5.2m 之间时，计算基本层；超过 5.2 以外，每增加 1.2m 计算一个增加层，不足 0.6m 按一个增加层乘以系数 0.5 计算。计算式如下：

$$\text{满堂脚手架增加层}=\frac{\text{室内净高度}-5.2\text{m}}{1.2\text{m}}$$

【例 6-3】　某单层房屋室内净高度为 8.5m，净长度为 15m，净宽度为 10m，试计算满堂脚手架工程量及其增加层数。

解 满堂脚手架工程量=室内净面积=15m×10m=150m²

$$满堂脚手架增加层=\frac{室内净高度-5.2m}{1.2m/层}=\frac{8.5-5.2}{1.2}层=2.75层$$

因 0.75 层×1.2m/层=0.9m>0.6m，故满堂脚手架增加层应按 3 层计算。

六、 悬空脚手架

悬空脚手架是用钢丝绳沿对墙面拉起，工作台在上面滑移施工的脚手架，常用于净高超过 3.6m 的屋面板勾缝、刷浆或用于两个建筑物之间的悬空通道的脚手架。

悬空脚手架工程量计算规则：按搭设的水平投影面积计算。

七、 挑脚手架

挑脚手架是从建筑物挑出横杆或斜杆组成挑出式支架，再设置栏杆，铺设脚手板构成的脚手架，分每层一挑和多层悬挑两种，主要用于钢筋混凝土结构、钢结构高层或超高层，建筑施工中的主体工程或装修工程的作业及其安全防护需要。

挑脚手架工程量计算规则：按搭设长度乘以层数以长度计算。

八、 吊篮脚手架

吊篮脚手架是采用篮式作业架悬吊于悬挑梁或工程结构之下的脚手架，常用于幕墙安装、外墙清洗和装饰工程，其构造形式如图 6－4 所示。

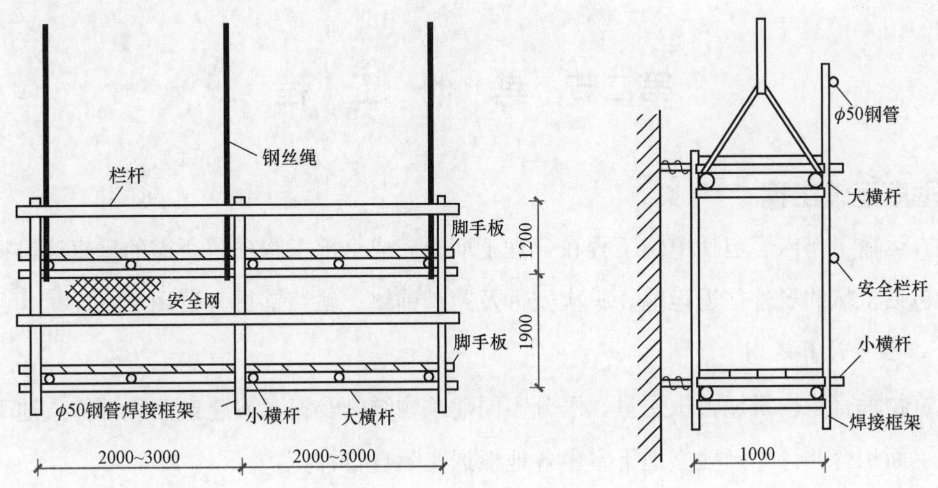

图 6－4 吊篮脚手架构造形式

吊篮脚手架工程量计算规则：按外墙垂直投影面积计算，不扣除门窗洞口所占面积。

九、 电梯井架

电梯井架是沿电梯井壁内径搭设的架子，其工程量计算规则：按单孔以座计算。

十、安全网

安全网在高空进行建筑施工、设备安装时，在其下或其侧设置的起保护作用的网，能有效地防止人身、物体的坠落伤害，防止电焊火花所引起的火灾，降低噪声灰尘污染，达到文明施工，保护环境，美化城市的效果。安全网分为立挂式安全网和挑出式安全网。安全网工程量计算规则如下：

（1）立挂式安全网按架网部分的实挂长度乘以实挂高度以面积计算。

（2）挑出式安全网按挑出的水平投影面积计算。

【例6-4】 已知某建筑物长45m，宽9m，高33m，根据施工组织设计，该建筑物需搭设双排外脚手架、立挂式安全网，还要求在建筑物一层顶部水平搭设一道6m宽的海底网。双排外脚手架沿建筑物每边伸出1.5m，高度高出建筑物1.5m。试计算立挂式安全网、挑出式平网的工程量。

解 立挂式安全网应在双排脚手架的外侧搭设，则

立挂式安全网工程量$=[(45+1.5\times 2)+(9+1.5\times 2)]\text{m}\times 2\times(33+1.5)\text{m}=4140\text{m}^2$

挑出式平网应在双排外脚手架的外侧搭设，则

挑出式平网工程量$=[(3+1.5+45+1.5+3)\text{m}\times 2+(3+1.5+9+1.5+3)\text{m}\times 2]\times 6\text{m}$

$=864\text{m}^2$

第二节 其他工程

一、垂直运输工程

垂直运输工作内容包括单位工程在合理工期内完成全部工程项目所需的垂直运输机械台班，不包括机械的场外往返运输，一次安拆及路基铺垫、轨道铺拆等费用。

1. 工程量计算规则

建筑物垂直运输机械台班用量，区分不同建筑物结构及檐高按建筑面积计算。地下室面积与地上面积合并计算。独立地下室由各地根据实际自行补充。

2. 有关问题说明

（1）檐高3.6m以内的单层建筑不计算垂直运输机械台班。

（2）本定额层高按3.6m考虑，超过3.6m者，应另计层高超高垂直运输增加费，每超高1m，其超高部分按相应定额增加10%，超高不足1m按1m计算。

（3）垂直运输是按现行工期定额中规定的Ⅱ类地区标准编制的，Ⅰ、Ⅲ类地区按相应定额分别乘以系数0.95和1.1。

(4) 定额是按泵送混凝土考虑的，如采用非泵送混凝土，垂直运输费按以下方法增加：相应项目乘以调增系数（5%～10%），再乘以非泵送混凝土数量占全部混凝土数量的百分比。

二、建筑物超高增加费

1. 计取条件

建筑物超高增加人工、机械定额适用于单层建筑物檐口高度超过 20m，多层建筑物超过 6 层的项目。

2. 工作内容

建筑物超高增加人工、机械定额包括工人上下班降低工效、上下楼及自然休息增加时间，垂直运输影响的时间，由于人工降效引起的机械降效以及水压不足所发生的加压水泵台班。

3. 工程量计算规则

建筑物超高增加费的工程量按建筑物超高部分的建筑面积计算。

三、大型机械设备进出场及安拆

大型机械设备进出场及安拆是指机械整体或分体自停放场地运至施工现场或由一个施工地点运至另一个施工地点，所发生的机械进出场运输和转移费用，以及机械在施工现场进行安装、拆卸所需的人工费、材料费、机械费、试运转费和安装所需的辅助设施的费用。本定额包括塔式起重机及施工电梯基础、大型机械设备安拆及大型机械设备进出场三个部分。

1. 工程量计算规则

大型机械设备安拆、大型机械设备进出场的工程量均按台次计算。

2. 有关问题说明

(1) 固定式基础适用于混凝土体积在 $10m^3$ 以内的塔式起重机基础，如超出者按实际混凝土工程、模板工程、钢筋工程分别计算工程量按本书第四章第七节混凝土及钢筋混凝土工程相应项目执行。固定式基础如需打桩，打桩费用另行计算。

(2) 大型机械设备安拆费是安装、拆卸一次的费用，包括了机械安装完毕后的试运转费。

(3) 大型机械设备进出场费包括了往返一次的费用。

(4) 大型机械设备进出场费中已经包括了臂杆、铲斗及附件、道木、道轨的运费。

(5) 机械运输路途中的台班费不另计算。

四、施工排水、降水

施工排水是指在土方开挖过程中，基坑（槽）底面位于地下水位以下时，地下水会不断渗入基坑，雨季时地面水也会流入基坑，为保证施工正常进行，需采用一定的方法（如集水井）排除施工场地或施工部位的地表水。当地下水位较高涌水量较大或土质为细砂或粉砂时，容易产生流砂、边坡塌方及管涌等现象，影响正常施工。此时应采用人工降低地下水位。人工降水方法有轻型井点、喷射井点、电渗井点、管井井点及渗井井点等。一般轻型井点应用较为广泛。

1. 工程量计算规则

(1) 轻型井点、喷射井点排水的井管安装、拆除工程量以根为单位计算。

(2) 轻型井点、喷射井点排水工程量以“套·天”计算。

(3) 真空井点、自流井点排水的安装、拆除工程量以每口井为单位计算。

(4) 真空井点、喷自流井点排水工程量以每口“井·天”计算。

(5) 集水井按设计图示数量以“座”计算，大口井按累计井深以长度计算。

2. 有关问题说明

使用天数以每昼夜（24h）为一天，并按施工组织设计要求的使用天数计算。

第二篇

工程量清单计价

工程量清单计价是指在建设工程招标投标工作中，招标人按照国家统一的工程量计算规则或委托其具有相应资质的工程造价咨询人编制工程量清单，由投标人依据工程量清单自主报价，并按照经评审合理低价中标的工程计价模式。

第七章 建设工程计量计价规范

第一节 工程量清单计价概述

一、 工程量清单计价的一般概念

工程量清单是指载明建设工程的分部分项工程项目、措施项目、其他项目的名称和相应数量以及规费、税金项目等内容的明细清单。

二、 工程量清单计价与定额计价的区别和联系

（一） 工程量清单计价与定额计价的区别

(1) 计价依据不同。定额计价模式下，其计价依据的是各地区建设主管部门颁布的预算定额及费用定额。工程量清单计价模式下，对于投标单位投标报价时，其计价依据的是各投标单位所编制的企业定额和市场价格信息。

(2)“量”“价”确定的方式方法不同。影响工程价格的两大因素是：工程数量和其相应的单价。

定额计价模式下，招投标工作中，工程数量是由各投标单位分别计算，相应的单价按统一规定的预算定额计取。

工程量清单计价模式下，招投标工作中，工程数量是由招标人按照国家规定的统一工程量计算规则计算，并提供给各投标人。各投标单位在“量”一致的前提下，根据各企业的技术、管理水平的高低，材料、设备的进货渠道和市场价格信息，同时考虑竞争的需要，自主确定“单价”，且竞标过程中，合理低价中标。

从上述区别中可以看出：工程量清单计价模式下把定价全交给企业，因为竞争的需要，促使投标企业通过科技、创新、加强施工项目管理等来降低工程成本，同时不断采用新技术、新工艺施工，以达到获得期望利润的目的。

(3) 反映的成本价不同。工程量清单计价，反应的是个别成本。各个投标人根据市场的人工、材料、机械价格行情、自身技术实力和管理水平投标报价，其价格有高有低，具有多样性。招标人在考虑投标单位的综合素质的同时选择合理的工程造价。

定额计价，反映的是社会平均成本，各投标人根据相同的预算定额及估价表投标报价，所报的价格基本相同，不能反映中标单位的真正实力。由于预算定额的编制是按社会平均消耗量考虑，所以其价格反映的是社会平均价，这也就给招标人提供盲目压价的可能，从而造成结算突破预算的现象。

（4）风险承担人不同。定额计价模式下承发包计价、定价，其风险承担人是由合同价的确定方式决定的。当采用固定价合同，其风险由承包人承担，采用可调价合同其风险由承、发包人共担，但在合同中往往明确了工程结算时按实调整，实际上风险基本上由发包人承担。

工程量清单计价模式下实行风险共担、合理分摊的原则，发包人承担计量的风险，承包人应完全承担的风险是技术风险和管理风险，如管理费和利润；应有限度承担的是市场风险，如材料价格、施工机械使用费等的风险，应完全不承担的是法律、法规、规章和政策变化的风险。

（5）项目名称划分不同。两种不同计价模式项目名称划分不同表现在：

1）定额计价模式中项目名称按"分项工程"划分，而工程量清单计价模式中有些项目名称综合了定额计价模式下的好几个分项工程，如基础挖土方项目综合了挖土、支挡土板、地基钎探、运土等。清单编制人及投标人应充分熟悉规范，确保清单编制及价格确定的准确。

2）定额计价模式中项目内含施工方法因素，而清单计价模式中不含。如定额计价模式下的基础挖土方项目，分为人工挖、机械挖以及何种机械挖；而工程量清单计价模式下，只有基础挖土方项目。

综上所述，两种不同计价模式的本质区别在于："工程量"和"工程价格"的来源不同，定额计价模式下"量"由投标人计算（在招投标过程中），"价"按统一规定计取；而工程量清单计价模式，"量"由招标人统一提供（在招投标过程中），"价"由投标人根据自身实力，市场各种因素，考虑竞争需要自主报价。工程量清单计价模式能真正实现"客观、公正、公平的原则"。

（二）工程量清单计价与定额计价的联系

（1）《房屋建筑与装饰工程工程量计算规范》（GB 50854—2013）中清单项目的设置，参考了全国统一定额的项目划分，注意了使清单计价项目设置与定额计价项目设置的衔接，以便于推广工程量清单计价模式使用。

（2）《房屋建筑与装饰工程工程量计算规范》（GB 50854—2013）中的"工程内容"基本上取自原定额项目（或子目）设置的工作内容，它是综合单价的组价内容。

（3）工程量清单计价，企业需要根据自己的企业实际消耗成本报价，在目前多数企业没有企业定额的情况下，现行全国统一定额或各地区建设主管部门发布的预算定额（或消耗量定额）可作为重要参考。所以工程量清单的编制与计价，与定额有着密不可分的联系。

三、实行工程量清单计价的目的和意义

1. 实行工程量清单计价，是社会主义市场经济发展的需要

长期以来，我国承发包计价、定价以工程预算定额作为主要依据。1992 年，为了适应建设市场改革的要求，针对工程预算定额中存在的问题，提出了“控制量、指导价、竞争费”的改革措施。但大部分省市仍然是采用“量价合一”的预算定额及费用定额作为确定工程造价的依据，预算定额中的人工、材料、机械的消耗量是按社会平均消耗水平编制的，人工、材料、机械单价及取费标准是按法定形式执行的，而与工程价格行为密切相关的作为建筑市场主体的发包人和承包人没有决策权和定价权，这一计价模式满足不了竞争的需要，大大削弱了企业改革的积极性，不利于企业管理水平和创新精神的提高。2003 年 7 月 1 日，《建设工程工程量清单计价规范》（GB 50500—2003）作为国家标准在全国推行，之后经过实践几经修订，先后出版发行了 2008 版、2013 版。这一计价模式中，把有利于企业降低工程造价的施工措施项目从实体项目中分离了出来，把定价权交给了企业，在招投标过程中，经评审合理低价者中标。市场经济的特点就是竞争，工程量清单计价模式满足了市场经济发展的需要。

2. 实行工程量清单计价，是适应我国加入世界贸易组织（WTO），融入世界大市场的需要

随着我国改革开放的进一步加快，中国经济日益融入全球市场，特别是我国加入世界贸易组织（WTO）后，行业壁垒逐步消除，建设市场将进一步对外开放。国外的企业以及投资的项目越来越多地进入国内市场，我国企业走出国门在海外投资和经营的项目也在增加。为了适应这种对外开放建设市场的形势，就必须与国际通行的计价方法相适应，为建设市场主体创造一个与国际惯例接轨的公平竞争环境。工程量清单计价是国际通行的计价做法，在我国实行工程量清单计价，有利于提高国内建设各方主体参与国际竞争的能力，有利于提高工程建设的管理水平。

3. 实行工程量清单计价，是促进建设市场有序竞争和企业健康发展的需要

采用工程量清单计价模式进行招投标，招标人在招标文件中需要提供工程量清单，由于工程量清单是公开的，增加了招标、投标透明度；又因为招标的原则是合理低价中标，因而能避免工程招标中的弄虚作假、暗箱操作等不规范行为，有利于规范建设市场秩序，促进建设市场有序竞争。施工企业在投标报价时只有报价最低才可能中标，既要考虑中标又要获得期望的利润，这就促使企业不断地改制、不断地进取，提高企业施工管理水平，在施工中采用新技术、新工艺、新材料，努力降低工程成本，增加利润，在行业中永远保持领先地位。

4. 实行工程量清单计价，是适应我国工程造价管理政府职能转变的需要

实行工程量清单计价，有利于我国工程造价管理政府职能的转变，由过去制定政府控制的指令性定额转变为制定适应市场经济规律需要的工程量清单计价原则和方法，引导和指导全国实行工程量清单计价，以适应建设市场发展的需要；由过去行政直接干预转变为对工程造价依法监管，有效地强化政府对工程造价的宏观调控。

第二节 计量计价规范简介

2013 版是以《建设工程工程量清单计价规范》（GB 50500—2008）为基础修订的，与 2003 版、2008 版不同，2013 版是以《建设工程工程量清单计价规范》为母规范，各专业工程工程量计算规范与其配套使用的工程计价、计量标准体系。该系列规范自 2013 年 7 月 1 日起实施。原《建设工程工程量清单计价规范》（GB 50500—2008）同时废止。

一、《建设工程工程量清单计价规范》（GB 50500—2013）、《房屋建筑与装饰工程工程量计算规范》（GB 50854—2013）特点

1. 强制性

（1）由建设主管部门按照强制性国家标准的要求批准发布，规定使用国有资金投资的建设工程发承包，必须采用工程量清单计价。国有资金投资的建设工程招标，招标人必须编制招标控制价。

（2）明确工程量清单必须作为招标文件的组成部分，其准确性和完整性由招标人负责。规定招标人在编制分部分项工程量清单时应包括的五个要件，并明确安全文明施工费、规费和税金应按国家或省级、行业建设主管部门的规定计价，不得作为竞争性费用，为建立全国统一的建设市场和规范计价行为提供了依据。

2. 竞争性

（1）规范中规定，招标人提供工程量清单，投标人依据招标人提供的工程量清单自主报价。

（2）规范中没有人工、材料和施工机械消耗量，投标企业可以依据企业定额和市场价格信息，也可以参照建设主管部门发布的社会平均消耗量定额，按照规范规定的原则和方法进行投标报价。将报价权交给了企业，必然促使企业提高管理水平，引导企业学会编制企业自己的消耗量定额，适应市场竞争投标报价的需要。

3. 通用性

（1）规范中对工程量清单计价表格规定了统一的表达格式，这样不同省市、不同地区和

行业在工程施工招投标过程中，互相竞争就有了统一标准，利于公平、公正竞争。

（2）规范编制考虑了与国际惯例的接轨，工程量清单计价是国际上通行的计价方法。规范规定，符合工程量计算方法标准化、工程量计算规则统一化、工程造价确定市场化的要求。

4. 实用性

《房屋建筑与装饰工程工程量计算规范》（GB 50854—2013）项目名称明确清晰，工程量计算规则简洁明了，特别还列有项目特征和工程内容，编制工程量清单时易于确定具体项目名称，也便于投标人投标报价。计量计价规范可操作性强，方便使用。

二、《建设工程工程量清单计价规范》（GB 50500—2013）、《房屋建筑与装饰工程工程量计算规范》（GB 50854—2013）的组成

（一）《建设工程工程量清单计价规范》（GB 50500—2013）

《建设工程工程量清单计价规范》（GB 50500—2013）由正文和附录两部分组成，其中正文包括：总则、术语、工程量清单编制、招标控制价、投标报价、合同价款约定、工程计量、合同价款调整等计价活动全过程的 16 个方面的规定。

1. 总则

总则中规定了《建设工程工程量清单计价规范》（GB 50500—2013）的目的、依据、适用范围，工程量清单计价活动应遵循的基本原则及附录的作用。

（1）目的：为了规范工程造价计价行为，统一建设工程工程量清单的编制和计价方法。

（2）依据：《中华人民共和国建筑法》《中华人民共和国合同法》《中华人民共和国招标投标法》等法律法规，制定本规范。

（3）适用范围：适用于建设工程发承包及实施阶段的计价活动。

建设工程是指建筑工程、装饰装修工程、安装工程、市政工程、园林绿化工程和矿山工程。

计价活动指的是从招投标开始至工程竣工结算全过程的一个计价活动。包括工程量清单的编制，工程量清单招标控制价编制，工程量清单投标报价编制，工程合同价款的约定，合同价款的调整、期中支付、争议的解决，竣工结算的办理等活动。

强制规定了使用国有资金投资的建设工程发承包，必须采用工程量清单计价。

国有资金投资的工程建设项目包括使用国有资金投资项目和国家融资项目投资的工程建设项目。使用国有资金投资项目范围包括：

①使用各级财政预算资金的项目；

②使用纳入财政管理的各种政府性专项建设资金的项目；

③使用国有企事业单位自有资金，并且国有资产投资者实际又有控制权的项目。

国家融资项目的范围包括：

①使用国家发行债券所筹资金的项目；

②使用国家对外借款或者担保所筹资金的项目；

③使用国家政策性贷款的项目；

④国家授权投资主体融资的项目；

⑤国家特许的融资项目。

（4）工程量清单计价活动应遵循的原则。工程量清单计价是市场经济的产物，并随着市场经济的发展而发展，必须遵循市场经济活动的基本原则，即“客观、公正、公平”。工程量清单计价活动，除应遵守《建设工程工程量清单计价规范》（GB 50500—2013）外，尚应符合国家现行有关标准的规定。

2. 术语

对《建设工程工程量清单计价规范》（GB 50500—2013）中特有名词给予定义。

3. 工程量清单编制

《建设工程工程量清单计价规范》（GB 50500—2013）中的该部分规定了工程量清单编制人、工程量清单的组成部分及分部分项工程量清单、措施项目清单、其他项目清单、规费项目清单、税金项目清单的编制原则等。详细编制方法见本书第八章。

4. 工程量清单计价

《建设工程工程量清单计价规范》（GB 50500—2013）中规定了工程量清单计价活动全过程应遵循规则，包括招标控制价编制、投标报价、工程合同价款约定、工程计量的原则、合同价款的调整、竣工结算与支付等。

5. 工程计价表格

在附录中规定了工程量清单计价统一格式和填写方法，见本书第八章。

（二）《房屋建筑与装饰工程工程量计算规范》（GB 50854—2013）组成

《房屋建筑与装饰工程工程量计算规范》由总则、术语、工程计量、工程量清单编制与附录组成。

（1）总则：说明了制定本规范的目的、本规范的适用范围。强制规定了“房屋建筑与装饰工程计价，必须按本规范规定的工程量计算规则进行工程计量”。

（2）术语：对工程量计算、房屋建筑、工业建筑、民用建筑做了明确定义。

（3）工程计量：对在工程量计算过程中规范的应用进行说明。

（4）工程量清单编制：规定了应按照附录中统一的项目编码、项目名称、项目特征、计量单位和工程量计算规则进行编制。

（5）附录：按工种及装饰部位等从附录 A～附录 S 共划分了 17 个，包括土石方工程、地基处理与边坡支护工程、桩基工程、砌筑工程、混凝土及钢筋混凝土工程、金属结构工程、木结构工程、门窗工程、屋面及防水工程、保温隔热防腐工程、楼地面装饰工程、墙柱面装饰与隔断幕墙工程、天棚工程、油漆涂料裱糊工程、其他装饰工程、拆除工程、措施项目。

附录中的详细内容是以表格形式表现的，其格式见表 7-1。

表 7-1　　A.1 土方工程（编号：010101）

项目编码	项目名称	项目特征	计量单位	工程量计算规则	工程内容
010101004	挖基坑土方	1. 土壤类别 2. 挖土深度 3. 弃土运距	m^3	按设计图示尺寸以基础垫层底面积乘挖土深度计算	1. 排地表水 2. 土方开挖 3. 围护（挡土板）及拆除 4. 基底钎探 5. 运输

1）项目编码。项目编码是分部分项工程和措施项目清单项目名称的阿拉伯数字标识，是构成分部分项工程量清单的五个要件之一。项目编码共设 12 位数字。《房屋建筑与装饰工程工程量计算规范》（GB 50854—2013）统一到前 9 位，10 至 12 位应根据拟建工程的工程量清单项目名称设置，同一招标工程的项目编码不得有重码。例如：同一个标段（或合同段）的一份工程量清单中含有三个单位工程，每一单位工程中都有项目特征相同的“实心砖墙砌体”，在工程量清单中又需反映三个不同单位工程的实心砖墙砌体工程量时，此时工程量清单应以单位工程为编制对象，则第一个单位工程实心砖墙项目编码应为 010302001001，第二个单位工程实心砖墙项目编码应为 010302001002，第三个单位工程实心砖墙项目编码应为 010302001003，并分别列出其工程量。

2）项目名称。项目的设置或划分是以形成工程实体为原则，所以项目名称均以工程实体命名。所谓实体是指构成建筑产品的主要实体部分（附属或次要部分均不设置项目），如实心砖墙、砌块墙、木楼梯、钢屋架等项目。项目名称是构成分部分项工程量清单的第二个要件，编制清单时要依据附录规定的项目名称结合拟建工程的实际进行设置。

3）项目特征。项目特征是指构成分部分项工程量清单项目、措施项目自身价值的本质特征，是用来表述项目名称的，它直接影响实体自身价值（或价格），如材质、规格等。在设置清单项目时，要按具体的名称设置，并表述其特征，如砌筑砖墙项目需要表述的特征有：墙体的类型、墙体厚度、高度、砂浆强度等级、种类等，不同墙体的类型（外墙、内墙、围墙)、不同墙体厚度、不同砂浆强度等级，在完成相同工程数量的情况下，因项目特征的不同，其价格不同，因而对项目特征的具体表述，是不可缺少的。项目特征是构成分部分项工程量清单的第三个要件。

4）计量单位：附录中的计量单位均采用基本单位计量，如 m^3、m^2、m、t 等，编制清单或报价时一定要按附录规定的计量单位计，计量单位是构成分部分项工程量清单的第四个要件。

5）工程量计算规则。工程量计算方法的统一规定，附录中每一个清单项目都有一个相应的工程量计算规则。

6）工程内容：工程内容是规范上规定完成清单项目实体所需的施工工序。完成项目实体的工程内容多或少会影响到该项目价格的高低。如“挖基坑土方”的工作内容包括“排地表水、土方开挖、围护及拆除、基底钎探、运输”，也就是说有个别清单项目综合了定额计价模式下若干分项工程，招标人编制清单确定招标控制价或投标人报价都需要特别注意，否则会引起控制价确定或报价失误。由于受各种因素的影响，同一个分项工程可能设计不同，由此所含工程内容可能会发生差异，附录中工程内容栏所列的工程内容没有区别不同设计而逐一列出，就某一个具体工程项目而言，确定综合单价时，附录中的工作内容仅供参考。

第八章

工程量清单编制

【思政元素】科技与创新—— 超级工程“港珠澳大桥”的世界之最

港珠澳大桥（HongKong - Zhuhai - Macao Bridge）是中国境内一座连接香港、珠海和澳门的桥隧工程，位于中国广东省珠江口伶仃洋海域内，为珠江三角洲地区环线高速公路南环段。因其超大的建筑规模、空前的施工难度以及顶尖的建造技术而闻名世界，是世界上总体跨度最长的跨海大桥。被英国《卫报》誉为“现代世界七大奇迹”之一。

港珠澳大桥从设计到建设前后历时 14 年，在建设过程中，创下了许多奇迹，多项世界之最。

世界上最长的跨海大桥——港珠澳大桥集桥、岛、隧于一体，全长 55 千米。

世界上最长的海底隧道——隧道全长 6.7 千米，由 33 个巨型沉管组成，全部采用沉箱预制搭建。

世界上最长的钢结构桥梁——桥梁的主梁钢板用量达到 42 万吨，相当于建成 60 座埃菲尔铁塔的重量。

世界上最大的起重船——承担最终接头的起重船“振华 30”，具备单臂固定起吊 12000 吨、单臂全回转起吊 7000 吨的能力。

世界上最大橡胶隔震支座——该支座的承载力 3000 吨，可为港珠澳大桥抵抗 16 级台风，8 级地震以及 30 万吨巨轮撞击。

创下世界之最的港珠澳大桥是科技工程，也是人心工程。再好的方案和技术最终都要人去完成，每一个节点的进展、每一次攻关、每一次创新，都蕴含着可经受历史考验的中国工匠精神。港珠澳大桥建设者是时代楷模，其职业精神值得年轻人学习。

（数据来源：新华社、新华网）

超级工程——
港珠澳大桥

工程量清单是指载明建设工程分部分项工程项目、措施项目、其他项目的名称和相应数量以及规费、税金项目等内容的明细清单。

《建设工程工程量清单计价规范》（GB 50500—2013）规定（其中条款前加“★”符号的为规范中强制性条文）：

（1）招标工程量清单应由具有编制能力的招标人或受其委托，具有相应资质的工程造价咨询人编制。

★（2）招标工程量清单必须作为招标文件的组成部分，其准确性和完整性由招标人负责。

（3）招标工程量清单是工程量清单计价的基础，应作为编制招标控制价、投标报价、计算或调整工程量、索赔等的依据之一。

（4）招标工程量清单应以单位（单项）工程为单位编制，应由分部分项工程项目清单、措施项目清单、其他项目清单、规费和税金项目清单组成。

（5）编制招标工程量清单应依据：

1）建设工程工程量清单计价规范和相关工程的国家计量规范；

2）国家或省级、行业建设主管部门颁发的计价定额和办法；

3）建设工程设计文件及相关资料；

4）与建设工程项目有关的标准、规范、技术资料；

5）拟定的招标文件；

6）施工现场情况、地质水文资料、工程特点及常规施工方案；

7）其他相关资料。

第一节　分部分项工程项目清单

分部分项工程项目清单是指构成建设工程全部分项实体项目名称和相应数量的明细清单。

《房屋建筑与装饰工程工程量计算规范》（GB 50854—2013）规定（其中条款前加“★”符号的为规范中强制性条文）：

★（1）工程量清单应根据附录规定的项目编码、项目名称、项目特征、计量单位和工程量计算规则进行编制。

★（2）工程量清单的项目编码，应采用12位阿拉伯数字表示。1至9位应按附录的规定设置，10至12位应根据拟建工程的工程量清单项目名称和项目特征设置，同一招标工程的项目编码不得有重码。

★（3）工程量清单的项目名称应按附录的项目名称结合拟建工程的实际确定。

★（4）工程量清单项目特征应按附录中规定的项目特征，结合拟建工程项目的实际予以描述。

★（5）工程量清单中所列工程量应按附录中规定的工程量计算规则计算。

★（6）工程量清单的计量单位应按附录中规定的计量单位确定。

（7）编制工程量清单出现附录中未包括的项目，编制人应作补充，并报省级或行业工程造价管理机构备案，省级或行业工程造价管理机构应汇总报住房和城乡建设部标准定额研究所。

补充项目的编码由《房屋建筑与装饰工程工程量计算规范》（GB 50854—2013）的代码01与B和3位阿拉伯数字组成，并应从01B001起顺序编制，同一招标工程的项目不得重码。工程量清单中需附有补充项目的名称、项目特征、计量单位、工程量计算规则、工程内容。不能计量的措施项目，须附有补充项目的名称、工作内容及包含范围。

一、项目编码

工程量清单项目编码

项目编码按《房屋建筑与装饰工程工程量计算规范》（GB 50854—2013）规定，采用五级编码，12位阿拉伯数字表示，1至9位为统一编码，即必须依据规范设置。其中一、二位（一级）为专业工程码，三、四位（二级）为附录顺序码，五、六位（三级）为分部工程顺序码，七、八、九位（四级）为分项工程顺序码，十至十二位（五位级）为清单项目名称顺序码，第五级编码应根据拟建工程的工程量清单项目名称设置。

1. 专业工程代码

专业工程代码为第一、二位编码，见表8-1。

表8-1　专业工程代码

第一、二位编码	专业工程	第一、二位编码	专业工程
01	房屋建筑与装饰工程	06	矿山工程
02	仿古建筑工程	07	构筑物工程
03	通用安装工程	08	城市轨道交通工程
04	市政工程	09	爆破工程
05	园林绿化工程		

2. 附录分类顺序码

附录分类顺序码为第三、四位编码，见表8-2。

表 8-2　　附录分类顺序码

第三、四位编码	附录	对应的项目	前四位编码
01	A	土（石）方工程	0101
02	B	地基处理与边坡支护工程	0102
03	C	桩基工程	0103
04	D	砌筑工程	0104
05	E	混凝土及钢筋混凝土工程	0105
06	F	金属结构工程	0106
07	G	木结构工程	0107
08	A. 8	门窗工程	0108
	…	……	…

以房屋建筑与装饰工程为例。

3. 分部工程顺序码

分部工程顺序码为第五、六位编码。

表 8-3 为楼地面工程，按不同做法、材质等编码。

表 8-3　　分部工程顺序码

第五、六位编码	对应的附录	适用的分部工程（不同结构构件）	前六位编码
01	L. 1	整体面层及找平层	011101
02	L. 2	块料面层	011102
03	L. 3	橡塑面层	011103
04	L. 4	其他材料面层	011104
…	…	……	…

4. 分项工程顺序码

分项工程顺序码为第七、八、九位编码。

表 8-4 为块料面层的分项工程顺序码。

表 8-4　　分项工程顺序码

第七、八、九位编码	对应的附录	适用的分项工程	前九位编码
001	L. 2	石材楼地面	011102001
002	L. 2	碎石材楼地面	011102002
003	L. 2	块料楼地面	011102003

5. 清单项目名称顺序码

清单项目名称顺序码为第十、十一、十二位编码。

下面以块料楼地面为例进行说明。

如某办公楼面层地面有两种做法，分别为 8mm 厚全玻磁化砖（600mm×600mm），

10mm 厚瓷质耐磨地砖（300mm×300mm），其编码由清单编制人在全国统一 9 位编码的基础上，在第十、十一、十二位上自行设置，编制出项目名称顺序码 001、002。如：

8mm 厚全玻磁化砖（600mm×600mm），编码 011102003001；

10mm 厚瓷质耐磨地砖（300mm×300mm），编码 011102003002。

清单编制人在自行设置编码时应注意：

（1）一个项目编码对应于一个项目名称、计量单位、计算规则、工程内容、综合单价。因而清单编制人在自行设置编码时，以上五项中只要有一项不同，就应另设编码。如同一个单位工程中分别有 M10 水泥砂浆砌筑 370mm 建筑物外墙和 M7.5 水泥砂浆砌筑 370mm 建筑物外墙，这两个项目虽然都是实心砖墙，但砌筑砂浆强度等级不同，因而这两个项目的综合单价就不同，故第五级编码就应分别设置，其编码分别 010402001001（M10 水泥砂浆砖外墙），010402001002（M7.5 水泥砂浆砖外墙）。

（2）同一个分项工程中第五级编码不应重复。即同一性质项目，只要形成的综合单价不同，第五级编码就应分别设置，如墙面抹灰中的混凝土墙面抹灰和砖墙面抹灰其第五级编码就应分别设置。

（3）清单编制人在自行设置编码时，并项要慎重考虑。如：某多层建筑物挑檐底部抹灰同室内天棚抹灰的砂浆种类、抹灰厚度都相同，但这两个项目的施工难易程度有所不同，因而就要慎重考虑并项。

二、项目名称

分部分项工程量清单的项目名称应按附录的项目名称结合拟建工程的实际确定。

《房屋建筑与装饰工程工程量计算规范》（GB 50854—2013）中，项目名称一般是以“工程实体”命名的。如水泥砂浆楼地面、筏片基础、矩形柱、圈梁等。应该注意：附录中的项目名称所表示的工程实体，有些是可用适当的计量单位计算的简单完整的分项工程，如砌筑砖墙，也有些项目名称所表示的工程实体是分项工程的组合，如附录 Q 其他装饰工程中“金属旗杆”清单项目包括了旗杆。基座、基础、基座的面层及土石挖填等分项工程。

三、项目特征

项目特征是指分部分项工程量清单项目自身价值的本质特征。清单项目特征应按附录中规定的项目特征，结合拟建工程项目的实际予以描述。

在编制分部分项工程量清单，进行项目特征描述时：

（一）必须描述的内容

（1）涉及正确计量的内容必须描述：如门窗洞口尺寸或框外围尺寸，《房屋建筑与装饰工程工程量计算规范》（GB 50854—2013）规定计量单位按“樘/m^2”计量，如采用“樘”

计量，1 樘门或窗有多大，直接关系到门窗的价格，因而对门窗洞口或框外围尺寸进行描述就十分必要。

（2）涉及结构要求的内容必须描述：如混凝土构件的混凝土强度等级，是使用 C20 还是 C30 或 C40 等，因混凝土强度等级不同，其价格也不同，必须描述。

（3）涉及材质及品牌要求的内容必须描述：如油漆的品种，是调和漆还是硝基清漆等；砌体砖的品种，是页岩砖还是煤灰砖等；墙体涂料的品牌及档次等，材质及品牌直接影响清单项目价格，必须描述。

（4）涉及安装方式的内容必须描述：如管道工程中的钢管的连接方式是螺纹连接还是焊接；塑料管是粘结连接还是热熔连接等就必须描述。

（5）组合工程内容的特征必须描述：如《房屋建筑与装饰工程工程量计算规范》（GB 50854—2013）中屋面排水管清单项目，组合的工程内容有："排水管及配件安装固定，雨水斗、山墙出水口、雨水箅子安装，接缝、嵌缝，刷漆。"任何一道工序的特征描述不清、甚或不描述，都会造成投标人组价时漏项或错误，因而必须进行仔细描述。

（二）可不详细描述的内容

（1）无法准确描述的可不详细描述：如土壤类别，由于我国幅员辽阔，南北东西差异较大，特别是对于南方来说，在同一地点，由于表层土与表层土以下的土壤，其类别是不相同的，要求清单编制人准确判定某类土壤的所占比例是困难的，在这种情况下，可考虑将土壤类别描述为综合，注明由投标人根据地勘资料确定土壤类别，决定报价。

（2）施工图纸、标准图集标注明确，可不再详细描述：对这些项目可描述为见××图集××页号及节点大样等。由于施工图纸、标准图集是发、承包双方都应遵守的技术文件，这样描述，可以有效减少在施工过程中对项目理解的不一致。同时，对不少工程项目，真要将项目特征一一描述清楚，也是一件费力的事情，如果能采用这一方法描述，就可以收到事半功倍的效果。

实行工程量清单计价，在招投标工作中，招标人提供工程量清单，投标人依据工程量清单自主报价，而分部分项工程量清单的项目特征是确定一个清单项目综合单价的重要依据，就好比我们要购买某一商品，要了解品牌、性能等是一样的，因而需要对工程量清单项目特征进行仔细、准确描述，以确保投标人准确报价。

四、计量单位

《房屋建筑与装饰工程工程量计算规范》（GB 50854—2013）规定，分部分项工程量清单的计量单位应按附录中规定的计量单位确定，如挖土方的计量单位为立方米（m^3），楼地面工程工程量计量单位为平方米（m^2），钢筋工程的计量单位为吨（t）等。

五、工程量

工程量的计算，应按《房屋建筑与装饰工程工程量计算规范》（GB 50854—2013）规定的统一计算规则进行计量，各分部分项工程量的计算规则见第九、十章。工程数量的有效位数应遵守下列规定：

（1）以吨为单位，应保留小数点后三位数字，第四位四舍五入。

（2）以立方米、平方米、米为单位，应保留小数点后两位数字，第三位四舍五入。

（3）以个、项等为单位，应取整数。

六、分部分项工程量清单的编制程序

在进行分部分项工程量清单编制时，其编制程序为

熟悉招标文件及施工图纸等资料→划分项目名称→确定项目编码→描述项目特征→确定计量单位→计算工程数量→完成清单编制

……

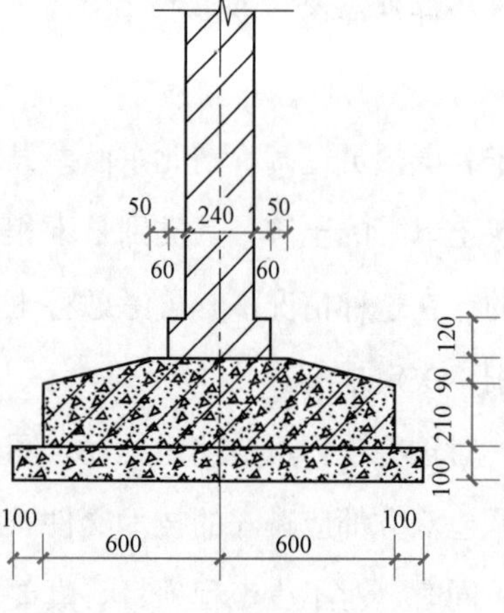

【例8-1】 某C25钢筋混凝土带形基础，其长10m。剖面图如图8-1所示。要求编制其工程量清单。

图8-1 带形基础剖面图

解 （1）项目名称：带形基础。

（2）项目特征：混凝土强度等级C25，商品混凝土。

（3）项目编码：010501003001。

（4）计量单位：m^3。

（5）工程数量：{（0.6＋0.6）×0.21＋［（0.6＋0.6）＋（0.05×2＋0.06×2＋0.24）］×0.09×0.5} m^2×10m＝3.27m^3

（6）表格填写（表8-5）。

表8-5 分部分项工程项目清单与计价表

工程名称：××××　　　　第　页共　页

序号	项目编码	项目名称	项目特征描述	计量单位	工程量	金额（元）		
						综合单价	合价	其中：暂估价
		A.4 混凝土及钢筋混凝土工程						
1	010501003001	带形基础	C25商品混凝土	m^3	3.27			

第二节 措施项目清单

措施项目清单是指为完成工程项目施工，发生于该工程施工准备和施工过程中的技术、

生活、安全、环境保护等等方面的项目。如脚手架工程、模板工程、安全文明施工、冬雨季施工等。《建设工程工程量清单计价规范》（GB 50500—2013）规定：

（1）措施项目清单应根据拟建工程的实际情况列项。

（2）单价措施项目其清单编制同分部分项工程项目清单。

单价措施项目有：脚手架工程，混凝土模板及支架，垂直运输，超过施工增加，大型机械设备进出场及安拆，施工排水、降水。

（3）总价措施项目编制工程量清单时，按规范规定格式完成。

总价措施项目有：安全文明施工，夜间施工，非夜间施工照明，二次搬运，冬雨季施工，地上、地下设施、建筑物的临时保护设施，已完工程及设备保护。

一、措施项目清单的列项条件

措施项目的列项条件见表 8-6。

表 8-6　　措施项目的列项条件

<table>
<tr><th>序号</th><th>项目名称</th><th>措施项目发生的条件</th></tr>
<tr><td>1</td><td>安全文明施工（包括：环境保护、文明施工、安全施工、临时设施）</td><td rowspan="7">正常情况下都要发生</td></tr>
<tr><td>2</td><td>脚手架工程</td></tr>
<tr><td>3</td><td>混凝土模板及支架</td></tr>
<tr><td>4</td><td>垂直运输</td></tr>
<tr><td>5</td><td>二次搬运</td></tr>
<tr><td>6</td><td>地上、地下设施、建筑物的临时保护设施</td></tr>
<tr><td>7</td><td>已完工程及设备保护</td></tr>
<tr><td>8</td><td>大型机械设备进出场及安拆</td><td>施工方案中有大型机具的使用方案，拟建工程必须使用大型机具</td></tr>
<tr><td>9</td><td>超高施工增加</td><td>单层建筑物檐口高度超过 20m，多层建筑物超过 6 层时</td></tr>
<tr><td>10</td><td>施工排水、降水</td><td>依据水文地质资料，拟建工程的地下施工深度低于地下水位</td></tr>
<tr><td rowspan="2">11</td><td>夜间施工</td><td>拟建工程有必须连续施工的要求，或工期紧张有夜间施工的倾向</td></tr>
<tr><td>非夜间施工照明</td><td>在地下室等特殊施工部位施工时</td></tr>
<tr><td>12</td><td>二次搬运</td><td>施工场地条件限制所发生的材料、成品等二次或多次搬运</td></tr>
<tr><td>13</td><td>冬雨季施工</td><td>冬雨季施工时</td></tr>
</table>

二、单价措施项目清单编制

单价措施项目即可以计算工程量的项目，典型的有模板工程、脚手架工程、垂直运输工程等。

【例 8-2】 根据图 8-2 所示编制钢筋混凝土模板及支架措施项目清单。

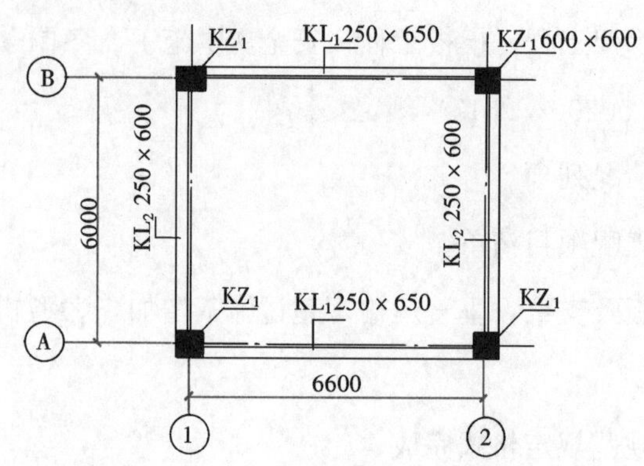

图 8-2　梁、板、柱平面布置图（局部）

注：层高 3.60m，板厚 120mm，柱截面 600mm×600mm

解　分析：钢筋混凝土模板支架属于可以计算工程量的项目，宜采用分部分项工程量清单的方式编制。

根据工程量计算规则其工程量计算如下：

（1）计算柱模板工程量。

$[0.6m\times3.6m\times4-0.25m\times(0.65+0.6)m-(0.6-0.25)m\times0.12m\times2]m^2\times4=32.97m^2$

（2）计算梁模板工程量。

$(6.6-0.6)m\times[0.65+(0.65-0.12)+0.25]m\times2+(6-0.6)m\times[0.6+(0.6-0.12)+0.25]m\times2=31.52m^2$

（3）计算板模板工程量。

$(6.6+0.6)(6+0.6)-0.6\times0.6\times4-(6.6-0.6)\times0.25\times2-(6-0.6)\times0.25\times2=40.38m^2$

（4）确定钢筋混凝土模板及支架清单：单价措施清单与计价表见表 8-7。

表 8-7　　单价措施项目清单与计价表

工程名称：　　　　第　页共　页

序号	项目编码	项目名称	项目特征描述	计量单位	工程量	金额（元）	
						综合单价	合价
1	011702002001	现浇钢筋混凝土矩形柱	矩形柱，截面 600mm×600mm 支模高度 3.6m	m^2	32.97		
2	011702006001	现浇钢筋混凝土梁	框架梁，截面 250mm×650mm 250mm×600mm	m^2	31.52		
3	011702016001	现浇钢筋混凝土板	平板，板厚 120mm	m^2	40.38		

三、总价措施项目清单编制

总价措施项目即不宜计算工程量的措施项目，按表 8-8 格式完成。

总价措施项目清单列项和计价

表 8-8　　总价措施项目清单与计价表

序号	项目编码	项目名称	计算基础	费率（%）	金额（元）	调整费率（%）	调整金额（元）	备注
1	011707001001	安全文明施工						
2	011707002001	夜间施工						

续表

序号	项目编码	项目名称	计算基础	费率（%）	金额（元）	调整费率（%）	调整金额（元）	备注
3	011707003001	非夜间施工照明						
4	011707004001	二次搬运						
5	011707005001	冬雨季施工						
6	011707006001	地上、地下设施、建筑物的临时保护设施						
7	011707007001	已完工程及设备保护						

四、综合实例

【例8-3】 已知某六层砖混结构住宅楼，每层层高均为3.0m，基础为钢筋混凝土筏片基础，下设素混凝土垫层，垫层底标高为－3.200m，垫层下换入2m厚3∶7灰土碾压。施工工期8个月（当年3月至10月），地下水位于－3.0m处，室外设计地坪标高为－0.900m。

依据通常的合理施工方案，假设基础施工需搭设满堂脚手架，墙体砌筑搭设里脚手架，主体施工搭设垂直全封闭安全网。

要求根据以上资料编制建筑工程部分措施项目清单。

解 （1）分析。

1）可以计算工程量的措施项目：

因是砖混结构，就有钢筋混凝土构件，故有混凝土、钢筋混凝土模板及支架措施项目发生，包括垫层、基础、构造柱、圈梁、板、楼梯等模板。

由已知资料可知，有脚手架及安全网措施项目。又因是多层结构，故有垂直运输机械发生。

因是筏片基础，且其下有2m厚的换土垫层，采用履带式反铲挖掘机挖土，换土垫层需用振动式压路机，因而会发生大型机械进出场费；由已知资料中知：基础垫层底标高－3.200m，且其下有2m厚的换土垫层，土方需挖至－5.2m标高处，地下水位标高位于－3.0m处，故挖土过程中需进行施工降水、排水。

2）不能计算工程量的措施项目：

施工时间在3月至10月，有雨季施工措施项目发生；有混凝土浇筑工程，因而有夜间施工倾向；一般情况下安全文明施工、二次搬运、地上地下设施建筑物的临时保护设施、已完工程及设备保护都会发生。

（2）编制措施项目清单。

措施项目清单见表8-9、表8-10。

表8-9　总价措施项目清单与计价表

工程名称：某住宅楼建筑工程　　标段：　　第　页共　页

序号	项目编码	项目名称	计算基础	费率（%）	金额（元）	调整费率（%）	调整金额（元）	备注
1	011707001001	安全文明施工						
2	011707002001	夜间施工						
3	011707004001	二次搬运						
4	011707005001	冬雨季施工						
5	011707006001	地上、地下设施、建筑物的临时保护设施						
6	011707007001	已完工程及设备保护						

表8-10　单价措施项目清单与计价表

工程名称：某住宅楼建筑工程　　标段：　　第　页共　页

序号	项目编码	项目名称	项目特征描述	计量单位	工程量	金额（元）	
						综合单价	合价
1		钢筋混凝土模板及支架					
1.1	011702001001	现浇混凝土垫层模板及支架	略	m^2	略		
1.2	011702001002	现浇钢筋混凝土筏片基础模板及支架	略	m^2	略		
1.3	011702003001	现浇钢筋混凝土构造柱模板及支架	略	m^2	略		
…	…	…					
2		脚手架					
2.1	011701006001	基础满堂脚手	略	m^2	略		
2.2	011701003001	砌筑里脚手	略	m^2	略		
…	…	…					
3		垂直运输机械					
3.1	011703001001	垂直运输机械	略	m^2	略		
4		大型机械设备进出场					
4.1	011705001001	大型机械设备进出场	略	台次	略		
5		排水、降水					
5.1	011706002001	排水、降水	略	昼夜	略		

第三节 其他项目清单

其他项目清单是指除分部分项工程量清单、措施项目清单外的由于招标人的特殊要求而设置的项目清单。

《建设工程工程量清单计价规范》(GB 50500—2013)规定：

(1)其他项目清单宜按照下列内容列项：

1)暂列金额；

2)暂估价：包括材料暂估单价、工程设备暂估单价、专业工程暂估价；

3)计日工；

4)总承包服务费。

(2)出现上述未列的项目，可根据工程实际情况补充。

其他项目清单与计价汇总表见表 8 - 11。

表 8 - 11 其他项目清单与计价汇总表

工程名称：××中学教学楼 第 页共 页

序号	项目名称	金额(元)	结算金额(元)	备注
1	暂列金额	200 000		明细详见表 8 - 12
2	暂估价	100 000		
2.1	材料暂估价	—		明细详见表 8 - 13
2.2	专业工程暂估价	100 000		明细详见表 8 - 14
3	计日工			明细详见表 8 - 15
4	总承包服务费			明细详见表 8 - 16
5				
合计				

注 材料暂估单价进入清单项目综合单价，此处不汇总。

一、暂列金额

暂列金额指招标人在工程量清单中暂定并包括在合同价款中的一笔款项。用于施工合同签订时尚未确定或者不可预见的所需材料、工程设备、服务的采购，施工中可能发生的工程变更、合同约定调整因素出现时的合同价款调整以及发生的索赔、现场签证确认等的费用。

《建设工程工程量清单计价规范》（GB 50500—2013）要求招标人将暂列金额与拟用项目明细列出，但如确实不能详列也可只列暂定金额总额，投标人应将招标人所列的暂列金额计入投标总价中。暂列金额格式见表 8 - 12。

表 8 - 12　　暂列金额明细表

工程名称：××中学教学楼　　　　第　页共　页

序号	项目名称	计量单位	暂定金额（元）	备注
1	工程量清单中工程量偏差和设计变更		100 000	
2	政策性调整和材料价格风险		100 000	
3				
4				
合计			200 000	—

注　此表由招标人填写，也可只列暂定金额总额，投标人应将上述暂列金额计入投标总价中。

二、暂估价

暂估价指招标人在工程量清单中提供的用于支付必然发生但暂时不能确定价格的材料、工程设备的单价以及专业工程的金额。材料暂估价、专业工程暂估价格式见表 8 - 13、表 8 - 14。

表 8 - 13　　材料（工程设备）暂估单价及调整表

工程名称：　　　　标段：　　　　第　页共　页

序号	材料（工程设备）名称、规格、型号	计量单位	数量		暂估（元）		确认（元）		差额±（元）		备注
			暂估	确认	单价	合价	单价	合价	单价	合价	
1	600×600 芝麻白花岗岩	m^2	2000		150	300 000					用在所有教室楼地面
合计											

注　此表由招标人填写“暂估单价”，并在备注栏说明暂估价的材料、工程设备拟用在哪些清单项目上，投标人应将上述材料、工程设备暂估单价计入工程量清单综合单价报价中。

表 8-14　　专业工程暂估价及结算价表

工程名称：××中学教学楼　　　　第　页共　页

序号	工程名称	工程内容	暂估金额（元）	结算金额（元）	备注
1	塑钢窗	制作、安装	100 000		用在该教学楼所有窗户的清单项目中
	合计				—

注　此表“暂估金额”由招标人填写，投标人应将“暂估金额”计入投标总价中。结算时按合同约定结算金额填写。

三、计日工

计日工指在施工过程中，承包人完成发包人提出的工程合同范围以外的零星项目或工作（所需的人工、材料、施工机械台班等），按合同中约定的单价计价的一种方式。格式见表 8-15。

表 8-15　　计日工表

工程名称：　　　　第　页共　页

编号	项目名称	单位	暂定数量	实际数量	综合单价	合价	
						暂定	实际
一	人工						
1	（1）普工	工日	50				
2	（1）瓦工	工日	30				
3	（1）抹灰工	工日	30				
	人工小计						
二	材料						
1	（1）42.5 矿渣水泥	kg	300				
	材料小计						
三	施工机械						
1	（1）载重汽车	台班	20				
2							
	施工机械小计						
	总计						

四、总承包服务费

总承包服务费指总承包人为配合协调发包人进行的工程分包自行采购的设备、材料等进行管理、服务以及施工现场管理、竣工资料汇总整理等服务所需的费用。其格式见表 8-16。

表 8-16　　总承包服务费计价表

项目名称：　　　　　　　　　　　　　　　　　　　　第　页共　页

序号	工程名称	项目价值（元）	服务内容	计算基础	费率（%）	金额（元）
1	发包人发包专业工程	100 000	1. 按专业工程承包人的要求提供施工工作面并对施工现场进行统一管理，对竣工资料进行统一整理汇总。 2. 为专业工程承包人提供垂直运输机械，并承担垂直运输费和电费。 3. 为塑钢窗安装后进行补缝和找平并承担相应费用			
2	发包人供应材料	100 000	对发包人供应的材料进行验收及保管和使用发放			
合计						

注　此表项目名称、服务内容由招标人填写，编制招标控制价时，费率及金额由招标人按有关计价规定确定；投标时，费率及金额由投标人自主报价，计入投标总价中。

第四节　规费项目清单

规费是指根据国家法律、法规规定，由省级政府或省级有关权力部门规定施工企业必须缴纳的，应计入建筑安装工程造价的费用。

《建设工程工程量清单计价规范》（GB 50500—2013）中规费项目清单包括的内容有：

（1）社会保险费：包括养老保险费、失业保险费、医疗保险费、工伤保险费、生育保险费；

（2）住房公积金；

（3）工程排污费；

当出现《建设工程工程量清单计价规范》（GB 50500—2013）上述未列的项目，投标人应根据省级政府或省级有关权力部门的规定列项。

其清单格式见本章第六节。

第五节　税金项目清单

国家税法规定的应计入建筑安装工程造价内的增值税销项税额。

其清单格式见本章第六节。

第六节　工程量清单计价表格

按《建设工程工程量清单计价规范》（GB 50500—2013）附录规定，计价表格的组成及表样如下（仅招标工程量清单和招标控制价、投标报价部分）。

（1）封面。

1）招标工程量清单封面：B. 1。

2）招标控制价封面：B. 2。

3）投标总价封面：B. 3。

B. 1　招标工程量清单封面

____________________工程

招 标 工 程 量 清 单

招　标　人：______________________________

（单位盖章）

造价咨询人：______________________________

（单位盖章）

年　　月　　日

B.2　招标控制价封面

________________工程

招标控制价

招标人：____________________

（单位盖章）

造价咨询人：____________________

（单位盖章）

年　　月　　日

B.3　投标总价封面

________________工程

投　标　总　价

投标人：____________________

（单位盖章）

年　　月　　日

（2）扉页。

1）招标工程量清单扉页：C.1。

2）招标控制价扉页：C.2。

3）投标总价扉页：C.3。

（3）工程计价总说明：表8-17。

（4）工程计价汇总表。

C.1 招标工程量清单扉页

______________工程

招 标 工 程 量 清 单

招　标　人：______________ 造价咨询人：______________

（单位盖章）　　　　　　　　（单位资质专用章）

法定代表人　　　　　　　　法定代表人

或其授权人：______________ 或其授权人：______________

（签字或盖章）　　　　　　　（签字或盖章）

编　制　人：______________ 复　核　人：______________

（造价人员签字盖专用章）　　　（造价工程师签字盖专用章）

编制时间：　年　月　日　　　复核时间：　年　月　日

C.2 招标控制价扉页

______________工程

招 标 控 制 价

招标控制价(小写)：______________

(大写)：______________

招　标　人：______________ 造价咨询人：______________

（单位盖章）　　　　　　　　（单位资质专用章）

法定代表人　　　　　　　　法定代表人

或其授权人：______________ 或其授权人：______________

（签字或盖章）　　　　　　　（签字或盖章）

编　制　人：______________ 复　核　人：______________

（造价人员签字盖专用章）　　　（造价工程师签字盖专用章）

编制时间：　年　月　日　　　复核时间：　年　月　日

C.3 投标总价扉页

投　标　总　价

招　标　人：________________________

工 程 名 称：________________________

投标总价(小写)：____________________

(大写)：____________________

投　标　人：________________________

(单位盖章)

法定代表人

或其委托人：________________________

(签字或盖章)

编　制　人：________________________

(造价人员签字盖专用章)

时间：　　年　　月　　日

表 8-17　　**总　说　明**

工程名称：　　第　页共　页

1）建设项目招标控制价/投标报价汇总表：表 8-18。

表 8-18　　建设项目招标控制价/投标报价汇总表

工程名称：　　　　　　　　　　　　　　　　　　　　第　页共　页

序号	单项工程名称	金额（元）	其中：（元）		
			暂估价	安全文明施工费	规费
合计					

注　本表适用于建设项目招标控制价或投标报价的汇总。

2）单项工程招标控制价/投标报价汇总表：表 8-19。

表 8-19　　单项工程招标控制价/投标报价汇总表

工程名称：　　　　　　　　　　　　　　　　　　　　第　页共　页

序号	单位工程名称	金额（元）	其中：（元）		
			暂估价	安全文明施工费	规费
合计					

注　本表适用于单项工程招标控制价或投标报价的汇总。暂估价包括分部分项工程中的暂估价和专业工程暂估价。

3）单位工程招标控制价/投标报价汇总表：表 8-20。

表 8-20　　单位工程招标控制价/投标报价汇总表

工程名称：　　标段：　　第　页共　页

序号	汇总内容	金额（元）	其中：暂估价（元）
1	分部分项工程		
1.1			
1.2			
2	措施项目		
2.1	其中：安全文明施工费		
3	其他项目		
3.1	其中：暂列金额		
3.2	其中：专业工程暂估价		
3.3	其中：计日工		
3.4	其中：总承包服务费		
4	规费		
5	税金		
招标控制价合计=1+2+3+4+5			

注　本表适用于单位工程招标控制价或投标报价的汇总，如无单位工程划分，单项工程也使用本表汇总。

（5）分部分项工程和措施项目计价表。

1）分部分项工程和单价措施项目清单与计价表：表 8-21。

表 8-21　　分部分项工程和单价措施项目清单与计价表

工程名称：　　标段：　　第　页共　页

序号	项目编码	项目名称	项目特征描述	计量单位	工程量	金额（元）		
						综合单价	合价	其中
								暂估价
本页小计								
合计								

注　为计取规费等的使用，可在表中增设其中：“定额人工费”。

2）综合单价分析表：表 8-22。

表 8 - 22 **综合单价分析表**

工程名称： 标段： 第 页 共 页

项目编码			项目名称			计量单位					
清单综合单价组成明细											
定额编号	定额名称	定额单位	数量	单价				合价			
				人工费	材料费	机械费	管理费和利润	人工费	材料费	机械费	管理费和利润
人工单价	小计										
元/工日	未计价材料费										
清单项目综合单价											
材料费明细	主要材料名称、规格、型号	单位	数量	单价（元）	合价（元）	暂估单价（元）	暂估合价（元）				
	其他材料费			—		—					
	材料费小计			—		—					

注 1. 如不使用省级或行业建设主管部门发布的计价依据，可不填定额项目、编号等。

2. 招标文件提供了暂估单价的材料，按暂估的单价填入表内“暂估单价”栏及“暂估合价”栏。

3）总价措施项目清单与计价表：表 8 - 23。

表 8 - 23 **总价措施项目清单与计价表**

工程名称： 标段： 第 页 共 页

序号	项目名称	计算基础	费率（%）	金额（元）	调整费率（%）	调整后金额（元）	备注
1	安全文明施工费						
2	夜间施工费						
3	二次搬运费						
4	冬雨季施工						
5	已完工程及设备保护						
6							
7							
合计							

编制人（造价人员）： 复核人（造价工程师）：

注 1.“计算基础”中安全文明施工费可为“定额基价”“定额人工费”或“定额人工费＋定额机械费”，其他项目可为“定额人工费”或“定额人工费＋定额机械费”。

2. 按施工方案计算的措施费，若无“计算基础”和“费率”的数值，也可只填“金额”数值，但应在备注栏说明施工方案出处或计算方法。

（6）其他项目清单表：

1）其他项目清单与计价汇总表：表8-24。

表8-24　　其他项目清单与计价汇总表

工程名称：　　标段：　　第　页共　页

序号	项目名称	计量单位	金额（元）	备注
1	暂列金额			明细详见表8-25
2	暂估价			
2.1	材料（工程设备）暂估价		—	明细详见表8-26
2.2	专业工程暂估价			明细详见表8-27
3	计日工			明细详见表8-28
4	总承包服务费			明细详见表8-29
5				
合计				

注　材料（工程设备）暂估单价进入清单项目综合单价，此处不汇总。

2）暂列金额明细表：表8-25。

表8-25　　暂列金额明细表

工程名称：　　标段：　　第　页共　页

序号	项目名称	计量单位	暂定金额（元）	备注
1				
2				
3				
4				
5				
6				
7				
8				
合计				—

注　此表由招标人填写，如不能详列，也可只列暂定金额总额，投标人应将上述暂列金额计入投标总价中。

3）材料（工程设备）暂估单价及调整表：表 8-26。

表 8-26　　材料（工程设备）暂估单价及调整表

工程名称：　　　　　　　　　　　　标段：　　　　　　　　　　　　第　页共　页

序号	材料（工程设备）名称、规格、型号	计量单位	数量		暂估（元）		确认（元）		差额±（元）		备注
			暂估	确认	单价	合价	单价	合价	单价	合价	
合计											

注　此表由招标人填写“暂估单价”，并在备注栏说明暂估价的材料、工程设备拟用在哪些清单项目上，投标人应将上述材料、工程设备暂估单价计入工程量清单综合单价报价中。

4）专业工程暂估价及结算价表：表 8-27。

表 8-27　　专业工程暂估价及结算价表

工程名称：　　　　　　　　　　　　标段：　　　　　　　　　　　　第　页共　页

序号	工程名称	工程内容	暂估金额（元）	结算金额（元）	差额±（元）	备注
合计						

注　此表“暂估金额”由招标人填写，投标人应将“暂估金额”计入投标总价中。结算时按合同约定结算金额填写。

5）计日工表：表 8-28。

表 8-28　　计日工表

工程名称：　　标段：　　第　页共　页

编号	项目名称	单位	暂定数量	实际数量	综合单价（元）	合价	
						暂定	实际
一	人工						
1							
2							
人工小计							
二	材料						
1							
2							
材料小计							
三	施工机械						
1							
2							
施工机械小计							
四、企业管理费和利润							
总计							

注　此表项目名称、暂定数量由招标人填写，编制招标控制价时，单价由招标人按有关计价规定确定；投标时，单价由投标人自主报价，按暂定数量计算合价计入投标总价中。结算时，按发承包双方确认的实际数量计算合价。

6）总承包服务费计价表：表 8-29。

表 8-29　　总承包服务费计价表

工程名称：　　标段：　　第　页共　页

序号	工程名称	项目价值（元）	服务内容	计算基础	费率（%）	金额（元）
1	发包人发包专业工程					
2	发包人供应材料					
合计						

注　此表项目名称、服务内容由招标人填写，编制招标控制价时，费率及金额由招标人按有关计价规定确定；投标人投标时，费率及金额由投标人自主报价，计入投标总价中。

（7）规费、税金项目计价表：表8-30。

表8-30　　规费、税金项目清单与计价表

工程名称：　　　　标段：　　　　第　页共　页

序号	项目名称	计算基础	计算基数	计算费率（%）	金额（元）
1	规费	定额人工费			
1.1	社会保险费	定额人工费			
(1)	养老保险费	定额人工费			
(2)	失业保险费	定额人工费			
(3)	医疗保险费	定额人工费			
(4)	工伤保险费	定额人工费			
(5)	生育保险费	定额人工费			
1.2	住房公积金	定额人工费			
1.5	工程排污费	按工程所在地环境保护部门收取标准，按实计入			
2	税金	分部分项工程费＋措施项目费＋其他项目费＋规费－按规定不计税的工程设备费			
合计					

编制人（造价人员）：　　　　复核人（造价工程师）：

第九章

建筑工程工程量清单项目及工程量计算

【思政元素】世界文化遗产——北京·天坛

天坛位于北京正阳门外永定门内大街东侧，始建于明永乐十八年（1420年），当时称天地坛，合祀天地；嘉靖九年（1530年）建立四郊分祀制度，专用于祀天，后改名为天坛。到清代，经过乾隆朝改建、光绪朝重修，形成现有格局。北京天坛作为明、清两代皇帝祭天、求雨和祈祷丰年的场所，成为世界上现存面积最大、保存最完整、最具代表性的古代祭天建筑群；同时，天坛建筑的杰出艺术成就也堪称我国古代建筑的极品，世界建筑史上的瑰宝。

天坛作为中国古代文化的载体，不仅是中国的瑰宝，也是世界的瑰宝。1998年，天坛申遗成功，被联合国教科文组织世界遗产委员会列入《世界遗产名录》，成为世界文化遗产，这是世界对于天坛文化遗产价值的认可，它也由此受到《保护世界文化与自然遗产公约》等国际法律法规的保护，具有了新的神圣感！这种神圣感不是过去帝王垄断天坛祭天仪式而制造出来的神圣感，而是来自人们对它所蕴含的丰富的遗产价值的认识和尊重。人们因为认识而喜爱天坛，因为尊重而保护天坛。

天坛是物质的，却承载和表现了古代中国人的精神世界，凝固了古人的信仰。

天坛由内外两重围墙环绕，整个建筑平面呈回字形，北面围墙高大呈半圆形；南面围墙略低，呈方形，契合了中国“天圆地方”的宇宙观。

与中国古代许多建筑群一样，天坛建筑群也有一条主轴线（并非中轴线，这是天坛的有趣之处），在这条主轴线的南北方向，坐落着天坛的两个主要的建筑群落，南面是圜丘坛，北面是祈谷坛。每个建筑群落之间，被一条高4m、宽30m、长360m的丹陛桥连接起来。

南端的圜丘坛是皇帝冬至时分祭天的场所，它的周围环绕着两重矮墙，恰好内墙圆而外墙方，北端的祈谷坛是皇帝孟春时分祈谷的场所，周围被方墙环绕，主体建筑祈年殿坐落在圆形台基之上，都再次契合了天圆地方的宇宙观。南端两重矮墙四面设门，三座门为一组，总计24座门，与一年二十四节气相符。

皇帝在冬至祭天，是因为从天文学角度讲，从冬至这一天起，太阳直射点从南回归线开始向北移动，古人没有南回归线的概念，但是他们认为冬至开始，天由阴转阳，正所谓“一阳复始”。此外，圜丘坛的东南西北方向各有四座坛门，分别叫做泰元门、昭亨门、广利门、成贞门，名称来自《易经》中的乾卦理论即“乾，元亨利贞”，乾为天。古老的易经文化就这样被天坛设计者融入了圜丘坛的建筑之中。

在古代中国的宇宙观中，“九”是十分重要的数字。圜丘坛的坛面中心是圆形的“天心石”，向外的石板以扇形扩展开来，分三层，表示天地人三才；第一层从第一圈的九块艾叶青石，直至增加到第九圈的九九八十一块艾叶青石；第二层、第三层也各为九圈，最后一圈艾叶青石数量达到了9×9×3块。整个排列寓意九重天，不断地强调有关“九”的象征意义。这样的设计同样体现了古老的宇宙观。

与圜丘坛反映宇宙观相似，祈谷坛的中心建筑——祈年殿的殿内环列而立了28根大柱子，中央的四根称“龙井柱”，蕴含了一年四季的意思；中层有十二根“金柱”，象征了一年分十二个月；外层十二根柱子是“檐柱”，象征一天十二个时辰。金柱、檐柱相加为二十四，与一年二十四节气相符；金柱、檐柱和龙井柱相加是二十八，象征天宇之中的二十八星宿……

这些反映宇宙观的细节在天坛建筑中比比皆是，不胜枚举，古人对于宇宙天象的理解、对于季节轮回的认识，都通过精心的设计，凝固于天坛的一砖一瓦之中，留与后世。

天坛建筑本身也是古代能工巧匠呕心沥血之佳作，天坛在建筑设计和营造上集明、清建筑技术与艺术之大成。比如祈年殿、皇穹宇作为木质结构，具有圆形平面、形体巨大、造型精致、构思巧妙的特点，是中国古建中罕见的实例。

天坛集中国古代哲学、历史、数学、力学、美学、生态学于一身，堪称我国古代建筑的极品，世界建筑史上的瑰宝。

（资料来源：《旅游与摄影》杂志 2020-09-22）

本章内容是依据《房屋建筑与装饰工程工程量计算规范》(GB 50854—2013）编写的。

工程量清单项目中分项工程工程量计算正确与否，直接关系到工程造价确定的准确与否，因而正确掌握工程量的计算方法，对于清单编制人及投标人都是尤为重要的。

第一节 土石方工程

工程量清单中的工程量，是拟建工程分项工程的实体数量。土石方工程除土（石）方回填项目外，其他项目均不构成工程实体。但土石方工程是建筑物、构筑物在建造中必然要发生的施工过程。因此，《房屋建筑与装饰工程工程量计算规范》将平整场地、挖土（石）方等非实体项目进行了单独列项。

一、土石方工程清单项目

土石方工程
- 土方工程（包括平整场地、挖一般土方、挖沟槽土方、挖基坑土方、冻土开挖、挖淤泥、流砂、管沟土方）
- 石方工程（包括挖一般石方、挖沟槽石方、挖基坑石方、挖管沟石方）
- 回填（包括回填方、余土弃置）

二、土石方工程工程量计算

（一）平整场地（编码 010101001）

(1) 适用范围。平整场地适用于建筑物场地厚度不超过±300mm 的挖、填、运、找平。

(2) 工程量计算规则。按设计图示尺寸以建筑物首层建筑面积计算，计量单位：m^2。

（二）挖一般土方（编码 010101002）

(1) 适用范围。挖一般土方项目适用于厚度超过±300mm 的竖向布置挖土或山坡切土，以及不属于基础土方中沟槽或基坑土方的挖土。

(2) 工程量计算规则。按设计图示尺寸以体积计算，计量单位：m^3。

【例 9-1】 已知某混凝土筏板基础长度为 20.8m，宽度为 16.5m，混凝土垫层宽出基础 100mm，室外自然地坪为−0.3m，垫层底部标高为−1.8m，土壤类别为Ⅱ类土，土方运距为 1km，采用反铲挖掘机挖土自卸汽车运土，试编制土方开挖的工程量清单。

解 (1) 分析。

由已知条件可以看出，本工程筏板基础土方开挖是自然地坪以下的挖土，且基坑长度为 20.8m，基坑宽度为 16.5m，依据《房屋建筑与装饰工程工程量计算规范》，应列清单项目为挖一般土方。

《房屋建筑与装饰工程工程量计算规范》中规定“挖一般土方”清单项目包括的主要工

作内容有：土方开挖、基底钎探、运输。即基底钎探、土方外运 2 项不能单独编码列项，完成其工作内容所需的费用应包含在挖土方清单项目中。

(2) 工程量计算。

挖一般土方清单工程量按设计图示尺寸以体积计算。即：

$$V=(20.8+0.1\times2)\mathrm{m}\times(16.5+0.1\times2)\mathrm{m}\times(1.8-0.3)\mathrm{m}=526.05\mathrm{m}^3$$

(3) 编制分部分项工程量清单。

分部分项工程量清单项目特征，应根据《房屋建筑与装饰工程工程量计算规范》相应附录的规定同时结合工程实际进行描述，项目特征描述准确与否直接影响投标人报价的高低。

挖一般土方按《房屋建筑与装饰工程工程量计算规范》项目特征应描述：土壤类别；挖土深度；弃土运距。

挖一般土方工程量清单见表 9-1。

表 9-1　　分部分项工程项目清单与计价表

工程名称：×××　　标段：　　第　页共　页

序号	项目编码	项目名称	项目特征描述	计量单位	工程量	金额（元）		
						综合单价	合价	其中：暂估价
		土石方工程						
1	010101002001	挖一般土方	土壤类别为Ⅱ类土；挖土深度 1.5m；弃土运距 1km	m^3	526.05			

（三）挖沟槽土方、挖基坑土方（编码分别为 010101003、010101004）

1. 适用范围

挖沟槽土方适用于底宽不大于 7m 且底长大于底宽 3 倍的挖土方。挖基坑土方适用于底长不大于底宽的 3 倍且底面积不大于 150m^2的挖土。

2. 工程量计算规则

按设计图示尺寸以基础垫层底面积乘以挖土深度计算，计量单位：m^3，即：

$$V=\text{基础垫层长}\times\text{基础垫层宽}\times\text{挖土深度}$$

式中：

(1) 当基础为带形基础时，外墙基础垫层长，取外墙中心线长；内墙基础垫层长，取内墙基础垫层净长。

沟槽土方项目清单工程量计算

(2) 挖土深度应按基础垫层底表面标高至交付施工场地标高确定，无交付施工场地标高时，应按自然地面标高确定。

【例 9-2】 某工程基础平面图及剖面图如图 9-1 所示。已知室外地坪标高为－0.450m，土壤类别为Ⅱ类土，土方运距为 1km，试编制土方开挖的工程量清单。

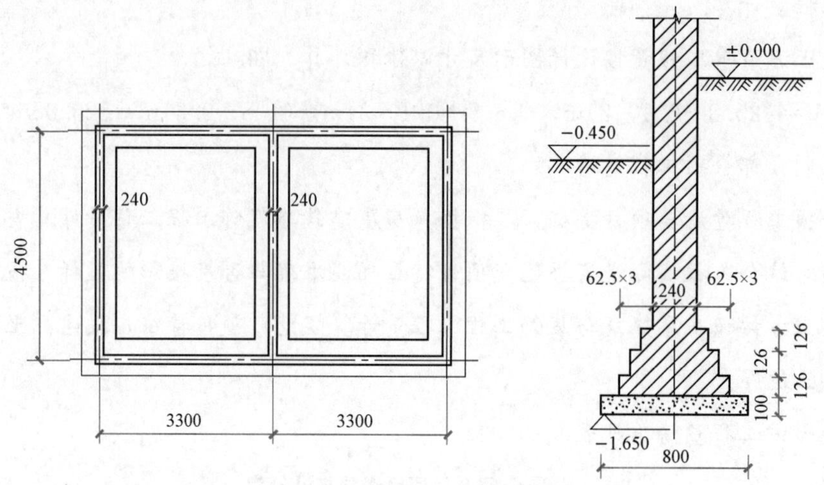

图 9-1 某工程基础平面图及剖面图

解 (1) 分析。

由已知条件与图 9-1 可以看出，本工程的土方开挖是自然地坪以下的挖土，且底宽不大于 7m 且底长大于底宽的 3 倍，故应列清单项目为挖沟槽土方。

《房屋建筑与装饰工程工程量计算规范》中规定“挖沟槽土方”清单项目包括的主要工作内容同［例 9-1］。

(2) 工程量计算。

本工程设计为带形基础，基础垫层底面积计算时所取的长度可按外墙中心线长度和内墙基础垫层净长度计算。本例墙厚为 240mm，即定位轴线与墙中心线重合，那么定位轴线间长度即为墙中心线长度。

外墙中心线长度＝(3.3×2＋4.5)m×2＝22.2m

内墙基础垫层净长度＝4.5m－0.4m×2＝3.7m

挖沟槽土方工程量＝基础垫层底面积×挖土深度

＝0.8m×(22.2＋3.7)m×(1.65－0.45)m

＝20.72m^2×1.2m

＝24.86m^3

(3) 编制分部分项工程量清单。

挖沟槽土方的工程量清单见表 9-2。

表 9 - 2　　分部分项工程项目清单与计价表

工程名称：×××　　标段：　　第　页共　页

序号	项目编码	项目名称	项目特征描述	计量单位	工程量	金额（元）		
						综合单价	合价	其中：暂估价
			土石方工程					
1	010101003001	挖沟槽土方	土壤类别为Ⅱ类土；挖土深度 1.2m；弃土运距 1km	m^3	24.86			

（四）挖淤泥、流砂（编码 010101006）

1. 适用范围

（1）淤泥：是一种稀软状，不易成型的灰黑色、有臭味，含有半腐朽的植物遗体（占 60％以上），置于水中有动植物残体渣滓浮于水面，并常有气泡由水中冒出的泥土。

（2）流砂：在坑内抽水时，坑底的土会成流动状态，随地下水涌出，这种土无承载力边挖边冒，无法挖深，强挖会掏空邻近地基。发生流砂时，需要采取一定处理方法，比如采用井点降水；沿基坑外围四周打板桩等。

2. 工程量计算规则

按设计图示位置、界限以体积计算，计量单位：m^3。

（五）管沟土方（编码 010101007）

1. 适用范围

适用于管道（给排水、工业、电力、通信）、光（电）缆沟［包括人（手）孔、接口坑］及连接井（检查井）等的土方开挖及管沟土方回填和指定范围内的土方运输。

2. 工程量计算规则

（1）按设计图示以管道中心线长度计算，计量单位：m。

（2）按设计图示管底垫层面积乘以挖土深度计算；无管底垫层按管外径的水平投影面积乘以挖土深度计算，计量单位：m^3。不扣除各类井的长度，井的土方并入。

挖沟深度：有管沟设计时，平均深度以沟垫层底表面标高至交付施工场地标高计算；无管沟设计时，直埋管（无沟盖板，管道安装好后直接回填土）深度应按管底外表面标高至交付施工场地标高的平均高度计算。

（六）回填方（编码 010103001）

1. 适用范围

土方回填项目适用于场地回填、室内回填和基础回填，并包括指定范围内的土方运输以及借土回填的土方开挖。

回填方项目清单工程量计算

2. 工程量计算规则

按设计图示尺寸以体积计算，计量单位：m^3。

场地回填：V=回填面积×平均回填厚度

室内回填：V=主墙间净面积×回填厚度

注：主墙是指结构厚度在120mm以上（不含120mm）的各类墙体。

基础回填：

V=挖土体积（清单项目）－设计室外地坪以下埋设的基础体积（包括基础垫层及其他构筑物）

注：基础土方操作工作面、放坡等施工的增加量，应包括在报价内。

【例9-3】 某工程挖一般土方清单工程量为175.68m³，见表9-3。室外地坪以下埋设的基础及垫层体积共为24.57m³，已知施工现场挖出土方需全部外运。试编制基础回填项目工程量清单。

表9-3　　分部分项工程项目清单与计价表

工程名称：×××　　标段：　　第　页共　页

序号	项目编码	项目名称	项目特征描述	计量单位	工程量	金额（元）		
						综合单价	合价	其中：暂估价
		土石方工程						
1	010101002001	挖一般土方	土壤类别为Ⅱ类土，挖土深度1.5m，土方运距1km	m³	175.68			
	……							

解　（1）分析。

本例中挖出土方全部外运，即基础回填时土方需回运，《房屋建筑与装饰装修工程量计算规范》中基础回填方清单项目的工作内容主要包括：运输、回填、压实，即土方回运不能单独编码列项，完成其工作内容所需的费用要包含在基础回填清单项目中。

（2）工程量计算。

基础回填工程量＝挖土体积－设计室外地坪以下埋设的基础(包括基础垫层及其他构筑物)

＝175.68m³－24.57m³

＝151.11m³

（3）基础回填工程量清单见表9-4。

表9-4　　分部分项工程项目清单与计价表

工程名称：×××　　标段：　　第　页共　页

序号	项目编码	项目名称	项目特征描述	计量单位	工程量	金额（元）		
						综合单价	合价	其中：暂估价
		土石方工程						
1	010103001001	基础回填	回填土夯填，取土运距1km	m³	151.11			
	……							

【例 9-4】 某多层混合结构土方工程，其土壤类别为Ⅱ类土，基础为钢筋混凝土基础，基础垫层长度为 50m，宽度为 20m；采用挖掘机挖土，挖土深度为 2.3m；运距 1km。

要求：(1) 计算该土方开挖清单工程量；

(2) 计算该土方施工方案工程量（或计价定额工程量）；

(3) 编制该土方开挖的工程量清单。

解 (1) 挖土方清单工程量。

由招标人根据施工图纸，依据计算规范计算的工程量。其工程量按设计图示尺寸以体积计算。

挖土方工程量$=50\text{m}\times20\text{m}\times2.3\text{m}=2300\text{m}^3$

(2) 挖土方施工方案工程量（或计价定额工程量）。

由投标人依据施工方案、各省市地区预算定额或企业定额计算的工程量（投标人报价时实际考虑的工程量）。

本例依据《房屋建筑与装饰工程消耗量定额》（TY01-31—2015），考虑增加工作面、放坡。工作面每边增 400mm，放坡系数 0.33，采用机械挖土，土方开挖实际挖方量为

$(50\text{m}+0.4\text{m}\times2+0.33\times2.3\text{m})(20\text{m}+0.4\text{m}\times2+0.33\times2.3\text{m})\times2.3\text{m}+1/3\times0.33^2\times2.3^3\text{m}^3=2\,556.99\text{m}^3$

即投标人报价时，其土方工程量按实际挖方量 $2\,556.99\text{m}^3$ 考虑。

注：上式按第四章第三节：$(a+2c+kh)(b+2c+kh)h+\frac{1}{3}k^2h^3$。

(3) 挖土方工程量清单见表 9-5。

表 9-5 分部分项工程项目清单与计价表

工程名称：××× 标段： 第 页共 页

序号	项目编码	项目名称	项目特征描述	计量单位	工程量	金额（元）		
						综合单价	合价	其中：暂估价
			土石方工程					
1	010101002001	挖一般土方	土壤类别为Ⅱ类土，挖土深度 2.3m；弃土运距 1km	m^3	2300.00			

三、有关问题说明

(1)“指定范围内的运输”是指有招标人指定的弃土地点或取土地点的运距。若招标文件规定由投标人确定弃土地点或取土地点时，则在工程量清单项目特征栏内描述运距由投标人根据现场情况考虑，投标人报价时注意要把运输费用考虑到报价内。

(2) 挖土方如需截桩头时，应按桩基工程相关项目列项。

(3) 桩间挖土方工程量不扣除桩所占体积，并应在项目特征中加以描述。

（4）土壤的类别不能准确划分时，招标人可注明为综合，由投标人根据地勘报告决定报价。

（5）挖土方相关清单项目其因工作面和放坡增加的工程量（管沟工作面增加的工程量）是否并入土方工程量中，应按各省、自治区、直辖市或行业建设主管部门的规定实施。投标人报价时一定要注意土方清单项目所综合的工作内容，除土方开挖外还包括挡土板的支拆、基底钎探和土方运输。

（6）土石方体积应按挖掘前的天然密实体积计算。如需按天然密实体积折算时，应按表9-6系数计算。

表9-6　　土石方体积折算系数表

天然密实度体积	虚方体积	夯实后体积	松填体积
1.00	1.30	0.87	1.08
0.77	1.00	0.67	0.83
1.15	1.50	1.00	1.25
0.92	1.20	0.80	1.00

四、综合实例

【例9-5】 某建筑物基础平面及剖面如图9-2所示，现场情况需进行平整场地，设计室内地坪为±0.00m，室内地面厚230mm。室外地坪以下砖基础体积为6.99m^3，钢筋混凝土基础体积为11.44m^3，C15素混凝土垫层体积为4.43m^3。场地土壤类别为一、二类土，现场无堆土场所，全部土方需外运，运距3km。试完成以下内容：①对土石方工程相关清单项目列项；②计算各清单项目的清单工程量及对应定额工程量；③编制土石方工程工程量清单。

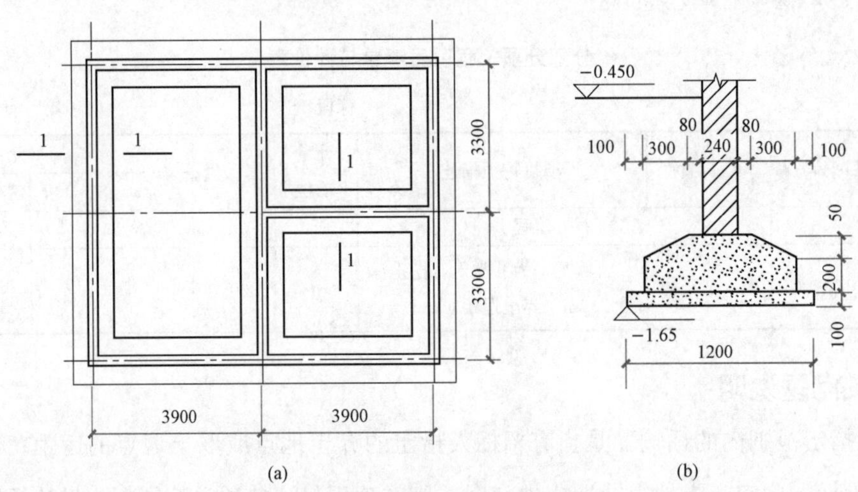

图9-2　某建筑物基础平面及剖面图

（a）基础平面图；（b）1—1剖面图

解　（1）分析及列项。

根据已知条件可知，本例应列清单项目有：平整场地、挖沟槽土方、基础回填、室内回填等。

(2) 工程量计算。

编制工程量清单时，只需计算各项目的清单工程量，本例题同时计算出定额工程量（依据《房屋建筑与装饰工程消耗量定额》TY01-31—2015)，是为了便于大家区分、比较清单工程量与定额工程量的不同。

1) 平整场地。

①清单工程量：

平整场地工程量＝建筑物首层建筑面积

$=(3.9\times2+0.24)\text{m}\times(3.3\times2+0.24)\text{m}$

$=54.99\text{m}^2$

②定额工程量＝清单工程量＝54.99m^2

2) 挖沟槽土方。

①清单工程量：

外墙中心线长度$=(3.9\times2+3.3\times2)\text{m}\times2=28.8\text{m}$

内墙基础垫层净长度$=3.3\text{m}\times2-0.6\text{m}\times2+3.9\text{m}-0.6\text{m}\times2=8.1\text{m}$

挖沟槽土方工程量＝基础垫层底面积×挖土深度

$=(28.8+8.1)\text{m}\times1.2\times(1.65-0.45)\text{m}$

$=53.14\text{m}^3$

②定额工程量：

《房屋建筑与装饰工程工程量计算规范》中规定“挖沟槽土方”清单项目包括的主要工作内容有：土方开挖、基底钎探、运输。即基底钎探、土方外运 2 项编制工程量清单时不能单独编码列项，但确定挖沟槽土方单价计算定额工程量时，要把实际发生的基底钎探、土方运输 2 项工作内容的工程量计算出来。

由图 9-2 (b) 可知，挖土深度＝1.65m－0.45m＝1.2m（一、二类土放坡起点深度为 1.2m)，故土方开挖时不需放坡或支挡土板。假设本工程施工组织设计中采用人工开挖土方，混凝土垫层施工需预留工作面（工作面宽度为 400mm)。

挖沟槽宽度$=1.2\text{m}+0.4\text{m}\times2=2.0\text{m}$

外墙挖沟槽长度＝外墙中心线长度＝28.8m

内墙挖沟槽长度＝沟槽底间净长度$=3.3\text{m}\times2-1.0\text{m}\times2+3.9\text{m}-1.0\text{m}\times2=6.5\text{m}$

人工挖沟槽工程量＝沟槽断面积×沟槽长度

$=2.0\text{m}\times1.2\times(28.8+6.5)\text{m}$

$=84.72\text{m}^3$

地基钎探工程量＝槽底面积＝2.0m×(28.8＋6.5)m＝70.6m^2

土方外运工程量＝挖沟槽土方工程量＝84.72m^3

3）基础回填。

①清单工程量：

基础回填工程量＝挖土体积(清单工程量)

－设计室外地坪以下埋设的基础体积(包括基础垫层及其他构筑物)

＝53.14m^3－6.99m^3－11.44m^3－4.43m^3

＝30.28m^3

②定额工程量：

基础回填工程量＝挖土体积(定额工程量)

－设计室外地坪以下埋设的基础体积(包括基础垫层及其他构筑物)

＝84.72m^3－6.99m^3－11.44m^3－4.43m^3

＝61.86m^3

4）室内回填。

①清单工程量：

室内回填工程量＝主墙间净面积×回填厚度

＝[(3.9－0.24)m×(3.3×2－0.24)m＋(3.9－0.24)m

×(3.3－0.24)m×2]×(0.45－0.23)m

＝45.68m×0.22m

＝10.05m^3

②定额工程量：

室内回填定额工程量＝室内回填清单工程量＝10.05m^3

5）土方回运工程量。

《房屋建筑与装饰工程工程量计算规范》中规定“基础回填”清单项目主要工作内容包括有：运输、回填、压实，即如果挖土方时土方外运，基础回填时的土方就需回运，在编制土方工程工程量清单时，土方回运不能单独编码列项，其工作内容要综合在“基础回填”清单项目内。但在确定“基础回填”清单项目综合单价计算其定额工程量时，土方回运的工程量还是要单独计算的。

土方回运工程量＝(基础回填工程量＋室内回填工程量)×1.15

＝(61.86＋10.05)m^3×1.15

＝82.70m^3

(3) 编制分部分项工程量清单。

土石方工程工程量清单见表 9-7。

表 9-7 分部分项工程项目清单与计价表

工程名称：×××　　标段：　　第 页 共 页

序号	项目编码	项目名称	项目特征描述	计量单位	工程量	金额（元）		
						综合单价	合价	其中：暂估价
			土石方工程					
1	010101001001	平整场地	土壤类别为一、二类土	m^2	54.99			
2	010101002001	挖一般土方	土壤类别为一、二类土；挖土深度 1.4m；弃土运距 3km	m^3	53.14			
3	010103001001	基础回填	素土回填	m^3	30.28			
4	010103001002	室内回填	素土回填	m^3	10.05			

五、讨论

(1) 对于挖基础土方清单项目而言，无论采用机械开挖土方还是人工开挖土方，其清单工程量是一定的。那么，不同开挖方式对定额工程量的计算有无影响？若有，影响在哪？

(2) 某住宅楼首层设计有落地阳台，则其对平整场地项目清单工程量的计算有无影响？

(3) 某工程挖出土方全部外运，待土方回填时需挖土并回运。此施工方案对该工程土方回填清单项目的编列有无影响？其相应定额项目应列哪几项？对应的工程量应如何计算？

第二节　地基处理与边坡支护工程

一、地基处理与边坡支护工程清单项目

地基处理与边坡支护
- 地基处理［包括换填垫层、铺设土工合成材料、预压地基、强夯地基、振冲密实（不填料）、振冲桩（填料）、砂石桩、水泥粉煤灰碎石桩、深层搅拌桩、粉喷桩、夯实水泥土桩、高压喷射注浆桩、石灰桩、灰土挤密桩、柱锤冲扩桩、注浆地基、褥垫层］
- 基坑与边坡支护［包括地下连续墙，咬合灌注桩，圆木桩，预制钢筋混凝土板桩，型钢桩，钢板桩，锚杆（锚索），土钉，喷射混凝土、水泥砂浆，钢筋混凝土支撑，钢支撑］

二、地基处理与边坡支护工程工程量计算

（一）换填垫层（编码 010201001）

1. 适用范围

换填垫层项目适用于挖去浅层软弱土层和不均匀土层，回填坚硬、较粗粒径的材料，并

夯压密实形成的垫层。

2. 工程量计算规则

按设计图示尺寸以体积计算，计量单位：m^3。

注：换填材料可分为土、石垫层和土工合成材料加筋垫层，根据换填材料不同，应区分土（灰土）垫层、石（砂石）垫层等分别编码列项。

（二）铺设土工合成材料（编码 010201002）

1. 适用范围

土工合成材料项目适用于以聚合物为原料的材料，包括土工织物、土工膜、特种土工合成材料和复合型土工合成材料等。

2. 工程量计算规则

按设计图示尺寸以面积计算，计量单位：m^2。

（三）预压地基、强夯地基、振冲密实（不填料）（编码 010201003～010201005）

1. 适用范围

（1）预压地基项目适用于采取堆载预压、真空预压、堆载与真空联合预压方式对淤泥质土、淤泥、冲击填土等地基土固结压密处理后而形成的饱和黏性土地基。

（2）强夯地基属于夯实地基，即反复将夯锤提到高处使其自由落下，给地基以冲击和振动能量，将地基土压实处理或置换形成密实墩体的地基。

（3）振冲密实是利用振动和压力水使砂层液化，砂颗粒相互挤密，重新排列，空隙减少，提高砂层的承载能力和抗液化能力，可分为不加填料和加填料两种。

2. 工程量计算规则

按设计图示处理范围以面积计算，计量单位：m^2。

（四）振冲桩（填料）（编码 010201006）

1. 适用范围

适用于振冲法成孔，灌注填料加以振密所形成的桩体。

2. 工程量计算规则

（1）按设计图示尺寸以桩长计算，计量单位：m；

（2）按设计桩截面乘以桩长以体积计算，计量单位：m^3。

（五）砂石桩（编码 010201007）

1. 适用范围

适用于各种成孔方式（振动沉管、锤击沉管）的砂石灌注桩。

2. 工程量计算规则

(1) 按设计图示尺寸以桩长(包括桩尖)计算,计量单位:m。

(2) 按设计桩截面乘以桩长(包括桩尖)以体积计算,计量单位:m^3。

(六) 水泥粉煤灰碎石桩、夯实水泥土桩、石灰桩、灰土(土)挤密桩(编码010201008、010201011、010201013、010201014)

1. 适用范围

适用于各种成孔方式的灰土、石灰、水泥粉、煤灰等挤密桩。

2. 工程量计算规则

按设计图示尺寸以桩长(包括桩尖)计算,计量单位:m。

(七) 深层搅拌桩、粉喷桩、高压喷射注浆桩、柱锤冲扩桩(编码010201009、010201010、010201012、010201015)

1. 适用范围

粉喷桩项目适用于水泥、生石灰粉等粉喷桩。

2. 工程量计算规则

按设计图示尺寸以桩长计算,计量单位:m。

注:高压喷射注浆类型包括旋喷、摆喷、定喷,高压喷射注浆方法包括单管法、双重管法、三重管法。

(八) 注浆地基(编码010201016)

工程量计算规则:

(1) 按设计图示尺寸以钻孔深度计算,计量单位:m。

(2) 按设计图示尺寸以加固体积计算,计量单位:m^3。

(九) 褥垫层(编码010201017)

工程量计算规则:

(1) 按设计图示尺寸以铺设面积计算,计量单位:m^2;

(2) 按设计图示尺寸以体积计算,计量单位:m^3。

(十) 地下连续墙(编码010202001)

1. 适用范围

适用于各种导墙施工的复合型地下连续墙工程。

2. 工程量计算规则

按设计图示墙中心线长乘以厚度乘以槽深以体积计算,计量单位:m^3。

(十一) 咬合灌注桩(编码010202002)

1. 适用范围

咬合灌注桩适用于桩与桩之间形成相互咬合排列的基坑围护结构。

2. 工程量计算规则

按设计图示尺寸以桩长计算，计量单位：m；按设计图示数量计算，计量单位：根。

（十二）圆木桩、预制钢筋混凝土板桩（编码 010202003、010202004）

工程量计算规则：

（1）按设计图示尺寸以桩长（包括桩尖）计算，计量单位：m。

（2）按设计图示数量计算，计量单位：根。

（十三）型钢桩（编码 010202005）

工程量计算规则：

（1）按设计图示尺寸以质量计算，计量单位：t。

（2）按设计图示数量计算，计量单位：根。

（十四）钢板桩（编码 010202006）

工程量计算规则：

（1）按设计图示尺寸以质量计算，计量单位：t；

（2）按设计图示墙中心线长乘以桩长以面积计算，计量单位：m^2。

（十五）锚杆（锚索）、土钉（编码 010202007、010202008）

1. 适用范围

（1）锚杆是指在需要加固的土体中设置锚杆（钢管或粗钢筋、钢丝束、钢绞线）并灌浆，之后进行锚杆张拉并固定后所形成的支护。

（2）土钉是指在需要加固的土体中设置一排土钉（变形钢筋或钢管、角钢等）并灌浆，在加固的土体面层上固定钢丝网后，喷射混凝土面层后所形成的支护。

2. 工程量计算规则

（1）按设计图示尺寸以钻孔深度计算，计量单位：m。

（2）按设计图示数量计算，计量单位：根。

（十六）喷射混凝土（水泥砂浆）（编码 010202009）

工程量计算规则：按设计图示尺寸以面积计算，计量单位：m^2。

（十七）钢筋混凝土支撑（编码 010202010）

工程量计算规则：按设计图示尺寸以体积计算，计量单位：m^3。

（十八）钢支撑（编码 010202011）

工程量计算规则：按设计图示尺寸以质量计算，计量单位：t，不扣除孔眼质量，焊条、铆钉、螺栓等不另增加质量。

三、有关问题说明

(1) 地下连续墙和喷射混凝土（水泥砂浆）的钢筋网、咬合灌注桩的钢筋笼及钢筋混凝土支撑的钢筋制作、安装，按“混凝土及钢筋混凝土”中相关项目列项。

(2) 基坑与边坡支护的排桩按“桩基工程”中相关项目列项。

(3) 水泥土墙、坑内加固按“地基处理与边坡支护工程”中相关项目列项。

(4) 砖、石挡土墙、护坡按“砌筑工程”中相关项目列项。

(5) 混凝土挡土墙按“混凝土及钢筋混凝土工程”中相关项目列项。

【例 9-6】 某单位办公楼工程基底为可塑黏土，采用水泥粉煤灰碎石桩（CFG 桩）进行地基处理，桩径 500mm，桩体强度等级 C25，根数为 10 根，设计长度 15m，采用振动沉管灌注桩施工，桩顶采用 200mm 厚人工级配砂石（砂：碎石＝3：7，最大粒径 300mm）作为褥垫层，基础形式为钢筋混凝土独立基础，基底尺寸为 1200mm×1200mm，数量为 6 个，褥垫层宽出基础边缘 300mm，试编制水泥粉煤灰碎石桩（CFG 桩）、褥垫层项目工程量清单。

解 (1) 分析。

由已知条件可知，本工程基础形式为独立基础，下设人工级配砂石褥垫层，地基处理采用水泥粉煤灰碎石桩（CFG 桩），依据《房屋建筑与装饰工程工程量计算规范》，应列清单项目为水泥粉煤灰碎石桩、褥垫层。

(2) 工程量计算。

水泥粉煤灰碎石桩：15m×10＝150m

褥垫层：(1.2＋0.3×2)m×(1.2＋0.3×2)m×6＝19.44m^2

(3) 编制分部分项工程量清单。

分部分项工程工程量清单见表 9-8。

表 9-8　分部分项工程项目清单与计价表

工程名称：××× 　　标段： 　　第　页共　页

序号	项目编码	项目名称	项目特征描述	计量单位	工程量	金额（元）		
						综合单价	合价	其中：暂估价
		地基处理与边坡支护工程						
1	010201008001	水泥粉煤灰碎石桩	基底为可塑黏土；桩长 15m；桩径 500mm；采用振动沉管灌注桩施工；桩体强度等级 C25	m	150			
2	010201017001	褥垫层	厚度 300m；200mm 厚人工级配砂石（砂：碎石＝3：7，最大粒径 300mm）	m^2	19.44			

第三节 桩 基 工 程

一、桩基工程清单项目

桩基工程
- 打桩（包括预制钢筋混凝土方桩、预制钢筋混凝土管桩、钢管桩、截（凿）桩头）
- 灌注桩（包括泥浆护壁成孔灌注桩、沉管灌注桩、干作业成孔灌注桩、挖孔桩土（石）方、人工挖孔灌注桩、钻孔压浆桩、灌注桩后压浆）

二、桩基工程工程量计算

（一）预制钢筋混凝土方桩、预制钢筋混凝土管桩（编码 010301001、编码 010301002）

工程量计算规则：

(1) 按设计图示尺寸以桩长（包括桩尖）计算，计量单位：m。

(2) 按设计图示截面积乘以桩长（包括桩尖）以实体体积计算，计量单位：m^3。

(3) 按设计图示数量计算，计量单位：根。

（二）钢管桩（编码 010301003）

工程量计算规则：

(1) 按设计图示尺寸以质量计算，计量单位：t。

(2) 按设计图示数量计算，计量单位：根。

（三）截（凿）桩头（编码 010301004）

1. 适用范围

截（凿）桩头适用于“地基处理与边坡支护工程”和“桩基工程”所列桩的桩头截（凿）。

2. 工程量计算规则

(1) 按设计截面积乘以桩头长度以体积计算，计量单位：m^3。

(2) 按设计图示数量计算，计量单位：根。

（四）泥浆护壁成孔灌注桩、沉管灌注桩、干作业成孔灌注桩（编码 010302001～010302003）

1. 适用范围

(1) 泥浆护壁成孔灌注桩适用于在泥浆护壁条件下成孔，采用水下灌注混凝土的桩。

(2) 沉管灌注桩适用于锤击沉管法、振动沉管法、振动冲击沉管法、内夯沉管法形成的桩。

(3) 干作业成孔灌注桩适用于在不用泥浆护壁和套管护壁的情况下，用钻机成孔后，安放钢筋笼，灌注混凝土形成的桩。

2. 工程量计算规则

(1) 按设计图示尺寸以桩长(包括桩尖)计算,计量单位:m。

(2) 按不同截面在桩上范围内以体积计算,计量单位:m^3。

(3) 按设计图示数量计算,计量单位:根。

(五) 挖孔桩土(石)方(编码 010302004)

工程量计算规则:按设计图示尺寸(含护壁)截面积乘以挖孔深度以体积计算,计量单位:m^3。

(六) 人工挖孔灌注桩(编码 010302005)

工程量计算规则:

(1) 按桩芯混凝土体积计算,计量单位:m^3。

(2) 按设计图示数量计算,计量单位:根。

(七) 钻孔压浆桩(编码 010302006)

工程量计算规则:

(1) 按设计图示尺寸以桩长计算,计量单位:m。

(2) 按设计图示数量计算,计量单位:根。

(八) 灌注桩后压浆(编码 010302007)

工程量计算规则:按设计图示以注浆孔数计算,计量单位:孔。

三、有关问题说明

(1) 预制钢筋混凝土方桩、预制钢筋混凝土管桩项目以成品桩编制,应包括成品桩购置费,如果用现场预制,应包括现场预制桩的所有费用。

(2) 打桩验桩和打斜桩应按相应项目单独列项,并应在项目特征中注明试验桩或斜桩(斜率)。

(3) 打桩的工作内容中包括了接桩和送桩,不需要单独列项,应在综合单价中考虑。

(4) 预制钢筋混凝土管桩桩顶与承台的连接构造按"混凝土和钢筋混凝土工程"相关项目列项。

(5) 混凝土灌注桩的钢筋笼制作、安装,按"混凝土及钢筋混凝土工程"相关项目编码列项。

【例 9-7】 某商业办公楼工程采用人工挖孔灌注桩基础,挖孔桩土方量为 135.40m^3,桩体强度等级 C30,采用商品混凝土,桩芯长度为 9.5m,直径为 500mm,桩芯混凝土工程为 45.88m^3,护壁厚度为 100mm,采用商品混凝土。试编制人工挖孔灌注桩项目工程量清单。

解 (1) 工程量计算。

人工挖孔灌注桩：135.40m³－45.88m³＝89.52m³

（2）编制分部分项工程量清单。

人工挖孔灌注桩工程量清单见表9-9。

表9-9　　分部分项工程项目清单与计价表

工程名称：×××　　标段：　　第　页共　页

序号	项目编码	项目名称	项目特征描述	计量单位	工程量	金额（元）		
						综合单价	合价	其中：暂估价
		桩基工程						
1	010302005001	人工挖孔灌注桩	桩芯采用商品混凝土，强度等级C25；桩芯长度9.5m；桩芯直径500mm	m^3	89.52			

第四节　砌筑工程

基础与墙身的划分及清单列项

一、有关问题说明

（1）砖基础与砖墙及石基础与石墙的划分，分别见表9-10、表9-11。

表9-10　　砖基础与砖墙划分

砖基础与砖墙身	基础与墙身使用同一种材料	应以设计室内地坪为界（有地下室的按地下室室内设计地坪为界），以下为基础，以上为墙身
	基础与墙身使用不同材料	当材料分界线位于设计室内地坪±300mm以内时，以不同材料为界，超过±300mm，应以设计室内地坪为界，以下为基础，以上为墙身
砖基础与砖围墙		应以设计室外地坪为界，以下为基础，以上为墙身

表9-11　　石基础、石勒脚、石墙身的划分

基础与勒脚	应以设计室外地坪为界，以下为基础，以上为勒脚
勒脚与墙身	应以设计室内地坪为界，以下为勒脚，以上为墙身
基础与围墙	围墙内外地坪标高不同时，应以较低地坪标高为界，以下为基础；围墙内外标高之差为挡土墙时，挡土墙以上为墙身

（2）标准砖尺寸应为240mm×115mm×53mm。

（3）砖砌体内钢筋加固，应按《房屋建筑与装饰工程工程量计算规范》附录E中相关项目编码列项；勾缝按《房屋建筑与装饰工程工程量计算规范》附录M中相关项目编码列项。

（4）砌筑工程清单项目。

砌筑工程
- 砖砌体（包括砖基础，实心砖墙，多孔砖墙，空心砖墙，空斗墙，空花墙，填充墙，实心砖柱，多孔砖柱，砖检查井，零星砌砖，砖散水、地坪，砖地沟、明沟等）
- 砌块砌体（包括砌块墙、砌块柱）
- 石砌体（包括石基础，石勒脚，石墙，石挡土墙，石柱，石栏杆，石护坡，石台阶，石坡道，石地沟、明沟）
- 垫层

二、 砌筑工程工程量计算

（一） 砖基础 （编码 010401001）

1. 适用范围

砖基础项目适用于各种类型砖基础，包括柱基础、墙基础、烟囱基础、水塔基础、管道基础。

2. 工程量计算规则

按设计图示尺寸以体积计算，计量单位：m^3。其中：

（1）墙基础的体积：V＝基础长度×基础断面面积

注：基础长度、基础断面面积的计算同第四章第六节中砖基础工程量计算。

（2）应增加或扣除或不加、不扣的体积，见表 9-12。

表 9-12　　砖基础体积计算中的加扣规定

增加的体积	附墙垛基础宽出部分体积
扣除的体积	地梁（圈梁）、构造柱所占体积
不增加的体积	靠墙暖气沟的挑砖
不扣除的体积	基础大放脚 T 型接头处的重叠部分，嵌入基础内的钢筋、铁件、管道、基础砂浆防潮层和单个面积不大于 0.3m^2 的孔洞所占体积

【例 9-8】 某建筑物基础平面及剖面如图 9-3 所示。设计采用 M5 水泥砂浆、MU10 机红砖砌筑条形砖基础，下设 C15 混凝土垫层。试编制基础部分工程量清单。

解 （1）分析及列项。

《房屋建筑与装饰工程工程量计算规范》中规定“砖基础”清单项目包括的主要工作内容有：砌砖、防潮层铺设。故本例中墙基上的防潮层不单独列项，其工程内容包含在砖基础清单项目内。

故该基础部分应列清单项目为砖基础、混凝土垫层。

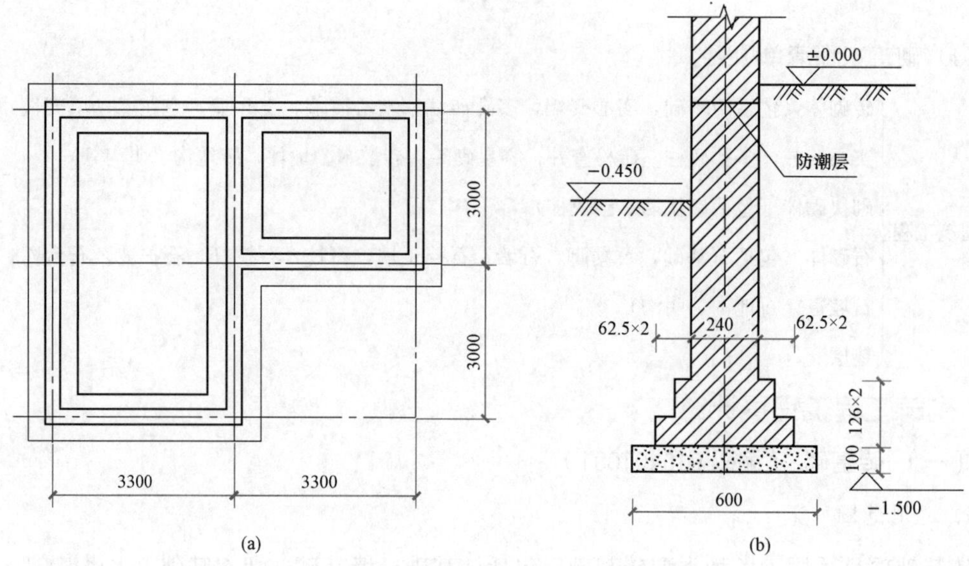

图 9-3　某建筑物基础平面及剖面图

（a）基础平面图；（b）内、外墙基础剖面图

（2）工程量计算。

1）砖基础。

由图 9-3（b）可知，本例未设地下室，故基础与墙身的分界取至±0.00，且在砖基础体积中不扣除防潮层所占体积。

外墙中心线长＝(3.3×2＋3×2)m×2＝25.2m

内墙净长线长＝3m－0.24m＝2.76m

基础断面面积＝基础墙墙厚×基础高度＋大放脚增加面积

＝0.24m×(1.5－0.1)m＋0.047 25m^2

＝0.38m^2

砖基础工程量＝基础长度×基础断面面积

＝(25.2＋2.76)m×0.38m^2

＝10.62m^3

2）垫层。

略。

3）编制分部分项工程量清单。

基础部分工程量清单见表 9-13。

表 9-13　　分部分项工程项目清单与计价表

工程名称：×××　　标段：　　第　页共　页

序号	项目编码	项目名称	项目特征描述	计量单位	工程量	金额（元）		
						综合单价	合价	其中：暂估价
			砌筑工程					
1	010401001001	砖基础	M5 水泥砂浆、MU10 机红砖砌筑条形砖基础，基础深度 1.4m	m^3	10.62			
			混凝土及钢筋混凝土工程					
2	010501001001	垫层	C15 素混凝土垫层，商品混凝土	m^3	略			
…								

（二）实心砖墙（编码 010401003）

1. 适用范围

此项目适用于各种类型的实心砖墙，包括外墙、内墙、围墙。

2. 工程量计算规则

按设计图示尺寸以体积计算，计量单位：m^3。其计算式可表示为

$$V=墙长\times墙厚\times墙高$$

（1）墙长确定：外墙按外墙中心线长，内墙按内墙净长线计算。

实心砖墙项目清单工程量计算

（2）墙厚：1/2 砖墙按 115mm，1 砖墙按 240mm，$1\frac{1}{2}$砖墙按 365mm 计算。

（3）墙高确定：砖墙计算起点从砖墙与基础划分界线处算起，计算顶点见表 9-14。

（4）其并入或扣除或不加、不扣规定见表 9-15。

考虑加扣体积，砖墙工程量计算式可表示为

$$V=(墙长\times墙高-门窗洞口等面积)\times墙厚-墙体埋件及暖气槽等所占体积+附墙砖垛体积$$

表 9-14　　墙高计算顶点规定

外墙	平屋面	算至钢筋混凝土板底
	坡屋面	无檐口天棚者算至屋面板底；有屋架且室内外均有天棚者算至屋架下弦底另加 200mm；无天棚者算至屋架下弦底另加 300mm；出檐宽度超过 600mm 时按实砌高度计算
内墙	位于屋架下弦者	算至屋架下弦底
	无屋架者	算至天棚底另加 100mm
	有钢筋混凝土楼板隔层者	算至楼板顶
	有框架梁时	算至梁底

续表

女儿墙	从屋面板上表面算至女儿墙顶面（如有混凝土压顶时算至压顶下表面）
围墙	算至压顶上表面（有混凝土压顶时算至压顶下表面）

注 1. 内外山墙按平均高度计算。
2. 内墙高度算至楼板隔层板顶，这是与《消耗量定额》TY01-31—2015 不同之处。

表 9-15　墙体体积中的加扣规定

增加体积	凸出墙面的砖垛
扣除体积	门窗、洞口、嵌入墙内的钢筋混凝土柱、梁、圈梁、挑梁、过梁及凹进墙内的壁龛、管槽、暖气槽、消火栓箱所占体积
不增加体积	凸出墙面的腰线、挑檐、压顶、窗台线、虎头砖、门窗套的体积
不扣除体积	梁头、板头、檩头、垫木、木楞头、檐椽木、木砖、门窗走头、砖墙内的加固钢筋、木筋、铁件、钢管及单个面积不大于 0.3m² 的孔洞所占体积

注 附墙烟囱、通风道、垃圾道应按设计图示尺寸以体积（扣除孔洞所占体积）计算并入所依附的墙体体积内。当设计规定孔洞内需抹灰时，应按《房屋建筑与装饰工程工程量计算规范》附录 M 中零星抹灰项目编码列项。

（三）空斗墙、空花墙、填充墙（编码分别为 010401006、010401007、010401008）

1. 适用范围

（1）空斗墙适用于各种砌法（如一斗一眠、无眠空斗等）的空斗墙；

（2）空花墙适用于各种类型的空花墙；

（3）填充墙适用于黏土砖砌筑，墙体中形成空腔，填充以轻质材料的墙体。

2. 工程量计算规则

（1）空斗墙工程量：按设计图示尺寸以空斗墙外形体积计算，计量单位为立方米（m^3），墙脚、内外墙交接处、门窗洞口立边、窗台砖、屋檐处的实砌部分体积并入空斗墙体积内。

（2）空花墙工程量：按设计图示尺寸以空花部分外形体积计算，不扣除空洞部分体积，计量单位：m^3。

（3）填充墙工程量：按设计图示尺寸以填充墙外形体积计算，计量单位：m^3。

（四）零星砌砖（编码 010401012）

1. 适用范围

此项目适用于砖砌的台阶、台阶挡墙、梯带、锅台、炉灶、蹲台、池槽、池槽腿、砖胎膜、花台、花池、楼梯栏板、阳台栏板、地垄墙、不大于 0.3m² 的孔洞填塞等。

2. 工程量计算规则

（1）台阶工程量：按水平投影面积计算（不包括梯带或台阶挡墙），计量单位：m^2。

（2）小型池槽、锅台、炉灶工程量：按数量以个计算。

注：要以“长×宽×高”的顺序标明其外形尺寸。

（3）小便槽、地垄墙工程量：按长度计算，计量单位：m。

(4) 其他零星项目(如梯带、台阶挡墙)工程量:按图示尺寸以体积计算,计量单位:m^3。

(五) 砖散水、地坪(编码 010401013)

工程量计算规则:按设计图示尺寸以面积计算,计量单位:m^2。

注:砖散水、地坪工程量清单项目内包括垫层、结合层、面层等工序。

(六) 砖地沟、明沟(编码 010401014)

工程量计算规则:按设计图示以中心线长度计算,计量单位:m。

注:(1) 地沟土方若在管沟土方中编码列项,则砖地沟项目中就不能再包括挖土方内容。

(2) 砖地沟、明沟工程量清单项目内包括地沟、明沟垫层、混凝土面层,地沟抹灰等内容。

(七) 砌块墙(编码 010402001)

1. 适用范围

此项目适用于各种规格的砌块砌筑的各种类型的墙体。

2. 工程量计算规则

按设计图示尺寸以体积计算,计量单位:m^3。其计算式可表示为

$$V=\text{墙长}\times\text{墙厚}\times\text{墙高}$$

式中,墙长、墙高及墙体中要并入或扣除或不加、不扣的规定同实心砖墙;墙厚按设计图示尺寸。

注:(1) 嵌入空心砖墙、砌块墙中的实心砖不扣除。

(2) 砌块砌体清单项目包括勾缝工作内容(砖砌体项目不包括)。

【例 9-9】 某框架结构间墙体类型、厚度等已知条件见表 9-16。

表 9-16 **框架结构间墙体项目特征**

序号	墙体类型	墙体材料名称	墙体厚度(mm)	框架间墙净尺寸(mm×mm)	砂浆强度等级
1	内墙	加气混凝土砌块	240	4500×2650	M7.5 混合砂浆
2	内墙	加气混凝土砌块	240	4500×2750	M5.0 混合砂浆
备注		墙上无门窗洞口			

要求:(1) 计算墙体清单工程量。

(2) 列出墙体工程工程量清单项目表。

解 (1) 墙体工程量。

M7.5 混合砂浆加气混凝土砌块 $4.5m\times2.65m\times0.24m=2.86m^3$

M5.0 混合砂浆加气混凝土砌块 $4.5m\times2.75m\times0.24m=2.97m^3$

表 9-16 序号 1、2 中的墙体,材质、类型、厚度均相同,但砌筑砂浆强度等级不同,因而两种墙体形成的综合单价就不同,故分别编码列项。

(2) 墙体工程工程量清单见表 9-17。

表 9-17　　分部分项工程项目清单与计价表

工程名称：×××　　标段：　　第　页共　页

序号	项目编码	项目名称	项目特征描述	计量单位	工程量	金额（元）		
						综合单价	合价	其中：暂估价
			砌筑工程					
1	010402001001	加气混凝土砌块	内墙（一～三层）、墙厚 200mm；砌块规格 600×240×250，强度等级 A5.0；M7.5 混合砂浆砌筑	m^3	2.86			
2	010402001002	加气混凝土砌块	内墙（四～六层）、墙厚 200mm；砌块规格 600×240×300，强度等级 A5.0；M5.0 混合砂浆砌筑	m^3	2.97			

（八）石基础（编码 010403001）

1. 适用范围

此项目适用于各种规格（条石、块石等）、各种材质（砂石、青石等）和各种类型（柱基、墙基、直形、弧形等）基础。

2. 工程量计算规则

按设计图示尺寸以体积计算，计量单位：m^3。其中：

（1）墙基础的长度：外墙按外墙中心线长，内墙按内墙净长线计算。

（2）石基础体积计算中应增加或扣除或不加、不扣的体积，见表 9-18。

表 9-18　　石基础体积计算中的加扣规定

增加的体积	附墙垛基础宽出部分的体积
不扣除的体积	基础砂浆防潮层、单个面积 0.3m^2 以内的孔洞
不增加的体积	靠墙暖气沟的挑砖

（九）石勒脚（编码 010403002）

1. 适用范围

石勒脚项目适用于各种规格（条石、块石等）、各种材质（砂石、青石、大理石、花岗石等）和各种类型（直形、弧形等）的勒脚。

2. 工程量计算规则

按设计图示尺寸以体积计算，扣除单个面积大于 0.3m^2 的孔洞所占的体积，计量单位：m^3。

（十）石墙（编码 010403003）

1. 适用范围

同勒脚。

2. 工程量计算规则

同实心砖墙。

（十一）垫层（编码 010404001）

1. 适用范围

除混凝土垫层外，其余垫层按该垫层项目编码列项。

2. 工程量计算规则

按设计图示尺寸以立方米计算，计量单位：m^3。

三、综合实例

【例 9-10】 某建筑物平面图、基础平面及剖面如图 9-4 所示。已知设计采用 M5 水泥砂浆、MU10 机红砖砌筑砖基础；M5 混合砂浆、MU10 机红砖砌筑墙体，原浆勾缝。内、外墙计算高度均为 3.6m。门窗洞口宽度在 1m 以内的设钢筋砖过梁，门窗洞口宽度超过 1m 的设钢筋混凝土过梁。构造柱生根于基础圈梁。门窗洞口尺寸见表 9-19，钢筋混凝土构件体积见表 9-20。试完成以下内容：（1）对砌筑工程相关清单项目列项；（2）计算各清单项目的清单工程量；（3）编制砌筑工程工程量清单。

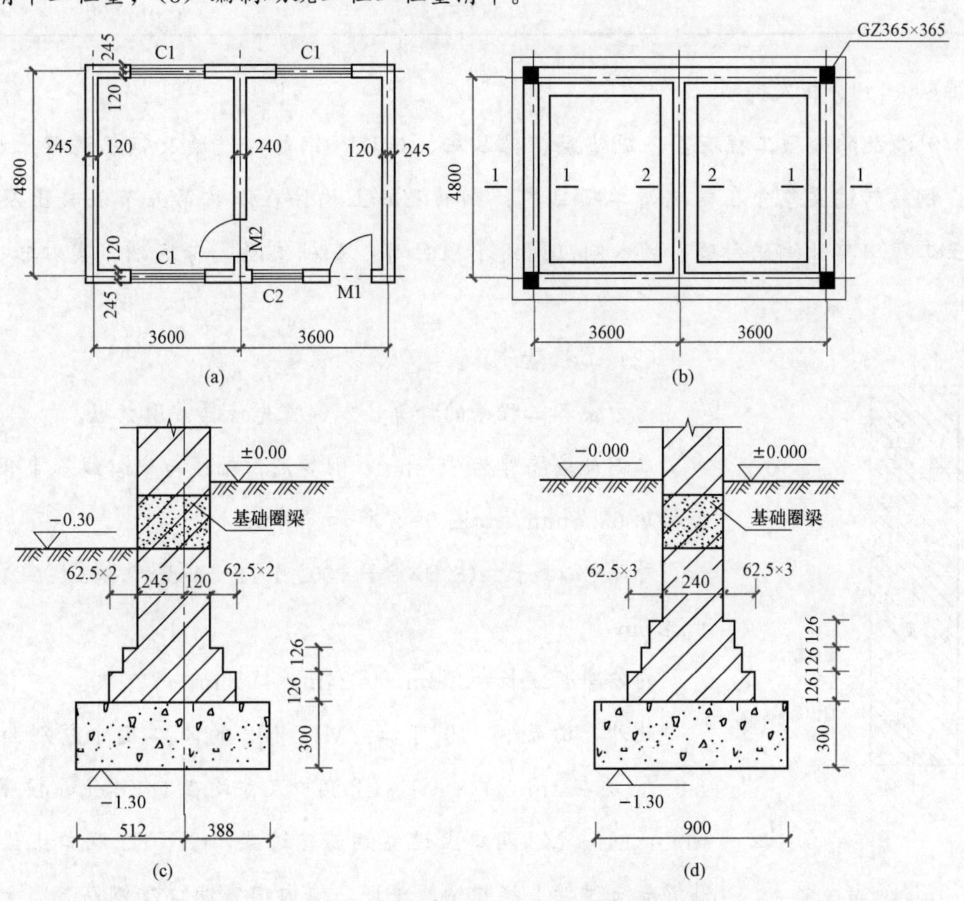

图 9-4 某建筑物平面图、基础平面及剖面图

（a）建筑物平面图；（b）基础平面图；（c）1—1 基础剖面图；（d）2—2 基础剖面图

表 9-19　　门窗尺寸表

门窗名称	洞口尺寸［宽（mm）×高（mm）］	数量
C1	1500×1500	3
C2	1200×1500	1
M1	1000×2400	1
M2	900×2400	1

表 9-20　　钢筋混凝土构件体积表

构件名称		构件体积
钢筋混凝土过梁	洞口宽 1.2m	0.11m³/根
	洞口宽 1.5m	0.13m³/根
标高 3.6m 处圈梁	外墙	1.79m³
	内墙	0.22m³
基础圈梁		2.48m³
构造柱	±0.00 以上	0.54m³/根
	±0.00 以下	0.01m³/根

解　(1) 分析及列项。

本例涉及的分项工程有：基础垫层、砖基础、砖墙、钢筋砖过梁及钢筋混凝土构件。其中，钢筋砖过梁包含在砖墙清单项目内；钢筋混凝土构件在本章第五节混凝土及钢筋混凝土工程中单独编码列项，故本例应列清单项目有：基础垫层、砖基础、实心砖（内、外）墙。

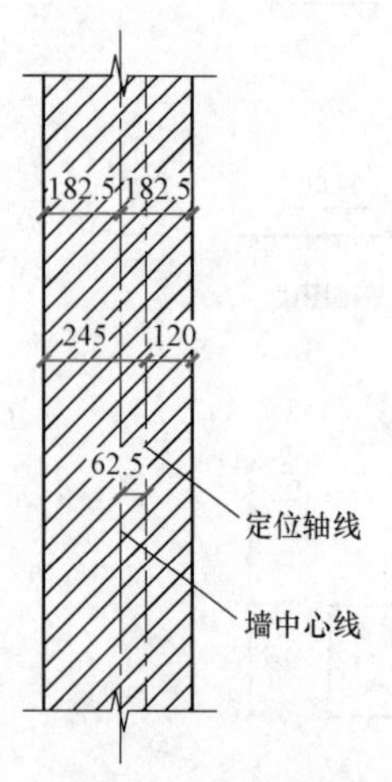

图 9-5　定位轴线与墙中心线示意图

(2) 工程量计算。

为方便各工程量的计算，本例首先计算常用数据。

本例外墙墙厚为 365mm，则其定位轴线与中心线不重合，二者相距 62.5mm，如图 9-5 所示。所以

外墙中心线长=(3.6×2+0.062 5×2+4.8+0.062 5×2)m×2=24.5m

内墙净长线长=4.8m−0.24m=4.56m

此外，由表 9-19 可知：M1、M2 的洞口尺寸分别为 1m、0.9m，均在 1m 以内；C1、C2 洞口尺寸均在 1m 以上。按照设计规定，M1、M2 洞口上设置钢筋砖过梁，C1、C2 洞口上设置钢筋混凝土过梁。经归纳、整理，墙内门窗洞口及钢筋混凝土埋件占用体积见表 9-21。

表 9-21　门窗洞口及墙体钢筋混凝土埋件占用体积表

门窗洞口及墙体埋件名称	所在部位及占用体积（m^3）		
	外墙	内墙	基础
M1	0.88		
M2		0.52	
C1	2.64		
C2	0.66		
基础圈梁			2.48
标高 3.6m 处圈梁	1.79	0.22	
钢筋混凝土过梁	0.50		
构造柱	2.16		0.04
合计	8.63	0.74	2.52

1）砖基础。

由图 9-4（c）、（d）可知，本例设计基础与墙采用同种材料，且未设地下室，故基础与墙身的分界取至±0.000m。

外墙基础断面面积＝外墙基础墙墙厚×基础高度＋大放脚增加面积

$=0.365\text{m}\times(1.3-0.3)\text{m}+0.04725\text{m}^2$

$=0.41\text{m}^2$

内墙基础断面面积＝内墙基础墙墙厚×基础高度＋大放脚增加面积

$=0.24\text{m}\times(1.3-0.3)\text{m}+0.0945\text{m}^2$

$=0.33\text{m}^2$

砖基础清单工程量＝基础长度×基础断面面积－基础圈梁、构造柱占用体积

$=24.5\text{m}\times0.41\text{m}^2+4.56\text{m}\times0.33\text{m}^2-2.48\text{m}^3-0.04\text{m}^3$

$=9.03\text{m}^3$

2）基础垫层。

垫层清单工程量＝垫层长度×垫层断面面积

$=(24.5+4.8-0.45\times2)\text{m}\times0.9\text{m}\times0.3\text{m}$

$=7.67\text{m}^3$

3）实心砖墙。

根据实心砖墙清单项目清单工程量计算规则，实心砖墙清单工程量中不扣除砖过梁所占的体积，则由表 9-21 可知：

实心砖(外)墙清单工程量＝墙长度×墙厚度×墙高度

－外墙上门窗洞口、钢筋混凝土埋件所占体积

＝24.5m×0.365m×3.6m－8.63m^3

＝23.56m^3

实心砖(内)墙清单工程量＝墙长度×墙厚度×墙高度

－内墙上门窗洞口、钢筋混凝土埋件所占体积

＝4.56m×0.24m×3.6m－0.74m^3

＝3.20m^3

(3) 编制砌筑工程工程量清单。

砌筑工程工程量清单见表9-22。

表9-22　　分部分项工程项目清单与计价表

工程名称：×××　　标段：　　第　页共　页

序号	项目编码	项目名称	项目特征描述	计量单位	工程量	金额（元）		
						综合单价	合价	其中：暂估价
			砌筑工程					
1	010401001001	砖基础	M5水泥砂浆、MU10机红砖砌筑条形砖基础，基础深度1.4m	m^3	9.03			
2	010404001001	垫层	垫层材料为3：7灰土	m^3	7.67			
3	010401003001	实心砖墙	M5混合砂浆MU10标准砖砌筑，365mm厚外墙，墙高3.6m，原浆勾缝	m^3	23.56			
4	010401003002	实心砖墙	M5混合砂浆MU10标准砖砌筑，240mm厚内墙，墙高3.6m，原浆勾缝	m^3	3.20			

四、讨论

(1) 某五层（无地下室）砖混结构办公楼设计采用钢筋混凝土基础，试问编制其基础部分的分部分项工程量清单时，应列哪几项？若设计有地下室，所列清单项目是否有变化？

(2) 当不同楼层墙体采用不同强度等级的砌筑砂浆砌筑时，对工程量清单的编制有无影响？若有，墙体的工程量清单该如何编制？此外，还有那些因素会影响墙体工程量清单的编制？

第五节　混凝土及钢筋混凝土工程

混凝土及钢筋混凝土工程包括现浇和预制两部分，不论现浇还是预制构件，构件的制作

都是由绑钢筋、支模板、浇筑混凝土三个工序来完成的，因而混凝土及钢筋混凝土工程的清单项目包括混凝土工程（即混凝土的浇筑），其项目名称以构件实体（分现浇和预制）来命名；钢筋工程，项目名称按现浇构件钢筋和预制构件钢筋及预应力钢筋等分别来命名的。特别注意：混凝土及钢筋混凝土中的模板工程如果在措施项目清单中列出，分部分项工程清单项目不再考虑模板工程。

一、混凝土及钢筋混凝土工程清单项目

混凝土及钢筋混凝土工程：

- 现浇混凝土基础（包括垫层、带形、独立、满堂、桩承台、设备基础）
- 现浇混凝土柱（包括矩形柱、构造柱、异形柱）
- 现浇混凝土梁（包括基础梁，矩形梁，异形梁，圈梁，过梁，弧形、拱形梁）
- 现浇混凝土墙（包括直形墙、弧形墙、短肢剪力墙、挡土墙）
- 现浇混凝土板［包括有梁板，无梁板，平板，拱板，薄壳板，栏板，天沟（檐沟）、挑檐板，雨篷、悬挑板、阳台板，空心板，其他板］
- 现浇混凝土楼梯（包括直形、弧形楼梯）
- 现浇混凝土其他构件（包括散水、坡道，室外地坪，电缆沟、地沟，台阶，扶手、压顶，化粪池、检查井，其他构件）
- 后浇带
- 预制混凝土柱（包括矩形、异形柱）
- 预制混凝土梁（包括矩形梁、异形梁、过梁、拱形梁、鱼腹式吊车梁、其他梁）
- 预制混凝土屋架（包括折线型、组合、薄腹、门式刚架、天窗架）
- 预制混凝土板（包括平板，空心板，槽形板，网架板，折线板，带肋板，大型板，沟盖板、井盖板、井圈）
- 预制混凝土楼梯
- 其他预制构件（包括垃圾道、通风道、烟道，其他构件）
- 钢筋工程［包括现浇构件钢筋、预制构件钢筋、钢筋网片、钢筋笼、先张法预应力钢筋、后张法预应力钢筋、预应力钢丝、预应力钢绞线、支撑钢筋（铁马）、声测管］
- 螺栓、铁件（包括螺栓、预埋铁件、机械连接）

二、混凝土及钢筋混凝土工程工程量计算

（一）现浇混凝土基础

现浇混凝土基础按形式及作用可分为垫层、带形基础、独立基础、满堂基础、设备基础、桩承台基础，其项目编码分别为010501001、010501002、010501003、010501004、010501005、010501006。

1. 适用范围

(1)“带形基础”项目适用于各种带形基础包括有肋式，无肋式及浇筑在一字排桩上面的带形基础。有肋式与无肋式的带形基础及浇筑在一字排桩上面的带形基础应分别编码列项（从第五级编码上区分开），且有肋式的应注明肋高。

(2)“独立基础”项目适用于块体柱基、杯基、无筋倒圆台基础、壳体基础、电梯井基础等。同一工程中若有不同形式的独立基础，应分别编码列项。

(3)“满堂基础”项目适用于箱式满堂基础、筏片基础（分为有梁式、无梁式）等。

注：箱式满堂基础可按满堂基础、现浇柱、梁、板分别编码列项，也可利用满堂基础中的第五级编码分别列项，如某箱式满堂基础即可按如下编码进行，010501004001—无梁式（板式）满堂基础、010501004002—箱式满堂基础柱、010501004003—箱式满堂基础梁、010501004004—箱式满堂基础板。

(4) 设备基础项目适用于设备的块体基础、框架式基础等。

(5) 桩承台基础项目适用于浇筑在组桩（如梅花状）上的承台。

(6) 垫层项目适用于混凝土基础垫层。

2. 工程量计算规则

各种基础及垫层其工程量均按设计图示尺寸以体积计算，不扣除伸入承台基础的桩头所占体积，计量单位：m^3。

具体计算方法同第四章第七节混凝土工程中混凝土基础工程量计算。

（二）现浇混凝土柱

现浇混凝土柱按截面形式分矩形柱、构造柱、异形柱，其项目编码分别为 010502001、010502002、010502003。

1. 适用范围

(1) 矩形柱、异形柱项目适用于按结构计算所设置的柱。

(2) 构造柱适用于为加强房屋整体性，提高其抗震性能按构造要求所设置的柱。按规范的设计原则和要求，构造柱会设置在墙体 L 形转角处、十字交接处、T 形接头处及独立墙肢端部等位置，且与墙体连接处应砌成马牙槎，注意不同位置马牙槎的设置情况。

框架柱混凝土及模板项目清单工程量计算

2. 工程量计算规则

按设计图示尺寸以体积计算，计量单位 m^3。

其工程量计算式可表示为：

$$V = 柱断面面积 \times 柱高$$

式中，柱断面面积按图示计算，柱高可按表 9-23 规定计算。

表 9-23　　混凝土柱高的确定

构造柱混凝土及模板项目清单工程量计算

有梁板①柱高	应自柱基上表面（或楼板上表面）至上一层楼板上表面之间的高度计算
无梁板柱高	应自柱基上表面（或楼板上表面）至柱帽下表面之间的高度计算
框架柱高	应自柱基上表面至柱顶高度计算
构造柱高	按全高计算，嵌接墙体部分并入柱身体积
备注	依附柱上的牛腿和升板②的柱帽，并入柱身体积计算

① 有梁板是指现浇密肋板、井字梁板（即由同一平面内相互正交或斜交的梁与板所组成的结构构件）。

② 升板建筑是指利用房屋自身网状排列的承重柱作为导杆，将就地叠层生产的大面积楼板由下而上逐层提升就位固定的一种方法。升板的柱帽是指升板建筑中联结板与柱之间的构件。

（三）现浇混凝土梁

现浇混凝土梁按形状及作用可分为基础梁、矩形梁、异形梁、圈梁、过梁、弧形拱形梁，项目编码分别为 010503001、010503002、010503003、010503004、010503005、010503006。在同一工程中，有不同类型梁应分别编码列项。

1. 适用范围

（1）“基础梁”项目适用于独立基础间架设的，承受上部墙传来荷载的梁。

（2）“圈梁”项目适用于为了加强结构整体性，构造上要求设置的封闭型水平梁。

（3）“过梁”项目适用于建筑物门窗洞口上所设置的梁。

（4）“矩形梁、异形梁、弧形拱形梁”适用于除了以上三种梁外的截面为矩形、异形及形状为弧形拱形的梁。

2. 工程量计算规则

按设计图示尺寸以体积计算，计量单位：m^3。伸入墙内（砌筑墙）梁头、梁垫并入梁体积内。其计算式可表示为

框架结构中梁工程量计算

$$V=梁截面面积\times梁长$$

式中，梁截面面积按图示尺寸，梁长可按以下规定计算：

（1）梁与柱连接时，梁长算至柱侧面。

（2）主梁与次梁连接时，次梁算至主梁侧面。

现浇混凝土梁项目清单工程量计算

（3）圈梁梁长：外墙圈梁长取外墙中心线长（当圈梁截面宽同外墙宽时），内墙圈梁长取内墙净长线。

（四）现浇混凝土墙

现浇混凝土墙按外形及作用分直形墙、弧形墙、短肢剪力墙和挡土墙 4 个清单项目，其项目编码分别为 010504001～010504004。

1. 适用范围

短肢剪力墙是指截面厚度不大于300mm、各肢截面高度与厚度之比的最大值大于4但不大于8的剪力墙（各肢截面高度与厚度之比的最大值大于4的剪力墙按柱项目编码列项）。

2. 工程量计算规则

按设计图示尺寸以体积计算，计量单位：m^3。

扣除门窗洞口及单个面积大于0.3m^2的孔洞所占体积；墙垛及突出墙面部分并入墙体体积内。

（五）现浇混凝土板

现浇混凝土板按荷载传递方式及作用可分为有梁板、无梁板、平板、拱板、薄壳板、栏板、天沟挑檐板、阳台板、空心板、其他板，其项目编码分别为010505001～0105050010。

1. 适用范围

(1)“有梁板”项目适用于密肋板、井字梁板等。

(2)“无梁板”项目适用于直接支撑在柱上的板。

(3)“平板”项目适用于直接支撑在墙上（或圈梁上）的板等。

(4)“栏板”项目适用于楼梯或阳台上所设的安全防护板。

(5)“其他板”项目适用于除了以上及天沟挑檐板、雨篷阳台板及空心板外的其他板。

2. 工程量计算规则

各种现浇混凝土板其工程量均按设计图示尺寸以体积计算，计量单位：m^3。不扣除单个面积不大于0.3m^2的柱、垛以及孔洞所占体积。压型钢板混凝土楼板扣除构件内压型钢板所占体积。

其中：

(1) 有梁板（包括主、次梁和板）按梁、板体积之和计算。

(2) 无梁板按板和柱帽体积之和计算。

(3) 薄壳板按板、肋和基梁体积之和计算。

(4) 各类板伸入墙内的板头并入板体积内计算。

挑檐混凝土项目清单工程量计算

(5) 当天沟、挑檐板与板（屋面板）连接时，天沟、挑檐板与板的分界线以外墙外边线为界，与圈梁（包括其他梁）连接时，以梁外边线为界，外边线以外为天沟、挑檐。

(6) 雨篷和阳台板按设计图示尺寸以墙外部分体积计算（包括伸出墙外的牛腿和雨篷反挑檐的体积）。当雨篷、阳台与板（包括屋面板、楼板）连接时，以外墙外边线为分界线；与圈梁（包括其他梁）连接时，以梁外边线为界，外边线以外为挑檐、雨篷、阳台。

（7）空心板（GBF 高强薄壁蜂巢芯板等）应扣除空心部分所占体积。GBF 高强薄壁蜂巢芯板应包括在混凝土板项目内。

（六）现浇混凝土楼梯

楼梯混凝土及模板项目清单工程量计算

现浇混凝土楼梯按平面形式可分为直形楼梯和弧形楼梯，其项目编码分别为 010506001、010506002。

工程量计算规则：按设计图示尺寸以水平投影面积计算，计量单位：m^2。其水平投影面积包括：休息平台、平台梁、斜梁以及楼梯与楼板连接的梁；当整体楼梯与现浇楼板无梯梁连接时，以楼梯的最后一个踏步边缘加 300mm 为界。

注：水平投影面积内不扣除宽度小于 500mm 的楼梯井，伸入墙内部分不计算。

（七）现浇混凝土其他构件

现浇混凝土其他构件包括的清单项目有散水、坡道，室外地坪，电缆沟、地沟等 7 个清单项目，其项目编码分别为 010507001～010507007。

1. 适用范围

（1）“散水、坡道”项目适用于结构层为混凝土的散水、坡道。

（2）“室外地坪”项目适用于室外地坪为混凝土材料的地坪。

（3）“电缆沟、地沟”项目适用于沟壁为混凝土的地沟项目。

（4）“扶手、压顶”项目，加强稳定封顶的构件较宽适用于压顶，依附之用的附握构件较窄适用于扶手。

（5）“其他构件”项目适用于小型池槽、垫块、门框等。

2. 工程量计算规则

（1）散水、坡道，室外地坪工程量：按设计图示尺寸以水平投影面积计算，计量单位：m^2。不扣除单个面积不大于 $0.3m^2$ 孔洞所占面积。

（2）电缆沟、地沟工程量：按设计图示尺寸以中心线长度计算，计量单位：m。

（3）台阶工程量：

1）按设计图示尺寸水平投影面积计算，但台阶与平台连接时，其分界线以最上层踏步外沿加 300mm 计算，计量单位：m^2。

2）按设计图示尺寸以体积计算，计量单位：m^3。

（4）扶手、压顶工程量：按设计图示的中心线延长米计算，计量单位：m。按设计图示尺寸以体积计算，计量单位：m^3。

（5）化粪池、检查井工程量：

1）按设计图示尺寸以体积计算，计量单位：m^3。

2）按设计图示数量计算，计量单位：座。

（6）现浇混凝土小型池槽、垫块、门框等，应按其他构件项目编码列项，按设计图示尺寸以体积计算，计量单位：m^3。

【例 9-11】 某房屋平面图如图 9-6 所示，散水、台阶工程做法见表 9-24，散水与外墙交接处采用沥青砂浆填缝，试完成以下内容：（1）散水、台阶相关清单项目列项；（2）计算各清单项目的清单工程量；（3）编制散水、台阶工程量清单。

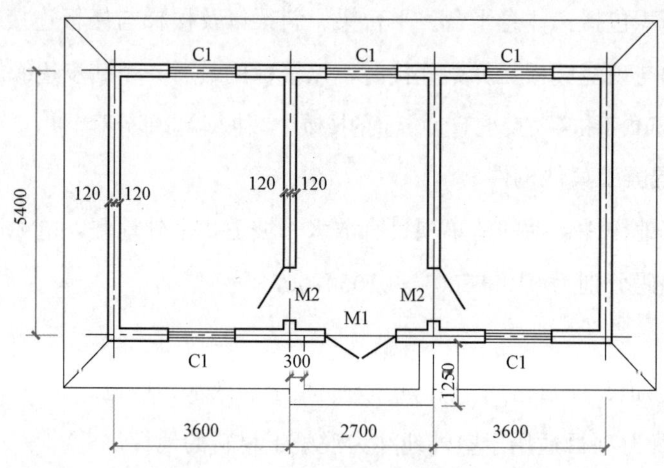

图 9-6 某房屋平面示意图

表 9-24 **工程做法**

序号	部位	工程做法
1	混凝土散水（宽 900mm）	50mm 厚 C15 混凝土上撒 1∶1 水泥砂子，压实赶光； 150mm 厚 3∶7 灰土垫层； 素土夯实向外坡 4%，沥青砂浆填缝
2	水泥砂浆台阶	20mm 厚 1∶2.5 水泥砂浆抹面压实赶光； 素水泥浆结合层一道； 60mm 厚 C15 混凝土台阶； 150mm 厚 3∶7 灰土垫层

解 （1）分析及列项。

《房屋建筑与装饰工程工程量计算规范》中混凝土散水、混凝土台阶、台阶 3∶7 灰土垫层及面层分别在附录 E.7 现浇混凝土其他构件及附录 D.4 垫层、附录 L.7 台阶装饰中。

《房屋建筑与装饰工程工程量计算规范》中“混凝土散水”清单项目包括的主要工作内容有：铺设垫层、模板制作安装、混凝土制作运输浇捣、变形缝填缝。故混凝土散水面层下的“150mm 厚 3∶7 灰土垫层及沥青砂浆填缝”不能单独编码列项，要合并在“混凝土散水”清单项目内。

故本例应列清单项目有：混凝土散水、水泥砂浆台阶面层、混凝土台阶、台阶3∶7灰土垫层。

（2）工程量计算。

1）散水：

散水中心线长度=(3.6×2+2.7+0.24+0.45×2+5.4+0.24+0.45×2)m×2

=34.68m

散水清单工程量=散水中心线长×散水宽－台阶所占面积

=34.68m×0.9m－2.7m×0.9m

$=28.78m^2$

2）台阶：

由图9-6可以看出，本例台阶与平台相连，故台阶应算至最上一层踏步外加300mm。

台阶清单工程量=水平投影面积

=2.7m×1.25m－(2.7－0.3×4)m×(1.25－0.3×2)m

$=2.4m^2$

（3）编制分部分项工程量清单。

散水、台阶工程量清单见表9-25。

表9-25　　分部分项工程项目清单与计价表

工程名称：×××　　标段：　　第　页共　页

序号	项目编码	项目名称	项目特征描述	计量单位	工程量	金额（元）		
						综合单价	合价	其中：暂估价
1	010507001001	混凝土散水	50mm厚C15混凝土上撒1∶1水泥砂子，压实赶光；150mm厚3∶7灰土垫层；素土夯实向外坡4%，沥青砂浆填缝	m^2	28.78			
2	011107004001	水泥砂浆台阶面层	20mm厚1∶2.5水泥砂浆抹面压实赶光	m^2	2.4			
3	010507004001	混凝土台阶	60mm厚C15混凝土台阶	m^3	略			
4	010404001002	台阶垫层	150mm厚3∶7灰土垫层	m^3	略			

（八）后浇带（编码010508001）

1.适用范围

此项目适用于基础（满堂式）、梁、墙、板后浇的混凝土带，一般宽在700～1000mm之间。

注：后浇带是一种刚性变形缝，适用于不允许留设柔性变形缝的部位，后浇带的浇筑应待两侧结构主体混凝土干缩变形稳定后进行。

2. 工程量计算规则

按设计图示尺寸以体积计算，计量单位：m^3。

预制混凝土构件清单列项

（九）预制混凝土柱

预制混凝土柱包括矩形和异形柱两个清单项目，其项目编码分别为010509001、010509002。

工程量计算规则：

（1）按设计图示尺寸以体积计算，计量单位：m^3。

（2）按设计图示尺寸以数量计算，计量单位：根。

注：预制构件的制作、运输、安装、接头灌缝都应包括在预制混凝土柱项目内。在定额计价模式下，以上四个工序要分别单独列项，这是工程量清单计价和定额计价项目划分的不同之处，注意区分。

（十）预制混凝土梁

预制混凝土梁包括矩形、异形、拱形等六个清单项目，其项目编码为010510001～010510006。

工程量计算规则：

（1）按设计图示尺寸以体积计算，计量单位m^3。

（2）按设计图示尺寸以数量计算，计量单位：根。

（十一）预制混凝土屋架

预制混凝土屋架按折线型、组合式、薄腹型等不同形式分别编码列项，共五个清单项目。

工程量计算规则：

（1）按设计图示尺寸以体积计算，计量单位：m^3。

（2）按设计图示尺寸以数量计算，计量单位：榀。

注：组合屋架中钢杆件应按《房屋建筑与装饰工程工程量计算规范》附录F金属结构工程中相应清单项目编码列项，工程量按质量以吨（t）计算。

（十二）预制混凝土板

预制混凝土板除了包括楼板、屋面板（如平板、空心板、网架板等）外，还有沟盖板、井圈等，共八个清单项目，其编码从010512001～010512008。

工程量计算规则：

（1）按设计图示尺寸以体积计算，不扣除单个面积不大于300mm×300mm的孔洞所占体积，扣除空心板空洞体积，计量单位m^3。

(2) 按设计图示尺寸以数量计算，计量单位为“块”。

【例9-12】 某工程设计采用YKB30—9—Ⅳ的预应力空心板共100块。已知预应力空心板由构件加工厂生产，运至施工现场的距离为3km，安装高度3.5m，接头灌缝材料采用C15细石混凝土。试编制预应力空心板工程量清单。

解 (1) 分析。

《房屋建筑与装饰工程工程量计算规范》中预制混凝土构件包括的工作内容有：构件制作、运输、安装、接头灌缝，即从生产到施工完毕整个过程（除钢筋加工制作绑扎）所发生的施工内容全包括在预制构件清单项目内，故本例应列清单项目为预应力空心楼板、预制构件钢筋、预应力钢筋。

但投标人根据招标人提供工程量清单进行报价计算定额工程量时，要根据各省市地区预算定额（或企业定额）规定，应对制作、运输、安装、接头灌缝分别计算其工程量。

(2) 工程量计算。

查预应力空心板标准图集可知：YKB30-9-Ⅳ的预应力空心楼板实体体积为0.186m^3/块；预应力钢筋用量为5.285kg/块；非预应力钢筋用量为0.454kg/块。

预应力空心楼板清单工程量＝构件实体体积＝0.186m^3/块×100块＝18.6m^3

非预应力钢筋清单工程量＝0.454kg/块×100块＝45.4kg

预应力钢筋清单工程量＝5.2854kg/块×100块＝528.5kg

(3) 编制分部分项工程量清单。

预应力空心楼板的分部分项工程项目清单与计价表见表9-26。

表9-26 **分部分项工程项目清单与计价表**

工程名称： 标段： 第 页共 页

序号	项目编码	项目名称	项目特征描述	计量单位	工程量	金额（元）		
						综合单价	合价	其中：暂估价
		混凝土及钢筋混凝土工程						
1	010512002001	空心板	YKB30-9-Ⅳ的预应力空心楼板；混凝土强度等级为C30，运输距离3km，安装高度3.5m，C15细石混凝土灌缝	m^3	18.6			
2	010515002001	预制构件钢筋（非预应力）	详见预应力空心板标准图集：YKB30-9-Ⅳ	kg	45.4			
3	010515005001	预应力钢筋	详见预应力空心板标准图集：YKB30-9-Ⅳ	kg	528.5			

（十三）预制混凝土楼梯（编码 010513001）

工程量计算规则：

（1）按设计图示尺寸以体积计算，扣除空心踏步板空洞体积，计量单位：m^3。

（2）按设计图示数量计算，计量单位：段。

（十四）其他预制构件

其他预制构件包括烟道、垃圾道、通风道，其他构件两个清单项目，编码分别为010514001、010514002，其中“其他构件”指的是预制小型池槽、压顶、扶手、垫块、隔热板、花格等构件。

工程量计算规则：

（1）按设计图示尺寸以体积计算，不扣除单个面积不大于300mm×300mm孔洞所占体积，扣除烟道、垃圾道、通风道的孔洞所占体积，计量单位：m^3。

（2）按设计图示尺寸以面积计算，不扣除单个面积不大于300mm×300mm的孔洞所占面积，计量单位：m^2。

（3）按设计图示尺寸以数量计算，计量单位：根。

（十五）钢筋工程

钢筋工程按现浇构件钢筋及预制构件钢筋、先张法预应力钢筋、钢丝、钢绞线等分别编码列项，钢筋工程共十个清单项目，其编码从010515001～010515010。

1. 现浇及预制构件钢筋

工程量计算规则：按设计图示钢筋（网）长度（面积）乘以单位理论质量计算，单位：t。

注：现浇构件中伸出构件的锚固钢筋应并入钢筋工程量内。除设计（包括规范规定）标明的搭接外，其他施工搭接不计算工程量，在综合单价中综合考虑。

现浇及预制构件钢筋详细工程量计算方法，见第四章第七节钢筋工程量计算。

2. 先张法预应力钢筋

工程量计算规则：按设计图示钢筋长度乘以单位理论质量计算，单位：t。

3. 后张法预应力钢筋、钢丝、钢绞线

工程量计算规则：按设计图示钢筋（钢丝束、钢绞线）长度乘以单位理论质量计算，单位：t。其长度区别不同的锚具类型，分别按下列规定计算：

（1）低合金钢筋两端均采用螺杆锚具时，钢筋长度按孔道长度减0.35m计算，螺杆另行计算。

（2）低合金钢筋一端采用墩头插片，另一端采用螺杆锚具时，钢筋长度按孔道长度计算，螺杆另行计算。

（3）低合金钢筋一端采用墩头插片、另一端采用帮条锚具时，钢筋增加 0.15m 计算；两端均采用帮条锚具时，钢筋长度按孔道长度增加 0.3m 计算。

（4）低合金钢筋采用后张混凝土自锚时，钢筋长度按孔道长度增加 0.35m 计算。

（5）低合金钢筋（钢绞线）采用 JM、XM、QM 型锚具，孔道长度在 20m 以内时，钢筋长度增加 1m 计算；孔道长度在 20m 以外时，钢筋（钢绞线）长度按孔道长度增加 1.8m 计算。

（6）碳素钢丝采用锥形锚具，孔道长度在 20m 以内时，钢丝束长度按孔道长度增加 1m 计算；孔道长度在 20m 以上时，钢丝束长度按孔道长度增加 1.8m 计算。

（7）碳素钢丝束采用墩头锚具时，钢丝束长度按孔道长度增加 0.35m 计算。

4. 支撑钢筋（铁马）

工程量计算规则：按钢筋长度乘单位理论质量计算，单位：t。

注：在编制工程量清单时，如果设计未明确，其工程量可暂估，结算时按现场签证数量计算。

（十六）螺栓、铁件

螺栓、预埋铁件、机械连接在进行清单编制时，应分别编码列项。其编码从 010516001～010516003。

工程量计算规则：

（1）螺栓、预埋铁件工程量。按设计图示尺寸以质量计算，单位：t。

（2）机械连接工程量。按数量计算，单位：个。

注：编制工程量清单时，如果设计未明确，其工程量可暂估，实际工程量按现场签证数量计算。

三、有关问题说明

（1）滑模的提升设备（如：千斤顶、液压操作台等）应列在模板及支撑费内，即措施项目费内。

（2）倒锥壳水箱在地面就位预制后的提升设备（如：千斤顶、液压操作台等）应列在垂直运输费内，即措施项目费内。

（3）预制构件要描述的项目特征中，绝大部分项目都有安装高度的要求，但清单编制人在项目名称栏内进行项目特征描述时，不需要每个构件都描述安装高度，而是要求选择关键部位注明，以便投标人选择吊装机械和垂直运输机械。

（4）预制构件制作、运输、安装等的一切损耗应包括在预制构件清单项目价格内。

（5）钢材均按理论质量计算，其理论质量与实际质量的偏差应包括在预制构件清单项目价格内。

（6）关于现浇混凝土工程项目，《房屋建筑与装饰工程工程量计算规范》的工作内容中

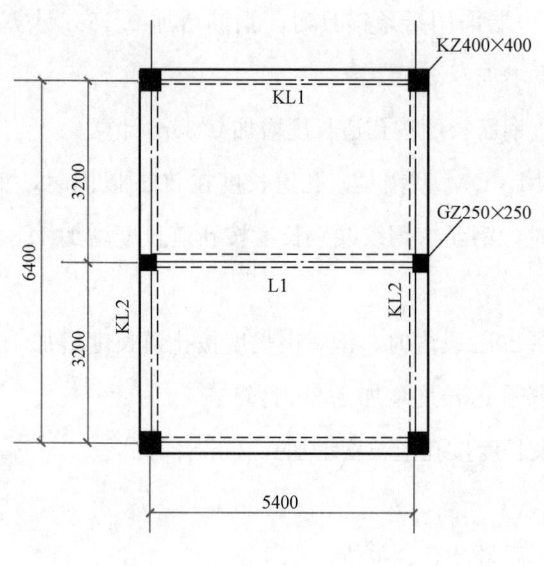

图 9-7 二层结构平面图

包括了"模板制作、安装、拆除、堆放、运输及清理模内杂物、刷隔离剂等"。若招标人在措施项目清单中未编列现浇混凝土模板项目清单，即表示现浇混凝土模板不单列，现浇混凝土工程项目的综合单价中应包括模板工程费用。

四、综合实例

【例 9-13】 某房屋二层结构平面图如图 9-7 所示。已知一层板顶标高为 3.0m，二层板顶标高为 6.0m，现浇板厚 100mm，各构件混凝土强度等级为 C25，断面尺寸见表 9-27。试编制二层各钢筋混凝土构件工程量清单。

表 9-27 构件尺寸

构件名称	构件尺寸（mm×mm）
KZ	400×400
GZ	250×250（宽×高）
KL1	250×500（宽×高）
KL2	300×650（宽×高）
L1	250×400（宽×高）

解 (1) 分析及列项。

由图 9-7 可知，本例混凝土工程应列清单项目有：矩形柱、构造柱、矩形梁、平板。

(2) 工程量计算。

1) 矩形柱（KZ）：

矩形柱(KZ)混凝土工程量＝柱断面面积×柱高×根数

$$=0.4m\times0.4m\times(6-3)m\times4$$

$$=1.92m^3$$

2) 构造柱（GZ）：

构造柱只在砌块墙中设置，故框架结构中构造柱的计算高度应由本层框架梁上表面取至上一层框架梁底。

构造柱(GZ)混凝土工程量＝柱断面面积×柱高×根数

＝(0.25＋0.03×2)m×0.25m×(6－3－0.65)m×2

＝0.43m^3

3）矩形梁（KL1、KL2、L1）：

矩形梁混凝土工程量＝梁断面面积×梁长×根数

KL1：0.25m×(0.5－0.1)×(5.4－0.2×2)×2＝1.0m^3

KL2：0.3×(0.65－0.1)×(6.4－0.2×2)×2＝1.98m^3

L1：0.25×(0.4－0.1)×(5.4＋0.2×2－0.3×2)＝0.39m^3

矩形梁混凝土工程量＝KL1、KL2、L1 混凝土工程量之和

＝1.0m^3＋1.98m^3＋0.39m^3

＝3.37m^3

4）平板：

平板工程量＝板长×板宽×板厚－柱所占体积

＝(6.4＋0.2×2)m×(5.4＋0.2×2)m×0.1m－0.4m×0.4m×0.1m×4

＝3.944m^3－0.064m^3

＝3.88m^3

(3）编制分部分项工程量清单。

混凝土工程工程量清单见表 9-28。

表 9-28　　分部分项工程量清单与计价表

工程名称：　　　　标段：　　　　第　页共　页

序号	项目编码	项目名称	项目特征描述	计量单位	工程量	金额（元）		
						综合单价	合价	其中：暂估价
			混凝土及钢筋混凝土工程					
1	010502001001	矩形柱	现浇混凝土框架柱，混凝土强度等级 C25，柱高 3m，断面尺寸 400×400，商品混凝土	m^3	1.92			
2	010502002001	构造柱	现浇混凝土构造柱，混凝土强度等级 C25，柱高 2.35m，断面尺寸 250×250，商品混凝土	m^3	0.43			
3	010503002001	矩形梁	现浇混凝土梁，混凝土强度等级 C25，商品混凝土	m^3	3.37			
4	010505003001	平板	现浇混凝土板，混凝土强度等级 C25，板厚 100mm，商品混凝土	m^3	3.88			

五、讨论

（1）砖混结构与框架结构中构造柱混凝土工程量的计算方法是否相同？

（2）砖混结构中板工程量的计算与本例有何相同与不同之处？

（3）在多层与高层房屋设计中不同层的钢筋混凝土构件，其混凝土强度等级往往不同，在编制清单时是否需单独列项？

第六节　金属结构工程

一、金属结构工程清单项目

金属结构工程：
- 钢网架
- 钢屋架、钢托架、钢桁架、钢架桥
- 钢柱（包括实腹钢柱、空腹钢柱、钢管柱）
- 钢梁（包括钢梁、钢吊车梁）
- 钢板楼板、墙板（包括钢板楼板、钢板墙板）
- 钢构件（包括钢支撑、钢拉条，钢檩条，钢天窗架，钢挡风架，钢墙架、钢平台，钢走道，钢梯、钢护栏、钢漏斗、钢板天沟、钢支架、零星钢构件等）
- 金属制品（包括成品空调、金属网页、护栏，成品栅栏，成品雨篷，金属网栏，砌块墙钢丝网加固，后浇带金属网）

二、金属结构工程工程量计算

1. 适用范围

（1）“钢网架”项目适用于一般钢网架和不锈钢网架。不论节点形式（球形节点、板式节点等）和节点连接方式（焊接、螺栓连接）等均使用该项目。

（2）“钢屋架”项目适用于一般钢屋架和轻钢屋架及冷弯薄壁型钢屋架。

注：（1）轻钢屋架是指采用圆钢筋、小角钢（小于∟45×4 等肢角钢、小于∟56×36×4 不等肢角钢和薄钢板（其厚度一般不大于 4mm）等材料组成的轻型钢屋架。

（2）冷弯薄壁型钢屋架是指厚度在 2～6mm 的钢板或带钢经冷弯或冷拔等方式弯曲而成的型钢组成的屋架。

（3）“实腹钢柱”项目适用于实腹钢柱和实腹式型钢混凝土柱，其类型指十字、T、L、H 形等。

（4）“空腹钢柱”项目适用于空腹钢柱和空腹型钢混凝土柱，其类型指箱形、格构等。

（5）“钢管柱”项目适用于钢管柱和钢管混凝土柱。

（6）“钢梁”项目适用于钢梁和实腹式型钢混凝土梁、空腹式型钢混凝土梁，其类型指

T、L、H 形、箱形、格构式等。

(7)“钢吊车梁”项目适用于钢吊车梁及吊车梁的制动梁、制动板、制动桁架，车挡也应包括在报价内。

(8)“钢板楼板”项目适用于现浇混凝土楼板使用压型钢板作永久性模板，并与混凝土叠合后组成共同受力的构件。

压型钢板是指采用镀锌或经防腐处理的薄钢板。

(9)“钢护栏”项目适用于非装饰性钢栏杆。

(10)“零星钢构件”项目适用于加工铁件等小型构件。

2. 工程量计算规则

(1) 钢网架、钢屋架、钢托架、钢桁架、钢架桥、钢柱、钢梁、钢构件。

钢柱项目工程量清单编制

工程量按设计图示尺寸以质量计算，单位：t。不扣除孔眼的质量，焊条、铆钉、螺栓等不另增加质量。其中：

1) 当屋架以榀计量，按设计图示数量计算。

2) 依附在钢柱上的牛腿及悬臂梁并入钢柱工程量内。钢管柱上的节点板、加强环、内衬管、牛腿等并入钢管柱工程量内。

3) 制动梁、制动板、制动桁架、车挡并入钢吊车梁工程量内。

4) 依附漏斗或天沟的型钢并入漏斗或天沟工程量内。

(2) 钢板楼板。

工程量按设计图示尺寸以铺设水平投影面积计算，不扣除单个面积不大于 0.3m^2 的柱、垛及孔洞所占面积，计量单位：m^2。

压型钢楼板按钢板楼板项目编码列项。

(3) 钢板墙板。

工程量按设计图示尺寸以铺挂展开面积计算，不扣除单个面积不大于 0.3m^2 梁、孔洞所占面积，包角、包边、窗台泛水等不另增加面积。计量单位：m^2。

(4) 成品空调金属百页护栏、成品栅栏、金属网栏。

工程量按设计图示尺寸以框外围展开面积计算，计量单位：m^2。

(5) 成品雨篷。

1) 按设计图示尺寸以展开面积计算，计量单位：m^2。

2) 按设计图示接触边以长度计算，单位：m。

(6) 砌块墙钢丝网加固、后浇带金属网。

其工程量按设计图示尺寸以面积计算，计量单位：m²。

【例 9-14】 某钢支撑结构图如图 9-8 所示，钢支撑为 L120mm×10mm 角钢，连接板—10mm 钢板。其油漆做法：①过氯乙烯清漆五遍；②防火涂料两遍；③防锈漆一遍。试编制 10 组钢支撑的工程量清单。

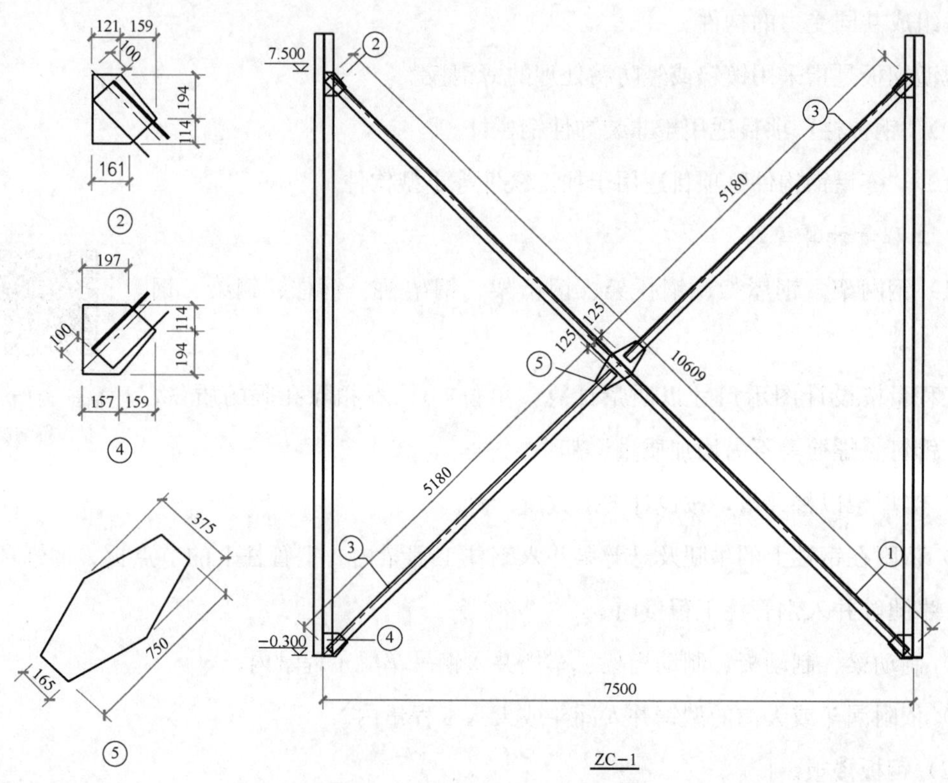

图 9-8 钢支撑结构示意图

解 (1) 分析及列项。

依据《房屋建筑与装饰工程工程量计算规范》中钢支撑清单项目的工作内容可以看出：钢支撑的报价中包含制作、运输、安装、探伤、刷油漆的费用，则应列清单项目为钢支撑。

(2) 工程量计算。

金属构件工程量＝构件中各钢材质量之和

从图 9-8 中可以看出，钢支撑工程量需计算钢板和角钢的质量。

钢板质量＝钢板面积×钢板每平方米质量

角钢质量＝角钢长度×角钢每米长质量

式中，钢板每平方米质量及钢管每米长质量可从有关表中查出，也可以按下式计算：

钢板每平方米质量＝7.85×钢板厚度

式中：7.85 单位 t/m^3，钢板厚度单位 mm，钢板每平方米质量 kg。

1）－10 钢板：

－10 钢板每平方米质量＝7.85×10mm＝78.5kg/m^2

则：

②号钢板面积＝(0.114＋0.194)m×(0.121＋0.159)m＝0.086m^2

②号钢板质量小计＝78.5kg/m^2×0.086m^2×2(2 块)＝13.50kg

④号钢板面积＝(0.114＋0.194)m×(0.157＋0.159)m＝0.097m^2

④号钢板质量小计＝78.5kg/m^2×0.097m^2×2(2 块)＝15.23kg

⑤号钢板面积＝0.75m×0.375m＝0.281m^2

⑤号钢板质量小计＝78.5kg/m^2×0.281m^2×1(1 块)＝22.06kg

－10 钢板工程量＝13.50kg＋15.23kg＋22.06kg＝50.79kg

2）角钢∟120mm×10mm：

经查，∟120mm×10mm 角钢每米长质量为 18.3kg/m，则

角钢质量＝角钢长度×角钢每米长质量

＝(10.609＋5.18×2)m×18.3kg/m

＝383.73kg

3）10 组钢支撑总质量：

金属构件工程量＝构件中各钢材质量之和

＝(50.79＋383.73)kg×10

＝4 345.20kg

＝4.345t

(3) 编制分部分项工程量清单。

钢支撑的工程量清单见表 9-29。

表 9-29　　分部分项工程项目清单与计价表

工程名称：　　标段：　　第　页共　页

序号	项目编码	项目名称	项目特征描述	计量单位	工程量	金额（元）		
						综合单价	合价	其中：暂估价
			金属结构工程					
1	010606001001	钢支撑	钢板 10mm，角钢 120mm×120mm×10mm；复式；支撑高度 7.8m；刷防锈漆一遍，防火涂料两遍，过氯乙烯清漆五遍	t	4.345			

三、有关问题说明

（1）型钢混凝土柱、梁浇筑混凝土和钢板楼板上浇筑钢筋混凝土，混凝土和钢筋应按混凝土及钢筋混凝土有关项目编码列项。

（2）装饰性钢栏杆按其他装饰工程相关项目编码列项。

（3）在金属结构工程计量上，不规则或多边形钢板按设计图示实际面积乘以厚度以单位理论质量计算，金属构件切边、切肢以及不规则及多边形钢板发生的损耗在综合单价中考虑。

（4）钢构件按成品化编制项目，若购置成品不含油漆，单独按油漆、涂料、裱糊工程相关项目编码列项；若是购置成品价含油漆，《房屋建筑与装饰工程工程量计算规范》中已考虑“补刷油漆”。

第七节　木结构工程

一、木结构工程工程量清单项目

木结构工程
- 木屋架（包括木屋架、钢木屋架）
- 木构件（包括木柱、木梁、木檩、木楼梯、其他木构件）
- 屋面木基层

二、木结构工程工程量计算

（一）木屋架

木屋架包括木屋架、钢木屋架（下弦杆为钢结构）两个清单项目，其编码分别为010701001、010701002。

1. 适用范围

（1）“木屋架”项目适用于各种方木、圆木屋架。

（2）“钢木屋架”项目适用于各种方木、圆木的钢木组合屋架。

2. 工程量计算规则

（1）木屋架按设计图示数量计算，计量单位：榀；

（2）按设计图示的规格尺寸以体积计算，计量单位：m^3。

（3）钢木屋架按设计图示数量计算，计量单位：榀。

注：(1) 与木屋架相连接的挑檐木、钢夹板构件、连接螺栓应包括在木屋架清单项目价格内。

(2) 钢拉杆（下弦拉杆）、受拉腹杆、钢夹板、连接螺栓应包括在钢木屋架清单项目价格内。

(3) 带气楼的屋架和马尾、折角和正交部分的半屋架，按相关屋架项目编码列项。

（二）木构件

木构件包括木柱、木梁、木檩、木楼梯、其他木构件 4 个清单项目，其编码为 010702001～010702005。

1. 适用范围

（1）“木柱”“木梁”清单项目适用于建筑物各部位的柱、梁。

（2）“其他木构件”清单项目适用于斜撑，传统民居的垂花、花芽子、封檐板、博风板等构件。

2. 工程量计算规则

（1）木柱、木梁工程量按设计图示尺寸以体积计算。

（2）木檩：

1）按设计图示尺寸以体积计算，单位：m^3；

2）按设计图示尺寸以长度计算，单位：m。

（3）木楼梯工程量按设计图示尺寸以水平投影面积计算，单位：m^2。不扣除宽度不大于 300mm 的楼梯井，伸入墙内部分不计算。

（4）其他木构件工程量按设计图示尺寸以体积或长度计算。

三、有关问题说明

（1）设计规定使用干燥木材时，干燥损耗及干燥费应包括在相应清单项目价格内。

（2）木材的刨光损耗、施工损耗应包括在相应清单项目价格内。

（3）木结构有防虫要求时，防虫药剂应包括在相应清单项目价格内。

第八节 屋面及防水工程

一、屋面及防水工程清单项目

屋面及防水工程：
- 瓦、型材及其他屋面（包括瓦屋面、型材屋面、阳光板屋面、玻璃钢屋面、膜结构屋面）
- 屋面防水及其他（屋面卷材防水，屋面涂膜防水，屋面刚性层，屋面排水管，屋面排气管、屋面泄水管，屋面天沟、檐沟，屋面变形缝）
- 墙、地面防水、防潮［楼地面卷材防水、涂膜防水、砂浆防水（防潮）、变形缝］

二、屋面及防水工程工程量计算

（一）瓦屋面（编码 010901001）

1. 适用范围

此项目适用于用小青瓦、平瓦、筒瓦、石棉水泥瓦、玻璃钢波形瓦等材料做的屋面。

2. 工程量计算规则

按设计图示尺寸以斜面积计算，计量单位：m^2。不扣除房上烟囱、风帽底座、风道、小气窗、斜沟等所占面积，小气窗出檐部分不增加面积。

（二）型材屋面（编码 010901002）

1. 适用范围

此项目适用于压型钢板、金属压型夹心板等屋面。

2. 工程量计算规则

同瓦屋面。

（三）阳光板屋面、玻璃钢屋面（010901003、010901004）

工程量计算规则：按设计图示尺寸以斜面积计算，单位：m^2。不扣除屋面面积不大于 0.3m^2孔洞所占面积。

（四）膜结构屋面（编码 010901005）

1. 适用范围

此项目适用于膜布屋面。

注：膜结构也称索膜结构，是一种以膜布与支撑（柱、网架等）和拉结结构（拉杆、钢丝绳等）组成的屋盖、篷顶结构。

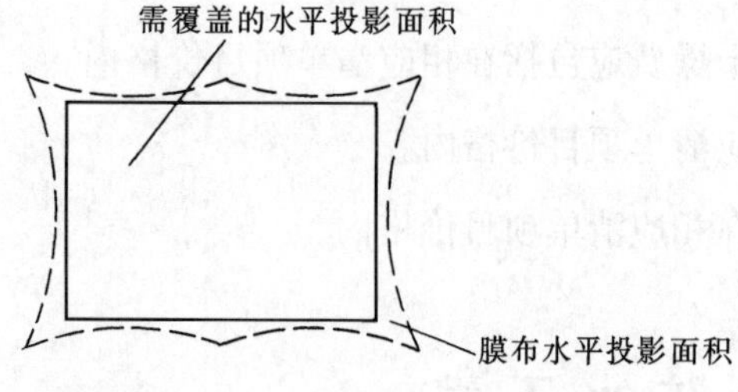

图 9-9　膜结构屋面工程量计算图

2. 工程量计算规则

按设计图示尺寸以需要覆盖的水平（投影）面积计算（图 9-9），计量单位：m^2。

注：索膜结构中支撑和拉结构件应包括在膜结构屋面清单项目内，如：某公共汽车亭屋面为膜结构，其膜布为加强型的 PVC 膜布，支撑及拉结构件为不锈钢支架、支撑、拉杆、钢丝绳，则此屋面的综合单价应包括以上各项的制作、安装等费用。

【例 9-15】　某膜结构公共汽车等候车亭，使用不锈钢支撑支架。根据设计每个公共汽车亭需覆盖面积为 45m^2，共 15 个候车亭。试编制膜结构屋面工程量清单。

解　（1）工程量计算。

膜结构屋面工程量＝需要覆盖的水平面积

＝45m×15m

＝675m^2

（2）编制分部分项工程量清单。

膜结构屋面工程量清单见表 9-30。

表 9-30　　分部分项工程项目清单与计价表

工程名称：　　　　　　　　　　标段：　　　　　　　　　　第　页共　页

序号	项目编码	项目名称	项目特征描述	计量单位	工程量	金额（元）		
						综合单价	合价	其中：暂估价
			屋面及防水工程					
1	010901005001	膜结构屋面	加强型 PCV 膜布、白色；不锈钢管支架支撑；6 股 7 丝钢丝绳	m^2	675			

（五）屋面卷材防水（编码 010902001）

屋面卷材防水项目工程量清单编制

1. 适用范围

此项目适用于利用胶结材料粘贴卷材进行防水的屋面，如：三毡四油卷材防水、SBS 改性沥青防水卷材屋面等。

2. 工程量计算规则

按设计图示尺寸以面积计算，其中斜屋顶（不包括平屋顶找坡）按斜面积计算，平屋顶按水平投影面积计算，计量单位：m^2。

不扣除房上烟囱、风帽底座、风道、屋面小气窗和斜沟所占面积；屋面的女儿墙、伸缩缝和天窗等处的弯起部分，并入屋面工程量内。

注：屋面卷材防水项目的价格除了包括工作内容中所要求完成的内容外，檐沟、天沟、水落口、泛水收头、变形缝等处的卷材附加层用量不另行计算，在综合单价中考虑。

（六）屋面涂膜防水（编码 010902002）

1. 适用范围

适用于厚质涂料、薄质涂料和有加增强材料或无加增强材料的涂膜防水屋面。

2. 工程量计算规则

同“屋面卷材防水”。

（七）屋面刚性层（编码 010902003）

1. 适用范围

适用于细石混凝土、补偿收缩混凝土、块体混凝土、预应力混凝土和钢纤维混凝土等刚性防水屋面。

2. 工程量计算规则

按设计图示尺寸以面积计算，计量单位：m^2。不扣除房上烟囱、风帽底座、风道等所占面积。

注：刚性防水屋面的分格缝、泛水、变形缝部位的防水卷材、密封材料、背衬材料、沥青麻丝等应包括在刚性防水屋面清单项目价格内。

（八）屋面排水管（编码 010902004）

1. 适用范围

屋面排水管适用于各种排水管材（PVC 管、玻璃钢管、铸铁管等）项目。

2. 工程量计算规则

按设计图示尺寸以长度计算，计量单位：m。如设计未标注尺寸，以檐口至设计室外散水上表面垂直距离计算。

（九）墙面卷材防水、涂膜防水、砂浆防水（防潮）（编码 010903001～010903003）

1. 适用范围

适用于墙面部位的防水。

2. 工程量计算规则

按设计图示尺寸以面积计算，计量单位：m^2。

注：墙基防水按长度乘以宽度（或高度）计算（乘以宽度，计算的是水平防水；乘以高度，计算的是立面防水）。其中：

(1) 墙基平面防水（潮）外墙长度取外墙中心线长，内墙长度取内墙净长。

(2) 墙基外墙立面防水（潮）外墙长度取外墙外边线长。

（十）墙面变形缝（编码 010903004）

1. 适用范围

适用于墙体部位的防震缝、温度缝、沉降缝的处理。

2. 工程量计算规则

按设计图示以长度计算，计量单位：m。

注：墙面变形缝，若做双面，工程量乘系数 2。另外永久性保护层（如砖墙、混凝土地坪等）应按相关项目编码列项。

【例 9-16】 某墙基立面卷材防水高度 1.9m，长度 10m，其防水工程做法为

①20 厚 1：2.5 水泥砂浆找平层；

②冷黏结剂一道；

③改性沥青卷材防水层；

④20 厚 1：2.5 水泥砂浆保护层；

⑤砌砖保护墙（M5.0 水泥砂浆砌 120mm）；

试计算墙基防水工程量并编制墙基防水工程量清单。

解 (1) 分析及列项。

由已知条件可知：该墙基立面构造层包括找平层、防水层、砂浆保护层、砌体保护墙。

《房屋建筑与装饰工程工程量计算规范》中防水层、砂浆找平层、砌体保护墙分别在附录J.3墙面防水、防潮，附录L.1整体面层及找平层，附录D.1砖砌体清单项目内。

故该墙基立面所列清单项目如下：墙面防水层、墙面找平层、实心砖墙。

(2) 工程量计算。

改性沥青卷材防水层工程量：1.9m×10m=19m^2

20厚1∶2.5水泥砂浆找平层（及保护层）工程量：1.9m×10m×2=38m^2

保护墙工程量：1.9m×10m×0.12m=2.28m^3

(3) 墙基防水工程量清单见表9-31。

表9-31　分部分项工程项目清单与计价表

工程名称：　　　　标段：　　　　第　页共　页

序号	项目编码	项目名称	项目特征描述	计量单位	工程量	金额（元）		
						综合单价	合价	其中：暂估价
1	010903001001	墙面卷材防水	改性沥青卷材防水层	m^2	19			
2	011201004001	墙面找平层（立面砂浆找平层）	20厚1∶2.5水泥砂浆找平层（保护层）	m^2	38			
3	010401003001	实心砖墙	120厚黏土砖保护墙，M5.0水泥砂浆砌筑	m^3	2.28			

（十一）楼（地）面卷材防水、涂膜防水、砂浆防水（防潮）（编码010904001～010904003）

1. 适用范围

适用于楼（地）面部位的防水。

2. 工程量计算规则

按设计图示尺寸以面积计算，计量单位：m^2。

(1) 地面防水：按主墙间净空面积计算，扣除凸出地面的构筑物、设备基础等所占面积；不扣除间壁墙及单个面积不大于0.3m^{2}柱、垛、烟囱和孔洞所占面积。

(2) 楼（地）面防水反边高度不大于300mm算作地面防水，反边高度大于300mm按墙面防水计算。

（十二）楼地面变形缝（编码010904004）

工程量计算规则同墙面变形缝。

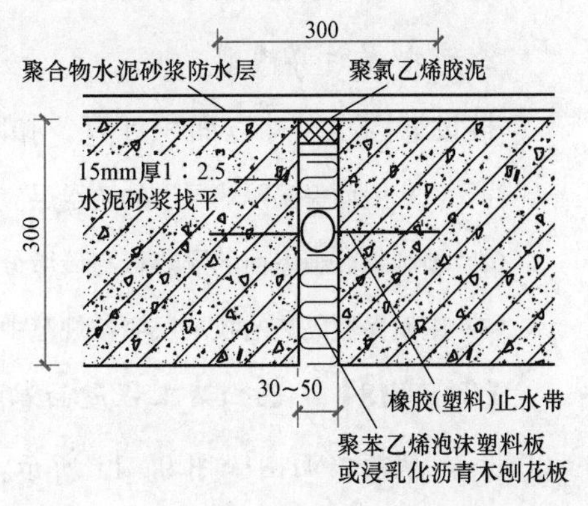

图9-10　地下防水工程变形缝

【例9-17】　某地下防水工程变形缝的长度为15m，其工程做法如图9-10所示。试编制地下防水工程变形缝工程量清单。

解 地下防水工程变形缝工程量清单见表 9-32。

表 9-32　　分部分项工程项目清单与计价表

工程名称：　　　　　　　　　　　　　　　　　标段：　　　　　　　　　　　　第　页共　页

序号	项目编码	项目名称	项目特征描述	计量单位	工程量	金额（元）		
						综合单价	合价	其中：暂估价
			屋面及防水工程					
1	010903004001	变形缝	变形缝部位：基础底板； 塞缝材料：聚苯乙烯泡沫塑料板宽50mm，高 300mm； 嵌缝材料：聚氯乙烯胶泥（50mm×20mm）； 止水带材料：橡胶止水带（300mm 宽）	m	15			

第九节　保温、隔热、防腐工程

一、保温、隔热、防腐工程清单项目

保温、隔热、防腐工程：
- 保温，隔热（包括保温隔热屋面、保温隔热天棚、保温隔热墙面、保温柱梁、保温隔热地面、其他保温隔热）
- 防腐面层（包括防腐混凝土面层、防腐砂浆面层、防腐胶泥面层、玻璃钢防腐面层、聚氯乙烯板面层、块料防腐面层、池槽块料防腐面层）
- 其他防腐（包括隔离层、砌筑沥青浸渍砖、防腐涂料）

二、保温、隔热工程工程量计算

（一）保温隔热屋面（编码 011001001）

1. 适用范围

适用于各种保温隔热材料屋面。

2. 工程量计算规则

按设计图示尺寸以面积计算，扣除大于 0.3m^2孔洞及占位面积，计量单位：m^2。

注：(1) 屋面保温隔热层上的防水层应按屋面的防水项目单独编码列项。

(2) 预制隔热板屋面的隔热板与砖墩分别按混凝土及钢筋混凝土工程和砌筑工程相关项目编码列项。

(3) 屋面保温隔热的找平层应按规范中楼地面装饰工程“平面砂浆找平层”项目编码列项。

【例 9-18】 已知某工程屋面卷材在女儿墙处卷起 250mm，女儿墙墙厚为 240mm，高 500mm，屋顶平面图如图 9-11 所示，屋面做法为

①4 厚高聚物改性沥青卷材防水层一道；

②20 厚 1∶3 水泥砂浆找平层；

③1∶6 水泥焦渣找 2%坡，最薄处 30 厚；

④60 厚聚苯乙烯泡沫塑料板保温层。

试计算屋面工程工程量并编制屋面工程工程量清单。

解 (1) 分析及列项。

由已知条件可知：该屋面构造层包括防水层、找平层、找坡层、保温层。

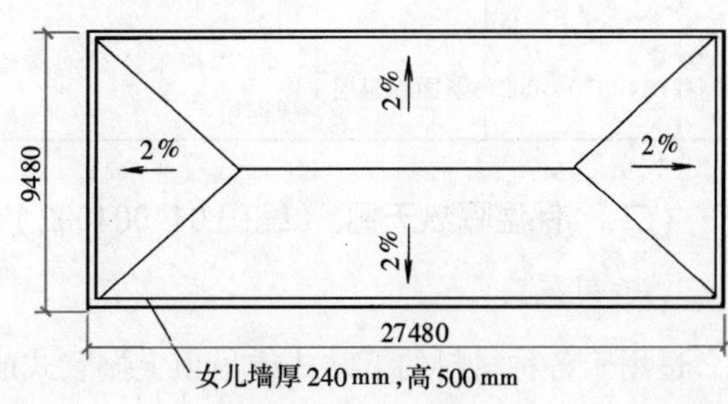

图 9-11 屋顶平面示意

《房屋建筑与装饰工程工程量计算规范》中防水层、找平层、找坡层、保温层分别在附录 J.2 屋面防水及其他、附录 L.1 整体面层及找平层、附录 K.1 保温隔热工程清单项目内。

故该屋面工程所列清单项目如下：屋面防水层、屋面找平层、屋面找坡层、屋面保温层。

(2) 工程量计算。

$L_{外}=(27.48+9.48)\text{m}\times2=73.92\text{m}$

女儿墙内周长$=L_{外}-8\times0.24\text{m}=73.92\text{m}-8\times0.24\text{m}=72\text{m}$

屋面卷材防水工程量＝屋面面积＋女儿墙弯起部分面积

$=[(27.48-0.24\times2)\text{m}\times(9.48-0.24\times2)\text{m}]+72\text{m}\times0.25\text{m}$

$=243\text{m}^2+18\text{m}^2$

$=261\text{m}^2$

屋面找平层工程量：261m^2（同卷材防水工程量）

屋面找坡层工程量＝屋面面积×找坡层平均厚度

$=243\text{m}^2\times[0.03\text{m}+(9.48-0.24\times2)\text{m}\div2\times2\%\times0.5)]=18.23\text{m}^3$

屋面保温层工程量＝屋面面积×保温层厚$=243\text{m}^2\times0.06\text{m}=14.58\text{m}^3$

(3) 屋面工程工程量清单见表 9-33。

表 9-33　　分部分项工程项目清单与计价表

工程名称：　　　　标段：　　　　第　页共　页

序号	项目编码	项目名称	项目特征描述	计量单位	工程量	金额（元）		
						综合单价	合价	其中：暂估价
1	010902001001	屋面卷材防水	4 厚高聚物改性沥青卷材防水层一道	m^2	261			

续表

序号	项目编码	项目名称	项目特征描述	计量单位	工程量	金额（元）		
						综合单价	合价	其中：暂估价
2	011101006001	屋面找平层	20厚1∶3水泥砂浆找平层	m^2	261			
3	011001001001	屋面找坡层	1∶6水泥焦渣找2%坡，最薄处30厚	m^2	18.23			
4	011001001002	屋面保温层	60厚聚苯乙烯泡沫塑料板保温层	m^2	14.58			

（二）保温隔热天棚（编码011001002）

1. 适用范围

适用于各种材料的下贴式或吊顶上搁置式的保温隔热天棚。

2. 工程量计算规则

按设计图示尺寸以面积计算，扣除面积大于0.3m^2以上柱、垛、孔洞所占面积，与天棚相连的梁按展开面积计算并入天棚工程量内，计量单位：m^2。

注：(1) 下贴式如需底层抹灰时，应包括在保温隔热天棚项目内。

(2) 保温隔热材料需加药物防虫剂时，应在清单中进行描述。

(3) 柱帽保温隔热应并入天棚保温隔热工程量内。

(4) 保温的面层应包括在天棚保温隔热项目内，面层外的装饰面层按装饰工程相关项目编码列项。

【例9-19】 某保温天棚图示尺寸面积125m^2，其工程做法为

①刷乳胶漆（要求耐久年限5年）；

②5～7厚EC聚合物砂浆保护层（内夹玻纤布）；

③30厚聚苯板保温层（密度：30kg/m^3）；

④楼板底刷混凝土界面处理剂一道。

要求：编制保温隔热天棚工程量清单。

解 保温隔热天棚工程量清单见表9-34。

表9-34　分部分项工程项目清单与计价表

工程名称：　　　　标段：　　　　第　页共　页

序号	项目编码	项目名称	项目特征描述	计量单位	工程量	金额（元）		
						综合单价	合价	其中：暂估价
1	011001002001	保温隔热天棚	30厚聚苯板保温层（密度：30kg/m^3），5～7厚EC聚合物砂浆保护层（内夹玻纤布）	m^2	125			
2	011407002001	天棚刷涂料	天棚乳胶漆（要求耐久年限5年）	m^2	略			

（三）保温隔热墙面（编码011001003）

1. 适用范围

适用于工业与民用建筑物外墙、内墙保温隔热工程。

2. 工程量计算规则

按设计图示尺寸以面积计算，计量单位：m^2。扣除门窗洞口以及面积大于0.3m^2梁、孔洞所占面积；门窗洞口侧壁以及与墙相连的柱并入保温墙体工程量内。

注：外墙外保温和内保温的装饰层应按装饰工程有关项目编码列项。

（四）保温柱、梁（编码011001004）

1. 适用范围

适用于各种材料的柱、梁保温。

2. 工程量计算规则

按设计图示尺寸以面积计算，计量单位：m^2。

(1) 柱按设计图示柱断面保温层中心线展开长度乘保温层高度以面积计算，扣除面积大于0.3m^2梁所占面积。

(2) 梁按设计图示梁断面保温层展开长度乘保温层长度以面积计算。

（五）保温隔热楼地面（编码011001005）

1. 适用范围

适用于各种材料（沥青贴软木、聚苯乙烯泡沫塑料板等）的楼地面隔热保温。

2. 工程量计算规则

按设计图示尺寸以面积计算，扣除大于0.3m^2以上柱、垛、孔洞所占面积，门洞、空圈、暖气包槽、壁龛的开口部分不增加面积，计量单位：m^2。

注：池槽保温隔热，池壁、池底应分别编码列项，其中池壁按墙面保温隔热项目编码列项，池底按地面保温隔热项目编码列项。

三、防腐工程工程量计算

（一）防腐混凝土（砂浆、胶泥）面层（编码分别为011002001～01102003）

1. 适用范围

防腐混凝土（砂浆、胶泥）面层项目适用于平面或立面的水玻璃混凝土（砂浆、胶泥）、沥青混凝土（砂浆、胶泥）、树脂混凝土（砂浆、胶泥）以及聚合物水泥砂浆等防腐工程。

2. 工程量计算规则

按设计图示尺寸以面积计算，计量单位：m^2。

(1) 平面防腐：扣除凸出地面的构筑物、设备基础等以及面积大于0.3m^2孔洞、柱、垛等所占面积，门洞、空圈、暖气包槽、壁龛的开口部分不增加面积。

(2) 立面防腐：扣除门、窗、洞口以及面积大于 0.3m² 孔洞、梁所占面积，门、窗、洞口侧壁、垛突出部分按展开面积并入墙面积内。

注：(1) 因防腐材料不同，带来的价格差异就会很大，因而清单项目中必须列出混凝土、砂浆、胶泥的材料种类，比如：水玻璃混凝土、沥青混凝土等。

(2) 如遇池槽防腐、池底、池壁可合并列项，也可分开分别编码列项。

（二） 玻璃钢防腐面层 （编码 011002004）

1. 适用范围

此项目适用于树脂胶料与增强材料复合塑制而成的玻璃钢防腐面层。

2. 工程量计算规则

同防腐混凝土面层。

注：项目名称应描述构成玻璃钢的树脂胶料和增强材料名称。树脂胶料如：环氧酚醛（树脂）玻璃钢、酚醛（树脂）玻璃钢、环氧煤焦油（树脂）玻璃钢、环氧呋喃（树脂）玻璃钢等；增强材料如玻璃纤维丝、布、玻璃纤维表面毡或涤纶布、丙纶布等。

（三） 聚氯乙烯板面层 （编码 011002005）

1. 适用范围

此项目适用地面、墙面的软、硬聚氯乙烯板防腐面层。

2. 工程量计算规则

同“防腐混凝土面层”。

（四） 块料防腐面层 （编码 011002006）

1. 适用范围

此项目适用于地面、沟槽、基础、踢脚线的各类块料防腐工程。

2. 工程量计算规则

同“防腐混凝土面层”。

（五） 隔离层 （编码 011003001）

1. 适用范围

适用于楼地面的沥青类、树脂玻璃钢类防腐工程隔离层。

注：隔离层作用是为使防腐混凝土面层免受其下基层变形而遭破坏，所设构造层。

2. 工程量计算规则

同“防腐混凝土面层”。

（六）砌筑沥青浸渍砖（011003002）

1. 适用范围

此项目适用于浸渍标准砖。

2. 工程量计算规则

按设计图示尺寸以体积计算，计量单位：m^3。

（七）防腐涂料（编码011003003）

1. 适用范围

此项目适用于建筑物、构筑物以及钢结构的防腐。

2. 工程量计算规则

同“防腐混凝土面层”。

注：(1) 防腐涂料需刮腻子时应包括在防腐涂料项目内；

(2) 应对涂料底漆层、中间漆层、面漆涂刷（或刮）遍数进行描述。

第十章 装饰工程工程量清单项目及工程量计算

【思政元素】苏州园林地面上的匠心

苏州园林的庭院、天井及路径的地面有各式各样的铺地，园林路径突破了单一的规范游览路线的功能，并兼具审美价值，构成园林赏心悦目的风景线，形成独具魅力的地面艺术。苏州园林里的铺地五花八门，常见的有植物、动物、文字、自然符号等。不同图案都有不同的寓意。

植物类铺地：人们在祈福辟邪或寄寓高洁情怀之时，灵木仙卉常常是重要的情感载体之一，比如：荷花纹铺地寓意高尚的品德；梅花纹铺地代表梅花坚韧、执着的品德。同时，梅花开五瓣被称为“梅开五福”，寓意吉祥。

动物类铺地：信奉“万物有灵”的原始先民，也将大量的鸟兽虫鱼作为膜拜祭祀的神灵。凤凰、仙鹤、鹿、蝙蝠、蝴蝶、鱼……各种祥禽瑞兽的动物符号在园林里随处可见，比如凤凰纹铺地：凤凰为百鸟之王，它的身体为仁、义、礼、德、信五种美德的象征，成为圣德之人的化身。鹿纹铺地，鹿与“禄”谐音，古人认为鹿是善灵之兽，可镇邪，象征着吉祥、快乐、长寿。鹤纹铺地亦然。蝴蝶纹铺地，蝴蝶有很强的生殖繁衍能力，是子孙兴旺的象征。“蝶”取“耋”谐音，长寿之意，也象征长寿。

文字类铺地：下图是一个巨大的五福捧寿，表达了园主们渴望长寿的愿望。

花瓶纹铺地：花瓶在园林铺地中随处可见，它不仅是文人墨客家中必备装饰品，更是古代谐音梗的产物。图中铺地花瓶中插了三支戟，取其谐音，平升三级、仕途顺利。

苏州园林装饰图案是中华民族千年积累的文化宝库，是士大夫文化和民俗文化相互渗透的完美体现，也是创造新文化的源头活水。苏州园林的铺地和其他园林要素一样源远流长，它们不仅仅是一种装饰，也是对美好生活的一种期盼与祝福。

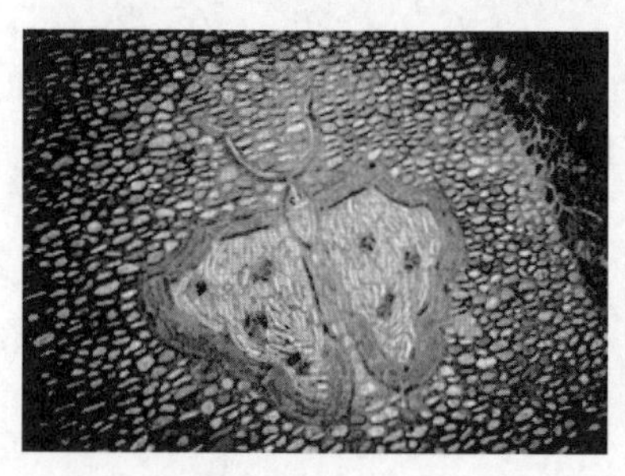

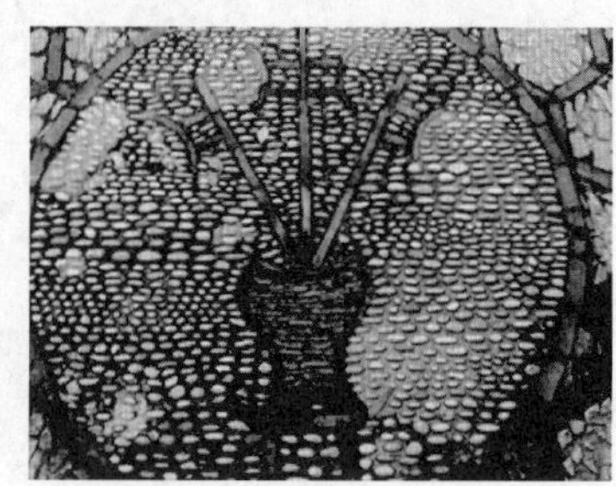

本章内容是依据《房屋建筑与装饰工程工程量计算规范》（GB 50854—2013）编写的。

第一节 楼地面装饰工程

本节适用于楼地面、楼梯、台阶等装饰工程，包括整体面层及找平层、块料面层、橡塑面层、其他材料面层、踢脚线、楼梯面层、台阶装饰、零星装饰等项目。

一、楼地面工程名词解释

楼地面是由基层、垫层、填充层、找平层、结合层、面层所构成。

（1）基层是指楼板、夯实的土基。

（2）垫层是指承受地面荷载并均匀传递给基层的构造层。一般有混凝土垫层、砂石人工级配垫层、天然级配砂石垫层、灰、土垫层、炉渣垫层等。

（3）填充层是指在建筑楼地面上起隔声、保温、找坡或敷设暗管、暗线等作用的构造层。一般有轻质的松散（炉渣、膨胀蛭石、膨胀珍珠岩等）或块体材料（加气混凝土、泡沫混凝土、泡沫塑料、矿棉、膨胀珍珠岩、膨胀蛭石块和板材等）以及整体材料（沥青膨胀珍珠岩、沥青膨胀蛭石、水泥膨胀珍珠岩、膨胀蛭石）等。

（4）找平层是指在垫层、楼板上或填充层上起找平或加强等作用的构造层。一般是指水泥砂浆找平层，有比较特殊要求的可采用细石混凝土、沥青砂浆、沥青混凝土找平层等材料铺设。

（5）隔离层是指起防水、防潮作用的构造层。一般有卷材、防水砂浆、沥青砂浆或防水涂料等隔离层。

（6）结合层是面层与下层相结合的中间层。一般为砂浆结合层。

（7）酸洗、打蜡磨光：磨石、陶瓷块料等，均可用酸洗（草酸）清洗油渍、污渍，然后打蜡（蜡脂、松香水、鱼油、煤油等按设计要求配合）。

二、楼地面工程工程量清单项目

楼地面工程清单项目如下：

楼地面工程
- 整体面层（包括水泥砂浆、现浇水磨石、细石混凝土、菱苦土、自流平楼地面，平面砂浆找平层）
- 块料面层（包括石材、碎石材、块料楼地面）
- 橡塑面层（包括橡胶板、橡胶板卷材、塑料板、塑料卷材楼地面）
- 其他材料面层（包括地毯楼地面，竹、木复合地板，防静电活动、金属复合地板）
- 踢脚线（包括水泥砂浆、石材、块料、塑料板、木质、金属等踢脚线）
- 楼梯面层（包括石材、块料、拼碎块料、水泥砂浆、现浇水磨石、地毯、木板等楼梯面层）
- 台阶装饰（包括石材、块料、碎拼块料、水泥砂浆、现浇水磨石、剁假石台阶面）
- 零星装饰项目（石材、拼碎石材、块料、水泥砂浆零星项目）

三、 楼地面工程工程量计算

（一） 整体面层

整体面层项目包括水泥砂浆、现浇水磨石、细石混凝土、菱苦土楼地面四个清单项目，其编码（前四级）从011101001～01101004。

1. 适用范围

各清单项目适用楼面、地面所做的整体面层工程。

2. 工程量计算规则

各清单项目其工程量计算均按设计图示尺寸以面积计算，计量单位：m^2。

（1）扣除凸出地面构筑物、设备基础、室内铁道、地沟等所占面积；

（2）不扣除间壁墙及不大于0.3m^2以内的柱、垛、附墙烟囱及孔洞所占面积；

（3）门洞、空圈、暖气包槽、壁龛的开口部分不增加面积。

注：间壁墙为隔墙里面的一种，墙体较薄，多种轻质材料构成，且在地坪做好后，才施工的墙体。不封顶的间壁墙称为隔断。

（二） 平面砂浆找平层 （项目编码011101006）

1. 适用范围

平面砂浆找平层项目适用于仅做找平层的平面抹灰。

2. 工程量计算规则

按设计图示尺寸以面积计算。

【例10-1】 如：某室内地面其净长5.16m，净宽3.96m，地面工程做法为

①20厚1∶2水泥砂浆抹面压实抹光（面层）；

②刷素水泥浆结合层一道（结合层）；

③60厚（最高处）C20细石混凝土从门口向地漏找坡，最低处不小于30厚（找坡层，按找平层考虑）；

④聚氨酯三遍涂膜防水层 1.5～1.8mm（地面与墙面附加 300mm 一布二涂，并卷起 150 高）（防水层）；

⑤40 厚 C20 细石混凝土随打随抹平，四周抹小八字角（找平层）；

⑥150 厚 3∶7 灰土垫层；

⑦素土夯实（基层）。

要求：计算各清单项目工程量并编制该地面工程工程量清单。

解　(1) 分析。

由已知条件可知：本地面工程做法主要包括面层、找坡层、防水层、找平层、垫层。

《房屋建筑与装饰工程工程量计算规范》中垫层、防水层、面层及防水层下的找平层分别在附录 D.4 垫层项目；附录 J 楼地面防水项目；附录 L.1 整体面层及找平层项目中。

《房屋建筑与装饰工程工程量计算规范》中“水泥砂浆楼地面”清单项目包含的工作内容有：基层清理、抹找平层；抹面层等，故将“60 厚（最高处）C20 细石混凝土从门口向地漏找坡，最低处不小于 30 厚（找坡层，按找平层考虑）”找坡层工作内容合并到面层项目内列项。

经分析得出该楼地面所列清单项目如下：

水泥砂浆地面；地面防水层；地面找平层；灰土垫层。

(2) 计算地面各清单项目工程量。

水泥砂浆地面 $5.16\text{m}\times3.96\text{m}=20.43\text{m}^2$

厚 40mm 的 C20 细石混凝土找平层同水泥砂浆地面即 20.43m^2

聚氨酯涂膜防水层（立面卷起 150mm）地面面积＋四周卷起面积$=20.43\text{m}^2+(5.16+3.96)\text{m}\times2\times0.15\text{m}=23.19\text{m}^2$

3∶7 灰土垫层　地面面积×垫层厚$=20.43\text{m}^2\times0.15\text{m}=3.06\text{m}^3$

(3) 楼地面工程工程量清单见表 10-1。

分部分项工程量清单中项目特征应根据《房屋建筑与装饰工程工程量计算规范》相应附录的规定同时结合工程实际进行描述，面层下面的找坡层包含在面层项目内，故项目特征中对其做法一定要进行仔细描述。

表 10-1　　分部分项工程项目清单与计价表

工程名称：×××

序号	项目编码	项目名称	项目特征描述	计量单位	工程数量	金额（元）		
						综合单价	合价	其中：暂估价
1	011101001001	水泥砂浆楼地面	20 厚 1∶2 水泥砂浆面层；平均 45 厚 C20 细石混凝土找坡层	m^2	20.43			

续表

序号	项目编码	项目名称	项目特征描述	计量单位	工程数量	金额（元）		
						综合单价	合价	其中：暂估价
2	010904002001	地面涂膜防水	聚氨酯三遍涂膜防水层（附加层 300 宽）	m^2	23.19			
3	011101006001	地面防水层	40 厚 C20 细石混凝土随打随抹平，四周抹小八字角	m^2	20.43			
4	010404001001	灰土垫层	15 厚 3∶7 灰土垫层	m^3	3.06			

（三）块料面层

块料面层包括石材楼地面、碎拼石材、块料楼地面三个清单项目，其编码从 011102001～011102003。

1. 适用范围

各清单项目适用楼面、地面所做的块料面层工程。

2. 工程量计算规则

按设计图示尺寸以面积计算，计量单位：m^2。门洞、空圈、暖气包槽、壁龛的开口部分。

【例 10-2】 某室内大厅其净长 36m，净宽 16.2m，工程做法为

①20 厚磨光花岗石楼面，稀水泥浆擦缝；

②撒素水泥面（撒适量清水）；

③30 厚 1∶4 干硬性水泥砂浆结合层；

④20 厚 1∶3 水泥砂浆找平层；

⑤现浇钢筋混凝土楼板。

要求：计算石材楼地面工程量并编制该楼地面工程工程量清单。

解 （1）分析。

由已知条件可知：本石材楼地面工程做法主要包括面层、结合层、找平层。

《房屋建筑与装饰工程工程量计算规范》中“块料楼地面”清单项目其特征要求描述：找平层、结合层厚度及砂浆配合比，实际施工粘合块料的结合层同块料面层也是同时进行，故结合层不单独列项，合并在面层项目中；《房屋建筑与装饰工程工程量计算规范》中“块料楼地面”清单项目包含的工作内容主要有：基层清理、抹找平层；面层铺设、磨边等，故将“20 厚 1∶3 水泥砂浆找平层”工作内容也合并到面层项目内列项。

经分析得出：该石材楼地面只需列块料面层清单项目。

(2) 计算石材楼地面工程量。

石材楼地面工程量：$36m^2 \times 16.2m^2 = 583.20m^2$

(3) 石材楼地面工程工程量清单见表 10-2。

表 10-2　　分部分项工程项目清单与计价表

工程名称：×××

序号	项目编码	项目名称	项目特征描述	计量单位	工程数量	金额（元）		
						综合单价	合价	其中：暂估价
1	011102001001	石材楼地面	20 厚磨光花岗石楼面（米黄色、600×600）；撒素水泥面（洒适量清水）；30 厚 1∶4 干硬性水泥砂浆结合层；20 厚 1∶3 水泥砂浆找平层	m^2	583.20			

注　1. 因结合层、找平层都包含在块料面层清单项目内，在编制工程量清单进行项目特征描述时，一定对其工程做法进行仔细描述。

2.《房屋建筑与装饰工程工程量计算规范》中各清单项目中所规定包含的工作内容及要求描述的项目特征，是清单编制人编制清单时列项的主要依据，故学习者学习《计算规范》时要仔细审读。

（四） 橡塑面层

橡塑面层包括橡胶板、橡胶板卷材、塑料板、塑料卷材楼地面四个清单项目，其项目编码从 011103001～011103004。

1. 适用范围

橡塑面层各清单项目适用于用粘结剂（如 CX401 胶等）粘贴橡塑楼面、地面面层工程。

2. 工程量计算规则

按设计图示尺寸以面积计算，计量单位：m^2。

门洞、空圈、暖气包槽、壁龛的开口部分并入相应的工程量内。

（五） 其他材料面层

其他材料面层包括楼地面地毯、竹木地板、防静电活动地板、金属复合地板四个清单项目，其项目编码从 011104001～011104004。

工程量计算规则同橡塑面层。

（六） 踢脚线

踢脚线包括水泥砂浆、石材、块料、塑料板、木质、金属、防静电踢脚线七个清单项目，其编码从 011105001～011105007。

工程量计算规则：

(1) 按设计图示长度乘以高度以面积计算。计量单位：m^2。

（2）按延长米计算，计量单位：m。

（七）楼梯面层

楼梯装饰包括石材、块料、拼碎块料、水泥砂浆、现浇水磨石、地毯、木板楼梯面层等九个清单项目，其编码从011106001～011106009。

工程量计算规则：按设计图示尺寸以楼梯（包括踏步、休息平台及500mm以内的楼梯井）水平投影面积计算，计量单位：m^2。

（1）楼梯与楼地面相连时，算至梯口梁内侧边沿；

（2）无梯口梁者，算至最上一层踏步边沿加300mm。

注：（1）单跑楼梯不论其中间是否有休息平台，其工程量与双跑楼梯同样计算。

（2）楼梯侧面装饰应按“零星装饰项目”编码列项。

【例10-3】 试计算如图10-1所示楼梯贴花岗岩面层，工程做法为

①20mm厚芝麻白花岗岩铺面；

②撒素水泥面（洒适量水）；

③30mm厚1∶4干硬性水泥砂浆结合层；

④刷素水泥浆一道。

试编制花岗岩楼梯面层工程量清单（按标准层计算）。

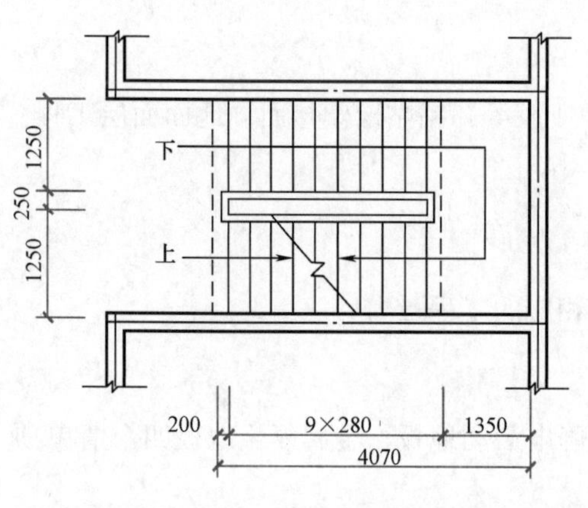

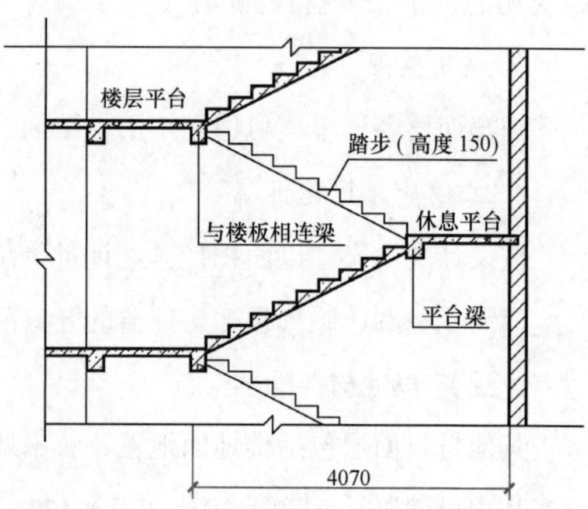

图10-1 楼梯平面及剖面图

解 （1）分析。

由已知条件可知：本楼梯面层工程做法主要包括面层、结合层。

《房屋建筑与装饰工程工程量计算规范》中“石材楼梯面层”清单项目其特征要求描述：找平层厚度及砂浆配合比，粘结层厚度及材料种类，实际施工粘合块料的粘结层同块料面层也是同时进行，故结合层不单独列项，合并在面层项目中。

经分析得出：该楼梯面层只需列块料楼梯面层清单。

(2) 清单工程量计算。

如图 10-1 所示，楼梯井宽度为 250mm＜500mm，所以楼梯井所占面积不予扣除。此外，楼梯与楼板连接处有梁，所以其水平投影面积应算至梯口梁内侧边沿。

花岗岩楼梯面层工程量＝楼梯水平投影面积

＝(1.25×2＋0.25)m×4.07m

＝11.19m^2

(3) 编制分部分项工程量清单。

花岗岩楼梯面层工程量清单见表 10-3。

表 10-3　　分部分项工程量清单计价表

序号	项目编码	项目名称	项目特征描述	计量单位	工程量	金额（元）		
						综合单价	合价	其中：暂估价
B.1 楼地面工程								
1	011106001001	石材楼梯	20mm 厚芝麻白花岗岩铺面；撒素水泥面（洒适量水）；30mm 厚 1∶4 干硬性水泥砂浆结合层；刷素水泥浆一道	m^2	11.19			

（八）台阶装饰

台阶装饰项目包括石材、块料、拼碎块料、水泥砂浆、现浇水磨石、剁假石台阶面六个清单项目，其编码从 011107001～011107006。

各清单项目其工程量计算规则：均按设计图示尺寸以台阶（包括最上一层踏步边沿加 300mm）水平投影面积计算，计量单位：m^2。

注：(1) 台阶面层与平台面层是同一种材料时，平台计算面层后，台阶不再计算最上一层踏步面积，如台阶计算最上一层踏步加 300mm，但平台面层中必须扣除该面积。

(2) 台阶侧面装饰不包括在台阶面层项目内，应按“零星装饰项目”编码列项。

【例 10-4】 如某台阶工程做法为

①20 厚 1∶2.5 水泥砂浆抹面压实赶光；

②素水泥浆结合层一道；

③60 厚 C15 混凝土（厚度不包括踏步三角部分）台阶面；

④300 厚 3∶7 灰土垫层；

⑤素土夯实。

要求：编制台阶装饰项目工程量清单。

解 (1) 分析。

由已知条件可知：本台阶工程做法主要包括：面层、混凝土台阶、垫层。

《房屋建筑与装饰工程工程量计算规范》中垫层、混凝土台阶、面层分别在附录D.4垫层项目；附录E.7现浇混凝土台阶项目；附录L.7台阶装饰工程中。

经分析得出：该台阶所列清单如下：

水泥砂浆台阶面；混凝土台阶；灰土垫层。

(2) 台阶的分部分项工程项目清单与计价表详见表10-4。

表10-4　　分部分项工程项目清单与计价表

工程名称：×××

序号	项目编码	项目名称	项目特征描述	计量单位	工程数量	金额（元）		
						综合单价	合价	其中：暂估价
1	011107004001	水泥砂浆台阶面	20厚1：2.5水泥砂浆抹面；素水泥浆结合层一道	m^2	略			
2	010507004001	其他构件（台阶）	60厚C15混凝土台阶面	m^3	略			
3	010404001001	灰土垫层	300厚3：7灰土垫层	m^3	略			

（九）零星装饰项目

零星装饰项目包括石材零星项目、碎拼石材零星项目、块料零星项目、水泥砂浆零星项目，其编码自011108001～011108004。

1. 适用范围

零星装饰项目适用于楼梯、台阶牵边和侧面镶贴块料面层，不大于0.5m^2以内少量分散的楼地面镶贴块料面层装饰项目。

2. 工程量计算规则

各零星装饰项目均按设计图示尺寸以面积计算，计量单位：m^2。

第二节　墙、柱面装饰与隔断、幕墙工程

墙、柱面装饰与隔断、幕墙工程适用于一般抹灰、装饰抹灰工程，包括墙面抹灰、柱（梁）面抹灰、零星抹灰、墙面块料、柱（梁）面镶贴块料、镶贴零星块料，墙饰面、柱（梁）饰面、隔断、幕墙等工程。

一、有关问题说明

（一）清单项目适用范围

(1) 墙面抹灰、墙面镶贴块料、墙饰面适用于各种类型的墙体（包括砖墙、混凝土墙、

砌块墙等)。

(2)柱面抹灰、柱面镶贴块料、柱饰面适用于各种类型柱(矩形、圆形、砖、混凝土等)的装饰工程。

(3)零星抹灰、零星镶贴块料适用于0.5m^{2}以内少量分散的抹灰和镶贴块料面层。

(4)勾缝适用于清水砖墙、砖柱、石墙、石柱的加浆勾缝。

(二)装饰工程名词解释

(1)一般抹灰是指采用一般通用型的砂浆抹灰工程,包括石灰砂浆、水泥混合砂浆、水泥砂浆、聚合物水泥砂浆、膨胀珍珠岩水泥砂浆和麻刀灰、纸筋石灰、石膏灰等。

(2)装饰抹灰是指利用普通材料模仿某种天然石材花纹抹成的具有艺术效果的抹灰,包括水刷石、水磨石、斩假石(剁斧石)、干粘石、假面砖、拉条灰、拉毛灰、甩毛灰、扒拉石、喷毛灰、喷涂、喷砂、滚涂、弹涂等。

(3)块料饰面的施工方式有三种:粘贴、挂贴、干挂。其中:

粘贴是指采用砂浆将块料粘贴于墙、柱面上的做法。

挂贴是指对大规格的石材采用先挂(在墙面上预埋钢筋勾,之后钢丝网与钢筋勾连接,再将块料、石材挂于钢丝网上)后灌浆的方式固定于墙、柱面上的做法。

干挂有直接干挂法、有间接干挂法。直接干挂法是指通过不锈钢膨胀螺栓、不锈钢挂件、不锈钢连接件、不锈钢钢针等,将外墙饰面板连接在外墙墙面或柱面上的做法;间接干挂法是指通过固定在墙、柱、梁上的龙骨(钢骨架),再通过各种挂件固定饰面板的一种做法。

二、墙、柱面工程工程量清单项目

墙、柱面工程:
- 墙面抹灰(包括墙面一般抹灰、装饰抹灰、墙面勾缝、立面砂浆找平层)
- 柱梁面抹灰(包括柱梁面一般抹灰、装饰抹灰、柱面勾缝、砂浆找平)
- 零星抹灰(包括零星一般抹灰、装饰抹灰、砂浆找平)
- 墙面块料面层(包括石材、碎拼石材、块料墙面、干挂石材钢骨架)
- 柱梁面镶贴块料(包括石材、碎拼石材、块料柱面,石材、块料梁面)
- 镶贴零星块料(包括石材、碎拼石材、块料零星项目)
- 墙饰面(装饰板墙面、墙面装饰浮雕)
- 柱(梁)饰面[柱、(梁)面装饰、成品装饰柱]
- 隔断(木、金属、玻璃、塑料、成品、其他隔断)
- 幕墙(包括带骨架幕墙、全玻幕墙)

三、墙、柱面装饰与隔断、幕墙工程工程量计算

(一)墙面抹灰(一般、装饰抹灰)(编码011201001、011201002)

工程量计算规则:按设计图示尺寸以面积计算,扣除墙裙(指墙面抹灰)、门窗洞口及

单个0.3m^2以外的孔洞面积；不扣除踢脚线、挂镜线和墙与构件交接处的面积；门窗洞口和孔洞的侧壁及顶面不增加面积；附墙柱、梁、垛、烟囱侧壁并入相应的墙面面积内。计量单位：m^2。其中：

（1）外墙抹灰面积按外墙垂直投影面积计算。飘窗凸出外墙面增加的抹灰并入外墙工程量内。

墙柱面一般抹灰、天棚抹灰项目清单工程量计算

（2）外墙裙抹灰面积按其长度乘以高度计算。

（3）内墙抹灰面积按主墙间的净长乘以高度计算，其高度确定如下：

1）无墙裙的，高度按室内楼地面至天棚底面计算；

2）有墙裙的，高度按墙裙顶至天棚底面计算。

3）有吊顶天棚抹灰，高度算至天棚底。

（4）内墙裙抹灰面积按内墙净长乘以高度计算。

【例10-5】 如某房间室内净长3.76m，净宽5.96m，室内楼地面至天棚底面高为2.9m（无墙裙），有门窗，其窗洞口尺寸为1500mm×1800mm，门洞口尺寸为900mm×2100mm。其工程做法为

①刷乳胶漆；

②5厚1∶0.3∶2.5水泥石膏砂浆抹面压实抹光；

③12厚1∶1∶6水泥石膏砂浆打底扫毛。

要求：编制该墙面装饰工程工程量清单。

解 （1）分析。

由已知条件可知：本墙面工程做法包括：涂料面层、抹灰面层、打底抹灰。

《房屋建筑与装饰工程工程量计算规范》中涂料、抹灰墙面分别在附录P.7喷刷涂料和附录M.1墙面抹灰工程量清单项目中。

《房屋建筑与装饰工程工程量计算规范》中“抹灰墙面”清单项目包含的工作内容有：基层清理；底层抹灰；抹面层（一般抹灰）等，故将“12厚1∶1∶6水泥石膏砂浆打底扫毛”工作内容合并到抹灰面层项目内列项。

经分析得出：该抹灰墙面清单所列项目为墙面一般抹灰；墙面刷涂料。

（2）计算内墙抹灰工程量。

内墙抹灰工程量：$(3.76+5.96)m\times2\times2.9m-(1.5\times1.8+0.9\times2.1)m^2=51.79m^2$

内墙乳胶漆工程量：略。

（3）内墙抹灰工程工程量清单见表10-5。

表 10-5　　分部分项工程项目清单与计价表

工程名称：×××

序号	项目编码	项目名称	项目特征描述	计量单位	工程数量	金额（元）		
						综合单价	合价	其中：暂估价
1	011201001001	墙面一般抹灰（内墙）	5厚1：0.3：2.5水泥石膏砂浆抹面；12厚1：1：6水泥石膏砂浆打底；基层甩素水泥浆	m^2	51.79			
2	011407001001	刷涂料（内墙）	抹灰层上找补腻子（滑石粉＋羧甲基纤维素＋白乳胶）；（迪诺瓦）SSD-212蓝色天使乳胶漆	m^2	略			

（二）墙面勾缝（编码 011201003）

工程量计算同墙面抹灰。

（三）立面砂浆找平层（编码 011201004）

工程量计算同墙面抹灰。

（四）柱、梁面抹灰（一般、装饰抹灰）（编码 011202001、011202002）

工程量计算规则：

（1）柱面抹灰按设计图示柱断面周长（指结构断面周长）乘以高度以面积计算，计量单位：m^2。

（2）梁面抹灰按设计图示梁断面周长乘长度以面积计算，计量单位：m^2。

注：墙、柱（梁）面不大于0.5m^2的少量分散的抹灰按零星抹灰项目编码列项。

（五）柱、梁面砂浆找平（编码 011202003）

工程量计算同柱、梁面抹灰。

（六）柱面勾缝（编码 011202004）

工程量计算同柱面抹灰。

（七）零星项目抹灰（一般、装饰抹灰）（编码 011203001、011203002）

工程量计算规则：按设计图示尺寸以面积计算，计量单位：m^2。

（八）石材、碎拼石材、块料墙面（编码 011204001、011204002、011204003）

工程量计算规则：按镶贴表面积计算，计量单位：m^2。

注：若为间接干挂，其钢骨架要另编码列项。

（九）干挂石材钢骨架（编码 011204004）

工程量计算规则：按设计图示尺寸以质量计算，计量单位：t。

【例 10-6】　如图 10-2 所示某墙面干挂米黄玻化砖，局部米黄毛面石材，具体做法详见图 10-2。试编制墙面块料面层工程量清单。

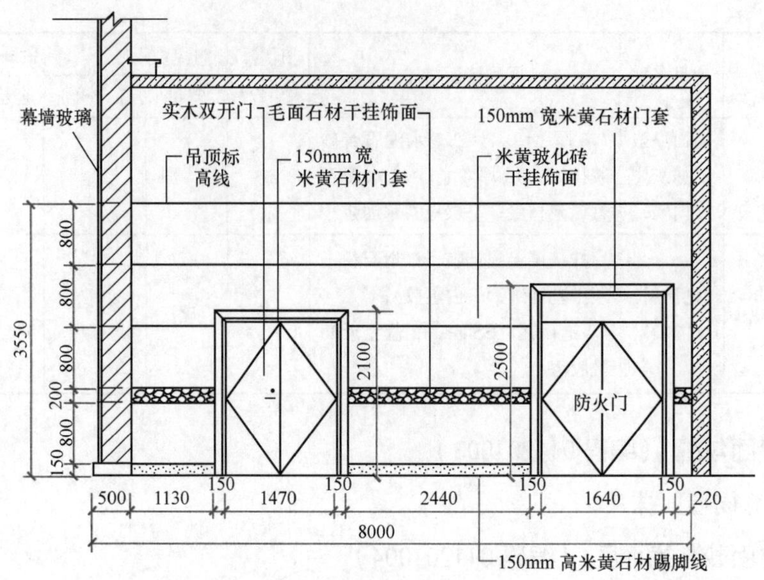

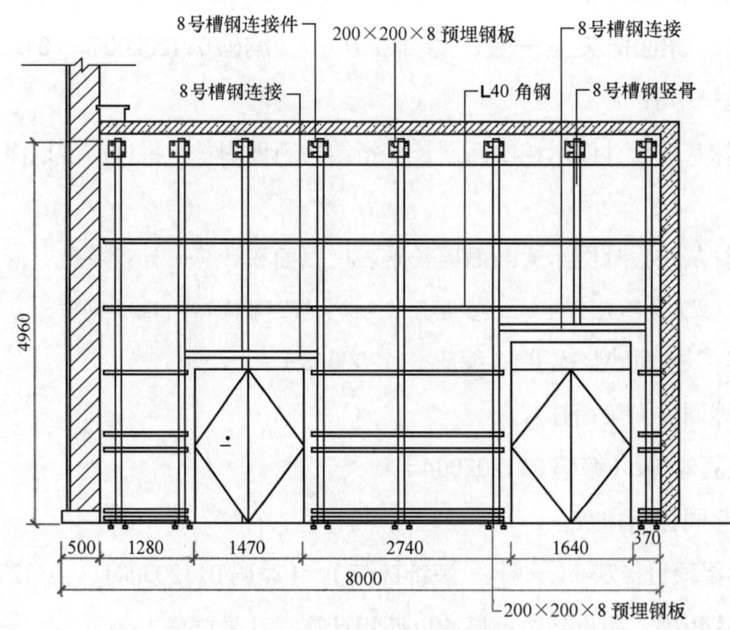

图 10-2　某墙面立面及骨架图

解　(1) 分析。

根据图 10-2 及已知条件依据《房屋建筑与装饰工程工程量计算规范》M.4 墙面块料面层，本例应列清单项目为石材墙面、块料墙面和干挂石材钢骨架。

(2) 工程量计算。

1) 石材墙面：

石材墙面工程量＝设计图示面积

＝(1.13＋2.44＋0.22)m×0.2m

＝0.76m^2

2）块料墙面：

块料墙面程量＝设计图示面积

＝(8－0.5)m×(3.55－0.15)m－(1.47＋0.3)m×(2.1－0.15)m

－(1.64＋0.3)m×(2.5－0.15)m－0.76m^2(石材墙面)

＝16.73m^2

3）干挂石材骨架：

由图10-2可知，干挂石材骨架由L40角钢、8号槽钢、垫板组成，所以

干挂石材骨架工程量＝设计图示各组成杆件的质量之和

L40角钢长度＝(8－0.5)m×2＋(1.28＋2.74＋0.37)m×5＝36.95m

8号槽钢长度＝4.96m×6＋(4.96－2.1)m＋(4.96－2.5)m＋(1.47＋0.3)m＋(1.64＋0.3)m＝38.79m

8mm厚垫板面积＝0.2m×0.2m×14＝0.56m^2

已知L40角钢每米长质量1.852kg/m，8号槽钢每米长质量8.045kg/m，8mm厚垫板每平方米质量为62.8kg/m^2，则

干挂石材钢骨架工程量＝36.95m×1.852＋38.79m×8.045＋0.56m^2×62.8＝415.67kg

＝0.42t

(3) 编制分部分项工程量清单。

墙面镶贴块料工程量清单见表10-6。

表10-6　　分部分项工程项目清单与计价表

工程名称：×××

序号	项目编码	项目名称	项目特征描述	计量单位	工程量	金额（元）		
						综合单价	合价	其中：暂估价
1	011204001001	石材墙面	型钢龙骨干挂；米黄毛面石材	m^2	0.76			
2	011204003001	块料墙面	型钢龙骨干挂；米黄玻化砖	m^2	16.73			
3	011204001004	干挂石材骨架	8号槽钢竖向骨架；40角钢横向骨架；防锈漆两遍	t	0.42			

（十）石材、碎拼石材、块料柱面（编码011205001～011205003）

工程量计算规则：按镶贴表面积计算，计量单位：m^2。

（十一）石材、块料梁面（编码 011205004、011205005）

工程量计算同柱面镶贴块料。

（十二）石材、碎拼石材、块料零星项目（编码 011206001、011206002、011206003）

工程量计算同墙面块料面层。

（十三）装饰板墙面（编码 011207001）

工程量计算规则：按设计图示墙净长乘以净高以面积计算，扣除门窗洞口及单个 0.3m² 以上的孔洞所占面积。计量单位：m²。

【例 10-7】 某墙面装修做法如图 10-3，试编制墙饰面工程工程量清单。

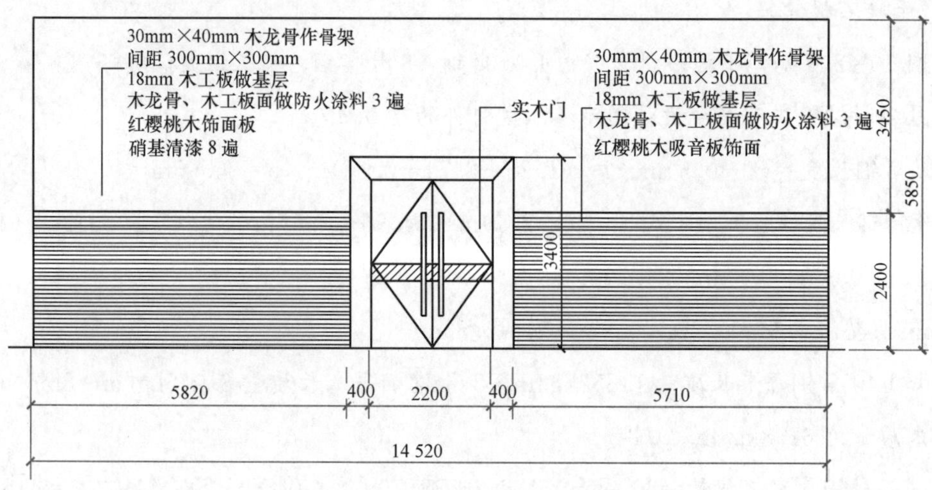

图 10-3 某墙面立面图

解 （1）分析。

由已知条件可知：本墙饰面工程做法主要包括：油漆、面层、基层、龙骨及基层板和龙骨刷防火涂料。

《房屋建筑与装饰工程工程量计算规范》中油漆、防火涂料、墙面装饰板分别在附录 P.4 木材面油漆、P.7 喷刷涂料和附录 M.7 墙饰面工程量清单项目中。

《房屋建筑与装饰工程工程量计算规范》中"墙面装饰板"清单项目包含的工作内容有：清理基层；龙骨制作、运输、安装；钉隔离层；基层铺钉；面层铺贴，故将"30mm×40mm 木龙骨做骨架，18mm 木工板做基层"工作内容合并到相应的面层项目内列项。又因木龙骨与木工板构件外形不同，故其两项刷防火涂料分别编码列项。

经分析得出：该墙饰面清单所列项目为红樱桃装饰板墙面；红樱桃木吸音板装饰板墙面；红樱桃装饰板墙面油漆；木龙骨防火涂料；木工板面防火涂料。

(2) 工程量计算。

1) 红樱桃装饰板墙面:

红樱桃装饰板墙面工程量=设计图示墙净长×净高-门洞所占面积

$=14.52m\times3.45m-(2.2+0.4\times2)m\times(3.4-2.4)m$

$=47.09m^2$

2) 硝基清漆:

工程量略。

3) 红樱桃木吸音板装饰板墙面:

红樱桃木吸音板装饰墙面工程量=设计图示墙净长×净高-门洞所占面积

$=14.52m\times2.4m-(2.2+0.4\times2)m\times2.4m=27.65m^2$

4) 木龙骨防火涂料:

工程量略。

5) 木工板面防火涂料:

工程量略。

(3) 编制分部分项工程量清单。

装饰墙面工程量清单见表 10-7。

表 10-7　分部分项工程项目清单与计价表

工程名称:×××

序号	项目编码	项目名称	项目特征描述	计量单位	工程量	金额(元)		
						综合单价	合价	其中:暂估价
1	011207001001	红樱桃装饰板墙面	30mm×40mm 木龙骨作骨架;间距 300mm×300mm;18mm 木工板做基层;红樱桃木饰面板	m^2	47.09			
2	011207001002	红樱木吸音板装饰板墙面	30mm×40mm 木龙骨做骨架;间距 300mm×300mm;18mm 木工板做基层;红樱桃木吸音板饰面板	m^2	27.65			
3	011404005001	红樱桃装饰板墙面油漆	红樱桃装饰板面刷硝基清漆 8 遍	m^2	略			
4	011407006001	木龙骨面防火涂料	30mm×40mm 木龙骨做骨架,间距 300mm×300mm 面刷防火涂料 3 遍	m^2	略			
5	011407006002	木工板面防火涂料	18mm 木工板做基层刷防火涂料 3 遍	m^2	略			

（十四）柱（梁）面装饰（编码011208001）

工程量计算规则：按设计图示饰面外围尺寸（指饰面的表面尺寸）以面积计算，柱帽、柱墩并入相应柱饰面工程量内，计量单位：m^2。

【例10-8】 某工程柱子立面图及剖面图如图10-4所示，根据图纸柱子做法编制柱饰面工程工程量清单。

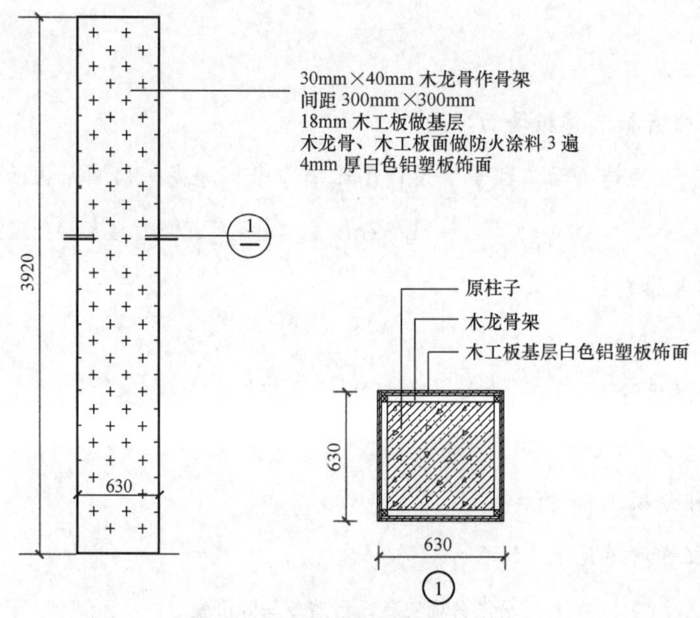

图10-4 某工程柱子立面图及剖面图

解 (1) 分析。

由已知条件可知：本柱饰面工程做法主要包括：面层、基层、龙骨。

《房屋建筑与装饰工程工程量计算规范》中喷刷涂料、柱面装饰板分别在附录P.7喷刷涂料和附录M.8柱（梁）装饰饰面工程量清单项目中。

《房屋建筑与装饰工程工程量计算规范》中"柱面装饰"清单项目包含的工作内容有：清理基层；龙骨制作、运输、安装；钉隔离层；基层铺钉；面层铺贴，故将"30mm×40mm木龙骨做骨架，18mm木工板做基层"工作内容合并到相应的面层项目内列项。

经分析得出：该柱饰面清单所列项目为白色铝塑板柱面装饰；木龙骨防火涂料；木工板面防火涂料。

(2) 工程量计算。

由图10-4可知，柱结构尺寸与柱饰面外围尺寸不同。计算柱饰面工程量时，应取柱饰面外围尺寸。

1）柱饰面工程量＝柱饰面外围周长×柱高

＝0.63m×4×3.92m

＝9.88m^2

2）木龙骨防火涂料：工程量略。

3）木工板面防火涂料：工程量略。

（3）编制分部分项工程量清单。

柱饰面工程量清单见表10-8。

表10-8　　分部分项工程项目清单与计价表

工程名称：×××

序号	项目编码	项目名称	项目特征描述	计量单位	工程量	金额（元）		
						综合单价	合价	其中：暂估价
1	011208001001	柱饰面	30mm×40mm木龙骨做骨架，间距300mm×300mm；18mm木工板做基层；4mm白色铝塑板饰面	m^2	9.88			
2	011407006001	木龙骨面防火涂料	30mm×40mm木龙骨做骨架，间距300mm×300mm面刷防火涂料3遍	m^2	略			
3	011407006002	木工板面防火涂料	18mm木工板做基层刷防火涂料3遍	m^2	略			

（十五）隔断（编码011210001～011210006）

不封顶或封顶但保持通风采光、轻且薄的隔墙称为隔断。隔板材料有木质、玻璃、金属等。

工程量计算规则：

按设计图示框外围尺寸以面积计算，不扣除单个不大于0.3m^2的孔洞所占面积；浴厕门的材质与隔断相同时，门的面积并入隔断面积内，计量单位：m^2。

当为成品隔断时，工程量按设计图示框外围尺寸以面积计算，计量单位：m^2。或按设计间的数量计算，计量单位：间。

注：隔断上的门窗可包括在隔断项目内，也可单独编码列项，要在清单项目特征栏中进行描述。若门窗包括在隔断项目内，则门窗洞口面积不扣除。

【例10-9】　依据设计在某房屋平面图中，用轻钢龙骨纸面石膏板做隔墙一道，其长度为6m，高度顶到板底为2.9m。具体做法如下：

①50型轻钢龙骨中距横1.5m竖0.6m；

②龙牌纸面石膏板（双面）；

③板缝处用嵌缝腻子嵌缝并粘贴 50mm 宽自粘结网带；

④满刮成品腻子 3 遍；

⑤ICI 乳胶漆 3 遍。

根据做法编制隔墙工程量清单。

解 （1）分析。

由已知条件可知：本隔墙工程做法主要包括工作内容有：乳胶漆、面层及刮腻子、龙骨。

《房屋建筑与装饰工程工程量计算规范》中刷漆、隔墙分别在附录 P.7 喷刷涂料和附录 M.10 隔断工程量清单项目中。

《房屋建筑与装饰工程工程量计算规范》中“隔断”清单项目包含的工作内容有：骨架及边框制作、运输、安装；隔板制作、运输、安装；嵌缝、塞口。故将“龙牌纸面石膏板（双面），板缝处用嵌缝腻子嵌缝并粘贴 50mm 宽自粘结网带”工作内容合并到金属龙骨隔断项目内列项。“喷刷涂料”清单项目包含的工作内容有：层类型；腻子种类；刮腻子要求；涂料品种；刷涂遍数。故将“满刮成品腻子 3 遍”工作内容合并到墙面喷刷涂料项目内列项。

经分析得出：该隔墙清单所列项目为金属隔断；墙面乳胶漆。

（2）工程量计算。

1）隔墙工程量＝6.0m×2.9m＝17.40m^2

2）墙面乳胶漆：工程量略。

（3）编制分部分项工程量清单。

隔墙工程量清单见表 10-9。

表 10-9 分部分项工程项目清单与计价表

工程名称：×××

序号	项目编码	项目名称	项目特征描述	计量单位	工程量	金额（元）		
						综合单价	合价	其中：暂估价
1	011210002001	金属隔断	50 型轻钢龙骨中距横 1.5m 竖 0.6m；龙牌纸面石膏板（双面）；板缝处用嵌缝腻子嵌缝并粘贴 50mm 宽自粘结网带	m^2	14.50			
2	011407001001	乳胶漆墙面	轻钢龙骨纸面石膏板基层满刮成品腻子 3 遍；刷 ICI 乳胶漆 3 遍	m^2	略			

（十六）带骨架幕墙（编码 011209001）

带骨架幕墙是指玻璃仅是饰面构件，骨架是承力构件的幕墙。

工程量计算规则：按设计图示框外围尺寸以面积计算，计量单位：m^2。

注：与幕墙同种材质的窗所占面积不扣除，其价格包括在幕墙项目内；如窗的材质与幕墙不同，可包括在幕墙项目内，也可单独编码列项，要在清单项目特征栏中进行描述。若门窗包括在隔断项目内，则门窗洞口面积不扣除。

（十七）全玻幕墙（编码 011209002）

全玻幕墙同带骨架幕墙区别在于：玻璃不仅是饰面构件，还是承受自身荷载和风荷载的承力构件。整个玻璃幕墙是采用通长的大块玻璃组成的玻璃幕墙体系，适宜在首层较开阔的部位采用。

工程量计算规则：按设计图示尺寸以面积计算，带肋全玻幕墙按展开面积计算。计量单位：m^2。

第三节　天　棚　工　程

天棚工程包括天棚抹灰、天棚吊顶、采光天棚、天棚其他装饰等项目。

一、天棚工程工程量清单项目

天棚工程
- 天棚抹灰（天棚抹灰）
- 天棚吊顶（包括天棚吊顶、格栅及吊筒吊顶、藤条造型悬挂吊顶、织物软雕及装饰网架吊顶）
- 采光天棚（采光天棚）
- 天棚其他装饰（包括灯带、送风口、回风口）

二、天棚工程工程量计算

（一）天棚抹灰（编码 011301001）

墙柱面一般抹灰、天棚抹灰项目清单工程量计算

1. 适用范围

此项目适用于在各种基层（混凝土现浇板、预制板、木板条等）上的抹灰工程。

2. 工程量计算规则

按设计图示尺寸以水平投影面积计算，计量单位：m^2。

（1）不扣除间壁墙、垛、柱、附墙烟囱、检查口和管道所占的面积；

（2）带梁天棚、梁两侧抹灰面积并入天棚面积内；

(3) 板式楼梯底面抹灰按斜面积计算，锯齿形楼梯底板抹灰按展开面积计算。

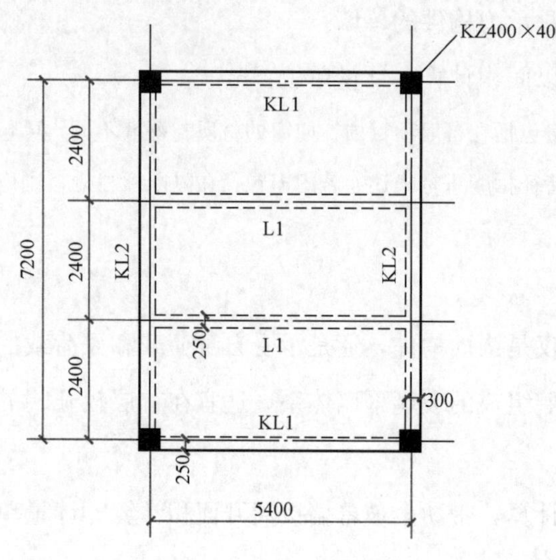

图 10-5　一层结构平面图

【例 10-10】　某建筑物一层结构平面图如图 10-5 所示。已知：KL1 250mm×450mm、KL2 300mm×600mm、L 250mm×350mm，KL1、KL2 下设与梁宽同尺寸的墙。梁顶与板顶为同一标高，板厚 100mm，天棚抹灰的工程做法为

①刮腻子喷 ICI 乳胶漆 3 遍；

②6mm 厚 1∶2.5 水泥砂浆抹面；

③8mm 厚 1∶3 水泥砂浆打底；

④刷素水泥浆一道（内掺 107 胶）；

⑤现浇钢筋混凝土板。

试编制天棚抹灰工程工程量清单。

解　(1) 分析

由已知条件可知：本天棚抹灰工程做法主要包括涂料面层、面层抹灰、打底抹灰。

《房屋建筑与装饰工程工程量计算规范》中涂料、天棚抹灰分别在附录 P.7 喷刷涂料和附录 N.1 天棚抹灰工程量清单项目中。

《房屋建筑与装饰工程工程量计算规范》中“天棚抹灰”清单项目包含的工作内容有：基层清理；底层抹灰；抹面层，故将“8mm 厚 1∶3 水泥砂浆打底；刷素水泥浆一道（内掺 107 胶）”工作内容合并到面层项目内列项。“天棚喷刷涂料”清单项目包含的工作内容有：基层清理；刮腻子；刷喷涂料，故将“刮腻子”合并在涂料面层项目中。

经分析得出：该抹灰墙面清单所列项目为天棚抹灰；刷涂料。

(2) 工程量计算。

由图 10-5 可知，本例设计为带梁天棚，所以天棚抹灰工程量中应增加梁侧面抹灰面积。即：

1) 天棚抹灰工程量＝主墙间净面积＋梁的侧面抹灰面积

$$=(5.4-0.1\times2)\text{m}\times(7.2-0.05\times2)\text{m}+(0.35-0.1)\text{m}\times(5.4-0.1\times2)\text{m}\times2\times2$$

$$=42.12\text{m}^2$$

2) 乳胶漆工程量同天棚抹灰工程量：42.12m^2

3) 编制分部分项工程量清单。

天棚抹灰工程量清单见表 10-10。

表 10-10　　分部分项工程量清单与计价表

序号	项目编码	项目名称	项目特征描述	计量单位	工程量	金额（元）		
						综合单价	合价	其中：暂估价
1	011301001001	天棚抹灰	6mm 厚 1∶2.5 水泥砂浆抹面；8mm 厚 1∶3 水泥砂浆打底；刷素水泥浆一道（内掺 107 胶）	m^2	42.12			
2	011407002001	天棚喷刷涂料	在抹灰面上刮腻子（滑石粉＋羧甲基纤维素＋白乳胶）；ICI 乳胶漆 3 遍	m^2	42.12			

（二）天棚吊顶（编码 011302001）

1. 适用范围

此项目适用于形式上非漏空式的天棚吊顶。

2. 工程量计算规则

按设计图示尺寸以水平投影面积计算，计量单位：m^2。

（1）不扣除间壁墙、检查口、附墙烟囱、柱垛和管道所占面积；

（2）扣除单个大于 0.3m^2 的孔洞、独立柱及与天棚相连的窗帘盒所占的面积；

（3）天棚面中的灯槽及跌级、锯齿形、吊挂式、藻井式天棚面积不展开计算。

注：（1）同一个工程中其龙骨材料种类、规格、中距有不同，或龙骨材料种类、规格、中距相同但面层或基层不同，都应分别编码列项，以第五级编码不同来区分。

（2）天棚抹灰与天棚吊顶工程量计算规则有所不同：天棚抹灰不扣除柱垛所占面积；天棚吊顶不扣除柱垛所占面积，但应扣除独立柱所占面积。

（三）格栅吊顶、吊筒吊顶、藤条造型悬挂吊顶、织物软雕吊顶、网架（装饰）吊顶

工程量计算规则：均按设计图示尺寸以水平投影面积计算。

（四）灯带（编码 011304001）

工程量计算规则：按设计图示尺寸以框外围面积计算，计量单位：m^2。

（五）送风口、回风口（编码 011304002）

工程量计算规则：按设计图示数量计算，计量单位：个。

三、有关问题说明

采光天棚和天棚设置保温、隔热层时，按保温隔热工程项目编码列项。

【例 10 - 11】 如图 10 - 6 所示为某会议室吊顶及节点图，会议室部分工程做法为

①Φ 8 钢筋吊杆、双向吊点、中距 900mm；

②轻钢标准龙骨主龙骨 UC38（38×12×1.2），中距 900～1000mm；

③次龙骨 U50（19×50×0.5）中距 450mm；

④横撑龙骨 U25（19×25×0.5）中距 900mm；

⑤9mm 厚纸面石膏板面层（卫生间 9mm 防水石膏板）；

⑥纸面石膏板接缝处刮嵌缝腻子，贴嵌缝纸带；

⑦满刮腻子 3 遍，乳胶漆 3 遍（卫生间防水腻子、防水乳胶漆）。

试编制吊顶天棚工程量清单。

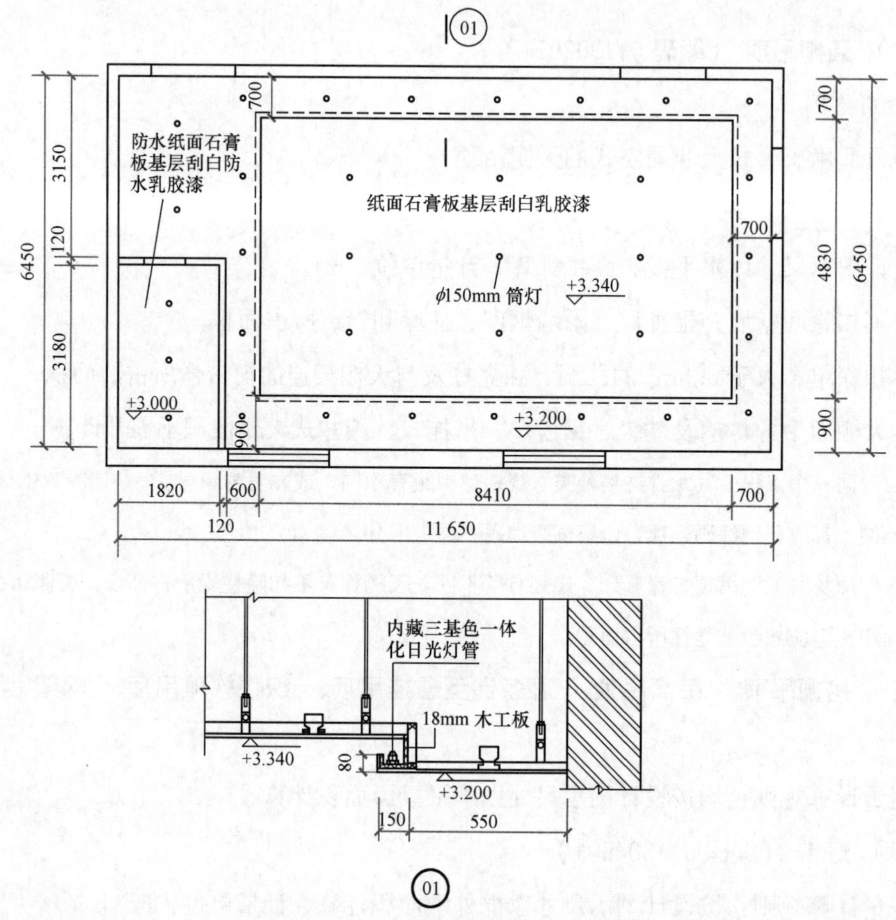

图 10 - 6 天棚吊顶平面及节点图

解 （1）分析。

由已知条件可知：本吊顶天棚工程做法主要包括：涂料面层、石膏板基层、轻钢骨架。

《房屋建筑与装饰工程工程量计算规范》中涂料、吊顶天棚分别在附录 P.7 喷刷涂料和附录 N.2 天棚吊顶工程量清单项目中。

《房屋建筑与装饰工程工程量计算规范》中“吊顶天棚”清单项目包含的工作内容有：基层清理、吊杆安装；龙骨安装；基层板铺贴；面层板铺贴等。故将“龙骨”工作内容合并到石膏板基层项目内列项。

由图10-6可知，本例设计有纸面石膏板天棚及防水石膏板天棚，其上喷刷的乳胶漆分别为防水乳胶漆和普通乳胶漆，故石膏板天棚与涂料均应分别编码列项。

经分析该吊顶天棚清单所列项目为天棚纸面石膏板吊顶、天棚防水石膏板吊顶、天棚刷普通涂料、天棚刷防水涂料。

(2) 工程量计算。

1) 天棚吊顶（纸面石膏板）：

天棚吊顶（纸面石膏板）工程量＝设计图示尺寸水平投影面积

$$=6.45\times11.65-(3.18+0.12)\times(1.82+0.12)$$

$$=68.74\text{m}^2$$

2) 天棚吊顶（纸面石膏板）乳胶漆工程量：略。

3) 防水石膏板天棚：

防水石膏板天棚工程量＝设计图示尺寸水平投影面积

$$=3.18\text{m}\times1.82\text{m}$$

$$=5.79\text{m}^2$$

4) 天棚吊顶（纸面石膏板）乳胶漆工程量：略。

(3) 编制分部分项工程量清单。

天棚吊顶工程工程量清单见表10-11。

表10-11　　分部分项工程量清单与计价表

序号	项目编码	项目名称	项目特征描述	计量单位	工程量	金额（元）		
						综合单价	合价	其中：暂估价
1	011302001001	吊顶天棚（纸面石膏板）	不上人型U形轻钢龙骨，跌级吊顶；φ8钢筋中距、双向吊点、吊杆900mm；轻钢标准龙骨主龙骨UC38（38×12×1.2），中距900～1000mm；次龙骨U50（19×50×0.5）中距450mm；横撑龙骨U25（19×25×0.5）中距900mm；9mm厚纸面石膏板面层	m^2	68.74			

续表

序号	项目编码	项目名称	项目特征描述	计量单位	工程量	金额（元）		
						综合单价	合价	其中：暂估价
2	011302001002	吊顶天棚（防水石膏板）	不上人型U形轻钢龙骨，跌级吊顶；φ8钢筋中距、双向吊点、吊杆900mm；轻钢标准龙骨主龙骨UC38（38×12×1.2），中距900～1000mm；次龙骨U50（19×50×0.5）中距450mm；横撑龙骨U25（19×25×0.5）中距900mm；9mm厚防水纸面石膏板面层	m^2	5.79			
3	011407002001	天棚喷刷普通涂料	石膏板基层上刮腻子（滑石粉＋羧甲基纤维素＋白乳胶）；白乳胶漆3遍	m^2	略			
4	011407002002	天棚喷刷防水涂料	石膏板基层上刮防水腻子（滑石粉＋羧甲基纤维素＋白乳胶）；防水乳胶漆3遍	m^2	略			

第四节　门　窗　工　程

一、门窗工程工程量清单项目

门窗工程：
- 木门（包括木质门、木质门带套、木质连窗门、木质防火门、木门框、门锁安装）
- 金属门（包括金属门、彩板门、钢质防火门、防盗门）
- 金属卷帘（闸）门（包括金属卷帘闸门、防火卷帘闸门）
- 厂库房大门、特种门（包括木板大门、钢木大门、全钢板大门、防护铁丝门、金属格栅门、钢质花饰大门、特种门）
- 其他门（包括电子感应门、旋转门、电子对讲门、电动伸缩门、全玻自由门、镜面不锈钢饰面门）
- 木窗（包括木质窗、木飘窗、木橱窗、木纱窗）
- 金属窗（包括金属窗、金属防火窗、金属百叶窗、金属纱窗、金属格栅窗、金属橱窗、金属飘窗、彩板窗、复合材料窗）
- 门窗套（包括木门窗套、木筒子板、饰面夹板筒子板、金属门窗套、石材门窗套，门窗木贴脸、成品木门窗套）
- 窗台板（包括木、铝塑、石材、金属窗台板）
- 窗帘、窗帘盒、轨（包括窗帘、木窗帘盒，饰面夹板、塑料窗帘盒，铝合金窗帘盒、窗帘轨）

二、门窗工程工程量计算

（一）木质门、木质门带套、木质连窗门、木质防火门（010801001～010801004）

各类型木门其工程量计算规则：均按设计图示数量或设计图示洞口尺寸以面积计算，计量单位：樘/m^2。

注：(1) 木质门带套计量按洞口尺寸以面积计算，不包括门套的面积，但门套应计算综合单价。

(2) 木质门应区分镶板木门、企口木板门、实木装饰门、胶合板门、夹板装饰门、木纱门、全玻门(带木质扇框)、木质半玻门（带木质扇框)、等项目，分别编码列项。

(3) 木门五金应包括折页、插销、门碰珠、弓背拉手、搭机、木螺栓、弹簧折页（自动门)、管子拉手(自由门、地弹门)、地弹簧（地弹门)、角铁、门轧头（自由门、地弹门）等。

(4) 单独制作安装木门框按木门框项目编码列项。

（二）金属门

金属门包括金属门、彩板门、钢质防火门、防盗门四个清单项目，其前四级编码：010802001～010802004。

各种类型的金属门其工程量计算规则：均按设计图示数量或设计图示洞口尺寸以面积计算，计量单位：樘/m^2。

注：(1) 金属门应区分平开门、金属推拉门、金属地弹门、全玻门等项目，分别编码列项。

(2) 以平方米计量，无设计图示洞口尺寸，按门框、扇外围以面积计算。

（三）金属卷帘门

金属卷帘门包括金属卷帘门、防火卷帘门二个清单项目，其编码：010803001～010803002。

工程量计算规则：按设计图示数量或设计图示洞口尺寸以面积计算，计量单位：樘/m^2。

（四）厂库房大门、特种门

厂库房大门、特种门包括的清单项目有木板大门、钢木大门、全钢板大门、防护铁丝门、金属格栅门、钢质花式大门、特种门、七个清单项目，其第四级编码从001至007。

1. 适用范围

(1)“木板大门”项目适用于厂库房的平开、推拉、带观察窗、不带观察窗等各类型木板大门。

(2)“钢木大门”项目适用于厂库房的平开、推拉、单面铺木板、双面铺木板、防风型、保暖型等各类型钢木大门。

(3)“全钢板木门”项目适用于厂库房的平开、推拉、折叠、单面铺钢板、双面铺钢板各类型全钢门。

(4)“特种门”项目适用于各种放射线门、密闭门、保温门、隔音门、冷藏库门、冷藏冻结间门等特殊使用功能门。

2. 工程量计算规则

按设计图示数量或设计图示洞口尺寸（门框或扇）以面积计算，计量单位：樘/m^2。

注：特种门应区分放射线门、密闭门、保温门、隔音门、冷藏库门、冷藏冻结间门等项目，分别编码列项。

（五）其他门

其他门包括电子感应门、旋转门、电子对讲门、电动伸缩门等七个清单项目，其编码：010805001～010805007。

工程量计算规则：按设计图示数量或设计图示洞口尺寸以面积计算，计量单位：樘/m^2。

（六）木窗

木窗根据功能等共分四个清单项目，其四级编码自 001～004。

工程量计算规则：

（1）木质窗其工程量按设计图示数量或设计图示洞口尺寸以面积计算，计量单位：樘/m^2。

（2）木飘窗、木橱窗其工程量按设计图示数量或设计图示尺寸以框外围展开面积计算，计量单位：樘/m^2。

（3）木纱窗其工程量按设计图示数量或按框的外围尺寸以面积计算，计量单位：樘/m^2。

注：木质窗应区分木百叶窗、木组合窗、木天窗、木固定窗、木装饰空花窗等项目，分别编码列项。

（七）金属窗

金属窗根据功能等共分九个清单项目，各种类型金属窗、特殊五金，其前四级编码：010807001～010807009，分别表示金属（塑钢、断桥）窗、金属防火窗、金属百叶窗等。

工程量计算规则略。

（八）门窗套

门窗套根据不同材质、装饰部位等共分七个清单项目，其中包括筒子板、贴脸等，其前四级编码：010808001～010808007。

1. 门窗套及筒子板工程量计算规则

（1）按设计图示数量计算，计量单位：樘。

（2）按设计图示尺寸以展开面积计算，计量单位：m^2。

（3）按设计图示中心以延长米计算，计量单位：m。

2. 门窗木贴脸工程量计算规则

（1）按设计图示数量计算，计量单位：樘。

（2）按设计图示中心以延长米计算，计量单位：m。

3. 成品木门窗套工程量计算规则

（1）按设计图示数量计算，计量单位：樘。

（2）按设计图示尺寸以展开面积计算规则，计量单位：m^2。

（3）按设计图示中心以延长米计算，计量单位：m。

（九）窗帘、窗帘盒、轨

根据不同材质共分五个清单项目，其前四级编码自 010810001～010810005。

1. 窗帘工程量计算规则

（1）按设计图示尺寸以成活后长度计算，计量单位：m。

（2）按图示尺寸以成活后展开面积计算。计量单位：m^2。

2. 窗帘盒和窗帘轨工程量计算规则

按设计图示尺寸以长度计算，计量单位：m。

（十）窗台板

根据不同材质，窗台板共分四个清单项目，其前四级编码自 010809001～010809004。

各种材质的窗台板其工程量计算规则：均按设计图示尺寸以展开面积计算，计量单位：m^2。

三、有关问题说明

（1）门窗工程量计算当以“樘”计算，项目特征必须描述洞口尺寸，没有洞口尺寸必须描述窗框外围尺寸。

（2）门窗套、筒子板“以展开面积计算”，即指按其铺钉面积计算。

（3）窗帘盒、窗台板，如为弧形时，其长度以中心线计算。

【例 10-12】 某装饰门门套如图 10-7 所示，工程做法为门套为 70mm 实木线条，筒子板为 18mm 木工板基层、红樱桃面板饰面，木基层刷防火涂料两遍，面层刮腻子刷底油一遍、聚酯清漆八遍，墙厚 240mm。编制该门套工程量清单。

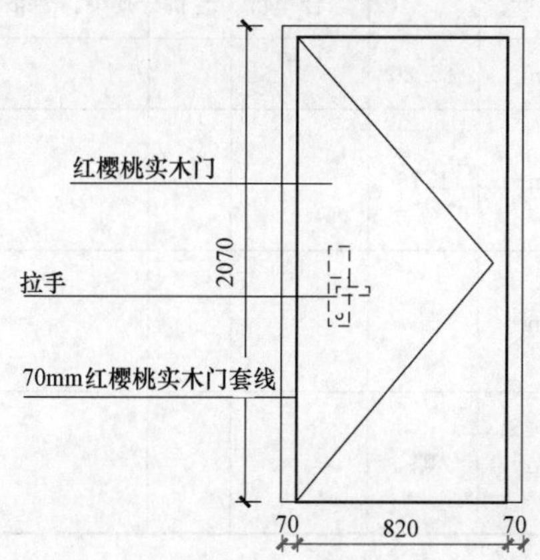

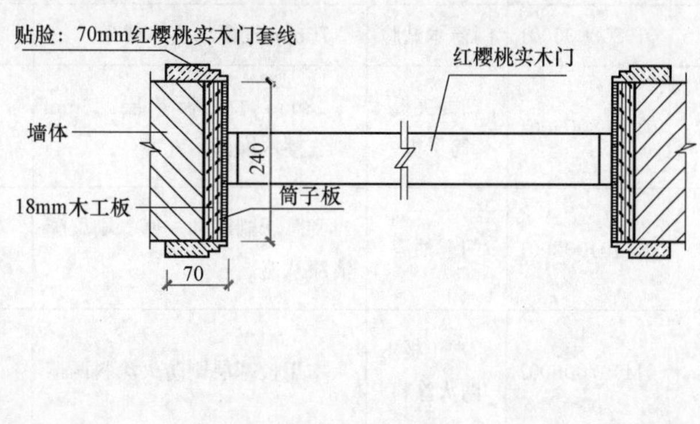

图 10-7 门套大样图

解 （1）分析及列项。

《房屋建筑与装饰工程工程量计算规范》中门窗木贴脸、筒子板在附录 H.8 门窗套中分别编码列项；木材面油漆与涂料分别对应附录 P.4 木材面油漆与附录 P.7 喷刷涂料。

筒子板包括的工作内容有基层板安装，故将 18mm 木工板工作内容合并在饰面夹板筒子板内。

经分析该门窗套所列工程量清单为红樱桃贴脸、红樱桃筒子板、门窗套油漆、门窗套刷防火涂料

（2）工程量计算。

1）红樱桃贴脸：

红樱桃贴脸按设计图示尺寸以延长米计算。因贴脸带 45°割角，故

红樱桃贴脸工程量=[2.07×2+(0.82+0.07×2)]m×2=10.20m

2）红樱桃筒子板：

红樱桃筒子板按设计图示尺寸以展开面积计算。

红樱桃筒子板工程量=[(2.07−0.07)×2+0.82]m×0.24m=1.16m²

3）门套油漆：工程量略

4）门套防火涂料：工程量略

（3）编制分部分项工程量清单。

门窗套工程量清单见表 10-12。

表 10-12　　分部分项工程量清单与计价表

工程名称：×××　　标段：　　第　页共　页

序号	项目编码	项目名称	项目特征描述	计量单位	工程量	金额（元）		
						综合单价	合价	其中：暂估价
1	010808006001	门窗木贴脸	70mm 红樱木实木线条	m	10.20			
2	010808003001	饰面夹板筒子板	18mm 木工板基层；3mm 厚红樱木饰面	m²	1.16			
3	011404002001	门套油漆	刮腻子刷底油一遍、刷聚酯清漆八遍	m²	略			
4	011407006001	木工板防火涂料	木工板基层刷防火涂料两遍	m²	略			

第五节 油漆、涂料、裱糊工程

油漆、涂料、裱糊工程适用于门窗油漆，金属、抹灰面油漆工程，包括门油漆、窗油漆、扶手、板条面、线条面、木材面油漆、金属面油漆、抹灰面油漆、喷刷涂料、裱糊等。

一、有关问题说明

（1）腻子种类分石膏油腻子（埝桐油、石膏粉、适量水）、胶腻子（大白、色粉、羧甲基纤维素）、漆片腻子（漆片、酒精、石膏粉、适量色粉）、油腻子（矾石粉、桐油、脂肪酸、松香）等。

（2）刮腻子要求，分刮腻子遍数（道数）或满刮腻子或找补腻子等。

二、油漆、涂料、裱糊工程清单项目

油漆、涂料、裱糊工程：
- 门油漆（包括木门、金属门油漆）
- 窗油漆（包括木窗、金属窗油漆）
- 木扶手及其他板条线条油漆（包括木扶手，窗帘盒，封檐板、顺水板挂衣板、黑板框、挂镜线、窗帘辊、单独木线油漆）
- 木材面油漆（包括木护墙、木墙裙，窗台板、筒子板、盖板、门窗套、踢脚线，清水板条天棚、檐口，木方格吊顶天棚，吸音板墙面、天棚面，暖气罩，其他木材面，木间壁、木隔断，玻璃间壁露明墙筋，木栅栏、木栏杆，衣柜、壁柜，梁柱饰面，零星木装修，木地板油漆，木地板烫硬蜡面等）
- 金属面油漆
- 抹灰面油漆（包括抹灰面油漆、抹灰线条油漆、满刮腻子）
- 喷刷涂料（墙面喷刷、天棚喷刷、空花格栏杆刷、线条刷涂料，金属构件刷、木构件喷刷防护涂料）
- 裱糊（包括墙纸裱糊、织锦缎裱糊）

三、油漆、涂料、裱糊工程工程量计算

（一）门油漆（编码 011401）

1. 适用范围

门油漆项目适用于各类型门（如镶板门、胶合板门、平开门、推拉门、单扇门、双扇门、带亮子及不带亮子门等）的油漆工程。另外，连窗门可按门油漆项目编码列项。

2. 工程量计算规则

按设计图示数量或设计图示洞口尺寸以面积计算，计量单位：樘/m²。

注：木门油漆应区分单层木门、双层木门、全玻自由门、半玻自由门、装饰门及有框门或无框门等，应分别编码列项。金属门油漆应区分平开门、推拉门、钢制防火门等项目，分别编码列项。

（二）窗油漆（编码 011402）

1. 适用范围

窗油漆项目适用于各类型窗（如平开窗、推拉窗、空花窗、百叶窗、单层窗、双层窗、带亮子及不带亮子等）油漆工程。

2. 工程量计算规则

按设计图示数量计算或设计图示洞口尺寸以面积计算，计量单位：樘/m²。

注：木窗油漆应区分单层玻璃窗、双层木窗、三层木窗、单层组合窗、双层组合窗、木百叶窗、木推拉窗等，应分别编码列项。金属窗油漆应区分平开窗、推拉窗、固定窗、组合窗、金属隔栅窗等项目，分别编码列项。

（三）木扶手及其他板条线条油漆

木扶手及其他板条线条油漆共分五个清单项目，其前四级编码 011403001～011403005。

工程量计算规则：按设计图示尺寸以长度计算，计量单位：m。

（四）木材面油漆

1. 木护墙、木墙裙油漆（编码 011404001）

工程量计算规则：按设计图示尺寸以面积计算，计量单位：m²。

注：(1) 木护墙是指沿墙面的整个高度满做的木装修墙壁。

(2) 木墙裙是指沿墙面的高度（一般约在高度的三分之一至三分之二之间）做的木装修墙壁。

2. 窗台板、筒子板、盖板、门窗套、踢脚线油漆（编码 011404002）

工程量计算同木护墙。

3. 清水板条天棚、檐口油漆及木方格吊顶天棚油漆（编码分别为 011404003、011404004）

工程量计算同木护墙。

4. 吸音板墙面、天棚面油漆（编码 011404005）

工程量计算同木护墙。

5. 暖气罩油漆、其他木材面（编码 011404006、011404007）

工程量计算同木护墙。

6. 木间壁木隔断、玻璃间壁露明墙筋、木栅栏木栏杆（带扶手）油漆（编码 011404008、011404009、011404010）

工程量计算规则：按设计图示尺寸以单面外围面积计算，计量单位：m^2。

注：多面涂刷按单面计算工程量，计算时满外量计算，不展开。

7. 衣柜壁柜、梁柱饰面、零星木装修（编码 011404011、011404012、011404013）

工程量计算规则：按设计图示尺寸以油漆部分展开面积计算，计量单位：m^2。

8. 木地板油漆、木地板烫蜡硬面（编码 011404014、011404015）

工程量计算规则：按设计图示尺寸以面积计算，空洞、空圈、暖气包槽、壁龛的开口部分并入相应的工程量内，计量单位：m^2。

（五）金属面油漆（编码 020505001）

工程量计算规则：按设计图示尺寸以质量计算或按设计展开面积计算，计量单位：t/m^2。

（六）抹灰面油漆（编码 011406）

1. 抹灰面油漆（编码 11406001）

工程量计算规则：按设计图示尺寸以面积计算，计量单位：m^2。

2. 抹灰线条油漆（编码 011406002）

工程量计算规则：按设计图示尺寸以长度计算，计量单位：m。

3. 满刮腻子（编码 011406003）

工程量同抹灰面油漆。

注：满刮腻子项目只适用于仅做“满刮腻子”项目，不得将抹灰面油漆和刷涂料中“刮腻子”内容单独分出执行满刮腻子项目。

（七）喷刷涂料

1. 墙面、天棚喷刷涂料（编码 011407001、011407002）

工程量计算规则：按设计图示尺寸以面积计算，计量单位：m^2。

2. 空花格、栏杆刷涂料（编码 011407003）

工程量计算规则：按设计图示尺寸以单面外围面积计算，计量单位：m^2。

3. 线条刷涂料（编码 011407004）

工程量计算规则：按设计图示尺寸以长度计算，计量单位：m。

4. 金属构件刷防火涂料（编码 011407005）

工程量计算规则：按设计图示尺寸以质量计算或按设计展开面积计算。计量单位：t/m^2。

5. 木材构件喷刷防火涂料（编码 011407006）

工程量计算规则：按设计图示尺寸以面积计算。计量单位：m^2。

（八）墙纸裱糊、织锦段裱糊（编码分别为011408001、011408002）

工程量计算规则：按设计图示尺寸以面积计算。计量单位：m^2。

【例10-13】 上接例题10-5试编制墙面涂料工程量清单。已知踢脚线高150mm，门框、窗框宽80mm，安于墙中线，墙厚240mm，门窗洞口内侧外露尺寸80mm。

解 （1）分析。

按照计算规则涂料工程量按实际面积计算，应扣除门窗洞口所占的面积，洞口侧壁和顶面需增加。

（2）工程量计算。

$$\begin{aligned}墙面涂料工程量 &= (3.76+5.96)m\times 2\times(2.9-0.15)m-(1.5\times 1.8+0.9\times 2.1)m^2 \\ &\quad +(1.5+1.8)m\times 2\times 0.08m+(0.9+2.1\times 2)m\times 0.08m \\ &= 49.81m^2\end{aligned}$$

（3）编制分部分项工程量清单。

墙面涂料工程量清单见表10-13。

表10-13 分部分项工程量清单计价表

序号	项目编码	项目名称	项目特征描述	计量单位	工程量	金额（元）		
						综合单价	合价	其中：暂估价
2	011407001001	刷涂料（内墙）	抹灰层上找补腻（滑石粉+羧甲基纤维素+白乳胶）；（迪诺瓦）SSD-212蓝色天使乳胶漆	m^2	49.81			

第六节 其他装饰工程

其他装饰工程包括柜类、货架，暖气罩，浴厕配件，压条、装饰线，扶手、栏杆、栏板装饰，雨篷、旗杆，招牌、灯箱，美术字八个项目。

一、有关项目说明

（1）柜类、货架、涂刷配件、雨棚、旗杆、招牌、灯箱、美术字等单件项目，工作内容中包括了“刷油漆”，主要考虑整体性，不得单独将油漆分离，单列油漆清单项目。工作内容中没有包括“刷油漆”可单独编码列项。

（2）凡栏杆、栏板含扶手的项目，不得单独将扶手进行编码列项。

二、其他工程工程量清单项目

其他工程：
- 柜类、货架（包括柜台、酒柜、衣柜、酒吧吊柜、收银台、试衣间等）
- 压条、装饰线（包括金属、木质、石材、石膏、镜面玻璃、铝塑、塑料装饰线、GRC 装饰）
- 扶手、栏杆、栏板装饰（包括金属、硬木、塑料、GRC 扶手栏杆栏板、及金属、硬木、塑料靠墙扶手）
- 暖气罩（包括饰面板暖气罩、塑料板暖气罩、金属暖气罩）
- 浴厕配件（包括洗漱台、晒衣架、帘子杆、卫生纸盒、镜面玻璃、镜箱等）
- 雨篷、旗杆（包括雨篷吊挂饰面、金属旗杆、玻璃雨棚）
- 招牌、灯箱（包括平面、箱式招牌，竖式标箱，灯箱、信报箱）
- 美术字（包括泡沫塑料字、有机玻璃字、木质字、金属字、吸塑字）

三、其他工程工程量计算

（一）柜类、货架（前三级编码 011501）

1. 适用范围

柜类、货架项目适用于各类材料制作及各种用途（如酒柜、衣柜、鞋柜、书柜、厨房壁柜及酒吧台、展台、收银台、货架等清单项目）。

2. 工程量计算规则

（1）按设计图示数量计算，计量单位：个。

（2）按设计图示尺寸以延长米计算，计量单位：m。

（3）按设计图示尺寸以体积计算，计量单位：m^3。

注：柜类、货架中的各清单项目内均应包括台柜、台面（架面）、内隔板材料、连接件、配件等。

（二）压条、装饰线（前三级编码 011502）

工程量计算规则：按设计图示尺寸以长度计算，计量单位：m。

（三）扶手、栏杆、栏板装饰（前三级编码 011503）

1. 适用范围

扶手、栏杆、栏板装饰项目适用于楼梯、阳台、走廊、回廊及其他装饰性扶手、栏杆、栏板。

2. 工程量计算规则

各清单项目的工程量均按设计图示尺寸以扶手中心线长度（包括弯头长度）计算，计量单位：m。

（四）暖气罩（前三级编码 011504）

1. 适用范围

适用于各类材料（如饰面板、塑料板、金属）制作的暖气罩项目。

2. 工程量计算规则

按设计图示尺寸以垂直投影面积（不展开）计算，计量单位：m^2。

（五）浴厕配件（前三级编码 011505）

1. 洗漱台

工程量计算规则：

（1）按设计图示尺寸以台面外接矩形面积计算，计量单位：m^2。不扣除孔洞（放置洗面盆的地方）、挖弯、削角（以根据放置的位置进行选形）所占面积，挡板、吊沿板面积并入台面面积内。

（2）按设计图示数量计算，计量单位：个。

注：（1）挡板、吊沿板与台面板使用不同种材料时，应分开另行计算，其编码可从第五级编码上区分开来。

（2）挡板是指镜面玻璃下边沿至洗漱台面和侧墙与台面接触部位的竖挡板。

（3）吊沿是指台面外边沿下方的竖挡板。

2. 晒衣架、帘子杆、浴缸拉手、卫生纸盒、毛巾杆（架）等

工程量计算规则：按设计图示数量计算，晒衣架、帘子杆、浴缸拉手、卫生纸盒工程量的计量，单位：个；毛巾杆（架）计量单位：套。

3. 镜面玻璃

工程量计算规则：按设计图示尺寸以边框外围面积计算，计量单位：m^2。

4. 镜箱

工程量计算规则：按设计图示数量计算，计量单位：个。

（六）雨篷、旗杆（前三级编码 011506）

工程量计算规则：

（1）雨篷吊挂饰面按设计图示尺寸以水平投影面积计算，计量单位：m^2。

（2）金属旗杆按设计图示数量计算，计量单位：根。

（3）玻璃雨棚按设计图示尺寸以水平投影面积计算，计量单位：m^2。

（七）招牌、灯箱（前三级编码 011507）

1. 适用范围

适用于各种形式（平面、竖式等）招牌、灯箱。

2. 工程量计算规则

（1）平面、箱式招牌按设计图示尺寸以正立面边框外围面积计算，复杂型的凸凹造型部分不增加面积，计量单位：m^2。

(2) 竖式标箱、灯箱、信报箱工程量按设计图示数量计算，计量单位：个。

(八) 美术字 (前三级编码 011508)

1. 适用范围

适用各种材料（泡沫塑料、有机玻璃、木质、金属等）制作的美术字。

2. 工程量计算规则

按设计图示数量计算，计量单位：个。

【例 10-14】 某墙面暖气罩做法如图 10-8 所示，实木踢脚线高度 100mm，试编制暖气罩工程量清单。

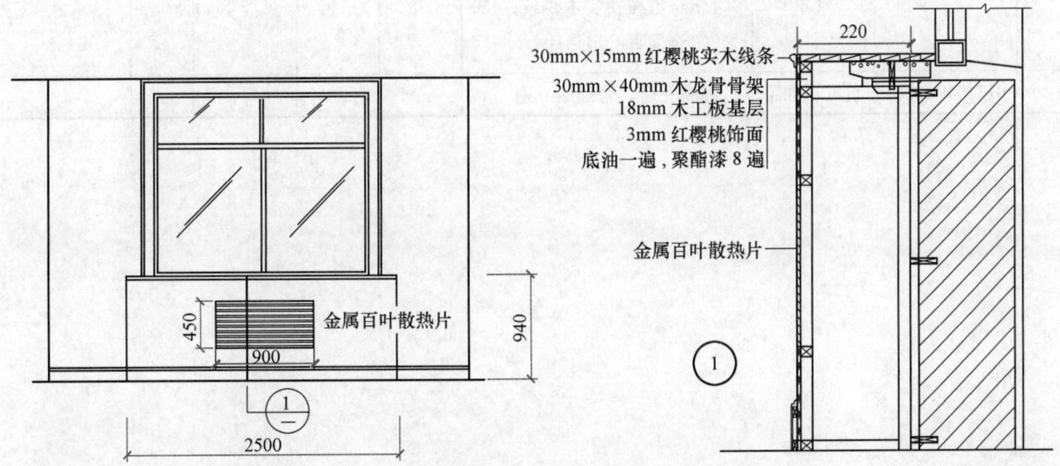

图 10-8 暖气罩立面及节点图

解 (1) 分析及列项。

《房屋建筑与装饰工程工程量计算规范》中暖气罩油漆、饰面板暖气罩分别在附录 P.4 木材面油漆、Q.4 暖气罩清单项目中。

《房屋建筑与装饰工程工程量计算规范》中"饰面板暖气罩"清单项目包含的工作内容有：暖气罩制作、运输、安装；刷防护材料，因"30mm×15mm 红樱桃实木线条、30mm×40mm 木龙骨骨架，18mm 木工板基层，金属百叶扇热片"属于暖气罩制作工作内容，故将该部分合并到相应的暖气罩面层项目内列项。

经分析得出：本例应列清单项目为：饰面板暖气罩、木材面油漆。

(2) 工程量计算。

1) 红樱桃饰面板暖气罩：

暖气罩工程量按设计图示尺寸以垂直投影面积（不展开）计算。

红樱桃饰面板暖气罩工程量＝2.5m×0.94m＝2.35m^2

2) 油漆工程量：

暖气罩油漆工程量按设计图示尺寸以面积计算。

红樱桃饰面板暖气罩油漆工程量＝2.5m×(0.94－0.1＋0.22)m＝2.65m^2

(3) 编制分部分项工程量清单。

暖气罩、木质装饰线工程量清单见表 10-14。

表 10-14　　分部分项工程量清单与计价表

序号	项目编码	项目名称	项目特征描述	计量单位	工程量	金额（元）		
						综合单价	合价	其中：暂估价
1	011504001001	饰面板暖气罩	30×40 木龙骨；18mm 木工板基层；红樱桃饰面；30mm×15mm 红樱桃实木线条；450×900 金属百叶扇热片	m^2	2.35			
2	011404006001	暖气罩油漆	底漆一遍，聚酯漆 8 遍	m^2	2.65			

第十一章
措施项目清单及工程量计算

【思政元素】三个砌墙的建筑工人

有个人经过一个建筑工地，问正在砌墙的建筑工人们在干什么？

第一个没好气地说："砌墙，你没看到吗？"

第二个人笑笑说："我们在盖一幢高楼。"

第三个人笑容满面地说："我们现在所盖的这幢大楼将是城市的标志性建筑，能参与这样一个工程，真是令人高兴！"

十年后，第一个人依然在砌墙，第二个人成了工程师，第三个人则成了这个城市建筑业的领导者。

三个人的起点是一样的，但未来的成就却差别较大。

这个故事告给我们一个道理：态度决定高度，思路决定出路，格局决定结局。作为大学生应具有积极进取、乐观向上的人生态度，面对未来要充满信心，要学会开拓创新，珍惜大学时光，刻苦学习，成就未来，为国家建设奉献自己的青春和力量。

本章内容是依据《房屋建筑与装饰工程工程量计算规范》（GB 50854—2013）编写的。

第一节 单价措施项目

一、脚手架工程

为了保证施工安全和操作的方便，采用钢管（ϕ48＊3.5），杉木杆或直径为 DN75mm～90mm 的竹竿，搭设一种供建筑工人脚踏手攀，堆置或运输材料的架子，称为脚手架，简称脚手架工程。由立杆、横杆、上料平台斜坡道、防风拉杆及安全网等组成。

脚手架工程包含综合脚手架、外脚手架、里脚手架、悬空脚手架、挑脚手架、满堂脚手架、整体提升架、外装饰吊篮 8 个项目。

（一）综合脚手架（011701001）

1. 适用范围

综合脚手架适用于能够按《建筑工程建筑面积计算规则》（GB/T 50353—2013）计算建筑面积的建筑工程脚手架，不适用于房屋加层、构筑物及附属工程脚手架。使用综合脚手架时，不再使用外脚手架、里脚手架等单项脚手架。

2. 工程量计算规则

综合脚手架工程量按建筑面积计算，建筑面积计算规则执行《建筑工程建筑面积计算规范》。

注：同一建筑物有不同檐高时，按建筑物竖向切面分别按不同檐高编列清单项目。

（二）外脚手架、里脚手架（011701002、011701003）

1. 适用范围

外脚手架适用于外墙砌筑和装饰装修工程。根据搭设方式有单排和双排两种。里脚手架适用于内外墙的砌筑和室内装饰施工。

2. 工程量计算规则

外脚手架、里脚手架工程量均按所服务对象的垂直投影面积计算。

（三）悬空脚手架、挑脚手架（011701004、011701005）

挑脚手架搭设方式有多种，其中悬挑梁式脚手架搭设方式是在建筑物内预留洞口，用型钢制成悬挑梁作为搭设双排脚手架的平台，使脚手架上的荷重直接由建筑物承载，起到了卸载作用，悬挑梁式脚手架示意图如图 11 - 1 所示。

工程量计算规则：

（1）悬空脚手架工程量按搭设的水平投影面积计算。

（2）挑脚手架工程量按搭设长度乘以搭设层数以延长米计算。

（四）满堂脚手架（011701006）

1. 适用范围

满堂脚手架适用于室内装修及其他单面积的高空作业，满堂脚手架的一般构造形式如图 11-2 所示。

图 11-1　悬挑梁式挑脚手架

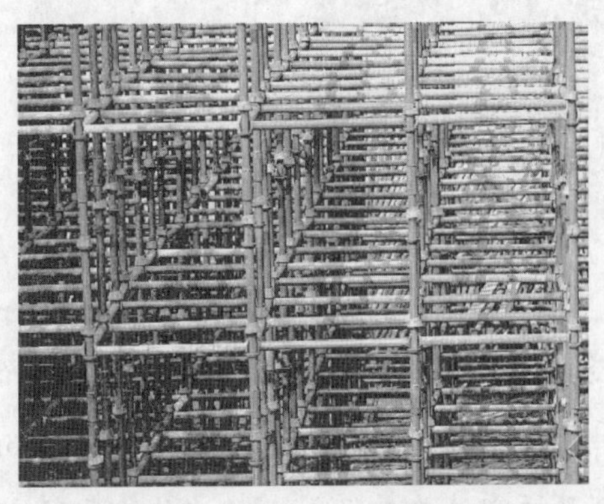

图 11-2　满堂脚手架

2. 工程量计算规则

满堂脚手架工程量按搭设的水平投影面积计算。

（五）整体提升架（011701007）

整体提升架也称为导轨式爬架、导轨附着式提升架。其主要特征是脚手架沿固定在建筑物导轨升降，而且提升设备也固定在导轨上。它是一种用于高层建筑外脚手架工程施工的成套施工设备，包括支架（底部桥架）、爬升机构、动力及控制系统和安全防坠装置四大部分。整体提升架示意图如图 11-3 所示。

图 11-3　整体提升架

工程量计算规则：整体提升架工程量按所服务对象的垂直投影面积计算。

注：整体提升架已包括 2m 高的防护架体设施。

（六）外装饰吊篮（011701008）

外装饰吊篮脚手架又称吊脚手架，它是利用吊索悬吊吊篮进行操作的一种脚手架，常用于外装饰工程，如图 11-4 所示。

图 11-4 外装饰吊篮脚手架

工程量计算规则：外装饰吊篮工程量按所服务对象的垂直投影面积计算。

脚手架工程的列项与施工组织设计及现场施工情况息息相关，进行工程量计价时，应详细了解有关资料、比较分析施工方案，选择更加经济合理的施工措施。

【例 11-1】 某建筑物外墙砌筑采用钢管扣件式脚手架，外墙外边线 $L_外$＝165m，室外自然地坪为－0.6m，女儿墙上表面标高为18m，试编制外脚手架工程量清单。

解 根据《房屋建筑与装饰工程工程量计算规范》外脚手架清单工程量按所服务对象的垂直投影面积计算。

由已知条件可知，外墙面高＝18m＋0.6m＝18.6m

外脚手架清单工程量＝$L_外$×外墙面高＝165m×18.6m＝3065m^2

外脚手架工程量清单见表 11-1。

表 11-1 单价措施项目清单与计价表

工程名称：×××　　标段：　　第 页共 页

序号	项目编码	项目名称	项目特征描述	计量单位	工程量	金额（元）		
						综合单价	合价	其中：暂估价
措施项目								
1	011701002001	外脚手架	钢管扣件式脚手架；搭设高度 18.6m	m^2	3065			

【例 11-2】 某单层房屋天棚抹灰采用搭设满堂脚手架施工。已知室内净高度为 9.6m，净长度为 16.8m，净宽度为 9.5m。试编制满堂脚手架工程量清单。

解 根据《房屋建筑与装饰工程工程量计算规范》，满堂脚手架清单工程量按搭设的水平投影面积计算。

由已知条件得出，满堂脚手架清单工程量＝16.8m×9.5m＝159.6m^2

满堂脚手架工程量清单见表 11-2。

表 11-2　　单价措施项目清单与计价表

工程名称：×××　　标段：　　第　页共　页

序号	项目编码	项目名称	项目特征描述	计量单位	工程量	金额（元）		
						综合单价	合价	其中：暂估价
措施项目								
1	011701006001	满堂脚手架	钢管扣件式脚手架；搭设高度 9.6m	m^2	159.6			

二、混凝土模板及支架（撑）

混凝土模板及支架（撑）项目，只适用于以平方米计量的项目。以立方米计量的混凝土模板及支撑（支架），按混凝土及钢筋混凝土实体项目执行，其综合单价中应包括模板及支撑（支架）。另外，个别混凝土项目如《房屋建筑与装饰工程工程量计算规范》未列的措施项目，例如垫层等，按混凝土及钢筋混凝土实体项目执行。混凝土模板及支架（撑）(011702001～011702032)。

1. 混凝土构件类型

现浇混凝土构件：
- 基础
- 柱（包括矩形柱，构造柱，异形柱）
- 梁（包括基础梁，矩形梁，异形梁，圈梁，过梁，弧形，拱形梁）
- 墙（包括直形墙，弧形墙，短支剪力墙、电梯井壁）
- 板（包括有梁板，无梁扳，平板，拱板，薄壳板，空心板，其他板，栏板）
- 其他构件（包括天沟，挑檐，雨篷，悬挑板、阳台板，楼梯，其他现浇构件，电缆沟、地沟，台阶，扶手，散水，后浇带，化粪池，检查井）

2. 工程量计算规则

详见第四章第七节。

框架柱混凝土及模板项目清单工程量计算

构造柱混凝土及模板项目清单工程量计算

楼梯混凝土及模板项目清单工程量计算

三、垂直运输（011703001）

工程量计算规则：

(1) 按建筑面积计算。

(2) 按施工工期日历天数计算。

注：(1) 垂直运输指施工工程在合理工期内所需垂直运输机械。

(2) 同一建筑物有不同檐高时，按建筑物的不同檐高做纵向分割，分别计算建筑面积，以不同檐高分别编码列项。

四、超高增加费（011704001）

工程量计算规则：按建筑物超高部分的建筑面积计算。

注：(1) 单层建筑物檐口高度超过 20m，多层建筑物超过 6 层时，可按超高部分的建筑面积计算超高施工增加。计算层数时，地下室不计入层数。

(2) 同一建筑物有不同檐高时，可按不同高度的建筑面积分别计算建筑面积，以不同檐高分别编码列项。

【例 11-3】 某高层建筑如图 11-5 所示，框剪结构，女儿墙高度为 1.8m，由某总承包公司承包，施工组织设计方案中，垂直运输采用自升式塔式起重机及单笼施工电梯。根据此背景资料，试列出该高层建筑物的垂直运输及超高施工增加的分部分项工程量清单。

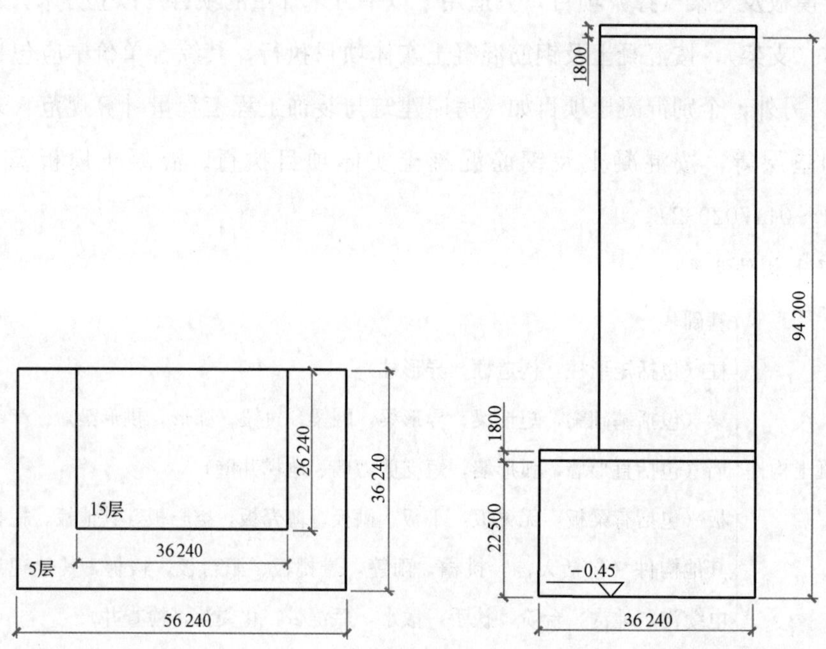

图 11-5 某高层建筑示意图

解 (1) 分析。

依据《房屋建筑与装饰工程工程量计算规范》，同一建筑物有不同檐高时，按建筑物的不同檐高做纵向分割，分别计算建筑面积，以不同檐高分别编码列项。故需列檐高 22.5m 以内垂直运输和檐高 94.2m 以内垂直运输两项清单。

因该高层建筑物超过 6 层，故需列超高施工增加。

(2) 工程量计算。

檐高 22.5m 以内垂直运输：

建筑面积 $=(56.24\times36.24-36.24\times26.24)\text{m}^2\times5=5436.00\text{m}^2$

檐高 94.2m 以内垂直运输：

建筑面积＝36.24m×26.24m×5＋36.24m×26.24m×15＝19 018.75m^2

超高施工增加：

超过6层的建筑面积＝36.24m×26.24m×14＝13 313.13m^2

(3) 垂直运输及超高施工增加工程量清单见表11-3。

表11-3　　单价措施项目清单与计价表

工程名称：×××　　标段：　　第　页共　页

序号	项目编码	项目名称	项目特征描述	计量单位	工程量	金额（元）		
						综合单价	合价	其中：暂估价
			措施项目					
1	011703001001	垂直运输	框剪结构；檐高22.5m以内；5层	m^2	5436.00			
2	011703001002	垂直运输	框剪结构；檐高94.2m以内；20层	m^2	19018.75			
3	011704001001	超高施工增加	框剪结构；檐高94.2m以内；20层	m^2	13313.13			

五、大型机械设备进出场及安拆（011705001）

工程量计算规则：按使用机械设备的数量计算，计量单位：台班。

注：(1) 安拆费包括施工机械、设备在现场进行安装拆卸所需人工、材料、机械和试运转费用以及机械辅助设施的折旧、搭设、拆除等费用。

(2) 进出场费包括施工机械、设备整体或分体自停放地点运至施工现场或由一施工地点运至另一施工地点所发生的运输、装卸、辅助材料等费用。

六、施工排水、降水（011706001）

工程量计算规则：

(1) 成井（011706001）工程量。按设计图示尺寸以钻孔深度计算，计量单位：m。

(2) 排水、降水（011706002）工程量。按排、降水日历天数计算，计量单位：昼夜。

第二节　总价措施项目

安全文明施工及其他措施项目工程量清单项目设置、工作内容及包含范围按表11-4《房屋建筑与装饰工程工程量计算规范》规定执行。

表 11 - 4　　安全文明施工及其他措施项目

项目编码	项目名称	工作内容既包含范围
011707001	安全文明施工	1. 环境保护：现场施工机械设备降低噪声、防扰民措施；水泥和其他易飞扬细颗粒建筑材料密闭存放或采取覆盖措施等；工程防扬尘洒水；土石方、建渣外运车辆防护措施等；现场污染源的控制、生活垃圾清理外运、场地排水排污措施；其他环境保护措施。 2. 文明施工："五牌一图"；现场围挡的墙面美化（包括内外粉刷、刷白、标语等）、压顶装饰；现场厕所便槽刷白、贴墙砖，水泥砂浆地面或地砖，建筑物内临时便溺措施；其他施工现场临时设施的装饰装修、美化措施；现场生活卫生设施；符合卫生要求的饮水设备、淋浴、消毒等设施；生活用洁净燃料；防煤气中毒、防蚊虫叮咬等措施；施工现场操作场地的硬化；现场绿化、治安综合治理；现场配备医药保健器材、物品和急救人员培训；现场工人的防暑降温、电风扇、空调等设备及用电；其他文明施工措施。 3. 安全施工：安全资料、特殊作业专项方案的编制，安全施工标志的购置及安全宣传；"三宝"（安全帽、安全带、安全网）；"四口"（楼梯口、电梯井口、通道口、预留洞口）；"五临边"（阳台围边、楼板围边、屋面围边、槽坑围边、卸料平台两侧）；水平防护架、垂直防护架、外架封闭等防护；施工安全用电，包括配电箱三级配电、两级保护装置等要求、外电防护措施；起重机、塔吊起重设备（含井架、门架）及外用电梯的安全防护措施（含警示标志）及卸料平台的临边防护、层间安全门、防护棚等设施；建筑工地起重机械的检验检测；施工机械防护棚及其围栏的安全保护设施；施工安全防护通道；工人的安全防护用品、用具购置；消防设施与消防器材的配置；电气保护、安全照明设施；其他安全防护措施。 4. 临时设施：施工现场采用彩色、定型钢板，砖、混凝土砌块等围挡的安砌、维修、拆除；施工现场临时建筑物、构筑物的搭设、维修、拆除，如临时宿舍、办公室、食堂、厨房、厕所、诊疗所、临时文化福利用房、临时仓库、加工场、搅拌台、临时简易水塔、水池等；施工现场临时设施的搭设、维修、拆除，如临时供水管道、临时供电管线、小型临时设施等；施工现场规定范围内临时建议道路铺设，临时排水沟、排水设施安砌、维修、拆除；其他临时设施搭设、维修、拆除
011707002	夜间施工	1. 夜间固定照明灯具和临时可移动照明灯具设置、拆除。 2. 夜间施工时，施工现场交通标志、安全标牌、警示灯等的设置、移动、拆除。 3. 包括夜间照明设备及照明用电、施工人员夜班补助、夜间施工劳动效率降低等
011707003	非夜间施工照明	为保证工程施工正常进行。在地下室等特殊施工部位施工时所采用的照明设备的安拆、维护及照明用电等
011707004	二次搬运	由于施工现场条件限制而发生的材料、成品、半成品等一次运输不能到达堆放地点，必须进行的二次或多次搬运
011707005	冬雨季施工	1. 冬雨（风）季施工时增加的临时设施（防寒保温、防雨、防风设施）的搭设拆除。 2. 冬雨（风）季施工时，对砌体、混凝土等采用的特殊加温、保温和养护措施。 3. 冬雨（风）季施工时，施工现场的防滑处理、对影响施工的雨雪的清除。 4. 包括冬雨（风）季施工时增加的临时设施、施工人员的劳动保护用品、冬雨（风）季施工劳动效率降低等

续表

项目编码	项目名称	工作内容既包含范围
011707006	地上、地下设施、建筑物的临时保护设施	在工程施工过程中，对已建成的地上、地下设施和建筑物进行遮盖、封闭、隔离等必要的保护措施
011707007	已完工程及设备保护	对已完工程及设备采取的覆盖、包裹、封闭、隔离等必要的保护措施

第十二章 工程量清单计价方法

【思政元素】感动中国 2021 年度人物——江梦南

江梦南，一个非常有诗意的名字，却在半岁时，因为肺炎误用药物，她的左耳损失大于105分贝，相当于直升机起飞时的声响，而右耳的听力则完全丧失，临床上被诊断为极重度神经性耳聋。

父母抱着她坐在镜子前，让她观察说话的口型，进行发音模仿，并一遍遍地纠错。常人很难想象，在无声的世界里，梦南是如何通过海量的重复与练习，学会读唇语的。梦南没有上过一天特殊教育学校，因为她父母坚持要让女儿去公立小学读书，但没有一个正常小学肯接收她，以至于到了上学年龄，无学可上的梦南又多上了一年学前班。

江梦南说有一个场景她印象非常非常深刻，学前班跟小学，中间有一段台阶，小学在台阶上面，学前班在台阶下面，她站在台阶上，看到其他同龄人都去顺着台阶往上走去读小学，她自己却顺着台阶往下走，她当时在台阶上就哭了。她父母安慰她：听不见是既定的事实，与其怨天尤人，还不如用自己最大的努力去克服这点。于是，在学校里，梦南靠着坐在教室前排读老师口型"听课"，并凭借惊人的努力和记忆力，发奋学习，成绩名列前茅。甚至，为了补上学前班多读的那一年，她在四年级暑假自学了五年级所有的课程。

就这样，好强的梦南一路以优异的成绩考上吉林大学的本科、硕士，并于2018年考上了清华大学生命与科学学院的博士。为了测试自己还有哪些潜力可挖掘，2018年，江梦南右耳成功植入人工耳蜗，重获了失去26年的听力。终于，她人生第一次，真切地听到了这个世界。

但是，新的困难接踵而至。为了建立耳蜗里听到的声音跟文字之间的联系，梦南还需要不断持续进行听力训练。而且，清华的学业压力大，每天面临大量专业的讨论，江梦南的人生，仿佛每一步都是"困难模式"等待她去克服。

2022年3月3日，江梦南被评为"感动中国2021年度人物"。

她说：从来没有因为自己听不见，就把自己看成了一个弱者。我相信自己不会比别人差，我也相信事情可以做得很好。

（资料来源：央视新闻）

工程量清单计价是指投标人完成由招标人提供的工程量清单所需的全部费用，包括分部分项工程费、措施项目费、其他项目费、规费和税金。

工程量清单计价方式，是在建设工程招投标中，招标人自行或委托具有资质的中介机构编制工程量清单，并作为招标文件的一部分提供给投标人，由投标人依据工程量清单自主报价，经评审合理低价中标的工程造价计价方式。工程结算时，工程量按发承包双方确认的数据计算，单价按承包人投标报价中已标价工程量清单综合单价计算；单价发生调整的，以双方确认调整的综合单价计算。

第一节　工程量清单计价方法

一、分部分项工程费

分部分项工程费即完成招标文件中所提供的分部分项工程量清单项目所需的费用。分部分项工程量清单计价应采用综合单价计价。

综合单价指完成一个规定清单项目所需的人工费、材料费和工程设备费、施工机具使用费和企业管理费、利润，以及一定范围内的风险费用，即：分部分项工程综合单价＝人工费＋材料费＋施工机具使用费＋管理费＋利润＋风险费用

分部分项工程费＝$\sum$（分部分项工程清单项目综合单价×相应清单项目工程量）

（一）人工费、材料费、施工机具使用费

人工费、材料费、施工机具使用费在费用项目构成中属于直接工程费项目，其计算方法见表12-1。

表12-1　人工费、材料费、施工机具使用费构成及计算表

费用名称	含义	构成内容	计算方法
人工费	按工资总额构成规定，支付给从事建筑安装工程施工的生产工人和附属生产单位工人的各项费用	①计时工资或计件工资； ②奖金； ③补贴津贴； ④加班加点工资； ⑤特殊情况下支付的工资	人工费＝$\sum$（工日消耗量×日工资单价）

续表

费用名称	含义	构成内容	计算方法
材料费	施工过程中耗费的原材料、辅助材料、构配件、零件、半成品或成品、工程设备的费用	1. 材料单价构成： ①材料原价； ②材料运杂费； ③运输损耗费； ④采购及保管费。 2. 工程设备单价构成： ①设备原价； ②设备运杂费； ③采购及保管费	1. 材料费＝Σ（材料消耗量×材料单价） 材料单价＝｛（材料原价＋运杂费）×［1＋运输损耗率（%）］｝×［1＋采购保管费率（%）］ 2. 工程设备费＝Σ（工程设备量×工程设备单价） 工程设备单价＝（设备原价＋运杂费）×［1＋采购保管费率（%）］
施工机具使用费	施工作业所发生的施工机械、仪器仪表使用费或其租赁费	机械台班单价构成： ①折旧费； ②大修理费； ③经常修理费； ④安拆费及场外运费； ⑤人工费； ⑥燃料动力费； ⑦税费	1. 施工机械使用费＝Σ（施工机械台班消耗量×机械台班单价） 2. 仪器仪表使用费＝工程使用的仪器仪表摊销费＋维修费

从表12-1中可看出：决定人工费、材料费、机械费高低的主要因素有两个，即“工、料、机消耗量”和“单价”。按《建设工程工程量清单计价规范》（GB 50500—2013）规定：

招标工程编制的招标控制价，其“工、料、机消耗量”和“单价”应根据国家或省级、行业建设主管部门颁发的计价定额和计价办法、工程造价管理机构发布的工程造价信息等进行编制。

投标报价由投标人自主确定，即“工、料、机消耗量”和“单价”应依据企业定额和市场价格信息，或参照建设主管部门发布的计价办法等资料进行编制。

由此看来，清单计价模式下的投标报价，其“工、料、机消耗量”及“单价”的形成，要根据企业自身的施工水平、技术及机械装备力量，管理水平，材料、设备的进货渠道、市场价格信息等确定。要做好投标报价工作，企业就要逐步建立根据本企业施工技术管理水平制定的企业定额，即供本企业使用的人工、材料、施工机械消耗量标准，以反映企业的个别成本。同时还要收集工程价格信息，包括：本地区、其他地区人工价格信息、工程材料价格信息、设备价格信息及工程施工机械租赁价格信息等，把收集的价格信息通过整理、统计、分析，以预测价格变动趋势，力保在报价中把风险因素降到最低。因清单计价是合理低价中标，投标人要想中标，就得通过采取合理施工组织方案、先进的施工技术、科学的管理方式等措施来降低工程成本，达到中标并且获利的目的。

（二）管理费

管理费指建筑安装企业组织施工生产和经营管理所需费用，包括管理人员工资、办公费、差旅交通费、固定资产使用费、工具用具使用费、劳动保险和职工福利费、劳动保护费、检验试验费、工会经费、职工教育经费、财产保险费、财务费、税金及其他。

管理费的计算可用下式表示，即

$$管理费=取费基数\times管理费率$$

式中，取费基数可按三种情况取定：①人工费、材料费、机械费合计；②人工费和机械费合计；③人工费。

管理费率取定：对于招标人编制招标控制价，应根据省级、行业建设主管部门发布的管理费率来确定，对于投标人投标报价应根据本企业管理水平，同时考虑竞争的需要来确定，若无此报价资料时，可以参考省级、行业建设主管部门发布管理费浮动费率执行。

（三）利润

利润指施工企业完成所承包工程获得的盈利。

利润的计算式可表示为

$$利润=取费基数\times利润率$$

式中，取费基数可以以“人工费”或“人工费、机械费合计”或“人工费、材料费、机械费合计”为基数来取定。

利润率取定，对于招标人编制招标控制价，应根据省级、行业建设主管部门发布的利润率来确定。对于投标人投标报价应根据拟建工程的竞争激烈程度和其他投标单位竞争实力来取定。

（四）考虑一定范围风险费用

风险是指发、承包双方在招投标活动和合同履约及施工过程中涉及工程计价方面的风险。按《建设工程工程量清单计价规范》（GB 50500—2013）规定，采用工程量清单计价的工程，应在招标文件或合同中明确风险内容及其范围（幅度），并应按风险共担的原则，对风险进行合理分摊，具体内容如下：

（1）对于主要由市场价格波动导致的价格风险，如工程造价中的建筑材料、燃料等价格风险，发、承包双方应当在招标文件中或在合同中对此类风险进行合理分摊，明确约定风险的范围和幅度。根据工程特点和工期要求，承包人可承担5%以内的材料价格风险，10%的施工机械使用费的风险。

（2）对于法律、法规、规章或有关政策出台导致工程税金、规费、人工发生变化，并由省级、行业建设行政主管部门或其授权的工程造价管理机构根据上述变化发布的政策性调整，承包人不应承担此类风险，应按照有关调整规定执行。

(3) 对于承包人根据自身技术水平、管理、经营状况能够自主控制的风险，如承包人的管理费、利润的风险，承包人应根据企业自身实际，结合市场情况合理确定、自主报价，该部分风险由承包人全部承担。

框架柱模板项目清单综合单价计算

（五）分部分项工程清单项目综合单价的计算步骤

1. 确定组价内容

分析工程量清单中“项目名称”，结合各省、直辖市建设行政主管部门颁布的预算定额（消耗量定额）中各定额项目的工作内容，确定与该清单项目对应的定额项目。

现浇混凝土板项目清单综合单价计算

分析清单项目名称时，要结合《房屋建筑与装饰装修工程工程量计算规范》(GB 50854—2013）各附录中相应清单项目的工程内容。因为清单项目包括的施工过程，与预算定额（消耗量定额）中定额项目不一定是一一对应的。例如，挖土方清单项目的工程内容中包括了土方开挖、地基钎探、运输等，而某省预算定额中挖土方定额项目只包括了挖土方及场内一定范围的运输，所以招（投）标人在确定挖土方清单项目的综合单价时，就必须对挖土方的费用、实际运输距离的运土费用及地基钎探费用进行组合，并最终反映在招标控制价（投标价）上。

2. 计算相应定额项目的工程量

根据预算定额（消耗量定额）项目规定的工程量计算规则、计量单位，计算与该清单项目对应的各定额项目的工程量。同时，由于《房屋建筑与装饰工程工程量计算规范》(GB 50854—2013）各附录规定的工程量计算规则和计量单位与相应的预算定额（消耗量定额）不完全一致，对于工程量清单中已提供的清单项目的工程量，也必须依据预算定额（消耗量定额）重新计算。

3. 确定各清单项目的综合单价

根据每个清单项目分解的预算定额（消耗量定额）项目的工程量，套用预算定额（消耗量定额）得到人工、材料、机械消耗量，然后根据市场人工单价、材料价格及机械台班单价，进行人工费、材料费及机械费的计算。在此基础上，再考虑企业管理费、利润及风险因素，得出本清单项目的合价，最后除以清单工程量，即得本分部分项清单项目的综合单价。即

$$\text{分部分项工程清单项目综合单价}=\sum(\text{清单项目所含分项工程内容的综合单价}\times\text{相应定额工程量})\div\text{清单项目清单工程量}$$

或

$$\text{分部分项工程清单项目综合单价}=\sum(\text{清单项目所含分项工程内容的综合单价}\times\text{相应定额工程量}\div\text{清单项目清单工程量})$$

（六）计算实例

【例 12-1】 某工程招标文件中平整场地工程项目清单与计价表见表 12-2，试确定平整场地清单项目的综合单价（不考虑动态调整及风险因素）。

表 12-2 **分部分项工程清单项目与计价表**

工程名称：××× 标段： 第 页共 页

序号	项目编码	项目名称	项目特征描述	计量单位	工程量	金额（元）		
						综合单价	合价	其中：暂估价
			土石方工程					
1	010101001001	平整场地	土壤类别为Ⅱ类土	m^2	1250			

解 《建设工程工程量清单计价规范》（GB 50500—2013）规定，招标控制价应根据国家或省级、行业建设主管部门颁发的计价定额和计价办法、工程造价管理机构发布的工程造价信息等确定。本例参照某省预算定额及费用定额确定。

（1）确定组价内容。

1)《房屋建筑与装饰工程工程量计算规范》（GB 50854—2013）规定，平整场地清单项目应完成的工作内容为：土方挖填、场地找平、运输。

2)《×××省预算定额》规定，平整场地子目应完成的工作内容为：标高在±30cm 以内的填挖及找平。

本例中平整场地项目不考虑土方运输，即平整场地清单项目完成的工程内容与计价定额中平整场地项目考虑的工作内容一致。

（2）计算相应定额项目的工程量。

《×××省预算定额》平整场地项目工程量计算规则同《房屋建筑与装饰工程工程量计算规范》（GB 50854—2013）。

平整场地定额项目工程量＝清单工程量＝$1250m^2$。

（3）确定清单项目的综合单价。

查《×××省预算定额》，人工平整场地定额编号为 A1—78，定额工料机＝663.75 元/$100m^2$。

查《×××省费用定额》，企业管理费＝定额工料机×8.48%，利润＝定额工材机×7.04%。综合单价计算过程见表 12-3。

表 12-3　　平整场地清单综合单价计算表

清单项目	组价定额项目	计算内容	计算过程
平整场地	人工平整场地	定额工料机	(663.75×1250/100)元=8296.88元
		管理费	8296.88元×8.48%=703.56元
		利润	8296.88元×7.04%=584.10元
		合计	8296.88元+703.56元+584.10元=9584.54元
		综合单价	9584.54元/1250m²=7.67元/m²

平整场地项目清单与计价表见12-4。

表 12-4　　分部分项工程项目清单与计价表

工程名称：×××　　标段：　　第　页共　页

序号	项目编码	项目名称	项目特征描述	计量单位	工程量	金额（元）		
						综合单价	合价	其中：暂估价
		土石方工程						
1	010101001001	平整场地	土壤类别为Ⅱ类土	m²	1250	7.67	9587.5	

【例 12-2】 计算第九章［例9-4］挖一般土方清单项目的综合单价（不考虑动态调整及风险因素）。

解 (1) 确定组价内容。

1）挖一般土方清单项目，《房屋建筑与装饰工程工程量计算规范》(GB 50854—2013) 供参考的工作内容有：排地表水；土方开挖；围护（挡土板）及拆除；基底钎探；运输。根据分部分项工程清单项目表中项目特征的描述，实际完成的工作内容有：土方开挖；基底钎探；土方运输。

2）《×××省预算定额》中，土方开挖；基底钎探；土方运输3个分项都是单独编码列项，即挖一般土方清单项目在确定综合单价时应综合定额计价模式下土方开挖；基底钎探；土方运输3个分项工作内容的价格。

(2) 计算相应定额项目的工程量。

1）挖一般土方定额工程量（例9-4）：2556.99m³。

本例土方考虑按机械挖土。据《×××省预算定额》，挖掘机挖土方工程量，机械不能施工的部分（如预留土层及修理边坡等），应按施工组织设计规定计算，如无规定，挖方量在10000m³以内，人工挖土占总方量的10%。即

机械土方工程量=2556.99m³×90%=2301.29m³

人工土方工程量=2556.99m³×10%=255.70m³

考虑现场无堆土场所，土方全部外运，按《×××省预算定额》规定，装土工作也需单

独编码列项。

2）装土工程量：2 556.99m³

3）地基钎探工程量：(50＋0.4×2)m×(20＋0.4×2)m＝1 056.64m²

4）土方运输工程量：同挖一般土方工程量。

(3) 确定清单项目的综合单价。

查《×××省预算定额》：

挖掘机挖土方定额编号为 A1-35，定额工料机＝2 231.57 元/1000m³；

人工挖土方（2m 以内）定额编号为 A1-1，定额工料机＝2 842.50 元/100m³；

挖掘机装土定额编号为 A1-40，定额工料机＝1 917.95 元/1000m³；

自卸汽车运土方（1km 以内）定额编号为 A1-43，定额工料机＝4 910.52 元/1000m³；

地基钎探定额编号为 A1-80，定额工料机＝526.25 元/100m²。

查《×××省费用定额》，企业管理费＝定额工料机×8.48%，利润＝定额工料机×7.04%。综合单价计算过程见表 12-5。

表 12-5 挖一般土方清单综合单价计算表

清单项目	组价定额项目	计算内容	计算过程
挖一般土方	挖掘机挖土方	定额工料机	（2 231.57/1000×2 301.29）元＝5 135.49 元
		管理费	5 135.49 元×8.48%＝435.49 元
		利润	5 135.49 元×7.04%＝361.54 元
		合计	5 135.49 元＋435.49 元＋361.54 元＝5 932.52 元
		单价①	（5 932.52/2300）元/m³＝2.58 元/m³
	人工挖土方（2m 以内）	定额工料机	（2 842.50/100×255.70）元＝7 268.27 元
		管理费	7 268.27 元×8.48%＝616.35 元
		利润	7 268.24 元×7.04%＝511.69 元
		合计	7 268.24＋616.35＋511.69 元＝8 396.28 元
		单价②	8 396.28 元/2300m³＝3.65 元/m³
	挖掘机装土	定额工料机	（1 917.95/1000×2 556.99）元＝4 904.18 元
		管理费	4 904.18 元×8.48%＝415.87 元
		利润	4 904.18 元×7.04%＝345.25 元
		综合合计	4 904.18 元＋415.87 元＋345.25 元＝5 665.3 元
		单价③	（5 665.3/2300）元/m³＝2.46 元/m³
	自卸汽车运土方（1km 以内）	定额工料机	（4 910.52/1000×2 556.99）元＝12 556.15 元
		管理费	12 556.15 元×8.48%＝1 064.76 元
		利润	12 556.15 元×7.04%＝883.95 元
		综合合计	12 556.15 元＋1 064.76 元＋883.95 元＝14 504.86 元
		单价④	14 504.86 元/2300m³＝6.31 元/m³

续表

清单项目	组价定额项目	计算内容	计算过程
挖一般土方	地基钎探	定额工料机	(526.25/100×1 056.64) 元=5 560.57 元
		管理费	5 560.57 元×8.48%=471.54 元
		利润	5 560.57 元×7.04%=391.46 元
		综合合计	5 560.57 元+471.54 元+391.46 元=6 423.57 元
		单价⑤	6 423.57 元/2300m^3=2.79 元/m^3
	综合单价①+②+③+④+⑤		(2.58+3.65+2.46+6.31+2.79) 元/m^3=17.79 元/m^3

挖一般土方项目清单与计价见表 12-6。

表 12-6　　分部分项工程项目清单与计价表

工程名称：×××　　标段：　　第　页共　页

序号	项目编码	项目名称	项目特征描述	计量单位	工程量	金额（元）		
						综合单价	合价	其中：暂估价
			土石方工程					
1	010101002001	挖一般土方	土壤类别为Ⅱ类土，挖土深度 2.3m；弃土运距 1km	m^3	2 300.00	17.79	40 917.00	

【例 12-3】 计算第九章［例 9-8］招标砖基础工程量清单的综合单价（不考虑动态调整及风险因素）。

解 (1) 确定组价内容。

《房屋建筑与装饰工程工程量计算规范》(GB 50854—2013) 中砖基础清单项目完成的主要工作内容与《×××省预算定额》中砖基础子目包括的工作内容一致，即该清单项目综合单价的确定应根据砖基础定额子目预算价格执行。

(2) 计算相应定额项目的工程量。

《×××省预算定额》砖基础定额项目工程量计算规则同《房屋建筑与装饰工程工程量计算规范》。

砖基础定额项目工程量=清单工程量=10.62m^3。

(3) 确定清单项目的综合单价。

查《×××省预算定额》，砖基础定额编号为 A4—1，定额工料机=3774.92 元/10m^3。

由砖基础清单项目特征可知，因设计采用 M5 水泥砂浆砌筑砖基础，而《×××省预算定额》中砖基础定额项目采用 M5 混合砂浆砌筑，所以定额项目 A4—1 不能直接套用，定额工料机需进行换算。

查《×××省建设工程计价依据》，M5 混合砂浆单价为：205.46 元/m^3，M5 水泥砂浆单价为：164.28 元/m³。

A4—1$_{换}$ =3 774.92 元—(205.46—164.28)元/m³ ×10.62/10m³ =3 731.19 元

查《×××省费用定额》，企业管理费=定额工料机×8.48%，利润=定额工料机×7.04%，综合单价计算过程见表 12-7。

表 12-7　　砖基础清单综合单价计算表

清单项目	组价定额项目	计算内容	计算过程
砖基础	砖基础	定额工料机	3 731.19 元
		管理费	3 731.19 元×8.48%=316.40 元
		利润	3 731.19 元×7.04%=262.68 元
		合计	3 731.19 元+316.40 元+262.6 元=4 310.19 元
		综合单价	4 310.19 元/10.62m³ =405.86 元/m³

砖基础项目清单与计价见表 12-8。

表 12-8　　分部分项工程项目清单与计价表

工程名称：×××　　标段：　　第　页共　页

序号	项目编码	项目名称	项目特征描述	计量单位	工程量	金额（元）		
						综合单价	合价	其中：暂估价
砌筑工程								
1	010301001001	砖基础	M5 水泥砂浆、MU10 机红砖砌筑条形砖基础，基础深度 1.4m	m³	10.62	405.86	4 310.23	

【例 12-4】　某工程招标文件中现浇混凝土矩形梁工程项目清单与计价表见表 12-9，确定该矩形梁清单项目的综合单价（不考虑动态调整及风险因素）。

表 12-9　　分部分项工程项目清单与计价表

工程名称：×××　　标段：　　第　页共　页

序号	项目编码	项目名称	项目特征描述	计量单位	工程量	金额（元）		
						综合单价	合价	其中：暂估价
混凝土及钢筋混凝土工程								
1	010503002001	矩形梁	C25 泵送预拌混凝土；檐口高度 20m；	m³	20.65			

解　(1) 确定组价内容。

《房屋建筑与装饰工程工程量计算规范》(GB 50854—2013) 中混凝土矩形梁清单项目完成的主要工作内容与《×××省预算定额》中混凝土矩形梁子目包括的工作内容一致。依据该省预算定额，预拌混凝土泵送费需单独编码列项，即现浇混凝土矩形梁清单项目的综合单价应包括矩形梁现浇混凝土及混凝土泵送（檐口高度20m以内）定额项目的费用。

（2）计算相应定额项目的工程量。

《×××省预算定额》现浇混凝土矩形梁定额项目工程量、混凝土泵送费定额项目工程量计算规则同《房屋建筑与装饰工程工程量计算规范》（GB 50854—2013）。

现浇混凝土矩形梁定额项目工程量＝20.65m^3

混凝土泵送费定额项目工程量＝20.65m^3

（3）确定清单项目的综合单价。

查《×××省预算定额》：

现浇混凝土矩形梁定额编号为A5-19，定额工料机＝2 447.09元/10m^3；

混凝土泵送费（檐口高度20m以内）定额项目编号为A5-99，定额工料机＝855.26元/100m^3。

由现浇混凝土矩形梁清单项目特征可知，因设计采用C25泵送预拌混凝土，而《×××省预算定额》中矩形梁定额项目采用C15泵送预拌混凝土，所以定额项目A5-19不能直接套用，定额工料机需进行换算。

查《×××省建设工程计价依据》，C15泵送碎石预拌混凝土单价为：216.90元/m^3，C25泵送碎石预拌混凝土单价为：280.36元/m^3。

$A5-19_{换}$＝2447.09＋(280.36－216.90)/10×20.65＝2578.13元

查《×××省费用定额》，企业管理费＝定额工料机×8.48%，利润＝定额工料机×7.04%。综合单价计算过程见表12-10。

表12-10　现浇混凝土矩形梁清单综合单价计算表

清单项目	组价定额项目	计算内容	计算过程
现浇混凝土矩形梁	矩形梁	定额工料机	2578.13元
		管理费	2578.13元×8.48%＝218.63元
		利润	2578.13元×7.04%＝181.50元
		合计	2578.13元＋218.63元＋181.50元＝2978.26元
		单价①	2978.26元/20.65m^3＝144.23元/m^3
	泵送费	定额工料机	（855.26/100×20.65）元＝176.61元
		管理费	176.61元×8.48%＝14.98元
		利润	176.61元×7.04%＝12.43元
		合计	176.61元＋14.98元＋12.43元＝204.02元
		单价②	（204.02/20.65）元/m^3＝9.88元/m^3
	综合单价①＋②		144.23元/m^3＋9.88元/m^3＝154.11元/m^3

现浇混凝土矩形梁项目清单与计价见表12-11。

表 12-11　　分部分项工程项目清单与计价表

工程名称：×××　　标段：　　第　页共　页

序号	项目编码	项目名称	项目特征描述	计量单位	工程量	金额（元）		
						综合单价	合价	其中：暂估价
混凝土及钢筋混凝土工程								
1	010503002001	矩形梁	C15 泵送预拌混凝土；檐口高度 20m	m^3	20.65	154.11	3182.37	

【例 12-5】 计算第九章［例 9-19］保温隔热天棚工程量清单的综合单价（不考虑风险因素，考虑人工动态调整费用。人工工日市场信息价 140 元/工日）。

解 （1）确定组价内容。

《房屋建筑与装饰工程工程量计算规范》（GB 50854—2013）中保温隔热天棚清单项目完成的主要工作内容与《×××省预算定额》中天棚保温聚苯板（EPS）子目包括的工作内容一致，即该清单项目综合单价的确定应根据天棚保温聚苯板（EPS）定额子目预算价格执行。

（2）计算相应定额项目的工程量。

《×××省预算定额》天棚保温聚苯板（EPS）定额项目工程量计算规则同《房屋建筑与装饰工程工程量计算规范》（GB 50854—2013）。

天棚保温聚苯板（EPS）定额项目工程量＝清单工程量＝125m^2。

（3）确定清单项目的综合单价。

查《×××省预算定额》，天棚保温聚苯板（EPS）定额编号为 A9-25，定额工料机＝589.04 元/10m^2。

查《×××省费用定额》，企业管理费＝定额工料机×8.48%，利润＝定额工料机×7.04%，动态调整的费用不计管理费和利润。综合单价计算过程见表 12-12。

表 12-12　　保温隔热天棚清单综合单价计算表

清单项目	组价定额项目	计算内容	计算过程
保温隔热天棚	天棚保温聚苯板（EPS）	定额工料机	（589.04×125/10）元＝7363 元
		管理费	7363 元×8.48%＝624.38 元
		利润	7363 元×7.04%＝518.36 元
		动态调整	［（140－125①）×2.27②/10×125］元＝425.63 元
		合计	（7363＋624.38＋518.36＋425.63）元＝8 931.37 元
		综合单价	8 931.37 元/125m^2＝71.45 元/m^2

表中①为《×××省预算定额》定额人工单价 125 元/工日，②为天棚保温聚苯板

（EPS）定额项目综合工日消耗量 2.27 工日/10m²。

保温隔热天棚项目清单与计价表见表 12-13。

表 12-13　　　　分部分项工程项目清单与计价表

工程名称：×××　　　　标段：　　　　第　页共　页

序号	项目编码	项目名称	项目特征描述	计量单位	工程量	金额（元）		
						综合单价	合价	其中：暂估价
保温、隔热、防腐工程								
1	011001002001	保温隔热天棚	30 厚聚苯板保温层（密度：30kg/m³），5～7 厚 EC 聚合物砂浆保护层（内夹玻纤布）	m²	125	71.45	8 932.5	

【例 12-6】　某装饰装修工程招标文件中天棚抹灰工程量清单与计价表见表 12-14，确定该清单项目的综合单价（不考虑动态调整及风险因素）。

表 12-14　　　　分部分项工程项目清单与计价表

工程名称：×××　　　　标段：　　　　第　页共　页

序号	项目编码	项目名称	项目特征描述	计量单位	工程量	金额（元）		
						综合单价	合价	其中：暂估价
天棚抹灰工程								
1	011301001001	天棚抹灰	5mm 厚 1∶1∶4 混合砂浆；3mm 厚 1∶0.5∶3 混合砂浆；刷素水泥浆一道（内掺建筑胶）；钢筋混凝土楼板	m²	276			

解　（1）确定组价内容。

《房屋建筑与装饰工程工程量计算规范》（GB 50854—2013）中天棚抹灰清单项目完成的主要工作内容与《×××省预算定额》中混合砂浆现浇混凝土面天棚抹灰子目包括的工作内容一致，即该清单项目综合单价的确定应根据混合砂浆现浇混凝土面天棚抹灰定额子目预算价格执行。

（2）计算相应定额项目的工程量。

《×××省预算定额》混合砂浆现浇混凝土面天棚抹灰定额项目工程量计算规则同《房屋建筑与装饰工程工程量计算规范》（GB 50854—2013）。

混合砂浆现浇混凝土面天棚抹灰定额项目工程量＝清单工程量＝276m²。

（3）确定清单项目的综合单价。

查《×××省预算定额》，混合砂浆现浇混凝土面天棚定额编号为 B3-3，定额工料机＝2 364.56元/100m²，定额人工费＝2 062.20 元/100m²。

查《×××省费用定额》，企业管理费＝定额人工费×9.12%，利润＝定额人工费×9.88%。综合单价计算过程见表12-15。

表12-15　天棚抹灰清单综合单价计算表

清单项目	组价定额项目	计算内容	计算过程
天棚抹灰	混合砂浆现浇混凝土面天棚	定额工料机	（2 364.56/100×276）元＝6 526.19元
		管理费	（2 062.20/100×276）元×9.12%＝519.08元
		利润	（2 062.20/100×276）元×9.88%＝562.34元
		合计	（6 526.19＋519.0＋562.34）元＝7 607.61元
		综合单价	（7 607.61/276）元/m^2＝27.56元/m^2

天棚抹灰工程项目清单与计价见表12-16。

表12-16　分部分项工程项目清单与计价表

工程名称：×××　　标段：　　第　页共　页

序号	项目编码	项目名称	项目特征描述	计量单位	工程量	金额（元）		
						综合单价	合价	其中：暂估价
天棚工程								
1	011301001001	天棚抹灰	5mm厚1∶1∶4混合砂浆；3mm厚1∶0.5∶3混合砂浆；刷素水泥浆一道（内掺建筑胶）；钢筋混凝土楼板	m^2	276	27.56	7 606.56	

【例12-7】　某装饰装修工程招标文件中瓷砖楼地面工程量清单与计价表见表12-17，确定该清单项目的综合单价（不考虑动态调整及风险因素）。

表12-17　分部分项工程项目清单与计价表

工程名称：×××　　标段：　　第　页共　页

序号	项目编码	项目名称	项目特征描述	计量单位	工程量	金额（元）		
						综合单价	合价	其中：暂估价
楼地面工程								
1	011102003001	块料楼地面	20mm厚瓷砖楼面（800mm×800mm），撒素水泥浆；30mm厚1∶3干硬性水泥砂浆结合层	m^2	328			

解 (1) 确定组价内容。

《房屋建筑与装饰工程工程量计算规范》（GB 50854—2013）中块料楼地面清单项目完成的主要工作内容与《×××省预算定额》中瓷砖楼地面（周长 3200mm 以内）子目包括的工作内容一致。即该清单项目综合单价的确定应根据瓷砖楼地面（周长 3200mm 以内）定额子目预算价格执行。

(2) 计算相应定额项目的工程量。

《×××省预算定额》瓷砖楼地面定额项目工程量计算规则同《房屋建筑与装饰工程工程量计算规范》（GB 50854—2013）。

瓷砖楼地面定额项目工程量＝清单工程量＝328m^2。

(3) 确定清单项目的综合单价。

查《×××省预算定额》，瓷砖楼地面定额编号为 B1 - 19，定额工料机＝12 718.14 元/100m^2，定额人工费＝3 997.00 元/100m^2，其中 1∶3 干硬性水泥砂浆定额单价为 210.17 元/m^3。

由该清单项目特征可知，因设计采用 30mm 厚 1∶3 干硬性水泥砂浆结合层，而《×××省预算定额》瓷砖楼地面定额项目中采用 1∶3 干硬性水泥砂浆结合层为 20mm 厚，所以定额项目 B1—19 不能直接套用，定额工料机需进行换算。

查《×××省预算定额》，水泥砂浆每增减 5mm 对应定额编号为 B1 - 2，定额工料机＝899.15 元/100m^2，定额人工费＝742.00 元/100m^2，其中 1∶2 干硬性水泥砂浆定额消耗量 2.02m^3/100m^2，定额单价为 250.84 元/m^3。

A1—19$_{换}$＝［12 718.14＋（899.15－2.02×250.84＋2.02×210.17）×2］(元/100m^2) ×328m^2＝47 075.00 元

查《×××省费用定额》，企业管理费＝定额人工费×9.12%，利润＝定额人工费×9.88%。综合单价计算过程见表 12 - 18。

表 12 - 18 块料楼地面清单综合单价计算表

清单项目	组价定额项目	计算内容	计算过程
块料楼地面	瓷砖楼地面（周长 3200mm 以内）	定额工料机	47 075.00 元
		管理费	［(3997＋742×2) /100×328×9.12%］元＝1 639.56 元
		利润	［(3997＋742×2) /100×328×9.88%］元＝1 776.19 元
		合计	(47 075.00＋1 639.56＋1 776.19) 元＝50 490.75 元
		综合单价	(50 490.75/328) 元/m^2＝153.94 元/m^2

块料楼地面项目清单与计价见表 12 - 19。

表 12-19　　分部分项工程项目清单与计价表

工程名称：×××　　标段：　　第 页共 页

序号	项目编码	项目名称	项目特征描述	计量单位	工程量	金额（元）		
						综合单价	合价	其中：暂估价
楼地面工程								
1	011102003001	块料楼地面	20mm厚通体瓷砖楼面（800mm×800mm），撒素水泥浆；30mm厚1∶3干硬性水泥砂浆结合层	m^2	328	153.94	50 492.32	

（七）分部分项工程项目清单确定综合单价注意事项

分部分项工程项目清单确定综合单价应注意以下事项：

（1）分部分项工程项目清单包括的工作内容与计价定额中相应子目不一定是一一对应，有些项目清单包括的工作内容综合了定额计价模式下好几项分项工程，即确定综合单价运用计价定额时，要把各分项工程的价格综合起来。

综合单价确定应考虑的因素

（2）分部分项工程项目清单确定综合单价时，所依据的计价定额工程量计算规则不一定和房屋建筑与装饰工程工程量计算规范中相应项目所规定的规则一致，因而确定项目清单综合单价时，要依据计价定额工程量计算规则计算各分项工程工程量。

（3）分部分项工程项目清单确定综合单价时，当其项目特征与计价定额相应项目所考虑的施工方法及材料不同时，应在相应定额项目的基础上进行换算。

（4)）分部分项工程项目清单综合单价的组成，除了人工费、材料费、机械费，还有管理费、利润以及一定范围内地风险费。

二、措施项目费

措施项目费是指为完成工程项目施工，发生于该工程施工准备和施工过程中的技术、生活、安全、环境保护等方面的非工程实体项目的费用。

一般来说，非实体性项目费用的发生和金额的大小与使用时间、施工方法或者两个以上工序相关，与实际完成的实体工程量的多少关系不大，典型的是大型施工机械进出场及安拆费、安全文明施工费等。但有的非实体性项目与完成的工程实体有直接关系，是可以计算出其完成工程量大小的，如混凝土浇筑的模板工程。

按《建设工程工程量清单计价规范》（GB 50500—2013）规定：措施项目中的单价项

目，应根据拟定的招标文件和招标工程量清单项目中特征描述及有关要求确定综合单价计算。措施项目中的总价措施应根据拟定的招标文件和常规施工方案采用综合单价计价，其中的“安全文明施工费”应按照国家或省级、行业建设主管部门的规定计价，不得作为竞争性费用。

（一）单价措施项目费的计算

单价措施项目即可以计算工程量的措施项目。在建筑工程中，可以计算工程量的措施项目有混凝土、钢筋混凝土模板及支架工程，脚手架工程，垂直运输等，适宜采用分部分项工程量清单方式以综合单价计价。

【例 12-8】 某框架结构办公楼招标文件中建筑物外脚手架措施项目清单与计价表见表 12-20，试确定其综合单价。

表 12-20　　单价措施项目清单与计价表

工程名称：×××　　标段：　　第　页共　页

序号	项目编码	项目名称	项目特征描述	计量单位	工程量	金额（元）		
						综合单价	合价	其中：暂估价
措施项目								
1	011701002001	外脚手架	钢管扣件式外脚手架；搭设高度 25.6m	m^2	768.5			

解　(1) 确定组价内容。

《房屋建筑与装饰工程工程量计算规范》(GB 50854—2013) 中建筑物外脚手架清单项目完成的主要工作内容与《×××省预算定额》中建筑物外脚手架（30m 以内）子目包括的工作内容一致，即该清单项目综合单价的确定应根据建筑物外脚手架（30m 以内）定额子目预算价格执行。

(2) 计算相应定额项目的工程量。

《×××省预算定额》建筑物外脚手架（30m 以内）定额项目工程量计算规则同《房屋建筑与装饰工程工程量计算规范》(GB 50854—2013)。

建筑物外脚手架（30m 以内）定额项目工程量＝清单工程量＝768.5m^2。

(3) 确定清单项目的综合单价。

查《×××省预算定额》，建筑物外脚手架（30m 以内）定额编号为 A10-4，定额工料机＝2 151.70 元/100m^2。

查《×××省费用定额》，企业管理费＝定额工料机×8.48%，利润＝定额工料机×7.04%。综合单价计算过程见表 12-21。

表 12-21 外脚手架清单综合单价计算表

清单项目	组价定额项目	计算内容	计算过程
外脚手架	外脚手架（30m以内）	定额工料机	(2 151.70/100×768.5) 元=16 535.81 元
		管理费	16 535.81 元×8.48%=1 402.24 元
		利润	16 535.81 元×7.04%=1 164.12 元
		合计	(16 535.81+1 402.24+1 164.12) 元=19 102.17 元
		综合单价	(19 102.17/768.5) 元/m²=24.86 元/m²

外脚手架措施项目清单与计价表见表 12-22。

表 12-22 单价措施项目清单与计价表

工程名称：××× 标段： 第 页共 页

序号	项目编码	项目名称	项目特征描述	计量单位	工程量	金额（元）		
						综合单价	合价	其中：暂估价
措施项目								
1	011701002001	外脚手架	钢管扣件式外脚手架；搭设高度 25.6m	m²	768.5	24.86	19 104.91	

【例 12-9】 某框架结构办公楼招标文件中现浇钢筋混凝土平板模板及支架措施项目清单与计价表见表 12-23，试确定其综合单价。

表 12-23 单价措施项目清单与计价表

工程名称：××× 标段： 第 页共 页

序号	项目编码	项目名称	项目特征描述	计量单位	工程量	金额（元）		
						综合单价	合价	其中：暂估价
措施项目								
1	011702016001	现浇钢筋混凝土平板模板及支架	木胶合模板；支模高度 3.8m	m²	55.68			

解 (1) 确定组价内容。

《房屋建筑与装饰工程工程量计算规范》(GB 50854—2013) 中现浇混凝土平板模板及支架清单项目完成的主要工作内容与《×××省预算定额》中平板木胶合模板子目包括的工作内容一致。

依据《×××省预算定额》，混凝土柱、梁、墙、板模板定额项目是按层高 3.3m 编制的，超过该层高时，需单独计算支撑超高部分的费用。即现浇混凝土平板模板及支架清单项目的综合单价应包括平板木胶合模板及支撑超高定额项目的费用。

(2) 计算相应定额项目的工程量。

《×××省预算定额》平板木胶合模板定额项目工程量、支撑超高部分定额工程量计算规则同《房屋建筑与装饰工程工程量计算规范》（GB 50854—2013）。

平板木胶合模板定额项目工程量＝55.68m^2

支撑超高部分定额工程量＝55.68m^2

（3）确定清单项目的综合单价。

查《×××省预算定额》，平板木胶合模板定额编号为A11-67，定额工料机＝5 155.35元/100m^2，板支撑高度（＞3.3m每增加1m）定额编号为A11-76，定额工料机＝677.18元/100m^2。

查《×××省费用定额》，企业管理费＝定额工料机×8.48%，利润＝定额工料机×7.04%。综合单价计算过程见表12-24。

表12-24　平板模板清单综合单价计算表

清单项目	组价定额项目	计算内容	计算过程
现浇混凝土平板模板	平板模板	定额工料机	（5 155.35/100×55.68）元＝2 870.50元
		管理费	2 870.50元×8.48%＝243.42元
		利润	2 870.50元×7.04%＝202.08元
		合计	（2 870.50＋243.42＋202.08）元＝3 316.00元
		单价①	（3 316.00/55.68）元/m^2＝59.55元/m^2
	支撑超高	定额工料机	（677.18/100×55.68）元＝377.05元
		管理费	377.05元×8.48%＝31.97元
		利润	377.05元×7.04%＝26.54元
		合计	（377.05＋31.97＋26.54）元＝435.56元
		单价②	（435.56/55.68）元/m^2＝7.82元/m^2
	综合单价①＋②		（59.55＋7.82）元/m^2＝67.37元/m^2

平板模板措施项目清单与计价见表12-25。

表12-25　单价措施项目清单与计价表

工程名称：×××　　　　标段：　　　　第　页共　页

序号	项目编码	项目名称	项目特征描述	计量单位	工程量	金额（元）		
						综合单价	合价	其中：暂估价
措施项目								
1	011702016001	现浇钢筋混凝土平板模板及支架	木胶合模板；支模高度3.8m	m^2	55.68	67.37	3 751.16	

（二）总价措施项目费的计算

总价措施项目即不宜计算工程量的措施项目，一般有安全文明施工、夜间施工、二次搬运、冬雨季施工等，以“项”为单位的方式计价。

【例 12-10】 某框架结构办公楼招标文件中建筑工程措施项目清单与计价表见表 12-26，计算该措施项目清单价格。

表 12-26　　　　总价措施项目清单与计价表

工程名称：×××　　　　标段：　　　　第　页共　页

序号	项目编码	项目名称	计算基础	费率（%）	金额（万元）
1	011707001001	安全文明施工			
	……				
合计					

解 根据《建设工程工程量清单计价规范》（GB 50500—2013）规定：安全文明施工费为不可竞争费用。

根据《×××省费用定额》，土建工程安全文明施工费的计费基础为分部分项工程费中定额工、料、机合计，相应费率为 0.99%。

假设本工程分部分项工程费定额工、料、机合计为 162 万元，则

安全文明施工费＝162 万元×0.99%＝1.60 万元

措施项目清单与计价表见表 12-27。

表 12-27　　　　总价措施项目清单与计价表

工程名称：×××　　　　标段：　　　　第　页共　页

序号	项目编码	项目名称	计算基础	费率（%）	金额（万元）
1	011707001001	安全文明施工	162（工、料、机费）	0.99	1.60
	……				
合计					

【例 12-11】 某框架结构办公楼招标文件中装饰装修工程措施项目清单与计价表见表 12-28，计算该措施项目清单综合单价。

表 12-28　　　　总价措施项目清单与计价表

工程名称：×××　　　　标段：　　　　第　页共　页

序号	项目编码	项目名称	计算基础	费率（%）	金额（万元）
1	011707005001	冬雨季施工			
	……				
合计					

解 根据《×××省费用定额》，装饰装修工程冬雨季施工费的计费基础为分部分项工程费中定额人工费，相应费率为 0.28%。

假设本工程分部分项工程费定额人工费为48.2万元，则

冬雨季施工费＝48.2万元×0.28%＝0.14万元

措施项目清单与计价表见表12-29。

表12-29　　总价措施项目清单与计价表

工程名称：×××　　标段：　　第　页共　页

序号	项目编码	项目名称	计算基础	费率（%）	金额（万元）
1	011707005001	冬雨季施工	48.2（人工费）	0.28	0.14
	……				
合计					

三、其他项目费

其他项目费包括暂列金额、暂估价（包括材料暂估单价、工程设备暂估单价、专业工程暂估价）、计日工、总承包服务费。

（一）编制招标控制价时，其他项目费的计价原则

（1）暂列金额：暂列金额由招标人根据工程复杂程度、设计深度、工程环境条件等特点，一般可按分部分项工程费的10%～15%为参考。

（2）暂估价：暂估价中的材料单价按照工程造价管理机构发布的工程造价信息或参考市场价格确定。暂估价中的专业工程暂估价应分不同专业，按有关计价规定估算。

（3）计日工：计日工包括计日工人工、材料和施工机械。在编制招标控制价时，对计日工中的人工单价和施工机械台班单价应按省级、行业建设主管部门或其授权的工程造价管理机构发布的单价计算；材料应按工程造价管理机构发布的工程造价信息中的材料单价计算，工程造价信息未发布材料单价的材料，其价格应按市场调查确定的单价计算，且按综合单价的组成填写。

（4）总承包服务费：编制招标控制价时，总承包服务费应按省级、行业建设主管部门的规定计算。招标人应根据招标文件中列出的内容和向总承包人提出的要求计算总承包费，可参照下列标准计算：

1）招标人仅要求对分包的专业工程进行总承包管理和协调时，按分包专业工程估算造价的1.5%计算。

2）招标人要求对分包的专业工程进行总承包管理和协调并同时要求提供配合服务时，根据招标文件中列出的配合服务内容和提出的要求，按分包专业工程估算造价的3%～5%计算。

3）招标人自行供应材料的，按招标人供应材料价值的1%计算。

（二）投标报价时，其他项目费的计价原则

（1）暂列金额应按照招标工程量清单中确定的金额填写，不得变动。

（2）暂估价中的材料、工程设备暂估价应按照招标工程量清单中列出的单价计入综合单价；专业工程暂估价应按照招标工程量清单中确定的金额填写。

（3）计日工应按照招标工程量清单列出的项目和估算的数量，由投标人自主确定各项综合单价并计算和填写人工、材料、机械使用费。

（4）总承包服务费应根据招标工程量清单中列出的分包专业工程内容和供应材料、设备情况，按照招标人提出的协调、配合与服务要求和施工现场管理需要自主确定总承包服务费。

（三）其他项目费在办理竣工结算时的要求

（1）计日工的费用应按发包人实际签证确认的数量和合同约定的相应项目综合单价计算。

（2）当暂估价中的材料是招标采购的，其材料单价按中标价在综合单价中调整。当暂估价中的材料为非招标采购的，其单价按发、承包双方最终确认的单价在综合单价中调整。

当暂估价中的专业工程是招标分包的，其金额按中标价计算。当暂估价中的专业工程为非招标分包的，其金额按发、承包双方最终结算确认的金额计算。

（3）总承包服务费应依据已标价工程量清单金额计算，当发、承包双方依据合同约定对总承包服务费进行调整时，应按调整后确定的金额计算。

（4）索赔事件产生的费用在办理竣工结算时应在其他项目费中反映。索赔费用的金额应依据发、承包双方确认的索赔事项和金额计算。

（5）发包人现场签证的费用在办理竣工结算时应在其他项目费中反映。现场签证费用金额依据发、承包双方签证确认的金额计算。

（6）合同价款中的暂列金额在用于各项价款调整、索赔与现场签证后，若有余额，则余额归发包人，如出现差额，则由发包人补足并反映在相应项目的工程价款中。

【例 12 - 12】 某工程招标文件中关于其他项目清单有如下描述：

（1）暂列金额为 10 万元。

（2）所有的建筑材料无材料暂估价；门窗工程分包暂估价 52 600 元。

（3）其他项目清单中计日工见表 12 - 30。

（4）投标人部分考虑总承包服务费。

试根据以上内容确定投标价中的其他项目费。

表 12-30　　计日工表

工程名称：×××　　标段：　　第1页 共1页

编号	项目名称	单位	暂定数量	综合单价	合价
一	人工				
1	普工	工日	60		
2	技工（综合）	工日	20		
3	抹灰工	工日	40		
	人工小计				
二	材料				
1	42.5矿渣水泥	kg	350		
	材料小计				
三	施工机械				
1	载重汽车（10t）	台班	55		
	施工机械小计				
	总计				

解　已知此例其他项目清单内容包括暂列金额、专业工程暂估价、计日工及总承包服务费四部分。

（1）暂列金额为100 000元；

（2）专业工程暂估价52 600元；

（3）计日工费。

根据某省建筑市场价格，确定普工人工单价为135元/工日，瓦工人工单价为150元/工日，抹灰工人工单价为160元；42.5矿渣水泥单价为0.42元/kg；载重汽车（10t）单价为520元/台班。

根据《×××省费用定额》，计日工费的计算应采用综合单价法，企业管理费率为8.48%，利润率7.04%，根据表12-30可知：

普工：人工单价＝135元/工日

企业管理费＝135元/工日×8.48%＝11.45元

利润＝135元/工日×7.04%＝9.50元

普工综合单价＝135元＋11.45元＋9.50元＝155.95元

其他计日工项目综合单价计算过程与普工相同，计日工项目综合单价计算见表12-31。计日工费的计算见表12-32。

表 12 - 31 计日工项目综合单价形成表（元）

序号	计日工项目	计量单位	项目单价	企业管理费	利润	综合单价
1	人工					
1.1	普工	工日	135	11.45	9.50	155.95
1.2	瓦工	工日	150	12.72	10.56	173.28
1.3	抹灰工	工日	160	13.57	11.26	184.83
2	材料					
2.1	42.5 矿渣水泥	kg	0.42	0.036	0.03	0.486
3	机械					
3.1	载重汽车（10t）	台班	520	44.10	36.61	600.71

表 12 - 32 计日工项目计价表（元）

工程名称：××× 标段： 第 1 页 共 1 页

编号	项目名称	单位	暂定数量	综合单价	合价
一	人工				
1	普工	工日	60	155.95	9 357.00
2	技工（综合）	工日	20	173.28	3 465.60
3	抹灰工	工日	40	184.83	7 393.20
人工小计					20 215.80
二	材料				
1	42.5 矿渣水泥	kg	350	0.486	170.10
材料小计					170.10
三	施工机械				
1	载重汽车	台班	55	600.71	33 039.05
施工机械小计					33 039.05
总计					53 424.95

（4）总承包服务费。

投标人按分包工程分部分项工程费的 5%计取总承包服务费，则

$$总承包服务费=52\ 600元\times5\%=2630元$$

（5）其他项目费。

其他项目费计算结果见表 12 - 33。

表 12 - 33　　其他项目清单与计价汇总表

工程名称：×××　　标段：　　第　页共　页

序号	项目名称	计量单位	金额（元）	备注
1	暂列金额	项	100 000	
2	暂估价			
3	计日工费		53 424.95	
4	总承包服务费		2 630.00	
	合计		156 054.95	

四、规费

规费是指根据国家法律、法规规定，由省级政府或省级有关权力部门规定施工企业必须缴纳的，应计入建筑安装工程造价的费用。

规费计算按下式计算：

规费=取费基数×规费费率

按照《建设工程工程量清单计价规范》（GB 50500—2013）规定：规费应按国家或省级、行业建设主管部门的规定计算，不得作为竞争性费用，即取费基数、规费费率应按国家或省级、行业建设主管部门的规定计算，不得作为竞争性费用。

五、税金

税金是指国家税法规定的应计入建筑安装工程造价内的营业税、城市维护建设税、教育费附加和地方教育附加。

税金计算按下式计算：

税金=取费基数×税率

按照《建设工程工程量清单计价规范》（GB 50500—2013）规定：税金应按国家或省级、行业建设主管部门的规定计算，不得作为竞争性费用，即取费基数、税率应按国家或省级、行业建设主管部门的规定计算，不得作为竞争性费用。

第二节　工程量清单计价实例

仅以此例说明工程量清单计价模式下工程量清单及其计价的编写方式。

一、有关资料

（一）工程概况

1. 设计说明

本工程为某传达室工程。

(1) 砖基础用 M5 水泥砂浆、MU10 机砖砌筑；砖墙用 M5 混合砂浆、MU10 机砖砌筑。

(2) 现浇钢筋混凝土构件采用 C20 混凝土。

(3) 钢筋。采用热轧Ⅰ级钢筋（HPB300，用Φ表示）和Ⅱ级钢筋（HRB335，用Φ表示）。

(4) 外墙上设置钢筋混凝土圈梁，截面尺寸 240mm×300mm（宽×高），内配 4Φ12、Φ6@200 钢筋；构造柱生根于地圈梁，内配 4Φ12、Φ6@200 钢筋。墙体交接处每 500mm 设置不少于 2Φ6 的拉结筋，伸入墙内不小于 1m。洞口 1m 以内的设置钢筋砖过梁。

(5) 屋面、台阶、散水及内墙面、外墙面天棚、楼地面等的做法取自××省建筑设计标准图集，详见工程做法表。

(6) 屋面采用镀锌铁皮下水口、PVC 水斗、PVC 雨水管排水。本工程共设 2 套排水系统。

2. 施工条件

(1) 本工程土质为Ⅱ类土。

(2) 采用人工开挖土方，余（亏）土的运输机械为载重 6.5t 的自卸汽车（人装），运距按 1km 考虑。

(3) 施工地点在市区。

3. 有关规定

工程承包方式为包工包料。

（二）施工图

施工图目录：

(1) 建施 1 平面图（图 12-1）、建施 2 立面图（图 12-2）、建施 3 墙身大样（图 12-3）；结施 1 基础平面图（图 12-4）、结施 2 1—1 剖面图（图 12-5）、结施 3 结构平面图（图 12-6）。

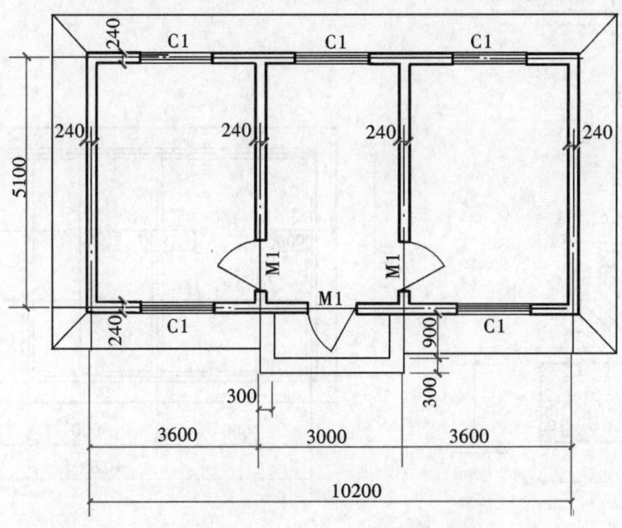

图 12-1 建施 1 平面图

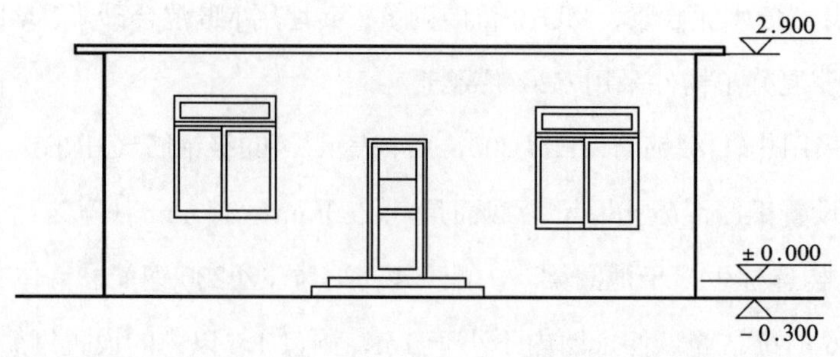

图 12-2　建施 2 立面图

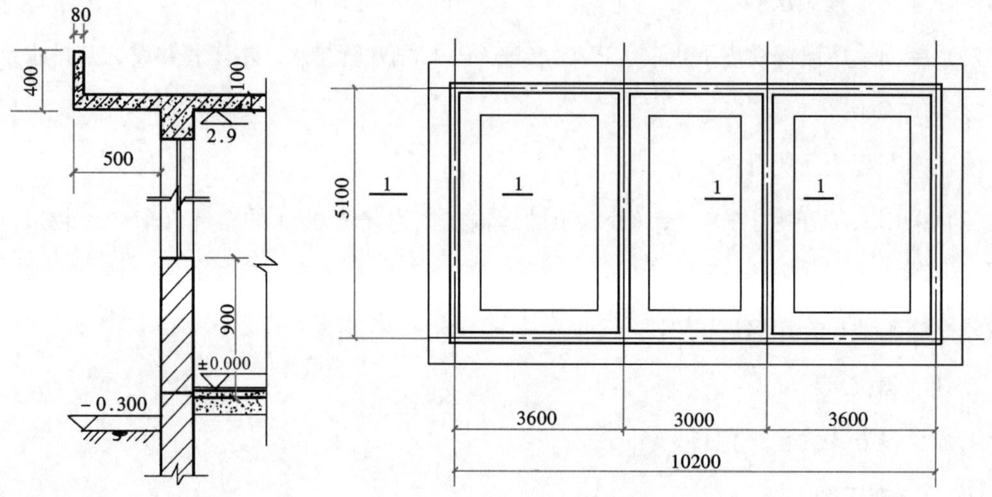

图 12-3　建施 3 墙身大样

图 12-4　结施 1 基础平面图

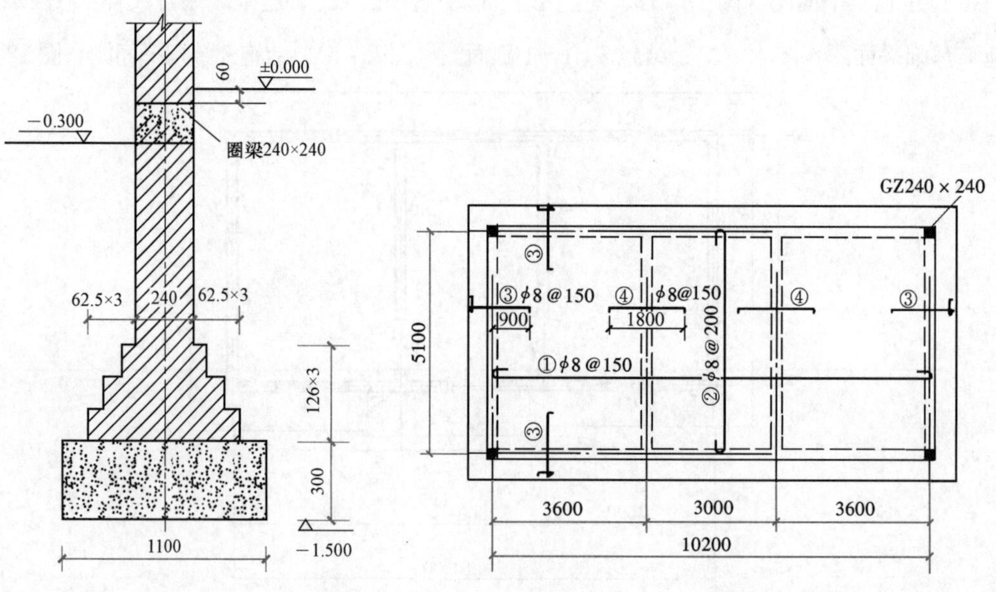

图 12-5　结施 2 1—1 剖面图

图 12-6　结施 3 结构平面图

（2）工程做法表见表12-34、门窗表见表12-35。

表12-34　　工程做法表

部位	工程做法
天棚	（1）刷（喷）涂料； （2）5mm厚1∶2.5水泥砂浆抹面； （3）5mm厚1∶3水泥砂浆打底； （4）刷素水泥浆一道（内掺建筑胶）； （5）现浇或预制钢筋混凝土板
外墙	（1）8mm厚1∶1.5水泥石子（小八厘）罩面，水刷露出石子； （2）刷素水泥浆一道； （3）12mm厚1∶3水泥砂浆打底扫毛； （4）砖墙面清扫集灰适量洇水
内墙	（1）刷（喷）内墙涂料； （2）2mm厚麻刀灰抹面； （3）6mm厚1∶3石灰膏砂浆； （4）10mm厚1∶3∶9水泥石灰膏砂浆打底
屋面	（1）4mm厚高聚物改性沥青卷材防水层（带铝泊保护层）； （2）20mm厚1∶3水泥砂浆找平层； （3）1∶6水泥焦渣找2%坡，最薄处30mm厚； （4）钢筋混凝土基层
踢脚	（1）6mm厚1∶2.5水泥砂浆，压实抹光； （2）6mm厚1∶3水泥砂浆打底扫毛
地面	（1）20mm厚1∶2.5水泥砂浆地面； （2）素水泥浆一道； （3）60mm厚C15混凝土； （4）150mm厚3∶7灰土； （5）素土夯实
散水	（1）50mm厚C15混凝土撒1∶1水泥砂子压实赶光； （2）150mm厚3∶7灰土垫层； （3）素土夯实
台阶	（1）20mm厚1∶2.5水泥砂浆抹面压实赶光； （2）素水泥浆结合层一道； （3）60mm厚C15混凝土台阶； （4）素土夯实

表12-35　　门窗表

门窗名称	洞口尺寸	樘数
C1	1500×1800	5
M1	1000×2100	3

二、工程量清单

（一）封面

略。

（二）填表须知

略。

（三）总说明

（1）工程概况：建筑面积 55.75m²，单层混合结构。施工工期 15 天。

（2）编制依据：建设工程量清单计价规范、施工设计图纸。

（四）分部分项工程和单价措施项目清单与计价表

分部分项工程和单价措施项目清单与计价表见表 12 - 36。

表 12 - 36　　分部分项工程和单价措施项目清单与计价表

工程名称：某传达室　　标段：　　第 1 页 共 4 页

序号	项目编码	项目名称	项目特征描述	计量单位	工程量	金额（元）		
						综合单价	合价	其中：暂估价
			0101 土石方工程					
1	010101001001	平整场地	二类土，土方就地挖填找平	m^2	55.75			
2	010101003001	挖沟槽土方	二类土，条形砖基础，挖土深度 1.2m	m^3	50.95			
3	010103001001	基础回填	素土回填夯实，取土运距 1km	m^3	21.40			
4	010103001002	房心回填	素土夯实	m^3	3.22			
			分部小计					
			0104 砌筑工程					
5	010401001001	砖基础	Mu10 标准机红砖，M5 水泥砂浆砌筑带形砖基础	m^3	13.64			
6	010401003001	实心砖外墙	Mu10 标准机红砖，M5 混合砂浆砌筑 1 砖厚实心砖外墙	m^3	15.25			
7	010401003002	实心砖内墙	Mu10 标准机红砖，M5 混合砂浆砌筑 1 砖厚实心砖内墙，墙高 2.9m	m^3	5.99			
8	010404001001	垫层	砖基础下 300mm 厚 3 ∶ 7 灰土	m^3	12.74			
			分部小计					
			0105 混凝土及钢筋混凝土工程					
9	010502002001	构造柱	C20 预拌混凝土	m^3	0.86			
10	010503004001	圈梁	C20 预拌混凝土	m^3	2.7			
11	010503005001	过梁	C20 预拌混凝土	m^3	0.48			
12	010505003001	平板	C20 预拌混凝土	m^3	5.55			

续表

序号	项目编码	项目名称	项目特征描述	计量单位	工程量	金额（元）		
						综合单价	合价	其中：暂估价
13	010505007001	挑檐	C20 钢筋混凝土	m^3	2.52			
14	010507004001	混凝土台阶	踏步高 150mm，踏步宽 300mm，C15 预拌混凝土	m^2	2.52			
			本页小计					
			合计					
15	010507001001	细石混凝土散水	50mm 厚 C15 细石混凝土（预拌）散水撒 1∶1 水泥砂子压实赶光，150mm 厚 3∶7 灰土垫层，沥青砂浆填塞伸缩缝	m^2	25.4			
16	010515001001	现浇构件钢筋	HPB300，ϕ10 以内	t	0.61			
17	010515001002	现浇构件钢筋	HPB300，ϕ10 以外	t	0.12			
18	010515001003	现浇构件钢筋	HRB335，ϕ20 以内	t	0.07			
19	010515001004	砌体加固钢筋	HPB300，ϕ6.5	t	0.03			
			分部小计					
			0109 屋面及防水工程					
20	010902001001	屋面卷材防水	4mm 厚 SBS 改性沥青卷材防水层一道，热熔法施工	m^2	83.01			
21	011101006001	屋面砂浆找平层	20mm 厚 1∶3 水泥砂浆找平层	m^2	83.01			
22	010902004001	屋面 PVC 排水管	ϕ75PVC 排水管、水斗、镀锌铁皮水口	m	6.60			
			分部小计					
			0110 保温、隔热、防腐工程					
23	011001001001	屋面保温层	1∶6 水泥焦渣保温屋面，找 2%坡，最薄处 30mm 厚	m^2	55.75			
			分部小计					
			本页小计					
			合计					
			0111 楼地面装饰工程					
24	011101001001	水泥砂浆地面	20mm 厚 1∶2.5 水泥砂浆地面，素水泥浆一道	m^2	47.15			
25	010404001002	垫层	水泥砂浆地面下 150mm 厚 3∶7 灰土垫层	m^3	7.07			
26	010501001001	垫层	水泥砂浆地面下 60mm 厚 C15 混凝土垫层	m^3	2.83			

续表

序号	项目编码	项目名称	项目特征描述	计量单位	工程量	金额（元）		
						综合单价	合价	其中：暂估价
27	011105001001	踢脚线	150mm高，6mm厚1∶2.5水泥砂浆压实抹光，6mm厚1∶3水泥砂浆打底扫毛	m^2	6.65			
28	011107004001	水泥砂浆台阶	20mm厚1∶2.5水泥砂浆抹面压实赶光，素水泥浆结合层一道	m^2	2.52			
			分部小计					
			0112墙、柱面装饰与隔断、幕墙工程					
29	011201001001	内墙面抹灰	2mm厚麻刀灰抹面，6mm厚1∶3石灰膏砂浆，10mm厚1∶3∶9水泥石灰膏砂浆打底	m^2	115.55			
30	011201002001	外墙面装饰抹灰	8mm厚1∶1.5水泥石子（小八厘）罩面，刷素水泥浆一道，12mm厚1∶3水泥砂浆打底扫毛，砖墙面清扫集灰适量洇水	m^2	98.44			
			分部小计					
			本页小计					
			合计					
			0113天棚工程					
31	011301001001	天棚抹灰	5mm厚1∶2.5水泥砂浆抹面，5mm厚1∶3水泥砂浆打底，刷素水泥浆一道（内掺建筑胶）	m^2	62.85			
			分部小计					
			0108门窗工程					
32	010801001001	镶板木门	木门，洞口尺寸1000×2100，5mm白玻	樘	3			
33	020406001001	铝合金推拉窗	5mm白玻，洞口尺寸1500×1800	樘	5			
			分部小计					
			0114油漆、涂料、裱糊工程					
34	011401001001	木门油漆	底油一遍，调和漆两遍	樘	3			
35	011407001001	内墙面刷涂料	抹灰面刷仿瓷涂料两遍，找补腻子	m^2	117.65			
36	011407002001	天棚面刷涂料	抹灰面刷仿瓷涂料两遍，找补腻子	m^2	62.85			

续表

序号	项目编码	项目名称	项目特征描述	计量单位	工程量	金额（元）		
						综合单价	合价	其中：暂估价
			分部小计					
0117 措施项目								
37	011701001001	综合脚手架	砖混结构，檐高 3m	m^2	55.75			
38	011702003001	构造柱模板	木胶合板	m^2	7.95			
39	011702008001	圈梁模板	木胶合板	m^2	23.93			
40	011702009001	过梁模板	木胶合板	m^2	4.8			
41	011702017001	平板模板	木胶合板	m^2	46.07			
42	011702022001	挑檐模板	木胶合板	m^2	41.48			
43	011702027001	台阶模板	木胶合板	m^2	2.52			
			分部小计					
本页小计								
合计								

（五）总价措施项目清单与计价表

总价措施项目清单与计价表见表 12 - 37。

表 12 - 37　　总价措施项目清单与计价表

工程名称：某传达室　　标段：　　第 1 页 共 1 页

序号	项目编码	项目名称	计算基础	费率（%）	金额（元）	调整费率（%）	调整后金额（元）	备注
1	011707001001	安全文明施工费						
合计								

（六）其他项目清单与计价汇总表

其他项目清单与计价汇总表见表 12 - 38。

表 12 - 38　　其他项目清单与计价汇总表

工程名称：某传达室　　标段：　　第 1 页 共 1 页

序号	项目名称	金额（元）	结算金额（元）	备注
1	暂列金额			
2	暂估价			
2.1	材料暂估价			
2.2	专业工程暂估价			
3	计日工			

续表

序号	项目名称	金额（元）	结算金额（元）	备注
4	总承包服务费			
合计				

注　表中暂列金额、暂估价的金额由招标人确定。

（七）暂列金额等明细表

略。

（八）规费、税金项目计价表

规费、税金项目计价表见表12-39。

表12-39　　规费、税金项目计价表

工程名称：某传达室　　标段：　　第1页 共1页

序号	项目名称	计算基础	计算基数	计算费率（%）	金额（元）
1	规费				
1.1	社会保障费	（1）＋（2）＋（3）			
(1)	养老保险费	直接费			
(2)	失业保险费	直接费			
(3)	医疗保险费	直接费			
(4)	工伤保险费	直接费			
(5)	生育保险费	直接费			
1.2	住房公积金	直接费			
1.3	工程排污费	按实计入			
2	税金	分部分项工程费＋措施项目费＋其他项目费＋规费			
合计					

三、工程量清单计价

（一）工程量清单报价表

略。

（二）投标总价

略。

（三）工程项目总价表

略。

（四）单项工程费汇总表

略。

（五）单位工程投标报价汇总表

单位工程投标报价汇总表见表 12 - 40。

表 12 - 40　　单位工程投标报价汇总表

工程名称：某传达室　　标段：　　第 1 页 共 1 页

序号	汇总内容	金额（元）	其中：暂估价（元）
1	分部分项工程	22 276.58	
0101	土石方工程	1 069.16	
0104	砌筑工程	4 813.87	
0105	混凝土及钢筋混凝土工程	5 877.67	
0109	屋面及防水工程	2 834.01	
0110	保温、防腐、隔热工程	427.05	
0111	楼地面装饰工程	1 281.34	
0112	墙、柱面装饰与隔断、幕墙工程	2 325.35	
0113	天棚工程	522.91	
0108	门窗工程	2 136.48	
0114	油漆、涂料、裱糊工程	988.74	
2	措施项目	5 204.28	
0117	其中：安全文明施工费	1 126.23	
3	其他项目		
4	规费	1 447.15	
5	税金	955.5	

续表

序号	汇总内容	金额（元）	其中：暂估价（元）
投标报价合计=1+2+3+4+5		29 883.51	

（六）分部分项工程和单价措施项目清单与计价表

分部分项工程和单价措施项目清单与计价表见表12-41。

表12-41　分部分项工程和单价措施项目清单与计价表

工程名称：某传达室　　标段：　　第1页 共4页

序号	项目编码	项目名称	项目特征描述	计量单位	工程量	金额（元）		
						综合单价	合价	其中：暂估价
0101土石方工程								
1	010101001001	平整场地	二类土，土方就地挖填找平	m^2	55.75	3.87	215.75	
2	010101003001	挖沟槽土方	二类土，条形砖基础，挖土深度1.2m	m^3	50.95	12.54	638.91	
3	010103001001	基础回填	素土回填夯实，取土运距1km	m^3	21.40	8.06	172.48	
4	010103001002	房心回填	素土夯实	m^3	3.22	13.05	42.02	
			分部小计				1 069.16	
0104砌筑工程								
5	010401001001	砖基础	MU10标准机红砖，M5水泥砂浆砌筑带形砖基础	m^3	13.64	118.41	1 615.11	
6	010401003001	实心砖外墙	MU10标准机红砖，M5混合砂浆砌筑1砖厚实心砖外墙	m^3	15.25	127.12	1 938.63	

续表

序号	项目编码	项目名称	项目特征描述	计量单位	工程量	金额（元）		
						综合单价	合价	其中：暂估价
7	010401003002	实心砖内墙	MU10 标准机红砖，M5 混合砂浆砌筑 1 砖厚实心砖内墙，墙高 2.9m	m^3	5.99	123.0	736.76	
8	010404001001	垫层	砖基础下 300mm 厚 3∶7 灰土	m^3	12.74	41.08	523.37	
	分部小计						4 813.87	
			0105 混凝土及钢筋混凝土工程					
9	010502002001	构造柱	C20 预拌混凝土	m^3	0.86	231.04	198.69	
10	010503004001	圈梁	C20 预拌混凝土	m^3	2.7	212.98	575.05	
11	010503005001	过梁	C20 预拌混凝土	m^3	0.48	224.75	107.88	
12	010505003001	平板	C20 预拌混凝土	m^3	5.55	194.45	1 079.20	
13	010505007001	挑檐	C20 钢筋混凝土	m^3	2.52	235.38	593.16	
			本页小计				8 524.67	
			合计				8 524.67	
14	010507004001	混凝土台阶	踏步高 150mm，踏步宽 300mm，C15 预拌混凝土	m^2	2.52	34.78	87.65	
15	010507001001	细石混凝土散水	50mm 厚 C15 细石混凝土（预拌）散水撒 1∶1 水泥砂子压实赶光，150mm 厚 3∶7 灰土垫层，沥青砂浆填塞伸缩缝	m^2	25.4	26.48	672.59	
16	010515001001	现浇构件钢筋	HPB300，Φ 10 以内	t	0.61	3 112.45	1 898.59	
17	010515001002	现浇构件钢筋	HPB300，Φ 10 以外	t	0.12	2 958.26	354.99	
18	010515001003	现浇构件钢筋	HRB335，Φ 20 以内	t	0.07	3 125.61	218.79	
19	010515001004	砌体加固钢筋	HPB300，Φ 6.5	t	0.03	3 035.96	91.08	
	分部小计						5 877.67	
			0109 屋面及防水工程					
20	010902001001	屋面卷材防水	4mm 厚 SBS 改性沥青卷材防水层一道，热熔法施工	m^2	83.01	25.18	2 090.19	
21	011101006001	屋面砂浆找平层	20mm 厚 1∶3 水泥砂浆找平层	m^2	83.01	7.05	585.22	
22	010902004001	屋面 PVC 排水管	ϕ75PVC 排水管、水斗、镀锌铁皮水口	m	6.60	24.03	158.60	

续表

序号	项目编码	项目名称	项目特征描述	计量单位	工程量	金额（元）		
						综合单价	合价	其中：暂估价
			分部小计				2 834.01	
0110 保温、隔热、防腐工程								
23	011001001001	屋面保温层	1∶6 水泥焦渣保温屋面，找 2%坡，最薄处 30mm 厚	m^2	55.75	7.66	427.05	
			分部小计				427.05	
			本页小计				6 497.10	
			合计				15 021.77	
0111 楼地面装饰工程								
24	011101001001	水泥砂浆地面	20mm 厚 1∶2.5 水泥砂浆地面，素水泥浆一道	m^2	47.15	8.11	382.17	
25	010404001002	垫层	水泥砂浆地面下 150mm 厚 3∶7 灰土垫层	m^3	7.07	41.08	290.43	
26	010501001001	垫层	水泥砂浆地面下 60mm 厚 C15 混凝土垫层	m^3	2.83	168.69	477.39	
27	011105001001	踢脚线	150mm 高，6mm 厚 1∶2.5 水泥砂浆压实抹光，6mm 厚 1∶3 水泥砂浆打底扫毛	m^2	6.65	14.04	93.37	
28	011107004001	水泥砂浆台阶	20mm 厚 1∶2.5 水泥砂浆抹面压实赶光，素水泥浆结合层一道，素土夯实	m^2	2.52	15.07	37.98	
			分部小计				1 281.34	
0112 墙、柱面装饰与隔断、幕墙工程								
29	011201001001	内墙面抹灰	2mm 厚麻刀灰抹面，6mm 厚 1∶3 石灰膏砂浆，10mm 厚 1∶3∶9 水泥石灰膏砂浆打底	m^2	117.65	5.78	679.43	
30	011201002001	外墙面装饰抹灰	8mm 厚 1∶1.5 水泥石子（小八厘）罩面，刷素水泥浆一道，12mm 厚 1∶3 水泥砂浆打底扫毛，砖墙面清扫集灰适量洇水	m^2	98.44	16.72	1 645.92	

续表

序号	项目编码	项目名称	项目特征描述	计量单位	工程量	金额（元）		
						综合单价	合价	其中：暂估价
		分部小计					2 325.35	
0113 天棚工程								
31	011301001001	天棚抹灰	5mm 厚 1∶2.5 水泥砂浆抹面，5mm 厚 1∶3 水泥砂浆打底，刷素水泥浆一道（内掺建筑胶）	m^2	62.85	8.32	522.91	
			分部小计				522.91	
			本页小计				5 973.48	
			合计				4 129.56	
0108 门窗工程								
32	010801001001	镶板木门	木门，洞口尺寸 1000×2100，5mm 白玻	樘	3	232.16	696.48	
33	010807001001	铝合金推拉窗	5mm 白玻，洞口尺寸 1500×1800	樘	5	486.00	2 430.00	
			分部小计				2 136.48	
0114 油漆、涂料、裱糊工程								
34	011401001001	木门油漆	底油一遍，调和漆两遍	樘	3	23.92	71.76	
35	011407001001	内墙面刷涂料	抹灰面刷仿瓷涂料两遍，找补腻子	m^2	117.65	5.08	597.66	
36	011407002001	天棚面刷涂料	抹灰面刷仿瓷涂料两遍，找补腻子	m^2	62.85	5.08	319.32	
		分部小计					988.74	
0117 措施项目								
37	011701001001	综合脚手架	砖混结构，檐高 3m	m^2	55.75	16.28	907.61	
38	011702003001	构造柱模板	钢模板	m^2	7.95	27.96	222.27	
39	011702008001	圈梁模板	钢模板	m^2	23.93	18.75	448.57	
40	011702009001	过梁模板	钢模板	m^2	4.8	30.93	148.45	
41	011702017001	平板模板	钢模板	m^2	46.07	19.53	899.76	
42	011702022001	挑檐模板	钢模板	m^2	41.48	34.00	1 410.32	
43	011702027001	台阶模板	钢模板	m^2	2.52	16.30	41.07	
		分部小计					4 078.05	
			本页小计				7 203.27	
			合计				11 332.83	

（七） 总价措施项目清单与计价表

总价措施项目清单与计价表见表12-42。

表12-42　　总价措施项目清单与计价表

工程名称：某传达室　　标段：　　第1页 共1页

序号	项目编码	项目名称	计算基础	费率（%）	金额（元）	调整费率（%）	调整后金额（元）	备注
1	011707001001	安全文明施工费	分部分项工程费中直接费	6.0	759.45			
合计					759.45			

（八） 其他项目清单与计价汇总表

略。

（九） 暂列金额等明细表

略。

（十） 规费、税金项目计价表

规费、税金项目计价表见表12-43。

表12-43　　规费、税金项目计价表

工程名称：某传达室　　标段：　　第1页 共1页

序号	项目名称	计算基础	计算基数	计算费率%	金额（元）
1	规费				952.06
1.1	社会保障费	(1)＋(2)＋(3)			748.06
(1)	养老保险费	直接费		3.5	595.01
(2)	失业保险费	直接费		0.2	34.0
(3)	医疗保险费	直接费		0.7	119.05
(4)	工伤保险费	直接费		0.1	17.0
(5)	生育保险费	直接费		0.1	17.0
1.2	住房公积金	直接费		1.0	170.0
1.3	工程排污费	按实计入			
2	税金	分部分项工程费＋措施项目费＋其他项目费＋规费	3.477		954.69
合计					1 906.75

（十一） 综合单价分析表

综合单价分析表见表12-44。

表 12-41 中工程量数据来源见表 12-45，综合单价数据计算所需定额工程量数据来源见表 12-46。

表 12-44 **综合单价分析表**

工程名称：某传达室 标段： 第 1 页 共 3 页

项目编码	010101001001	项目名称	平整场地	计量单位	m^2

清单综合单价组成明细

定额编号	定额名称	定额单位	数量	单价				合价			
				人工费	材料费	机械费	管理费和利润	人工费	材料费	机械费	管理费和利润
1-29	平整场地	m^2	1	3.53	0.00	0.00	0.34	3.53			0.34
人工单价			小计					3.53			0.34
23.7 元/工日			未计价材料费								
清单项目综合单价								3.87			

	主要材料名称、规格、型号	单位	数量	单价（元）	合价（元）	暂估单价（元）	暂估合价（元）
材料费明细							
	材料费小计						

续表

项目编码	010101003001	项目名称	挖沟槽土方	计量单位	m^3						
清单综合单价组成明细											
定额编号	定额名称	定额单位	数量	单价				合价			
				人工费	材料费	机械费	管理费和利润	人工费	材料费	机械费	管理费和利润
1-8	人工挖地槽	m^3	1	9.79		0.04	0.89	9.79		0.04	0.89
1-28	原土打夯	m^2	0.83	0.26	0.03	0.12	0.45	0.22	0.03	0.10	0.37
1-32	地基钎探	m^2	0.83	1.21			0.11	1.0			0.10
人工单价		小计						11.01	0.03	0.14	1.36
23.7元/工日		未计价材料费									
清单项目综合单价								12.54			

	主要材料名称、规格、型号	单位	数量	单价（元）	合价（元）	暂估单价（元）	暂估合价（元）
材料费明细	水	m^3	0.01	3.00	0.14		
	材料费小计				0.14		

续表

项目编码		010301001001		项目名称		砖基础		计量单位		m³	
清单综合单价组成明细											
定额编号	定额名称	定额单位	数量	单价				合价			
				人工费	材料费	机械费	管理费和利润	人工费	材料费	机械费	管理费和利润
4-1	砖基础	m³	1	27.8	79.20	1.89	9.52	27.8	79.20	1.89	9.52
人工单价		小计						27.8	79.20	1.89	9.52
23.7元/工日		未计价材料费									
清单项目综合单价										118.41	

	主要材料名称、规格、型号	单位	数量	单价（元）	合价（元）	暂估单价（元）	暂估合价（元）
材料费明细	红砖 240×115×53	千块	0.52	109.02	56.51		
	水泥 325 号	kg	54.05	0.23	12.52		
	水洗中（粗）砂	m³	0.29	33.03	9.43		
	生石灰	kg	229.24	0.063	14.44		
	工程用水	m³	0.44	2.75	1.22		
	材料费小计				94.12		

表 12-45　　分部分项工程清单工程量计算表

项目编码	项目名称	单位	工程数量	计算式
土石方工程				
010101001001	平整场地	m^2	55.75	（10.2＋0.24）×（5.1＋0.24）
010101003001	挖沟槽土方	m^3	50.95	1.1×1.2×［30.6（$L_{中}$）＋（5.1－1.1）×2］
010103001001	基础回填	m^3	21.40	基础回填：50.95－［0.24×（1.5－0.3－0.3）＋0.0945］×［30.6＋9.72（$L_{内}$）（砖基础及构造柱）－1.1×0.3×［30.6＋（5.1－1.1）×2］（3∶7灰土）－0.8×［31.56（$L_{外}$）＋0.8×4－3］×（0.02＋0.15）（散水）
010103001002	房心回填	m^3	3.22	房心回填：［（3.6－0.24）×（5.1－0.24）×2＋（3－0.24）×（5.1－0.24）］×（0.3－0.23）＝46.07×0.07
砌筑工程				
010401001001	M5 水泥砂浆砌砖基础	m^3	13.64	［0.24×（1.5－0.3）＋0.0945］×（30.6＋9.72）－（0.24×0.24×1.2×4＋0.03×0.24×2×1.2×4）（构造柱）－0.24×0.24×30.6（地圈梁）
010401003001	1 砖厚实心砖外墙	m^3	15.25	外墙：30.6×（3－0.1）×0.24－（1.5×1.8×5＋1×2.1）×0.24（门窗）－0.5（圈梁）－0.48（过梁）－0.85（构造柱）
010401003002	1 砖厚实心砖内墙	m^3	5.99	内墙：9.72×3×0.24－（1×2.1）×0.24（门）
010404001001	砖基础下垫层	m^3	12.74	1.1×0.3×［30.6＋（5.1－1.1）×2］
混凝土及钢筋混凝土工程				
010502002001	构造柱 C20	m^3	0.86	（0.24×0.24×3.06＋0.03×0.24×2×2.76）×4
010503004001	圈梁 C20	m^3	2.7	0.24×0.14×30.6－0.48－0.24×0.24×0.2×4（构造柱）＋0.24×0.24×30.6（地圈梁）
010503005001	过梁 C20	m^3	0.48	（1.5＋0.5）×0.24×0.2×5
010505003001	平板 C20	m^3	5.55	55.75×0.1－0.24×0.24×0.1×4
010505007001	挑檐 C20	m^3	2.52	0.5×0.1×（31.56＋0.5×4）＋0.3×0.08×（31.56＋0.42×8）
010507004001	台阶	m^2	2.52	3×1.2－（3－1.2）×（0.9－0.3）
010507001001	50mmC15 厚细石混凝土散水	m^2	25.4	0.8×（31.56＋0.8×4－3）
010515001001～010515001003	现浇钢筋	t	0.80	（略）
010515001001	砌体加固钢筋	t	0.03	（略）

续表

项目编码	项目名称	单位	工程数量	计算式
屋面及防水工程				
010902001001	屋面改性沥青卷材防水	m^2	83.01	55.75＋0.5×（31.56＋0.5×4）＋0.3×（31.56＋0.42×8）
011101006001	屋面找平层	m^2	83.01	同上
010902004001	屋面 PVC 排水管	m	6.6	3.3×2（根）
保温、隔热、防腐工程				
011001001001	1∶6 水泥焦渣保温屋面	m^2	55.75	见平整场地
楼地面装饰工程				
011101001001	20mm 厚 1∶2.5 水泥砂浆地面	m^2	47.15	46.07＋［（3－1.2）×（0.9－0.3）］(平台)
010404001002	水泥砂浆地面下 60mm 厚混凝土垫层	m^3	2.83	47.15×0.06
010501001001	水泥砂浆地面下 150mm 厚3∶7 灰土垫层	m^3	7.07	47.15×0.15
011105001001	150mm 高水泥砂浆踢脚线	m^2	6.65	［（10.2－0.24－0.48＋5.1－0.24）×2＋9.72×2－1×5（门）＋0.12×10（门侧壁）］×0.15＝（48.12－5＋1.2）×0.15
011107004001	20mm 厚 1∶2.5 水泥砂浆台阶	m^2	2.52	3×1.2－（3－1.2）×（0.9－0.3）(平台)
墙、柱面装饰与隔断、幕墙工程				
011201001001	内墙面一般抹灰 6＋10	m^2	117.65	48.12×2.9－2.1×2×2－1.5×1.8×5
011201002001	外墙面水刷石 8＋12	m^2	98.44	31.56×3.2－1.5×1.8×5－2.1－（3×0.15＋2.4×0.3）（台阶）＋0.4×（31.56＋0.5×8）(挑檐)
天棚工程				
011301001001	天棚抹灰 5＋5	m^2	62.85	46.07＋0.5×（31.56＋0.5×4）
门窗工程				
010801001001	镶板木门	樘	3	
010807001001	铝合金推拉窗	樘	5	

续表

项目编码	项目名称	单位	工程数量	计算式
				油漆、涂料、裱糊工程
011401001001	木门油漆	樘	3	
011407001001	内墙面刷涂料	m^2	117.65	117.65
011407002001	天棚面刷涂料	m^2	62.85	62.85
				措施项目
011701001001	综合脚手架	m^2	55.75	（10.2＋0.24）×（5.1＋0.24）
011702003001	构造柱模板	m^2	7.95	（0.24＋0.06）×（2.7＋0.06）×2×4＋0.06×（2.7＋0.06）×2×4
011702008001	圈梁模板	m^2	23.93	（0.2＋0.24）×（10.2＋5.1）×2×2－0.2×2×1.5×5
011702009001	过梁模板	m^2	4.8	（0.2×2＋0.24）×1.5×5
011702017001	平板模板	m^2	46.07	（10.2－0.24×3）×（5.1－0.24）
011702022001	挑檐模板	m^2	41.48	0.5×（31.56＋0.5×4）＋0.4×（31.56＋0.5×8）＋0.3×（31.56＋0.42×8）
011702027001	台阶模板	m^2	2.52	3×1.2－（3－1.2）×（0.9－0.3）

表 12-46　　分部分项工程定额工程量计算表

项目编码	项目名称	单位	工程数量	计算式
				土石方工程
010101001001	平整场地	m^2	55.75	同清单工程量 55.75
010101003001	挖基础土方	m^3	50.95	挖土方：1.1×1.2×［30.6（$L_{中}$）＋（5.1－1.1）×2］（本例不需放坡及增加工作面） 基底钎探：1.1×［30.6（$L_{中}$）＋（5.1－1.1）×2］＝42.46m^2
010103001001	基础回填	m^3	21.4	基础回填同附表× 运土：50.95－24.62×1.15－（12.74＋3.81＋7.02）（3∶7 灰土基础垫层、散水下、地面垫层）×1.14＝－4.32m^3
010103001002	房心回填	m^3	3.22	房心回填同附表×
				砌筑工程
010401001001	M5 水泥砂浆砌砖基础	m^3	13.64	砖基础：［0.24×（1.5－0.3）＋0.0945］×（30.6＋9.72）－（0.24×0.24×0.06×4＋0.03×0.24×2×0.06×4）（构造柱）－0.24×0.24×30.6（地圈梁）＝13.64m^3
010401003001	1 砖厚实心砖外墙	m^3	15.09	外墙：30.6×（3－0.1）×0.24－（1.5×1.8×5＋1×2.1）×0.24（门窗）－0.5（圈梁）－（0.48＋0.158）（过梁）－0.85（构造柱） 钢筋砖过梁：0.158m^3

续表

项目编码	项目名称	单位	工程数量	计算式
010401003002	1砖厚实心砖内墙	m^3	5.44	内墙：9.72×（3−0.1）×0.24−（1×2.1）×0.24（门）−0.158×2（钢筋砖过梁）
				钢筋砖过梁：0.158×3＝0.47m^3
010404001001	砖基础下垫层	m^3	12.74	1.1×0.3×［30.6＋（5.1−1.1）×2＝12.74m^3
混凝土及钢筋混凝土工程				
010502002001	构造柱 C20	m^3	0.86	（0.24×0.24×3.06＋0.03×0.24×2×2.76）×4
010503004001	圈梁 C20	m^3	2.7	0.24×0.14×30.6−0.48−0.24×0.24×0.2×4（构造柱）＋0.24×0.24×30.6（地圈梁）
010503005001	过梁 C20	m^3	0.48	（1.5＋0.5）×0.24×0.2×5
010505003001	平板 C20	m^3	5.55	55.75×0.1−0.24×0.24×0.1×4
010505007001	挑檐 C20	m^3	2.52	0.5×0.1×（31.56＋0.5×4）＋0.3×0.08×（31.56＋0.42×8）
010507004001	台阶	m^2	0.864	0.9×（3−0.6）×0.15＋3×1.2×0.15
010507001001	50mmC15 厚细石混凝土散水	m^2	25.4	0.8×（31.56＋0.8×4−3）
010515001001～010515001003	现浇钢筋	t	0.80	（略）
	Φ10 以内：	t	0.61	（略）
	Φ10 以外：	t	0.12	（略）
	Φ20 以内：	t	0.07	（略）
010515001001	砌体加固钢筋	t	0.03	（略）
屋面及防水工程				
010902001001	屋面改性沥青卷材防水	m^2	83.01	防水层：55.75＋0.5×（31.56＋0.5×4）＋0.3×（31.56＋0.42×8）＝83.01m^2
011101006001	屋面找平层	m^2	83.01	同上
010902004001	屋面 PVC 排水管	m	6.6	排水管：3.3×2（根）＝5.94m
				水斗：2个
				下水口：0.45×2＝0.9m^2
保温、隔热、防腐工程				
011001001001	1：6 水泥焦渣保温屋面	m^3	4.63	55.75×［0.03＋0.053（平均厚度）］
楼地面装饰工程				
011101001001	20mm 厚 1：2.5 水泥砂浆地面	m^2	47.87	面层：46.07＋［（3−1.2）×（0.9−0.3）］（平台）＝47.87m^2
010501001001	混凝土垫层	m^3	2.81	（46.07＋1×0.24×3）×0.06

续表

项目编码	项目名称	单位	工程数量	计算式
010404001002	3∶7灰土垫层	m^3	7.02	（46.07+1×0.24×3）×0.15
011105001001	150mm 高水泥砂浆踢脚线	m	48.12	[（10.2−0.24−0.48+5.1−0.24）×2+9.72×2−1×5（门）+0.12×10（门侧壁）]=48.12−5+1.2
011107004001	20mm 厚 1∶2.5 水泥砂浆台阶	m^2	2.52	3×1.2−（3−1.2）×（0.9−0.3）（平台）
墙、柱面装饰与隔断、幕墙工程				
011201001001	内墙面一般抹灰 6+10	m^2	115.55	48.12×2.9−2.1×2×2−1.5×1.8×5
011201002001	外墙面水刷石 8+12	m^2	98.44	外墙面：31.56×3.2−1.5×1.8×5−2.1−（3×0.15+2.4×0.3）（台阶）=84.22m^2
				挑檐：0.4×（31.56+0.5×8）=14.22m^2
天棚工程				
011301001001	天棚抹灰 5+5	m^2	62.85	见附表×
门窗工程				
010801001001	镶板木门	m^2	6.3	1×2.1×3
010807001001	铝合金推拉窗	m^2	13.5	1.5×1.8×5
油漆、涂料、裱糊工程				
011401001001	木门油漆	m^2	6.3	1×2.1×3
011407001001	内墙面刷涂料	m^2	117.65	117.65
011407002001	天棚面刷涂料	m^2	62.85	62.85
措施项目：同清单工程量				

主要参考文献

[1] 建设部标准定额研究所.《建设工程工程量清单计价规范》(GB 50500—2003)宣贯辅导教材.北京:中国计划出版社,2003.

[2]《建设工程工程量清单计价规范》编制组.《建设工程工程量清单计价规范》(GB 50500—2008)宣贯辅导教材.北京:中国计划出版社,2008.

[3] 北京广练达慧中软件技术有限公司工程量清单专家顾问委员会.工程量清单的编制与投标保价.北京:中国建材工业出版社,2003.

[4] 全国工程造价工程师考试培训教材编写(审定)委员会.工程造价的确定与控制.北京:中国计划出版社,2002.

[5] 建设工程工程量清单计价规范(GB 50500—2013).北京:中国计划出版社,2013.

[6] 房屋建筑及装饰工程工程量计算规范(GB 50500—2013).北京:中国计划出版社,2013.

[7] 规范编制组.2013 建筑工程计价计量规范辅导.北京:中国计划出版社,2013.